U0938955

河南职业技术学院
国家示范性高职院校建设项目成果

烹饪原料

主　编　杨　霞

副主编　彭志宏　孙耀军

参　编　司俊娜　段　飞

机械工业出版社

随着高职教育改革的不断深入，相关课程改革势在必行。为了满足烹饪工艺与营养专业高职教育的需要，提升课程的科学性和应用性，本书从基础理论、技能训练、拓展知识、习题等方面对“烹饪原料”进行了全面和系统的讲解，主要包括概论、烹饪原料的化学组成和组织结构、烹饪原料的资源和分类、烹饪原料的品质检验与保藏、粮食类、蔬菜类、果品类、畜类、禽类、两栖爬行类、鱼类、无脊椎动物类、调料和食品添加剂、辅助烹饪原料等内容。

本书可作为高职高专院校、成人高校相关专业的配套教材，也可供中等职业学校及个人爱好者使用。

为方便教学，本书配备了电子课件等教学资源。凡选用本书作为教材的教师均可登录机械工业出版社教材服务网 www.cmpedu.com 免费下载。如有问题请致信 cmpgaozhi@sina.com，或致电 010-88379375 联系营销人员。

图书在版编目（CIP）数据

烹饪原料/杨霞主编．—北京：机械工业出版社，2011.3
河南职业技术学院　国家示范性高职院校建设项目成果
ISBN　978-7-111-33423-1

Ⅰ．①烹…　Ⅱ．①杨…　Ⅲ．①烹饪—原料—高等学校：技术学校—教材　Ⅳ．①TS972.111

中国版本图书馆 CIP 数据核字（2011）第 022194 号

机械工业出版社（北京市百万庄大街 22 号　邮政编码 100037）
策划编辑：徐春涛　　责任编辑：徐春涛　安虹萱
封面设计：张　静　　责任印制：杨　曦

北京中兴印刷有限公司印刷

2011 年 3 月第 1 版第 1 次印刷
184mm×260mm · 18 印张 · 441 千字
0 001—3 000 册
标准书号：ISBN　978-7-111-33423-1
定价：33.00 元

凡购本书，如有缺页、倒页、脱页，由本社发行部调换

电话服务
社服务中心：（010）88361066
销 售 一 部：（010）68326294
销 售 二 部：（010）88379649
读者服务部：（010）68993821

网络服务
门户网：http://www.cmpbook.com
教材网：http://www.cmpedu.com

序

三载寒暑，数易其稿，我院国家示范性高职院校建设成果之一——工学结合的系列教材终于付梓了，她就像一簇小花，将为我国高职教育园地增添一抹春色。我院入选国家示范性高职院校建设单位以来，以强化内涵建设为重点，以专业建设为龙头，以精品课程和教材建设为载体，与行业企业技术、管理专家共同组建专业团队，在课程改革的基础上，共同编著了30余部教材，涵盖了我院的机电一体化技术、电子信息工程技术、汽车检测与维修技术、烹饪工艺与营养四个专业的 30 余门专业课程。在保证知识体系完整性的同时，体现基于工作过程的基本思想，是本批教材探讨的重点。

本批教材是学院与行业企业共同开发的，适应区域、行业经济和社会发展的需要，体现行业新规范、新标准，反映行业企业的新技术、新工艺、新材料。教材内容紧密结合生产实际，融“教、学、做”为一体，力求体现能力本位的现代教育思想和理念，突出高职教育实践技能训练和动手能力培养的特色，注重实用性、先进性、通用性和典型性，是适合高职院校使用的理论和实践一体化教材。

本批教材由我院国家示范性重点建设专业的专业带头人、骨干教师与相关行业企业的技术、管理专家合作编写，这些同志大都具有多年从事职业教育和生产管理一线的实践经验，合作团队中既有享受国务院政府特殊津贴的专家、河南省“教学名师”，又有河南省教育厅学术技术带头人、国家技能大赛优胜者等。学院教师长期工作在高职教育教学一线，熟悉教学方法和手段，理论方面有深厚功底，行业企业专家具有丰富的实践经验，能够把握教材的广度和深度，设定基于工作过程的教学任务，两者结合，优势互补，体现“校企合作、工学结合”的主要精髓。相信这批教材的出版，将会为我国高职教育的繁荣发展做出一定贡献。

河南职业技术学院院长　**王爱群**

前 言

随着高等职业教育改革的不断深入，课程设置与教学内容必须进行相应的调整，在“拓宽基础、强化实践”和“实用、够用”的教学方针指导下，相关课程改革势在必行。

“烹饪原料”是高职高专院校烹饪工艺与营养、食品加工技术、食品营养与检测等诸多专业的必修专业基础课。为了满足烹饪工艺与营养专业高等职业教育的需要，提升课程的科学性和应用性，本书从基础理论、技能训练、拓展知识、习题等方面对“烹饪原料”进行了全面和系统的讲解。

本书由河南职业技术学院杨霞担任主编，负责全书的统稿工作。具体编写分工如下：司俊娜编写第一章和第三章；彭志宏编写第二章、第十二章、第十三章和第十四章；孙耀军编写第四章；杨霞编写第五章、第六章、第七章、第八章和第九章；段飞编写第十章和第十一章。

本书在编写过程中得到了河南官府菜的代表——和会馆餐饮管理有限公司总经理陈伟大师的指导和帮助，提出了许多宝贵的建议，还得到了河南职业技术学院各级领导的大力支持，同时也参考了多位专家、学者的相关资料，在此一并致谢。

由于编者水平和时间限制，书中错误和不足之处在所难免，敬请读者批评指正。

编　者

目　录

第一章　概　论

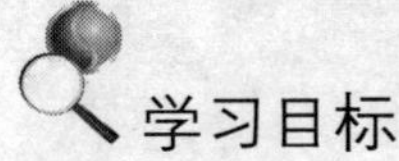

学习目标

（1）了解烹饪原料的基本概念。
（2）了解烹饪原料的理论基础。
（3）熟悉烹饪原料的发展与形成历程。
（4）掌握烹饪原料的研究内容和方法。

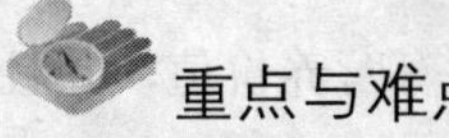

重点与难点

烹饪原料的发展与形成历程、研究内容与方法等。

考核要点

烹饪原料的发展历程。

第一节　烹饪原料的概念、运用发展与资源利用

一、烹饪原料中的基本概念

烹饪是人类为了满足生理需求和心理需求，把可食性原料用适当方法，加工成为直接食用的成品的活动。它包含烹调生产和饮食消费及与之相关的各种文化现象。

烹饪一词最早出现在2700年前的典籍《易经·鼎》中："以木巽火，亨饪也。"《易经》是儒家经典著作之一。"木"指燃料，如柴、草之类。"巽"的原意是风，此处指顺风点火。"亨"在先秦与烹通用，为煮的意思。"饪"既指食物成熟，也指食物生熟程度的标准，是古代熟食的通称。"以木巽火，亨饪也"的大概意思是："将食物原料置放在炊具中，添加清水和调料，用柴草顺风点火煮熟。"据此分析，烹饪这一概念在古代包括了炊具、燃料、食物原料、调味品以及烹制方法诸项内容，反映出奴隶社会时期先民生活状况及其对饮馔的认识。其中"鼎"是先秦时代的炊、食共用器，外形似庙里的香炉，初为陶制，后用铜制，在祭祀的时候充当礼器。还由于古代厨务是没有明显分工的，厨师既管做菜，又管做饭，还要酿酒、造酱、屠宰、储藏，因此烹饪一词在古代实际是食品加工制作技术的泛称。

烹调是制作菜肴、食品的技术，一般包括原料选择、粗加工、细加工、临灶制作、用火、调味以及装盘的全过程。

烹调最早出现在唐宋时期陆游《剑南诗稿·种菜》。烹调工艺，是制作各类食品的全部加工技法及其流程的概称。

烹饪原料是指能供烹饪使用的可食性原料，也就是制作各种主、副食品所使用的可食性原材料。

1．烹饪原料的来源

烹饪原料及其经加工制成的菜点都属于食品的范围。烹饪原料主要来源于生物界，也有少量来源于矿物界。烹饪原料是指可通过烹饪加工制作烹饪制品的原料，与工业加工制作食品原料的目的和加工制作性能要求不同。烹饪原料包括制作主食、菜肴、面点以及风味小吃的各种原料，比工业加工制作食品原料更广泛一些。

2．烹饪原料的食用性

烹饪原料与其他食品原料一样具有食用性，要保证安全卫生而且还要有营养价值，并且具备可为食用者接受的感官性状。

烹饪原料的口感和味道直接影响菜点成品的质量。因此，口感或味感极差的原料，即使含有一定量的营养素，通常也不宜用做烹饪原料。这里重点强调烹饪原料的食用安全性。

（1）有些动植物体具有营养价值，口感、口味良好，但是含有有害物质，就不能用做烹饪原料，如一些含有毒素的鱼类、贝类等。

（2）受化学污染或因微生物侵染而变质的原料，也不能作为烹饪原料使用。

在目前已经使用的烹饪原料中，除了糖精、人工合成色素、防腐剂和琼脂等极少数调辅原料不含营养素外，绝大多数或多或少地含有糖类、蛋白质、脂类、维生素、矿物质和水这六大类营养素。但是，在不同的烹饪原料中，各类营养素的组成比例差别很大，如谷类粮食中含淀粉比较多，蔬菜和水果中含维生素和矿物质比较多，畜禽肉中含蛋白质比较多。

3．烹饪原料的课程地位

烹饪原料是专门研究原料的使用价值、使用方法的，是烹饪专业的基础课程之一。烹饪原料的研究内容包括以下几点。

（1）烹饪原料经人为烹饪加工成各类菜点和食品后，对人的生理作用和营养效果。

（2）烹饪原料的历史来源、发展过程、变化趋势以及新原料的发展等问题。

（3）烹饪原料的组织结构、品质特点、性质、营养价值、理化性质、化学成分。

（4）烹饪原料品质检验方法，外界因素对烹饪原料品质的影响及产生影响的原因，烹饪原料贮藏保管方法等。

（5）烹饪原料的品种、分类、分布、产供销情况等。

二、烹饪原料的理论基础

中国的烹饪课程既是综合科学，又是边缘科学，它建立在社会科学、自然科学、美学与哲学的基础上，以相关的50多门学科作为自己的理论基础。例如，在原料开发、原料加工、原料保鲜、菜点烹制与饮食保健方面，它要分别利用动物学、植物学、微生物学、农学、力学、电学、风味化学、人体生理学、水产学、畜牧学、园艺学、临床营养卫生学、制冷工艺学、能源学、机械学、冷藏工艺学、热学、食疗学、食品检验学以及海洋开发工程、信息论、生物遗传工程、控制论的研究成果。在探讨烹饪的文化历史、饮食的民俗风情、菜品造型审美和饮食消费等课题时，它又要分别利用历史学、考古学、训诂学、民族学、社会学、文学、文化史学、工艺美术学、宗教学、心理学、民俗学、商品学、市场学、经营管理学以及经济地理、法学的基本原理作依据。同时，烹饪还要以哲学和美学作指导，研究人对烹饪的审美的关系，探寻其规律，总结烹饪经验，阐明烹饪原理，揭示中华民族饮食的演变规律和发展趋势。

三、中国烹饪的起源

经历过生食、熟食、烹饪三个阶段，在我国，生食、熟食与烹饪三个阶段的划分，大致是以北京猿人学会用火以及一万年前发明陶器作为界标的。

170万年前出现的元谋人、60万年前出现的蓝田人和50万年前出现的北京人，统称“猿人”。他们群居于洞穴或树上，集体出猎，共同采集，平均分配劳动所获，过着“茹毛饮血”、“活剥生吞”的生活，这便是中国饮食史上的“生食”阶段。

继北京猿人之后陆续出现的马坝人、长阳人、丁村人、柳江人、资阳人、河套人以及山顶洞人，被考古学家称为“古人”或“新人”。他们已学会了用火烧烤食物、化冰取水、烘干洞穴、照明取暖、防卫身体和捕获野兽，进入了中国饮食史上的“熟食”阶段。熟食的最大贡献，就在于它从燃料和原料方面，为烹饪技术的诞生准备了物质条件。

距今一万年左右的旧石器时代晚期，生产力已有一定的发展，氏族公社最后形成，并出现原始商品交换活动。这一切又为烹饪技术的诞生准备了社会条件。特别是制造出适用的刮削器、雕刻器、石刀与骨椎，发明摩擦生火，学会烧制瓦陶，更为烹饪技术的诞生提供了必不可少的工具与装备。最早的烹饪技术，应是在火炙石燔基础上发展而成的水烹；只有在水烹中，燃料、炊具、原料、味料、技法五大要素才能得到初步的结合。

烹饪原料发展的过程，也是烹饪原料不断淘汰与替代的过程。随着原料种类的不断丰富、质量的不断提高，一些过去运用的原料已被逐渐淘汰或极少应用。

（1）有些原料是因为资源减少不再运用，如犴鼻、象鼻、豹胎、单峰驼的驼峰、麋鹿、野马、锦鸡、褐马鸡等。

（2）有些原料是因为质量较差而被质优的原料代替，如小麦和稻等粮食取代了先秦时的菰米、沙蓬米、稗、麻籽等，品质好的蔬菜取代了先秦时的藿（大豆叶）、葵（冬葵）、薤等。

（3）烹饪技术出现早期，调酸味主要使用梅，调甜味主要用饴蜜（麦芽糖和蜂蜜），调辛辣味主要用姜（辣椒尚未传入）；秦汉以后，醋代替了梅汁，蔗糖代替了蜂蜜。

（4）烹饪技术出现早期，植物油很少运用，主要运用牛油、猪油、羊油、狗油、狼油等动物脂肪。

总之，烹饪的起源，是中华民族从蒙昧野蛮进入文明的界碑、“新人”向“现代人”进化的阶梯、旧石器时代向新石器时代转变的触媒。它对于维系中华民族昌盛、促进生产力发展、推动社会进步、缔造物质文明和精神文明，均有着极其重要的意义。

四、烹饪原料的形成和发展

1. 烹饪原料的发展轨迹

（1）先秦时期　从烹饪发明之日起，到公元前221年秦始皇统一中国止，共约7800年。这是中国烹饪的起源时期，包括新石器时代、夏商周、春秋战国三个各有特色的发展阶段。

新石器时代由于没有文字，其烹饪概况只能靠出土文物、后世史籍追记以及有关神话传说进行推断。食物原料多系渔猎所获的野味和水鲜，其间有驯化的禽畜、采集的草果和试种的五谷，但不很充裕。夏商周三代属于奴隶社会，系中国烹饪发展史上的初潮。食品原料增加了“五谷”（稷、黍、麦、菽、麻）、“五菜”（葵、藿、薤、葱、韭）、“五畜”（牛、羊、猪、犬、鸡）、“五果”（枣、李、栗、杏、桃）和“五味”（醋、酒、糖、姜、盐）。

（2）汉魏六朝时期　从公元前221年秦始皇吞并六国起，到公元589年隋文帝统一南北止，烹饪技术博采各民族饮食馔之精华，展示出新的特质。在烹调原料方面，经过张骞通西域，开辟丝绸之路，相继引进茄子、黄瓜、扁豆、大蒜等新菜，水稻跃居粮食作物首位，大豆制品增多，植物油（芝麻油、豆油）开始得到利用。猪的饲养量超过牛、羊，成为肉食品的大宗，乳制品加工业发展也快，不少地方的奇珍异味（如东北的鹿犴、西南的菌菇、江浙的鲍贝、闽粤的蛇虫）进入了餐桌。在此期间，米酒、香醋和豆酱被大量酿造，糖也有不少品种，花卉、香料、药材、蜜饯等食用物料，都引起重视。

（3）隋唐五代宋金元时期　起自公元589年隋朝统一全国，止于公元1368年元朝灭亡，共779年，这一时期属于中国封建社会的中期，先后经历过隋、唐、五代十国、北宋、辽、西夏、南宋、金、元等20多个朝代，统一局面长，分裂时间短，政局较稳定，经济发展快，饮食文化成就斐然。

当宋辽金在中原大地争战不息的时候，北方的蒙古族迅速崛起。不久，成吉思汗及其继承人便统一了中国，建立了元朝。元代注重屯田开荒和兴修水利，粮食大面积增产，官办的手工业发展很快，农学、医学、交通、外贸也超出前代水平。加之元代倚重回族、维吾尔族等少数民族，对各种宗教实行宽容利用的政策，积极开展对外经济文化交流，所以饮食文化呈现出多元化的色彩，比唐宋时期显得丰满，并有特异的情韵。

隋唐宋元时期，烹饪原料进一步增加，通过陆上丝绸之路和水上丝绸之路，从西域和南洋引进一批新的蔬菜，如菠菜、莴苣、胡萝卜、丝瓜、菜豆等。还由于近海捕捞业的昌盛，海蜇、乌贼、鱼唇、鱼肚、玳瑁、肉、对虾、海蟹相继入馔，大大提高了海产的利用率。另据《新唐书·地理志》记载，各地向朝廷进贡的食品多得难以数计，其中，香粳、紫杆粟、白麦、荜豆、蕃蘋、葛粉、文蛤、糟白鱼、橄榄、槟榔、凤栖梨、酸枣仁、高良姜、白蜜、生春酒和茶，都为食中上品。

此时厨师选料，仍以家禽、家畜、粮豆、蔬果为大宗，也不乏蜜饯、花卉、蕴含材以及象鼻、蚁卵、黄鼠、蝗虫之类的“特味原料”。同一原料中还有不同的品种可供选择，如鸡，便有骁勇狠斗的竞技鸡、啼声洪亮的司晨鸡、专制汤菜的肉用鸡以及形貌怪诞、可治女科杂症与风湿诸病的乌骨鸡等。

在油、茶、酒方面，也是琳琅满目。例如，唐代的植物油，有芝麻油、豆油、菜籽油、茶油等类别；宋代的茶，有龙凤、石乳、胜雪、蜜云龙、石岩白、御苑报春等珍品；而元代的酒，

则包括阿剌吉酒、金澜酒、羊羔酒、米酒、葡萄酒、香药酒、马奶酒、蜂蜜酒等数十种。

由于生产发展和生活水平提高，这时烹调原料的需求量更大，《东京梦华录》介绍，北宋的汴京（今河南开封），从南熏门进猪，“每群万数”，从新郑门等处进鱼，“常达千担”。元代，为了满足大都（今北京）的粮食供应，海运、漕运（旧时指国家从内河水道运输粮食，供应京城和接济军需）每年两次，有时国内基本种原料不足，还需进口。北宋有种“香料胡椒船”，就是专门到印度尼西亚等地运载辛香类调料和其他物品的。与元代有贸易关系的国家和地区有140余个，进口货物220余种，其中最多的是胡椒、茴香、豆蔻、丁香等。

因为原料品种多，研究者也多，《禾谱》、《糖霜谱》、《菌谱》、《笋谱》、《桔录》《荔枝谱》、《鱼经》、《酒经》有多种，这些书籍在理论上支持着烹饪的发展。

（4）明清时期　从公元1368年明朝建立到公元1911年清廷灭亡，共543年。在这封建社会的晚期，中国烹饪进入成熟期。据明人宋诩记录，弘治年间的烹饪原料已达1300余种。其中引人注目的是大豆制品发展（多达50多种），蔬菜种植技术提高（有露地种植、保护地种植、沙田种植、真菌寄生养殖），番茄和辣椒引进以及海味（含燕窝、鱼翅、海参、鱼肚）原料脱水处理。回族饮食、西天茶饭、女真饮食、吐蕃饮食都介绍到中原；虎胆、麒面、豹胎、狮乳、鱼须、雀舌、燕尾、牦腰等稀异物料风靡一时。

（5）当代　由于生物学、食品卫生学、食品科学、生物化学、微生物学、营养学、植物学、动物学等学科的发展，例如动物工厂化饲养、水产品的网箱人工饲养、大棚蔬菜的普及、转基因动植物的出现等，导致烹饪原料的构成发生巨大的变化，很多原来比较稀有的烹饪原料的产量大幅度上升；冷库的普及对烹饪原料的保存也产生了巨大的影响。食品加工技术的发展，例如冷冻干燥技术、罐头技术、酿造技术等的发展，使现在半成品烹饪原料的性质和质量与传统的半成品烹饪原料相比有了不可同日而语的差异。交通工具的发展，使烹饪原料的运输和各地间原料交流变得非常容易，这对烹饪风格产生了巨大的影响。科学仪器和工厂化设备近年来逐步进入烹饪行业，烹饪原料的清洗有清洗机械，烹饪原料的去皮去核有去皮去核机械，烹饪原料的切片切丝有切片切丝机械。机械化使容易机械化的烹饪原料品种得到很大发展。食品卫生学和营养学对烹饪原料也产生了很大的影响。人们意识到寄生虫、致病微生物、化学残留等的危害。生吃虾等菜肴开始减少，烤肉类菜肴、腌制食品菜肴的发展受到限制。

我国在20世纪90年代开始兴起有机食品（要求最高，不准使用合成的化肥农药）、绿色食品（要求其次，按规定可适当部分使用化肥农药）、无公害食品，人们对烹饪原料的安全性提出了更高的要求。

2．东西方饮食文化对烹饪原料的影响

在中外交流过程中，我国从国外引进了许多烹饪原料，有些原料的名称至今仍然带有明显的引进的痕迹。例如，以“洋”开头的，有洋白菜（结球甘蓝的通称）、洋葱、西洋芹、洋橄榄（油橄榄的通称）、洋鸡等；以“番”开头的，有番薯、番杏、番茄、番瓜（南瓜）、番椒（辣椒）、番木瓜、番荔枝、番石槽等；以“胡”开头的，有胡萝卜、胡瓜（黄瓜）、胡豆（蚕豆）、胡桃（核桃）、胡椒等。

从国外引进烹饪原料最早是从张骞出使西域开辟丝绸之路开始。在蔬菜方面引进了茄子、黄瓜、扁豆、大蒜等蔬菜，随后又从西域、印度、南洋引进了菠菜、丝瓜、莴苣、胡椒、胡萝卜等。

到了明清时期，番茄、辣椒、马铃薯、甘蓝开始引进。近几十年又引进了根用芹菜、根用甜菜、美洲防风、美国芹菜、抱子甘蓝、日本南瓜、朝鲜蓟、绿花菜、芦笋、苦叶生菜、网纹甜瓜等数十种蔬菜。

近年来，果品中引进了红毛丹、夏威夷果、腰果等；禽类中引进了火鸡、珍珠鸡等；两栖爬行类中引进了牛蛙等；鱼类中引进了非洲鲫鱼、加州鲈鱼、革胡子鲶等；虾蟹贝类中引进丁罗氏沼虾、绿壳蛤贝等。

西餐进入中国后对我国烹饪原料产生了巨大影响。西餐在中国逐步当地化，开始中西餐的融合。例如，西餐的蔬菜主要是生食，对原料的卫生要求很高，必然带动我国蔬菜的卫生水平提高。西餐的奶制品、啤酒、香肠、西式火腿、面包、蛋糕等已经全面进入我国。美国的甜玉米、小麦，日本的日式豆腐、调料已经是我国市场常见的商品。日本生鱼片也成了一些大饭店的普通菜肴。东南亚的咖喱饭在中国随处可见。味精、鸡精成了我国烹饪的日常调料。随着我国加入 WTO，与世界各国的交流将越来越广泛，人员的交往将对烹饪交流和烹饪原料产生巨大的影响。

第二节　烹饪原料的研究内容与方法

一、烹饪原料的概念及研究范围

烹饪原料是在烹饪教育事业发展过程中逐步形成的一门烹饪专业教学的基础课程，它与其他烹饪理论课、工艺课、实习操作课等共同构成了烹饪专业教学的学科体系，并成为烹饪科学重要的组成部分。烹饪原料又是一门知识性的应用学科，从其性质看，属商品学的范畴，它按商品学的学科体系的要求介绍烹饪原料的自然属性和使用价值；从其涉及的内容看，它与许多自然学科有着密切的联系，如动植物学、卫生学、食品化学、园林学、饮食营养学、微生物学等，它不仅要借鉴这些自然学科的研究方法，还要吸取它们的研究成果来丰富自身理论的阐述和充实有关内容。因此，学习烹饪原料，对合理、全面、科学地应用烹饪原料，促进掌握烹饪技术，提高烹饪理论水平，都具有重要的作用。

1．烹饪原料的概念

烹饪原料是烹饪学科体系中阐述烹饪原料的种类、性质、组织结构、营养特点等及其在烹饪中的应用规律的学科。

2．烹饪原料的研究意义

烹饪原料是学习烹饪专业、食品专业的学生的重要专业基础课，是从事烹饪工作、临床营养研究等的从业人员所必备的基础知识之一。它对提高烹饪技艺、烹饪理论水平都具有重要的作用，对烹饪工艺的科学化与工业化、创新菜的开发具有重要的指导意义。它是烹饪工艺与营养专业学生必须学习的一门专业基础课。

3．烹饪原料与其他学科的关系

烹饪原料是近十几年来在我国发展起来的一门新兴的边缘学科。它建立在生物学、生物化学、营养学及卫生学、商品学等多学科基础之上，与烹饪工艺学、菜肴烹调技术共同构成烹饪学科体系，并成为烹饪学科重要的组成部分。

4. 烹饪原料的研究范围

烹饪是通过对原料的选择、切配、烹制、调味做出色、香、味俱佳的菜肴，为此，烹饪技术人员首先要掌握烹饪原料的烹饪特点。烹饪原料是一门为培养烹饪技术人员而服务的学科，必然与食品微生物学、食品卫生学、饮食保健学等有着密切的联系。烹饪原料是在多种基础学科交汇的中间地带建立起来的，它的发展必须紧紧依靠这些学科，借助这些自然学科的研究成果来丰富理论的阐述和充实有关的内容。

烹饪原料研究的内容和任务包括以下几点：烹饪原料的化学组成；烹饪原料的使用规律；烹饪原料的品质鉴别；烹饪原料的分类体系；烹饪原料的储藏保鲜；烹饪原料的形态结构；烹饪原料的烹饪工艺要求。

5. 我国研究和应用烹饪原料的现状

20 世纪 50 年代以来，随着第三产业的蓬勃兴起，烹饪行业出现了长足发展的局面，为适应社会需求而培养烹饪技术人才的烹饪教育事业也得到很大的发展。烹饪教育从中技到大专、本科已初步形成一定的结构层次，烹饪研究机构逐步建立，烹饪刊物出版日益增多，对烹饪原料的研究不仅形成了客观要求，而且创造了一定的客观条件，促进了其研究工作的逐步展开。

由于经济的发展和人民生活水平的不断提高，人们对消费的要求也越来越高，目前我国对烹饪原料的生产及在饮食行业乃至家庭的运用有如下特点。

（1）烹饪原料的开发迅速发展　国外优良品种引进，地方名特原料以及野生而稀少的动植物原料品种的养殖、种植广泛展开，加之市场销售渠道畅通、货源丰富，保证了烹饪原料的供应和消费档次的提高。

（2）烹饪原料的应用讲究选择和变化　饮食企业为了提高经济效益和市场竞争力，对烹饪原料的应用在力求鲜活、保证质量的基础上，以选用原料新、奇、名为特点，变化菜肴品种，吸引顾客，满足顾客的消费心理，这在客观上促进了新的烹饪原料品种的开拓运用和烹饪技术水平的提高。

（3）烹饪原料应用的地区和季节限制逐步消失　近几年我国交通运输状况有了很大的改观，人们的社会活动范围扩大，交往增多，促进了各地方菜肴的交融，为烹饪原料相互引用创造了良好的条件，突破原料地区性、季节性的限制不再是可想不可及的难事，从而大大扩大了原料的应用范围，并提高了原料的鲜活程度和烹饪食品的消费质量。

（4）烹饪原料的加工深度提高　随着现代科学技术的运用，烹饪原料的工业化加工程度大大提高。例如，针对原料不同的组织结构和部位进行分档加工和半成品加工及复合加工等，并以小包装的形式进入商店供应，不仅增加了市场供应品种，保证了原料的规格质量，而且使用方便快捷，适应了饮食业和家居消费的需要。

烹饪原料就是为适应烹饪教育的需要而建立、发展起来的一门专业教学的应用学科。目前，烹饪原料知识作为一门职业技术学校培养初、中级烹饪人才的基础课程，对烹饪原料的研究还处在不断完善的阶段，尚需随着现代科学技术的发展，广泛地吸取其他自然学科的研

究成果，结合科学的方法和手段，对烹饪原料在烹饪应用过程中涉及的所有内容加以科学阐述，正确地反映它们的理化特性和自然属性，科学揭示其规律、制定标准并合理运用，指导烹饪食品的生产制作，并以此去挖掘和开拓新的烹饪原料品种，丰富我国烹饪食物的来源，促进我国烹饪技术不断向前发展。

二、学习烹饪原料的目的、要求和研究方法

1. 学习目的与基本要求

（1）总结、整理、发掘　烹饪原料是与烹饪技术的诞生同时间产生的，历史相当悠久，认真、系统、全面地总结、整理和发掘烹饪原料的应用经验是非常必要的。

（2）收集有关烹饪原料方面的新知识、新成果　随着经济的迅速发展，国外优良品种的引进，地方名贵原料以及野生动植物的驯养、种植，加之市场销售渠道的畅通，不断有新的原料出现，我们要随时观察市场供应情况，开阔视野，不断丰富知识。

（3）烹饪原料的合理搭配　烹饪原料在实际应用时，单一使用很少，而多是几个品种组合在一起，经过烹调加工，构成一种食物。所以我们不能仅仅研究某一种原料，还需要研究一种原料同其他原料的组合关系，进一步研究它们之间相辅相成的辩证关系，为配好一道菜提供依据。只有这样才能更好地为烹饪工艺服务。

2. 研究烹饪原料的方法

（1）整理我国古代的烹饪原料研究成果　我国古代为烹饪原料的研究积累了丰富的资料。在秦汉以后，出现了《笋谱》、《菌谱》、《野菜谱》、《鱼经》、《蟹谱》、《茶经》、《酒语》等数十种专门文献，还有许多内容散见于史籍、方志、笔记和类书等古籍中。古代的这些成就值得我们认真归纳与整理，以便进一步继承和发展。

（2）重视对烹饪原料实物的观察研究　烹饪原料是一门直观性很强、对实践要求较高的课程，必须重视对烹饪原料实物的观察。例如，对种类繁多的蔬菜、鱼类、虾类、蟹类和贝类等形态的认识，如果不进行实物观察，单靠书面的描述，就很难作出正确的鉴别；对烹饪原料内部结构和化学成分的认识，还应借助于实验分析手段。

（3）吸收相关学科的现代科学知识　烹饪原料是一门边缘学科，它与生物学、化学、营养学、卫生学和商品学等都有着密切的关系。相对于烹饪原料这门新学科来说，这些相关学科的内容和实验方法已比较成熟，我们应有选择地吸收这些相关学科的知识，将其充实到烹饪原料中。例如，生物性原料的形态、结构、分类和鉴定等，在生物科学中已进行了大量的研究，积累了丰富的知识，完全可以借用。

（4）总结烹饪原料运用实践中的经验　在中国过去漫长的历史中，懂烹调的厨师往往不善于总结，能够总结并上升到理论的大多是文人食客，而他们未必真正认识到烹调中的“鼎中之变”。广大烹饪工作者在烹饪过程中积累了丰富的经验，对烹饪原料的分档取料、刀工处理、火候掌握和调味选择等方面经过了长期的实践探索，许多做法是科学合理的，但缺乏系统的总结。我们应结合现代自然科学知识，将这些宝贵经验进一步加以总结。

拓展知识

佛跳墙的由来

1965 年和 1980 年，以烹制佛跳墙为主的福州菜分别在广州南园和香港引起轰动，在世界各地掀起了佛跳墙热。各地华侨开设的餐馆，多用自称正宗的佛跳墙菜，招徕顾客。佛跳墙还在接待西哈努克亲王、美国总统里根、英国女王伊丽莎白等国家元首的国宴上登过席，深受赞赏，此菜因而更加闻名于世。

佛跳墙原名福寿全。光绪二十五年（1899 年），福州官钱局一官员宴请福建布政使周莲，他为巴结周莲，令内眷亲自主厨，用绍兴酒坛装鸡、鸭、羊肉、猪肚、鸽蛋及海产品等 10 多种原、辅料，煨制而成，取名福寿全。周莲尝后，赞不绝口。后来，衙厨郑春发学成烹制此菜方法后加以改进，到郑春发开设“聚春园”菜馆时，即以此菜轰动榕城。有一次，一批文人墨客来尝此菜，当福寿全上席启坛时，荤香四溢，其中一位秀才心醉神迷，触发诗兴，当即慢声吟道：“坛启荤香飘四邻，佛闻弃禅跳墙来。”从此福寿全即改名为佛跳墙。

习　题

一、名词解释

烹饪　烹调　烹饪原料。

二、判断题

（1）烹饪一词最早出现在 2700 年前的典籍《易经•鼎》中，“以木巽火，亨饪也。”《易经》是儒家经典著作之一。（　）

（2）受化学污染或因微生物侵染而变质的原料，也不能作为烹饪原料使用。（　）

（3）有些原料是因为资源减少而更加珍贵，如犴鼻、象鼻、豹胎、单峰驼的驼峰、麋鹿、野马、锦鸡、褐马鸡等。（　）

（4）从国外引进烹饪原料最早是从张骞通西域开辟了丝绸之路开始的。在蔬菜方面，此时引进了茄子、黄瓜、扁豆、大蒜等蔬菜。（　）

三、简述题

（1）烹饪原料的可食性包含什么样的含义？

（2）简述烹饪原料的学习内容。

（3）烹饪原料的发展分为哪几个阶段？

（4）东西方文化交流对烹饪原料的影响分为哪几个方面？

第二章　烹饪原料的化学组成和组织结构

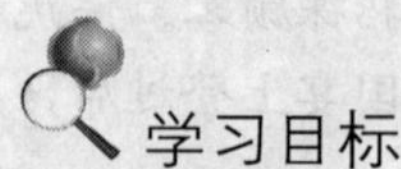

学习目标

（1）熟悉烹饪原料的组成成分及营养价值。
（2）掌握动物性原料与植物性原料的结构特点。
（3）能根据烹饪原料特点正确地选择和运用原料。

重点与难点

各种烹饪原料的组成成分，在烹调过程中的变化，烹饪原料的组织和器官结构。

考核要点

如何正确选择和运用各种烹饪原料。

第一节　烹饪原料的化学组成

目前，在烹调过程中使用的原料绝大多数为生物性原料。烹饪原料种类繁多，形态各异，但都是由一些基本化学物质构成的。其中能够供应人体正常生理功能所必需的营养及能量的化学物质称为营养素，如蛋白质、脂类、糖类、维生素、水和矿物质。其中水和矿物质是无机物，蛋白质、脂类、糖类和维生素是有机物，它们约占烹饪原料中化学物质的99.9%以上，是决定烹饪原料品质的重要因素。

对生物性烹饪原料组织结构的学习通常可以分为四个水平：个体水平、组织器官水平、细胞水平和分子水平。这些知识是深入认识烹饪原料不可缺少的，是烹饪原料的理论基础。本章重点介绍烹饪原料的化学成分、细胞构成和组织结构这三方面的基础知识以及其与贮藏加工的关系。

一、烹饪原料中的水分

1．烹饪原料中水分的存在形式

虽然新鲜的动植物原料中含有大量水分（高达60%～80%），但切开时，水分一般不会流出来。这是由于水分子被截留的缘故。这些作用力包括两种类型：氢键结合力和毛细管力。由氢键结合力系着的水称为束缚水，由毛细管力系着的水称为自由水。

（1）束缚水　束缚水又称结合水，是由氢键结合力维系着而不能自由运动的水。其中，大部分束缚水是与蛋白质、碳水化合物等结合的，少量水则与离子形成水合离子。实验测定表明，100g 蛋白质平均系着水分约 50g；100g 淀粉可结合 30～40g 束缚水。

虽然束缚水和自由水之间的界限很难定量区分，但可以根据它们的物理和化学性质作定性区分。通常束缚水具有两个特点。

1）不易结冰（冰点低于 0℃），有些在-20℃时尚不结冰。由于这种性质，含束缚水较多的植物种子或孢子能在低温下越冬；而含自由水较多的组织如新鲜蔬菜、水果、肉类在冰冻后细胞结构被冰晶所破坏，解冻后组织立即崩溃。

2）不能作为溶质的溶剂。束缚水不能溶解原料中的可溶性成分，不易蒸发散失，也不能被微生物利用。

（2）自由水　自由水又称游离水，是原料组织、细胞中除结合水以外的所有的水。自由水大致可以分为三类。

1）不可移动水或滞化水：指存在于动植物细胞内的被显微与亚显微结构与膜所阻留部分的水，这种水分不能自由流动。

2）毛细管水：指存在于细胞间隙的水，又称细胞间水，它们靠毛细管力所系留，物理和化学性质与滞化水相同。

3）自由流动水：指存在于动物原料的血浆、淋巴液及植物导管和液泡中的可以自由流动的水。

自由水与束缚水相比更容易结冰，能溶解溶质，会因蒸发而散失。同时，微生物可以利用烹饪原料中的自由水。

熟悉烹饪原料中水的特点，便于我们掌握原料的储藏条件。烹饪原料中的微生物孢子只能利用自由水进行出芽和繁殖，而不能利用束缚水。在一定条件下，原料是否容易被微生物侵染而腐败变质，并不是由原料中水分含量决定的，而主要由自由水的含量所决定。因此，减少原料组织中自由水的含量有利于烹饪原料的储藏。例如，蜜饯含水量虽高，但自由水比例很小，故容易保藏。

2．烹饪原料中的含水量

在烹饪化学中，不同的原料含水量不同，而原料的含水量与原料的种类息息相关。在植物类原料中，新鲜蔬菜和水果的含水量较高，通常能够达到 70%～90%，粮食作物约为 12%～15%，油性种子仅有 3%～4%。一些常用的动物性原料的含水量分别为：猪肉 43%～59%，鸡肉 71%～73%，牛肉 46%～76%，蛋类 72%～86%，乳类 87%～89%，鱼类 67%～81%。

此外，烹饪原料的含水量还与原料的品种、成熟度、产地、储存环境的温湿度和储存时间等因素有关。

3．水在烹饪过程中的作用

（1）构成菜肴的组成成分　每一款成品菜肴中都有水，烧、烩、汤、羹类菜肴中含有较多的水。在制作菜肴的过程中，用水量的多少也会影响菜肴的质量。

（2）具有传热和保温作用　水的比热容量大，导热性能好，水被加热产生的热量会迅速而均匀地传递到各处，使原料受热均匀并获得足够的能量，而不会使水的温度大幅度下降，符合工艺要求。

（3）具有溶解分散作用　调味品通过溶于水向原料组织扩散或渗透，从而达到入味的目的。某些营养物质和呈味物质，如水溶性蛋白、氨基酸、糖类、维生素、无机盐等也能溶于水。某些不溶于水的成分，多数也能分散在水中，形成胶体溶液或乳状液，如制作皮冻、上浆、勾芡。

（4）具有清洁防腐作用　食用淡水，无毒、无味、有很强的洗净力，通过洗涤可以除去原料表面的污物杂质，使原料清洁，符合卫生要求。沸水的温度能将大量细菌杀死，对微生物的生存极为不利，故而沸水有杀菌消毒作用，能使烹饪原料成为可供安全食用的菜品。

4．烹饪原料中的水分变化对原料品质和菜肴质量的影响

（1）烹饪原料中的水分变化对原料品质的影响　水分含量对烹饪原料的品质有较大影响。例如，含水量较高的新鲜蔬菜和水果，在水分大量蒸发的情况下会出现重量减轻、萎蔫干缩、硬度下降、色泽发生变化等现象；烹饪原料如果冻结或解冻不当，则会造成细胞组织损伤、汁液大量流失，同时蛋白质容易发生变性和凝固，从而影响原料的营养价值和口味。然而，水分增多也会造成干货原料的质量下降。当干货制品含水量超过一定数值时，容易发生霉变等现象，造成储存过程中的品质下降。

因此，新鲜原料在贮藏过程中，应尽量创造温度低、湿度大、空气对流少的条件。对于冷冻原料，应尽量加快冻结速度，降低冻藏温度，减慢解冻速度以减轻冻结与解冻对原料品质的不良影响。储存干货原料则应尽可能降低空气的相对湿度。

（2）烹饪原料中的水分变化对菜肴质量的影响　烹饪原料在烹调过程中的水分变化对菜肴的形态、色泽和质感都有一定的影响，如菜肴的硬度、黏度、脆度、韧度和表面的光滑度等。含水量高的食物质感鲜嫩，含水量不足的食物质感柴老。在烹调过程中，加热使原料表面水分蒸发，内部水分流失，蛋白质变性，持水性降低，影响菜肴的鲜嫩质感。在实际应用中，我们应根据原料的特点及菜肴的要求选择合适的烹调方法，掌握恰当的火候，使菜肴含有最适宜的水分，以保持最好的质感。

二、烹饪原料中的碳水化合物

1．烹饪原料中碳水化合物的种类

碳水化合物又称为糖类，分子中含有碳、氢、氧三种元素，早期发现的此类化合物的分子式中H与O的比例恰好与水相同为2:1，好像碳同水的化合物，因此得名。随着科学技术的发展，人们发现一些不属于碳水化合物的分子也有同样的元素组成比例，如甲醛（CH_2O）、乙酸（$C_2H_4O_2$）等，因此，碳水化合物这一名称是不确切的。但由于沿用习惯，“碳水化合物”一词仍被广泛使用。

碳水化合物是多羟基醛或多羟基酮及其衍生物、聚合物的总称，主要有以下几种类型。

（1）单糖　单糖是不能被水解的最简单的碳水化合物。在烹饪原料中广泛存在的单糖有葡萄糖、果糖、半乳糖和甘露糖等。

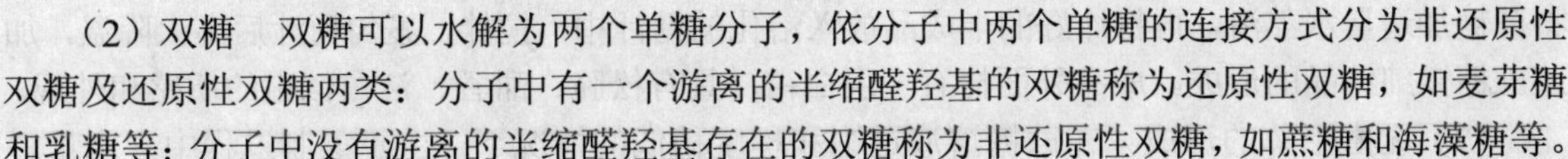

（2）双糖　双糖可以水解为两个单糖分子，依分子中两个单糖的连接方式分为非还原性双糖及还原性双糖两类：分子中有一个游离的半缩醛羟基的双糖称为还原性双糖，如麦芽糖和乳糖等；分子中没有游离的半缩醛羟基存在的双糖称为非还原性双糖，如蔗糖和海藻糖等。

（3）多糖　多糖是由许多单糖分子通过糖苷键相连而成的一种高分子化合物。多糖水解后可以得到数千个单糖或单糖衍生物。烹饪原料中的多糖有两类：水解后产生多个相同单糖的称为同多糖，如淀粉、纤维素等；水解后产生多个不同单糖或单糖衍生物的称为异多糖，如果胶、琼脂等。

2．烹饪原料中碳水化合物的含量

烹饪原料中的碳水化合物主要存在于植物性原料中。其含糖量因原料种类、生长环境和生长期不同而有很大差异。蔬菜和水果比其他原料含有较多的单糖及双糖，尤其是水果的含糖量最高。水果均含有葡萄糖和果糖，大多数水果还含有蔗糖；水果中淀粉含量较少，果实未成熟时含少量淀粉，成熟后逐渐转化为单糖。有些蔬菜淀粉含量较高，如荸荠、马铃薯等。粮食中淀粉的含量可高达 80%。

动物性原料中的单糖主要是血糖（葡萄糖），在食用肉类中含量很低；多糖主要是肝脏中的肝糖原和肌肉中的肌糖原，畜类肝脏中肝糖原含量较高。

3．烹饪原料中碳水化合物在烹调中的变化与应用

（1）淀粉的糊化　将淀粉加水加热至 60～80℃时，淀粉会吸水膨胀、分裂，形成半透明、胶状物质的作用称为糊化作用。利用淀粉的糊化作用，淀粉在烹调过程中常被用做上浆、挂糊、勾芡的原料，可使菜肴鲜嫩、饱满，而且淀粉糊化后更有利于消化吸收，这是因为多糖分子吸水膨胀和氢键断裂，从而使淀粉酶能更好地对淀粉发挥酶促消化作用的结果。

（2）淀粉的老化　糊化淀粉缓慢冷却放置一段时间后，会出现变硬变稠，产生凝结甚至沉淀的现象，称为淀粉的老化或反生。老化可视为糊化作用的逆过程。食物中的淀粉老化后，口感变硬，且不易被淀粉酶水解，造成消化率降低。淀粉老化作用的最适温度在 2～4℃，大于 60℃或小于-20℃都不发生老化。但食物不可能长时间放置在高温下，一经降至常温便会发生老化。为防止老化，可将淀粉食品速冻至-20℃，使淀粉分子间的水急速结晶，阻碍淀粉分子的相互靠近。在实际应用中，可利用淀粉老化的特点制作粉丝、粉皮和米线等。

（3）焦糖化反应　糖类在不含氨基化合物存在的情况下，直接被加热到其熔点以上时，经过聚合、缩合会生成黏稠状的黑褐色物质，这种作用称为焦糖化反应。它在酸、碱条件下都能进行，经一系列变化，生成焦糖等褐色物质，并失去营养价值。但在烹饪过程中，适当控制焦糖化作用可使菜肴具有诱人的色泽与风味，有利于摄食，如拔丝类菜肴。

（4）羰氨反应　在烹饪原料中有氨基化合物如蛋白质、氨基酸等存在时，还原糖伴随热加工，或长期贮存与之发生的反应称为羰氨反应，又称美拉得反应。它经过一系列变化生成褐色聚合物，在消化道中不被消化吸收，没有营养价值。但是，如果羰氨反应控制适当，在菜肴烹调过程中可以使某种产品如焙烤食品获得良好的色、香、味。

（5）水解反应　蔗糖与酸共热或在酶的作用下，水解生成葡萄糖与果糖的等量混合物称转化糖。蜂蜜含有天然的转化糖。转化糖的黏度低，吸湿性强，甜度为蔗糖的 1.3 倍，且风味较好。因此，利用转化糖制作糕点，能使制品提高甜度，且松软可口。

（6）重结晶现象　蔗糖的过饱和溶液能重新形成晶体，这是制作挂霜菜的依据。其方法是将蔗糖加适量水熬溶，再将炸好的半成品放入溶化的糖汁中，搅拌，裹匀糖汁后离火降温，加速蔗糖微细结晶的形成。成品外面挂有一层白霜，具有松脆、甜香、洁白似霜的质感和外观。

（7）无定形体的形成　在蔗糖溶液过饱和程度稍低的情况下，由于熬制过程中含水量逐渐降低，迅速冷却不会形成结晶，而形成无定形体。这种无定形体对压缩、拉伸有一定的强度，在低温时呈透明状，具有脆性。这就是制作拔丝菜肴的依据。

三、烹饪原料中的蛋白质

1．烹饪原料中蛋白质的种类

蛋白质是烹饪原料中的重要营养素之一，是人类获得氮素营养的唯一来源。蛋白质除了保证菜肴的营养价值外，在决定菜点的色、香、味、形等特征上也起着重要的作用。但是，某些蛋白质毒性很大，如梭状芽孢杆菌毒素等。因此，了解烹饪原料中蛋白质的种类和性质及其在烹饪原料加工过程中所发生的变化，具有很重要的意义。

烹饪原料中蛋白质的种类繁多，结构复杂。迄今为止，关于蛋白质的分类体系还不完善。目前，主要根据分子组成和溶解度等特点将蛋白质分为以下几类。

（1）单纯蛋白质

1）清蛋白：普遍存在于动植物组织中，如蛋清蛋白、乳清蛋白、血清蛋白等。

2）谷蛋白：仅存在于植物组织中，如小麦中的麦谷蛋白、大米中的米谷蛋白等。

3）球蛋白：普遍存在于动植物组织中，如肌球蛋白、大豆球蛋白、乳球蛋白等。

4）醇溶谷蛋白：仅存在于植物组织中，如玉米醇溶谷蛋白、小麦醇溶谷蛋白等。

5）组蛋白：动物性蛋白质，如胸腺组蛋白、肝组蛋白等。

6）精蛋白：动物性蛋白质，主要存在于鱼精、鱼卵和胸腺等组织中。

7）硬蛋白：动物性蛋白质，如皮肤、骨骼中的胶原蛋白和毛发、指甲中的角蛋白等。

（2）结合蛋白质

1）核蛋白：由单纯蛋白质与核酸组成，存在于动物体中，如胸腺核蛋白等。

2）磷蛋白：由单纯蛋白质与磷酸组成，如蛋类中的卵黄磷蛋白、奶类中的酪蛋白等。

3）脂蛋白：由单纯蛋白质与脂肪或类脂组成，血液中的血清脂蛋白是典型的脂蛋白。

4）糖蛋白：由单纯蛋白质与碳水化合物组成，如存在于骨骼、肌腱、唾液及其他动物体黏液中的黏蛋白就属于糖蛋白。鱼类等水产动物的体表黏液中也存在此种物质。

5）色蛋白：由单纯蛋白质与含金属的色素物质组成，如植物性原料中的叶绿素蛋白，动物性原料中的血红蛋白、肌红蛋白等。

蛋白质是由氨基酸分子脱水缩合形成的高分子化合物。由于组成各种蛋白质的氨基酸的种类和数量不同，其相对分子量也相差很大，结构非常复杂。目前，从蛋白质中分离出来的氨基酸主要有 20 种，根据人体的需要，有些氨基酸在体内可由其他物质转化得到，不一定依靠食物摄取，称为非必需氨基酸；有些人体不能合成的氨基酸必须从食物中摄取，称为必需氨基酸。在这 20 种氨基酸中有 8 种是必需氨基酸。

2．烹饪原料中蛋白质的含量

在烹饪原料中，蛋白质的含量和质量差别很大。在植物性原料中，部分豆科植物的种子蛋白质含量较高，谷类粮食也含有一定量的蛋白质。例如，黄豆芽的蛋白含量约 11.5%，高粱米 8.2%，黑豆 49.8%。

动物性原料比植物性原料的蛋白质含量丰富、质量好，这是因为它们所含的必需氨基酸和非必需氨基酸的种类和比例不同，动物肉类中的蛋白质主要是完全蛋白质。例如，畜禽肉类的蛋白质含量约为 15%～20%，鱼类 18%，鸡蛋 13%。

3．烹饪原料中蛋白质的特性及其在烹调中的应用

（1）变性作用和凝固作用　当蛋白质受到物理作用、化学作用或者酶的作用后，其分子特有的空间结构遭到破坏，形成无规则的伸展肽链，从而使蛋白质的理化性质发生变化，这个过程称为变性作用。

蛋白质受热到一定程度后发生的变性是最常见的变性现象。蛋清在加热时凝固、瘦肉在烹调时收缩变硬等，都是蛋白质的热变性作用引起的。加热引起的蛋白质变化依加热温度和时间、加热时的加水量、有无糖共存等的情况不同而相异。蛋白质加热变性后提高了蛋白酶的水解效率，从而提高了消化率，有利于人体的消化。同时，加热使胰蛋白酶抑制剂、抗生物素蛋白及具有凝固红细胞作用的血细胞凝集素等有害物质失去活性，提高了食用安全性。

许多蛋白质在热变性以后，常伴随有部分蛋白质发生热凝固的现象。蛋白质的热变性凝固现象常应用于烹饪实施中，如动物性原料焯水去血污或吊制鲜汤都应冷水下锅，以防止表面蛋白质变性凝固；而干烧鱼时应在热油锅中速炸一下，可减少水分外溢，保持菜肴鲜嫩。

（2）水解作用　蛋白质在酸、碱、酶的作用或长时间加热的情况下，其分子中的部分肽键被破坏，发生水解作用，逐步水解成分子量较小的产物，最终产物为氨基酸。因此在烹饪加工过程中，常用少量食碱或蛋白酶对肉类进行嫩化处理；也常用烧、煮、炖、焖、煨等长时间过热的方法，使原料中的部分蛋白质水解为低聚肽等鲜味物质，不断溶于汤中，使菜肴酥烂味浓。

（3）羰氨反应　蛋白质受热过度，特别是在有糖类物质存在的情况下，蛋白质中的氨基和糖分子中的羰基之间会发生羰氨反应，引起食物的褐变和营养成分的损失，同时还降低了蛋白质分解酶的分解作用。

尽管如此，人们在烹调过程中却常利用这一反应，如焙烤面包产生的金黄色、烤鸭产生的黄褐色、烤肉产生的棕黄色等都是这一反应的结果。

四、烹饪原料中的脂类

1．烹饪原料中脂类的种类

脂类是烹饪原料中的重要营养素之一，可提供热量和必需脂肪酸，作为脂溶性维生素的载体，增加食品风味，是食物中产能最高的营养素。脂类主要由碳、氢、氧三种元素组成，有时还含有氮和磷。根据脂类的化学性质，通常将脂类作如下分类。

（1）简单脂类　简单脂类又称单纯脂类，是由脂肪酸与醇形成的酯。根据醇的性质不同又可分为脂肪和蜡两大类。脂肪是由脂肪酸和甘油所形成的酯，蜡是由脂肪酸和长链或环状非甘油的醇所形成的酯。

（2）复合脂类　复合脂类分子中除了脂肪酸与醇以外，还有其他的化合物，如含氮物质、

糖、磷酸或硫酸等，主要有磷脂、糖脂及脂蛋白等。

（3）衍生脂类　衍生脂类由简单脂类或复合脂类衍生，仍具有脂类化合物的一般性质，如脂肪酸、高级醇类等。

2．烹饪原料中脂类的含量

在植物性原料中，脂肪主要存在于种子和果实中，根、茎、叶中含量很少，其中以油料作物的种子含量最多。例如，核桃的脂肪含量约65%，松子仁58%，黄豆17.4%。在动物性原料中，脂肪主要存在于皮下、腹腔内和肌肉间的结缔组织中，部分鱼类的肝脏中含量较多。例如，鸭肉的脂肪含量约41%，肉用鸡35%，猪肉（瘦肉）30%～33%，蛋类11%～15%。

许多微生物也能大量累积脂肪，但目前人类食用的油脂主要还是来自于植物和动物。

3．烹饪原料中脂类在烹调中的变化与影响

（1）油脂的酸败　油脂或油脂含量较高的食物在加工和贮藏过程中，受空气、日光、微生物、高温及酶的作用，往往发生一系列化学变化，产生不良的气味（哈喇味），发生酸臭和口味变苦的现象，称为油脂的酸败。

油脂的自动氧化是油脂酸败的主要原因之一。油脂中不饱和脂肪酸暴露在空气中，被光、热及其他催化剂所催化，易发生自动氧化反应。氧化产物进一步分解生成低级脂肪酸、醛类和酮类，产生不良气味。

酸败不仅会造成油脂的风味变坏，营养价值也会降低。当油脂自动氧化时，其中的亚油酸和亚麻酸遭到破坏，维生素E、维生素A及维生素D等在酸败过程中很快被氧化而失去生理作用。长期食用酸败的油脂对人体健康有害，轻者引起腹泻、呕吐，重者导致肝脏肿大，影响人体细胞呼吸系统中某些酶的活性。因此，烹调中应严禁使用酸败的油脂和由于油脂酸败而变质的原料。

（2）热分解和热聚合　油脂中游离脂肪酸在加热到 350～360℃后可分解为酮类和醛类等，其中丙烯醛具有强烈的刺激气味，常以刺鼻催泪的蓝色烟雾释放出来。

所有油脂在加热过程中都会黏度增高。温度≥300℃时，增黏速度极快。油脂遇热增稠的化学原因是发生了聚合反应。油脂增稠起泡，并附着在油炸食物表面，不仅影响菜点的色泽和质量，而且对人体生理有害。

热变性的油脂不仅味感变劣，失去营养价值，而且还有毒性。因此，在烹调过程中，应将油温控制在150℃左右。

（3）热水解　在烹调油炸食品或油脂加热时，食物中的水分渗入油中会引起油脂水解，产生甘油和脂肪酸，导致油脂的发烟点降低，很容易在表面冒烟，影响菜点的色泽和风味，逸出的油烟还会污染环境，刺激人的感觉器官，影响健康。

五、烹饪原料中的维生素

1．烹饪原料中维生素的主要种类

维生素是维持人和动物正常生理功能所必须从食物中获得的一类有机物。据统计，在烹饪原料中发现的维生素约有 30 多种，其中被认为对维持人体健康和促进发育有重要作用的

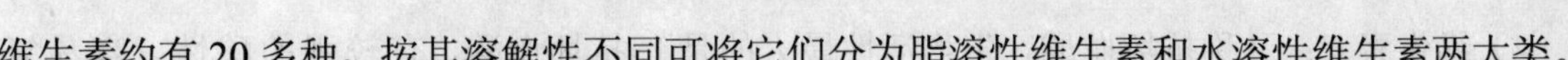

维生素约有20多种，按其溶解性不同可将它们分为脂溶性维生素和水溶性维生素两大类。

（1）脂溶性维生素　维生素A、维生素D、维生素E、维生素K等不溶于水而溶于脂肪，它们常与脂类共同存在于动物性原料中，被称为脂溶性维生素。

脂溶性维生素大量贮存于个别组织器官中。维生素A和维生素D均有维生素原，在体内可以转换成维生素；长期大剂量服用维生素A和维生素D可引起维生素过多症，发生各种中毒症状。这些特点都区别于水溶性维生素。

1）维生素A：即视黄醇，又称抗干眼病维生素，有A_1（视黄醇）和A_2（3-脱氢视黄醇）两种。缺乏维生素A会导致夜盲症、干眼病、角膜软化、表皮细胞角质化以及生长抑阻等症状。维生素A广泛存在于高等动物及海产鱼类体中，尤以肝脏、鱼卵、蛋黄中含量最多；植物性原料如绿叶蔬菜、水果中的类胡萝卜素在人体肠黏膜中可分解形成维生素A。

2）维生素D：又称抗佝偻病维生素，其中比较重要的维生素有维生素D_2（麦角钙化醇）和维生素D_3（胆钙化醇）两种。维生素D与动物骨骼钙化有关。钙化需要足够的钙和磷，还要有维生素D的存在。维生素D的生理功能是调节钙、磷代谢，使钙沉积形成羟基磷灰石，促进骨骼和牙齿的形成，预防儿童佝偻病和成人软骨病等。维生素D在食物中与维生素A伴存。肉、牛乳中含量较少，而鱼类、蛋黄、奶油、畜禽肝脏中含量相当丰富，尤其在海产鱼肝油中特别丰富。

3）维生素E：又称生育酚，对动物的生育是必需的。维生素E极易氧化，是良好的脂溶性抗氧化剂，可清除自由基，维持生物膜完好，延缓衰老。缺乏维生素E的主要症状是不能生育，还有肌肉萎缩、肾脏损害、身体各部位渗出液聚积等症状。维生素E广泛存在于动植物原料中，特别在植物油如麦胚油、玉米油、花生油、芝麻油和菜子油中含量丰富，在绿色植物中也广泛存在。

4）维生素K：又称抗出血维生素，它是维持血液正常凝固所必需的物质。天然维生素K有K_1、K_2两种。维生素K_1在菠菜、花椰菜、卷心菜、青花菜中含量特别丰富，鱼肉也是其特别好的来源。维生素K_2是人体肠道细菌所产生的。

（2）水溶性维生素　水溶性维生素易溶于水，除维生素B_{12}外，在人体内基本上都不能储存，一旦在体液中的浓度超过正常需要量，则随尿液排出体外，一般不会发生过多症。

水溶性维生素分为B族和C族两大类，比较重要的是维生素B_1、维生素B_2、维生素B_3、维生素B_5和维生素C。

1）维生素B_1：即硫胺素，又称抗脚气病维生素，具有保持神经和肌肉正常功能、参加糖的代谢、预防脚气病的作用。维生素B_1在糙米、油菜、鱼、猪肝、瘦肉中含量丰富。精细碾磨的精白米和精面粉中维生素B_1含量大大减少。

2）维生素B_2：又称核黄素，有黄素单核苷酸（FMN）和黄素腺嘌呤二核苷酸（FAD）两种活性形式。维生素B_2在动物性原料中含量较多，如肝脏、肾、心脏、奶类和蛋类中；在植物性原料中也含有，如菠菜、香菇、芹菜、紫菜中。它也可由肠道细菌合成。缺乏维生素B_2可引起唇炎、舌炎、贫血等。

3）维生素B_5：即维生素PP，包括烟酸和烟酰胺两种化合物，因其有抗癞皮的作用，又称为抗癞皮病维生素。维生素B_5是维生素类中最稳定的一种，不受光、热、氧所破坏。维生素B_5主要存在于谷类的麸皮、米糠及酵母、肝、肉、鱼和绿叶蔬菜中。

4）维生素 C：又称抗坏血酸，生物活性最大的是 L-抗坏血酸，有较强的酸性。容易氧化，是强力抗氧化剂，也可作为氧化还原载体。维生素 C 广泛存在于水果和蔬菜中，柑橘、枣、山楂、豆芽、番茄、辣椒、猕猴桃、番石榴中含量较多。

2．烹饪原料中维生素在烹饪中的变化

（1）溶解性　烹饪原料中的水溶性维生素，如维生素 B_1、维生素 B_2、维生素 B_5 和维生素 C 等都易溶于水，很容易通过扩散过程或渗透过程从原料中渗析到水中。因此，烹调过程中切洗、焯水、盐腌、炖煮等处理，常导致水溶性维生素大量沥滤流失。

（2）氧化反应　在原料的贮藏和烹调过程中，维生素 A、维生素 E、维生素 K、维生素 B_1、维生素 B_{12}、维生素 C 等特别容易被氧化破坏。其中维生素 A 易被氧化为视黄酸失去活性，维生素 E 分子中的羟基易被氧化失去作用，维生素 B_1 易被氧化成硫色素失去生理活性，维生素 C 易被氧化水解成二酮基古罗糖酸失去生理活性。

（3）热分解作用　加热是导致烹饪原料中维生素损失的最主要因素。其中维生素 C 和维生素 B_1 对热最不稳定。维生素 B_2、烟酸、生物素、维生素 K 等通常较稳定，但也可能有一定损失。在碱性条件下，加热对维生素的破坏更为迅速。例如，在烹制豆类、稀饭、制作馒头时添加碱，可使大部分维生素 B_1 分解；在烹制菜肴时，加热时间过长，会使大部分叶酸和维生素 C 被破坏。

（4）光分解作用　脂溶性维生素 A、维生素 D、维生素 E、维生素 K 和水溶性维生素 B_2、维生素 B_6、维生素 B_{12}、维生素 C 及叶酸对光敏感，光照能促进这些维生素氧化和分解。与避光保鲜相比，烹饪原料在阳光下贮存时，维生素的损失率增大几倍到几十倍。例如，牛奶暴露在强阳光下两个小时可损失 50%的维生素 B_2。

从以上介绍可知，在对烹饪原料的初加工和烹调过程中，维生素很容易发生质的变化或量的变化，这就要求我们在烹调加工时应尽量保护维生素，减少营养成分的损失。例如，蔬菜先洗后切，烹调中尽量少加或不加碱，尽量保留烹饪原料本身的液汁等，这些都是有效的保护措施。

六、烹饪原料中的矿物质

1．烹饪原料中矿物质的主要种类

矿物质又称无机盐。人体所有各种元素中，除碳、氢、氧、氮主要以有机化合物形式存在外，其他各种元素无论含量多少统称为矿物质。

矿物质与有机营养素不同，它们既不能在人体内合成，除排泄外也不能在体内代谢过程中消失。人体和其他生物体中的矿物质的营养功能，主要表现在维持体液的渗透压、调节肌体的酸碱平衡、维持细胞的正常功能、参与体内的生物化学反应等。

根据矿物质在生物体内的含量和需要量不同，通常将其分为两类：钙、磷、钾、钠、硫、氯和镁七种元素，含量在体重的 0.01%以上，人体需要量在 100mg/d 以上，称为常量元素或大量元素；而低于以上数值的其他元素则称为微量元素或痕量元素。世界卫生组织（WHO）专家委员会认为有 14 种微量元素为人体所必需，即铜、钴、铬、铁、氟、碘、锰、钼、锌、硒、镍、硅、锡、钒。有些矿物质在正常状态下不会对人体造成危害，然而当它们污染食品、被人体大量摄入后，会对机体的生理功能及正常代谢产生阻碍作用，造成人体中毒，如镉、汞、铅、砷。

2．烹饪原料中矿物质的分布及其营养功能

不同的生物烹饪原料中矿物质含量差别很大。这主要取决于原料品种的遗传特性、农业生产的土壤、水分或动物饲料等。植物的叶子矿物质含量最高，占总干重的10%～15%，茎和根约含 4%～5%，种子约含 3%。种子中含磷和钾最多，茎和叶中含硅和钙较丰富，地下贮藏器官中则钾的含量较高。

3．烹饪原料中矿物质在烹饪中的变化

烹饪原料中的矿物质总的来说是稳定的，它们对酸、碱、空气、氧气及光线不像维生素那样敏感，一般在烹调中也不会因这些因素而大量损失。但烹调方法会影响矿物质的含量和可利用性。

汆漂、汽蒸、水煮等烹调工序都可能对矿物质造成影响。但在研究过程中，取样技术和分析方法不一致，食品种类、品种、来源不统一，使得一些有限的数据不能直接用来比较，也就不能充分说明烹调对矿物质的影响。

七、烹饪原料中的色素

1．植物性原料中的色素及其变化

植物性原料中的色素主要存在于新鲜的蔬菜和水果中，主要有叶绿素（绿色）、类胡萝卜素（红、橙、黄色）、花黄素（黄色）、花青素（紫、红、青色）。

（1）叶绿素　叶绿素是绿色植物的主要色素，在化学结构上属于吡咯类色素，是由叶绿酸、叶绿醇和甲醇组成的酯。高等植物中有叶绿素 a 和叶绿素 b 两种，它们的含量约为 3∶1。叶绿素存在于植物细胞的叶绿体中，与类胡萝卜素、类脂植物及脂蛋白复合在一起，分布在叶绿体的蝶形体的片层膜上。

当受热时，叶绿素蛋白中的蛋白质部分发生变性，叶绿素被游离出来。游离的叶绿素很不稳定，对光、热、pH 等较为敏感。

（2）类胡萝卜素　又称多烯色素，它是在天然食品原料中分布最广泛的色素。红色、黄色和橙色水果及根用作物和蔬菜是富含类胡萝卜素的食品，卵黄、虾壳等动物材料中也富含类胡萝卜素。根据结构和溶解性不同，植物性原料中的类胡萝卜素可分为胡萝卜素类和叶黄素类两大类。

1）胡萝卜素类有 α-胡萝卜素、β-胡萝卜素、γ-胡萝卜素和番茄红素四种。胡萝卜素存在于胡萝卜及其他一些蔬菜中，番茄红素存在于番茄、西瓜等果实中。

2）叶黄素类广泛存在于生物原料中，含胡萝卜素类的组织往往也富含叶黄素类，如玉米、辣椒、柑橘、桃等原料。

（3）花黄素　花黄素属于多酚类色素，在自然界中以糖苷的形式存在。目前，已知的这类物质有 400 余种，多呈浅黄色或无色。

在自然情况下，花黄素对水果和蔬菜的赋色作用并不大。但在加工过程中，花黄素能参与各种化学变化而产生褐色，使植物原料的色泽改变，影响成品的外观色泽。花黄素的色泽变化因 pH 的改变而更加明显。在碱性条件下，花黄素呈明显的黄色。例如，马铃薯和荸荠等在硬水（pH=8）中会变成黄褐色，可用柠檬酸调整水的 pH 来避免这一情况。有金属离子存在时，花黄素的色泽也会发生变化，如遇铁离子变成蓝绿色。

（4）花青素　花青素也属于多酚类色素，通常与糖形成糖苷（称为花色苷），存在于植

物细胞液中，构成茎、叶、花和果实而呈现紫、蓝、红等颜色。

花青素的结构随 pH 的改变而变化，因而呈现不同的颜色。pH 较低时呈红色，pH 较高时则呈蓝色。在原料贮藏和烹调加工过程中，应尽量避免受 pH 变化、温度和金属离子等因素的影响，以防止花青素发生结构变化而变色，影响食物的外观色泽。

2. 动物性原料中的色素及其变化

（1）血红素　血红素分子是一个具有卟啉结构的小分子，在卟啉分子中心，由卟啉中四个吡咯环上的氮原子与一个亚铁离子配位结合。血红素是高等动物性原料中肌肉和血液呈现红色的主要成分，与蛋白质结合成两种色素蛋白：肌红蛋白和血红蛋白。

肉类呈现的红色是由 70%～80%的肌红蛋白和 20%～30%的血红蛋白构成，经屠宰放血后肌肉中的颜色 90%以上是由肌红蛋白呈现的。肉类的颜色常随烹调或肉制品加工而发生变化，这主要是由于肌红蛋白和血红蛋白中的血红素发生颜色的变化。

当血红素中的亚铁被氧化成高铁后，肌红蛋白或血红蛋白转变成高铁肌红蛋白或高铁血红蛋白，使肌肉的颜色由鲜红色变成灰褐色。因此，新鲜肉在空气中放久后表面颜色会变成灰褐色，新鲜肉经烹调制熟后会变成褐色。血红素在强烈氧化后会变成绿色，这是肉类偶尔会发生变绿现象的原因。

血红素中的亚铁能与一氧化氮结合，使肌红蛋白转化成亚硝基肌红蛋白，使血红蛋白转化成亚硝基血红蛋白，呈现鲜艳的桃红色。即使经过加热烹调，其产物亚硝基血色原仍能保持鲜红色。在加工香肠、肉质罐头、火腿等肉制品时，添加一定量的硝酸盐或亚硝酸盐可减少肉色的变化就是利用了这个原理。

（2）虾青素　自然界中的虾青素是由藻类、细菌和浮游植物产生的。一些水生物种，包括虾、蟹在内的甲壳类动物都食用这些藻类和浮游生物，虾青素在其体内可与蛋白质结合而呈青、蓝色。

虾青素属于酮类胡萝卜素，常与蛋白质结合成色素蛋白显示青蓝色，因此活着的甲壳动物呈青褐色。当虾蟹类原料经过烹调加热、贮藏或与无机酸相遇后，与酮类胡萝卜素结合在一起的蛋白质发生热变性，而析出游离型的虾青素。虾青素不稳定，易被氧化成红色的虾红素，外壳变为橙红色。虾红素的熔点高，不易被破坏，也不易溶解于水中，因此，虾蟹类原料经过烹制后成为比较稳定的橘红色。这种颜色的虾类经常被用于冷盘的拼配。

第二节　烹饪原料的细胞结构和组织器官结构

生物性原料是烹饪菜品的主要原料，它们是制作菜点的主体。因此，生物性原料的组织结构特点，对菜点的色、香、味、质等各方面指标都有着非常重要的影响。熟悉生物性原料的组织结构特点，对使菜肴在烹调过程中物尽其用具有重要意义。

生物性原料的组织结构可从细胞、组织、器官、系统和整个个体的水平上进行研究。本节着重介绍生物性原料的细胞和组织的结构、功能特性以及其与烹饪的关系。生物性原料的器官、系统和整个个体的结构特点将在后面的各章介绍。

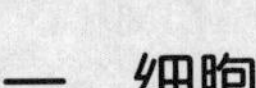

一、细胞

细胞是构成生物性烹饪原料的结构和功能的基本单位。不同原料的细胞的结构和内含物的差别，直接关系到原料的烹饪制品的质地、色、香、味和营养，影响加工工艺的选用。生物体的各类细胞虽然在结构和功能等方面有各自的特点，但其基本结构还是相似的。通常，植物细胞都包括细胞壁、细胞膜、细胞质和细胞核等部分；动物细胞都包括细胞膜、细胞质和细胞核等部分。图 2-1 为细胞超微结构模式图。

1．细胞壁

细胞壁是植物细胞的显著特征之一。细胞壁包围在细胞的最外层，使细胞具有一定的形状，对原生质体起着保护作用，此外还影响植物的吸收、保护、支持、蒸腾、物质运输和分泌等重要生理活动。

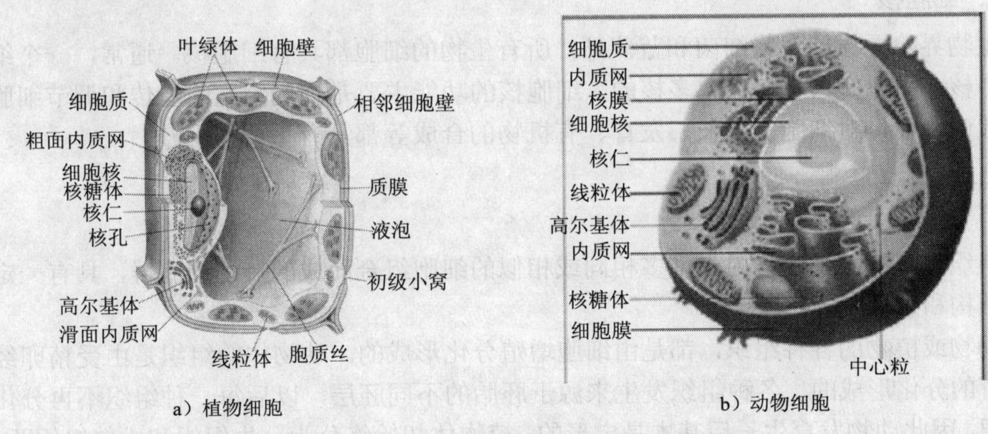

a）植物细胞　　b）动物细胞

图 2-1　细胞超微结构模式图

根据细胞壁形成的先后、化学成分和结构方面的不同，细胞壁可分为胞间层、初生壁及次生壁。相邻两细胞的细胞壁由两细胞内的原生质体共同分泌而成。

植物细胞在高渗溶液中，细胞内水分浓度高于细胞外水分浓度，水分子会由细胞内向外扩散，使原生质体积减小和收缩，与细胞壁分离，这种现象称为质壁分离。如果质壁分离严重，不能恢复，将导致细胞的死亡。

2．细胞膜

所有细胞的表面都有一层极薄的膜包围着，借此将细胞内的原生质和外界环境分隔开来，这层膜称为细胞膜或质膜。细胞膜非常薄，甚至用光学显微镜都难以分辨。细胞膜为脂质双层结构，其中镶嵌蛋白质，有些细胞膜外还有一层多糖被或糖衣，这是由糖脂、糖蛋白伸向细胞外表的糖链构成的。

细胞膜具有多种重要的功能，如物质运输、信息传递、细胞识别以及免疫等。细胞膜中的某些蛋白质具有选择性运输细胞内外物质的功能，使细胞有选择性地摄取或排出某些物质。因此，活细胞的细胞膜控制着细胞与外界环境的物质交换，维持着细胞内环境的相对稳定。当细胞死亡后，细胞内外的水和小分子可以随着浓度梯度的不同而自由地进行交换，直至平衡，这对蔬菜、肉类和鱼类的腌制保存具有重要的意义。

3. 细胞质

细胞膜以内与细胞核以外的所有部分，称为细胞质。细胞质中的细胞器对维持生物体的生理功能起重要作用。细胞质主要由基质、内含物和细胞器三部分构成。

（1）基质　基质是细胞质中无定形结构的胶体物质，含有各种可溶性的酶类，如糖酵解的酶系，与氨基酸合成和分解有关的酶系。

（2）内含物　内含物又称包含物，一般指细胞代谢活动以后产生的分布在细胞质中的产物，包括一些废物和某些可被利用的贮存物质，如淀粉粒、糖原、蛋白质、单宁、色素粒等。内含物在细胞中的种类和含量，往往随着生物体生理状况的变化而改变。当动物剧烈活动，尤其是丧失生命以后，内含物的变化更为显著。

（3）细胞器　细胞器是分散在细胞质中、具有一定形态结构、执行特定生理功能的微小器官。细胞器中与食品加工和贮藏关系密切的主要是线粒体、溶酶体和质体。

4. 细胞核

生物界除了原核生物细菌和蓝藻外，所有生物的细胞都具有细胞核。通常，一个细胞只有一个核，但也有具有双核或多核的。细胞核的功能主要是控制细胞的遗传和调节细胞内物质的代谢途径，对细胞的生长、发育、有机物的合成等都具有重要作用。

二、组织

组织是多细胞生物体内由许多相同或相似的细胞组合而成的特别细胞群，具有一定的形态、结构和生理功能。

动物或植物的各种组织，都是由细胞增殖分化形成的。动物体的组织是由受精卵经过胚胎发育的分化形成的，各种组织发生来源于胚胎的不同胚层，以后每一种组织不再分化为其他组织，因此动物发育生长后基本是定形的。植物体却始终分为分生组织和成熟组织两大类，分生组织可以不断地分化成各成熟组织，因此生长的植物体的构造是不定形的，如千年老树仍能分枝生长。

动植物烹饪原料各种组织的特点，对烹饪加工和成品质量有重要意义。

1. 植物的组织

作为烹饪原料的植物体，由不同形态和不同机能的组织构成。植物的组织根据功能和结构的不同，可分为分生组织、薄壁组织、保护组织、机械组织、输导组织和分泌组织。除分生组织外，其他五种组织是在器官形成时由分生组织衍生的细胞发展而成的，因此把它们总称为成熟组织，而与分生组织并列。

（1）分生组织　分生组织的细胞都具有持续分裂的能力，它们位于植物体生长的部位，其作用直接关系到植物的生长和发育。

（2）薄壁组织　薄壁组织是植物体中分布很广的一类组织，是构成植物体的最基本的一种组织，因此也叫做基本组织，具有同化、贮藏、通气和吸收等功能。薄壁组织是植物的基本组织和营养组织，在植物体中分布最广，而且细胞壁薄，并储藏有大量的营养物质，因此这种组织是植物性食品原料供人类食用的主要部分。谷类粮食的胚乳、豆类的子叶、蔬菜叶肉和水果的果肉，主要是薄壁组织。

（3）保护组织　保护组织是被覆于植物体表面的具有保护作用的组织，由一层或数层细胞构成，其功能主要是避免水分过度散失，调节植物与环境的气体交换，抵御外界风雨和病虫害的侵袭，防止机械的或化学的损伤。

在蔬菜和果品的采收和贮运过程中，保持其保护组织的完整、无损伤，可有效地增强其抗病能力及贮运性能。

（4）机械组织　机械组织是对植物起主要支撑和保护作用的组织。它有很强的抗压、抗张和抗曲挠的能力，植物能有一定的硬度，枝干能挺立，树叶能平展，能经受狂风暴雨及其他外力的侵袭，都与这种组织的存在有关。根据细胞结构的不同，机械组织可分为厚角组织和厚壁组织两类。

厚角组织分布于茎、叶柄、叶片、花柄等部分，根中一般不存在；厚壁组织广泛分布于成熟植物体的各部分。

（5）输导组织　输导组织是植物体中担负物质长途运输的主要组织，是植物体中最复杂的系统。根从土壤中吸收的水分和无机盐，由输导组织运送到地上部分。叶的光合作用的产物由输导组织运送到根、茎、花、果实中去。植物体各部分之间经常进行的物质的重新分配和转移，也要通过输导组织来进行。

（6）分泌组织　分泌组织是植物体内有些细胞可以产生一些特殊物质，由具有分泌作用、能分泌挥发油、树脂、蜜汁、乳汁等的细胞所组成。

2．动物的组织

动物的组织根据其起源、形态结构及功能上的不同，可分为上皮组织、结缔组织、肌肉组织和神经组织四大类。作为烹饪原料的动物体就是由这些组织构成的。其中，肌肉组织和结缔组织与食品加工质量和贮藏性能关系最为密切。

（1）上皮组织　上皮组织是由许多紧密排列的上皮细胞和少量的细胞间质组成的。它是动物体中最普遍存在的一类组织，与物质的转运有关，具有保护、感觉、吸收、分泌、排泄等功能。

（2）结缔组织　结缔组织分布于器官和器官或组织和组织之间。它们的特点是细胞排列比较疏松，细胞间质相当发达。结缔组织是分布最广、种类最多的一类组织，具有支持、连接、保护、营养、防御和修复创伤等功能。

（3）肌肉组织　肌肉组织是由肌细胞构成的组织，收缩性能强。肌细胞呈纤维状，所以常称为肌纤维，其收缩作用主要是由于细胞中有肌原纤维，而肌原纤维又含有肌球蛋白和肌动蛋白，这是肌肉组织中有收缩功能的蛋白质。

（4）神经组织　神经组织主要由神经细胞（或称神经元）和神经胶质细胞组成。神经元包括含核的大型细胞体及几个质突或神经纤维，用以接受刺激和传递冲动。神经组织分散地分布在其他组织中，通常连同其他可供食用的组织一起被食用。

三、器官

器官是多细胞生物体内由多种不同组织联合构成的、具有一定的形态特征、能发挥一定生理功能的结构单位。器官由组织构成。例如，高等动物的消化器官有胃、肠、肝等，胃是由上皮组织、结缔组织、平滑肌、血管和神经等构成的。高等植物也有明显的器官分化，其可食部分是根、茎、叶、花、果实、种子等各种器官。

烹饪原料中各种动植物器官的形态结构，如畜禽的内脏副产品以及蔬菜的根、茎、叶、花和果实等，将在以后各章相关的内容中介绍。

四、系统

系统是多细胞生物体内由许多器官联系起来，共同完成某种连续的基本生理功能的结构单位。高等动物主要有十大器官系统，即皮肤系统、骨骼系统、肌肉系统、消化系统、呼吸系统、循环系统、排泄系统、生殖系统、神经系统和感觉器官、内分泌系统。高等植物体由各组织构成，组织常常贯通于不同的器官之中，没有像动物体那样的器官系统，可分为三个组织系统，即表皮系统（主要有表皮层和周皮）、维管组织系统（主要由输导组织构成）和基本组织系统（主要由薄壁组织构成）。

在烹饪运用中，对形体较小的动植物烹饪原料，主要以个体作为利用单位；对形体较大的原料，主要以组织或器官作为利用单位，而不以系统层次作为利用单位，故在此对系统不作详细介绍。

技能训练（选做）

烹饪原料的感官鉴定

（1）目的：掌握感官评价的方法；会通过人体自身的感觉器官对烹饪原料的质量状况做出客观的评价。

（2）材料：芹菜、核桃仁、西瓜、新鲜柑橘、鸡蛋、鲤鱼。

（3）方法：感官评价就是评价员通过用眼睛看、鼻子嗅、耳朵听、口品尝和用手触摸等方式，对食品的色、香、味、形进行综合性的鉴别和评价。具体的鉴别方法如表 2-1 所示。

表 2-1　烹饪原料感官鉴定表

鉴定方法	鉴别内容	判断原料的品质	鉴定实例
视觉检验	原料的形态、色泽、清洁程度等	判断原料的新鲜程度、成熟度及是否有不良改变	新鲜的蔬菜茎叶挺直、脆嫩、饱满、光滑、整齐
嗅觉检验	鉴别原料的气味	判断原料的腐败变质	核桃仁变质产生哈喇味，西瓜变质带有馊味
味觉检验	检验原料的滋味	判断原料的优劣	新鲜柑橘柔嫩多汁，受冻变质的柑橘绵软浮水，口味苦涩
听觉检验	鉴别原料的振动声音	判断原料内部结构的改变及品质	手摇鸡蛋听声音；敲击西瓜检验成熟度
触觉检验	检验原料的重量、弹性、硬度等	判断原料的质量	根据鱼体肌肉的硬度和弹性，判断鱼是否新鲜

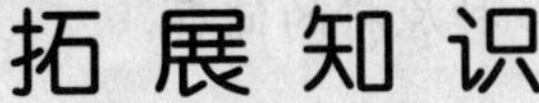

拓展知识

烹饪原料的储存方法

烹饪原料的储存方法很多，传统的方法有腌渍、干燥和加热等，随着现代科学技术的发展，出现了低温储存法、气调储存法、辐射储存法等新方法。

1．低温储存法

低温储存法是指利用低温环境来控制微生物生长繁殖、酶活动及其他非酶变质因素，从而储存原料的方法。此法适用于大部分动植物性原料的储存。根据储存时所采用的温度的高低，低温储存又可分为冷却储存和冷冻储存两类。

（1）冷却储存　冷却储存又称冷藏，是指将原料置于 0～10℃尚未结冰的环境中储存，主要适用于蔬菜、水果、鲜蛋、牛奶等原料的贮藏以及鲜肉、鲜鱼的短时间储存。

（2）冷冻储存　冷冻储存又称冻结储存，是将原料置于冰点以下的低温中储存，适用于肉类、禽类、鱼类等原料的长期储存。

2．高温储存法

高温储存法通过加热对原料进行储存，适用于大部分动植物性原料的储存。根据对原料进行加热时温度的高低，又可分为高温杀菌法和巴氏消毒法两种。

（1）高温杀菌法　高温杀菌法指用 100～121℃高温杀灭原料中的微生物，从而达到储存效果的一种方法，适用于鱼类、肉类和部分蔬菜的储存。

（2）巴氏消毒法　巴氏消毒法即低温消毒法（在 60℃时加热 30 分钟），适用于啤酒、鲜奶、果汁、酱油等不耐热原料的杀菌储存。

3．脱水储存法

脱水储存法是将原料中的大部分水分去掉，从而保持原料品质的方法，此法适用于大部分动植物性原料的储存。脱水干燥法可分为自然干燥法和人工干燥法两类。

4．腌渍储存法

腌渍储存法是利用食盐和食糖对原料进行加工后储存原料的方法，此法适用于大部分动植物性原料的储存。

5．烟熏储存法

烟熏储存法是在腌制的基础上，利用木柴不完全燃烧时所产生的烟气来熏制原料的方法，主要适用于动物性原料的加工，少数植物性原料也可采用此法，如乌枣。

6．酸渍储存法

酸渍储存法是将原料浸泡在醋等酸性溶液中加以保藏的方法，此法多用于蔬菜的储存。

7．气调储存法

气调储存法是通过降低原料储存环境中的气体组成成分（降低氧气的含量，增加二氧化碳或氮气的含量）而达到储存原料目的的方法，此法适用于水果、蔬菜、粮食的储存，近年来也开始用于肉类、鱼类及鲜蛋等多种原料的储存。

8．辐射储存法

辐射储存法是利用一定剂量的放射线照射原料而使原料延长储存期的一种方法，该法适合于粮食、果蔬、畜、禽、鱼类及调味品的储存。

9．保鲜剂储存法

保鲜剂储存法是在原料中添加具有保鲜作用的化学试剂（防腐剂、抗氧化剂、脱氧剂）来增加原料储存时间的方法，通常在肉制品和罐头制品中运用较多。

习　题

一、名词解释

束缚水　焦糖化反应　糊化作用　老化作用　油脂酸败

二、判断题

(1)对生物性烹饪原料组织结构的学习包括个体水平、组织器官水平和分子水平。(　　)

(2) 自由水由氢键结合力系着。(　　)

(3) 碳水化合物是多羟基醛或多羟基酮及其衍生物、聚合物的总称。(　　)

(4) 粉丝、粉皮、米线是利用淀粉的糊化作用制作的。(　　)

(5) 焙烤面包产生的金黄色是由于糖与蛋白质发生了羰氨反应。(　　)

(6) 脂溶性维生素包括维生素 A、维生素 D、维生素 C 和维生素 K。(　　)

(7) 钙、磷、钾、钠、硫、铁和镁七种元素常被称为常量元素。(　　)

(8) 细胞质主要由基质、内含物和细胞器三部分构成。(　　)

三、简述题

(1) 简述烹饪原料的化学组成。

(2) 烹饪原料中束缚水和自由水的含量对原料的贮藏有什么影响？

(3) 淀粉糊化和老化的原因是什么？这些特点在烹饪原料中有什么运用？

(4) 油脂酸败的原因是什么？对原料品质有什么影响？

(5) 简述植物细胞的结构组成。

(6) 植物性原料的组织主要有哪些类型？各种组织的主要特点是什么？

(7) 动物性原料的组织主要有哪些类型？各种组织的主要特点是什么？

第三章　烹饪原料的资源和分类

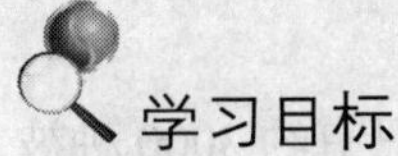

学习目标

（1）了解烹饪原料的分类和特点。
（2）熟悉烹饪原料的分类理论基础。
（3）了解烹饪原料的新资源。

重点与难点

烹饪原料的分类和特点及分类的理论基础。

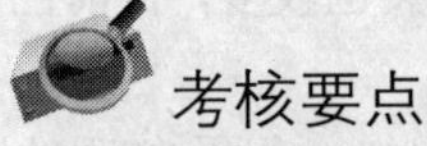

考核要点

烹饪原料的分类方法、原则和意义。

第一节　烹饪原料的资源特点和科学利用

一、烹饪原料的资源特点

烹饪所使用的原料有记载的物种共 140 万种，其中海洋类占 20%、陆地类占 80%，主要集中于无脊椎动物和真菌，使用范围较为广泛；植物类中约有 75000 种，被人工栽培的有 200 多种，农作物粮食主要是小麦、水稻、玉米、大麦、马铃薯、甘薯和木薯。豆科植物是世界最大的蛋白质来源。真菌有记载的有 47000 种，供食用的有 2000 种，人工栽培的食用菌不足 50 种。藻类有 26900 种，目前利用的只有 10 种。最常见的畜类包括猪、牛、羊 ，禽类包括鸡、鸭、鹅等，其副产品包括奶、蛋等。烹饪原料在使用当中要遵循鲜、活、短的原则，例如，根据原料本身的季节性，优选小麦、水稻代替了先秦的菰米、稗等，这样可以更好地利用原料自身的特点。

二、烹饪原料的使用与规范

1．烹饪原料资源的使用

人类的食物几乎完全取自于生物资源。我国有近几十万种生物，已分类、定名的约万种。鲜为人知的生物主要集中在无脊椎动物以及真菌等。许多烹饪原料具有很大的开发利用潜力。有些生物类群具有丰富的种类资源，有些生物性原料具有较大的自然蕴藏量，有些则具有较高的人工驯化价值。

（1）动物原料的开发利用　全世界95%的畜禽产品（肉、奶、蛋）来自于猪、牛、羊、鸡、鸭这五种动物。全世界已经记载的鱼类共有24618种，占脊椎动物的一半以上，但目前人类利用的只有500种，最常用于烹饪原料的只有10多种。而且鱼类和畜禽类不同的是，目前人类所消费的鱼 80%以上仍然来自于天然捕捞。除此以外，已经记载的甲壳动物有 3800 种，昆虫有75100种。软体动物有50000种，其中许多种类还没有被开发利用。

（2）植物原料的开发利用　现在地球上生长着植物约有75000种，但目前只有约3000种被人们尝试过，人工栽培利用的只有200种左右，在这200多种植物中，人类利用最多的、年总产量超过1000万吨主要粮食作物只有七种左右，即小麦、水稻、玉米、大麦、马铃薯、甘薯和木薯。人类所需植物蛋白的 95%来自于三种农作物，一半以上的植物蛋白仅来自于小麦、水稻、玉米三种农作物。豆科植物约有10000种，是植物世界最大的蛋白质来源。我们利用的豆科植物仅仅是其中的大豆、花生等少数几种。我国已报道的可食用的野菜有400余种，目前已开发利用的仅占蕴藏量的3%。已经记载的真菌有46983种，其中可供食用的至少有2000种，其中我国已报道的有720种，目前人工栽培的食用菌不足50种，形成大规模商业性栽培的仅15种左右。已经记载的藻类26900种，许多都具有开发利用价值，可供食用的藻类植物种类也较多，目前已利用的主要有10多种。

（3）微生物原料的开发利用　酵母、霉菌、微型球藻以及其他微生物，含蛋白质约50%～70%，营养价值较高，被誉为“蛋白质仓库”。因此，对其进一步进行合理的开发利用，具有良好的前景。对资源比较丰富的原料，可进行加工，以提高贮藏性能；对资源比较紧缺的原料，可尝试人工栽培或人工养殖，以扩大资源量。

2．烹饪原料资源的规划

目前全世界濒于灭绝的野生动物已达到1700余种（其中哺乳动物300余种，鸟类1000余种，两栖爬行动物 138 种），仅是地球上繁盛时期的物种残留下来的极少一部分，其原因除了自然环境的变化以外，更主要的是由于人类的破坏、盲目的经济发展和无节制地向大自然索取所造成的。因此，对自然资源的保护已成为全球关注的问题。许多国家已制定了野生动物保护条例或法规，我国也颁布了《野生动物保护管理条例》，公布了保护动物名录，建立了野生动物自然保护区，这些都是保护野生动物的重要举措。但是，在饮食行业，违禁将珍稀动物或濒危动物作为烹饪原料使用的情况仍时有发生。烹饪工作者应增强动物保护意识，坚决杜绝捕杀、销售和烹制国家保护动物的行为。

第二节　烹饪原料的分类

一、烹饪原料的分类及命名

1．生物的分类和分类学

（1）生物的分类　生物的分类就是按照一定的方法将种类繁多的生物进行分门别类，即根据生物的形态特征、结构特点和生活习性等，对各种生物加以比较研究，找出它们的共同点和不同点，将很多具有共同点的生物归并成一个大类群，又可将具有不同点的类群分成许多小类。如此分门别类，顺序排列，形成分类体系。

根据研究的对象不同，生物分类学可分为植物分类学、动物分类学、微生物分类学等。随着研究的深入，又细分为许多具体门类。例如，植物分类学又分为藻类分类学、菌类分类学、地衣分类学、苔藓分类学、蕨类分类学、种子植物分类学等；动物分类学又分为昆虫分类学、甲壳动物分类学、鱼类分类学、鸟类分类学、哺乳动物分类学等。

现在生存在地球上的动物约有 200 万种，植物约 50 万种，微生物约 10 万种。生物的种类数目如此繁多，形态又彼此千差万别，如果对它们不进行细致分类，我们对生物界的认识就将陷入杂乱无章的境地，无法进行调查研究，也无法充分利用生物资源和有效防除有害生物。

其实，早在原始时代，人们就将生物分为对人类有益的和有害的、可以吃的和不可以吃的等若干类。随着人类对自然界认识的深入，对生物的分类更客观、更科学，逐渐形成了生物分类学。经典的生物分类学，仅以生物的形态为根据，对于各种生物进行形态描述、命名和分类。现代的生物分类学，借助于细胞学、胚胎学、生物化学、生理学、遗传学、生态学等学科的原理和方法以及电子计算机等技术进行分类研究，使分类更加客观细致。

（2）生物的分类系统　生物的分类系统就是对生物进行分类以后产生的分类体系。古今中外，由于在不同的历史时期，不同的人对生物分类采用的标准不同，因而分类系统也就各式各样。但这些分类系统大体上可分为人为分类系统和自然分类系统两种。

1）人为分类系统。人为分类系统又称人为分类法，是指不考虑生物的自然性质，也不注重考察各种生物彼此间的亲缘关系和演化关系，仅根据形态、习性或用途的一两个特点进行分类的方法。

早期的分类工作主要运用人为分类法。例如，把树木分为常绿的和落叶的，把动物分为有血的和无血的、飞翔的和爬行的等。在明代李时珍所编的《本草纲目》中，将所收集的千余种植物分成草、谷、菜、果、木五个部，将数百种动物分成虫、鳞、介、禽、畜五个部，每个部下又分许多类。清代吴其濬在《植物名实图考》中，将植物分为谷、蔬、山草、隰草、石草、水草、蔓草、芳草、毒草、群芳、果、木 12 类。

人为分类系统并不符合生物界进化的实际情况，但在应用上比较简便，至今有时仍在使用。例如，在烹饪原料中，对生物性原料的分类主要采用人为分类系统，如将植物性原料分为粮食、蔬菜、果品，将鱼类原料分为淡水鱼和海产鱼等。在农学中，将农作物分为粮食作物（禾谷类作物、豆类作物、薯类作物）、工业原料作物（纤维作物、油料作物、糖料作物、嗜好类作物）、饲料作物。在园艺学中，将果树分为木本果树、草本果树。

2）自然分类系统。自然分类系统又称自然分类法，是指根据生物的形态特征、结构特点、功能和发育等各个方面，进行综合深入的研究，尽可能反映出生物界自然演化过程和亲缘关系的分类方法。

生物分类学工作者为使自然分类系统日臻完善，作了长期不懈的努力，使分类学的发展越来越接近于自然状况。但由于生物的错综复杂和选用的分类指标不完全相同，在分类系统中不免带有人为的因素，因此各专家建立的分类系统仍未一致，对同一个生物类群通常存在着多个分类系统。

（3）生物的分类等级　生物的分类等级，又称分类阶元或分类单位，就是根据生物之间相同或相异的程度以及亲缘关系的远近，将生物划分为若干不同层次类群的等级。将所有的生物分为几个界，界分为许多门，门分为许多纲，纲分为许多目，目又分为许多科，科下分属，属下分种。于是生物的分类就有了界、门、纲、目、科、属、种这七个主要的分类等级。

有时为了更精确地表达生物的分类地位，还可将原有的等级进一步细分出一些辅助的分类等级。通常在原有等级名称之前加上总或加上亚，于是就有了亚门、总纲、亚纲、总目、亚目、亚科、亚属、亚种等名称。

（4）生物的主要类群

1）植物的主要类群。植物界根据自然分类系统，习惯上一般分为藻类植物、菌类植物、地衣植物、苔藓植物、蕨类植物和种子植物。在植物分类学上，由于各学者的依据不同，产生了不同的划分方法。

藻类、菌类、地衣等用孢子进行繁殖，故合称孢子植物，由于没有开花结实的现象，故又称为隐花植物。裸子植物和被子植物用种子繁殖，故称种子植物，因种子植物均能开花结实，又称显花植物。

藻类、菌类和地衣在形态上无根、茎、叶分化，在构造上一般无组织分化，生殖器官为单细胞，不形成胚，故合称为低等植物或无胚植物。裸子植物和被子植物形态构造复杂，在形态上有根、茎、叶分化，在构造上有组织分化，生殖器官为多细胞，形成胚，故合称为高等植物或有胚植物。

根据种子外面有无包被的结构，又可以把种子植物分为裸子植物和被子植物。

① 裸子植物门。裸子植物的胚珠裸露，因此由胚珠形成的种子没有包被而裸露在外，不形成果实。其维管束发达，但木质部只有管胞，韧皮部只有筛细胞而无伴胞。现在生存的裸子植物约有 700 多种，可供食用的有银杏、松子、香榧子等。

② 被子植物门。被子植物是植物界最高等的类群，果实对种子起保护作用，植物体极为发达，并高度分化，木质部有了导管，韧皮部有了筛管和伴胞。被子植物种类繁多，约有 25 万多种，占植物界总数的一半以上，用途极广。绝大多数植物性烹饪原料（包括调料）均采自被子植物。

根据被子植物的形态结构的异同，又将其区分为双子叶植物和单子叶植物。

双子叶植物纲：多为直根系；茎内的维管束作环状排列，内有形成层；叶脉多为网状脉；花被基数多为五或四；胚中具有两片子叶。本纲科属很多。例如，木兰科（八角茴香）、三白草科（（蕺菜）、睡莲科（莲藕）、莼菜科（莼菜）、番杏科（番杏）、藜科（甜菜、菠菜）、瓦科（瓦菜）、落葵科（落葵）、蓼科（食用大黄、扁蓄）、锦葵科（黄秋葵、冬寒菜）、葫芦科（黄瓜、西葫芦、西瓜、冬瓜、番瓜、丝瓜、苦瓜、佛手瓜、蛇瓜）、十字花科（萝卜、芜著、并蓝、结球甘蓝、袍子甘蓝、花椰菜、青花菜、球茎甘蓝、小白菜、大白菜、皱叶芥、大叶芥、包心芥菜、雪里蕻、大头菜、榨菜、辣根、豆瓣菜、芥菜）、豆科（豆薯、百稽、金花菜、菜豆、绿豆、葛菜、莱豆、小菜豆、豌豆、蚕豆、可豆、大豆、扁豆、刀豆、矮刀豆、黎豆）、菱科（菱）、楝科（香椿）、伞形科（芹菜、水芹、芫要、胡萝卜、茴香、美国防风）、茄科（马铃薯、茄子、番茄、辣椒、枸杞、酸浆）、芸香科（柑橘、花椒）、旋花科（蕹荣、甘薯）、唇形科（草石蚕）、菊科（葛筐、荷篙、菊芋、苦芭、牛黄、朝鲜蓟、婆罗门参、菊花脑）等。

单子叶植物纲：禾本科（小麦、玉米、稻、竹笋、甜玉米、茭白）、泽泻科（慈姑）、莎草科（荸荠）、天南星科（芋荚、魔芋）、棕榈科（椰子）、香蒲科（蒲菜）、百合料（金针菜、芦笋、卷丹百合、兰州百合、洋葱、大蒜、大葱、韭菜、薤）、薯蓣料（山药、大薯、黄独）、姜科（姜、蘘荷、草果、豆蔻、山柰）、兰科（天麻）等。

2）动物的主要类群。动物界一般分为20个门。常见的有原生动物门、扁形动物门、棘皮动物门、线形动物门、环节动物门、海绵动物门、节肢动物门、腔肠动物门、软体动物门、脊索动物门。这10个门中，除了脊索动物门外，都不具有脊椎，常称之为无脊椎动物或低等动物，其中腔肠动物门、环节动物门、软体动物门、节肢动物门、棘皮动物、脊索动物门中含有烹饪原料。

（5）生物的命名

1）建立生物命名法的必要性。由于生物种类繁多以及地理、历史和社会等各方面的原因，在不同地区、不同民族、不同时代和不同社会行业中，生物性烹饪原料的名称极为混乱。主要表现在三个方面。

① 复名：一种原料具有若干个名称。这种情况主要发生在分布比较广泛的原料中。例如，玉米又称为玉蜀黍、苞米、苞谷、玉豆、棒子等；番茄在我国南方称番茄，北方称西红柿；马铃薯在我国南方称洋山芋或洋芋，北方称土豆；鳓鱼又称响鱼、白鳞鱼，广东称鲙白鱼，山东称火力鱼，浙江称鳌鱼，福建称刀鱼等。

② 重名：多种原料具有同一个名称。例如，称为桂皮的有肉桂、天全桂、香桂、川桂、阴香等树的皮；鱼肚和鱼翅均是许多种类的通称；鸟类的一种雉科动物称为石鸡，作为“庐山三石”之一的一种蛙类动物棘胸蛙在民间也称为石鸡；蕨类植物分株紫萁和豆科植物大巢菜均被称为蔽菜；民间将石斑鱼属的40多种鱼均称为石斑鱼。

③ 名称错乱：一物多名和多物一名两种情况交织在一起，或者同一名称有范围大小不同的几种含义。例如，菜豆、扁豆、刀豆是三种不同的豆类蔬菜，人们常将三者在名称上互相指代。

为了消除障碍，便于生产和学术交流，必须给每一种生物制定一个世界通用的科学名称。

2）生物命名法。生物学家很早就对创立世界通用的生物命名法进行了探索，经过200多年的实践，目前国际上已建立了一系列命名法规，如《国际动物命名法规》、《国际植物命名法规》、《国际栽培植物命名法规》、《国际细菌命名法规》等。

按照国际命名法规的规定，科学家们已经给已知的每一种生物制定了世界统一使用的科学名称，称为学名。每种生物只能有一个正确的学名，不管其来源如何，一律用拉丁文处理。除了学名以外，其余无论是何种语言、何种文字的名称均称为俗名。对一些极为常见的原料，即使名称混乱也能知道指的是何物；但对于许多不太常见的原料（如海产鱼类、贝类、藻类等）或分类容易混淆的原料（如芸薹属的蔬菜），仅靠杂乱的中文名称难以搞清楚所指何物，这对于识别原料、利用文献和从事科研工作都是极为不利的。因此，某一种生物不管有多少中文或外文名称，除了拉丁文学名外都是俗名，但其中有些名称常用于学术文献，有些则常用于民间。在烹饪原料的文献特别是学术著作中，应大力提倡使用拉丁文学名。

2．烹饪原料的分类

（1）烹饪原料营养价值的评定　烹饪原料的营养价值是指某种烹饪原料中所含营养素和

热能满足人体营养需要的程度。

评定烹饪原料的营养价值常从原料中营养素的种类是否齐全、数量多少、相互比例是否适宜以及是否容易消化吸收等方面入手。

目前常用营养质量指数，即 INQ 作为评价原料营养价值的指标，也就是营养素密度（某营养素占供给量的比）与热能密度（该食物所含热能占供给量的比）之比。

INQ=某营养素密度/热能密度

=（某营养素质量分数/该营养素参考摄入量标准）/（食品产生热量/热能参考摄入量标准）

INQ=1，表示食物的该营养素与热能质量分数，对该供给量的人的营养需要达到平衡。

INQ>1，表示该食物该营养素的供给量高于热能，说明该原料营养价值比较高。

INQ≤1，说明此食物中该营养素的供给少于热能的供给，长期食用此种食物，可能发生该营养的不足或热能过剩，说明该原料营养价值比较低。

通过计算某原料的 INQ 可对其营养质量的优劣一目了然，是评价膳食营养价值的简明指标。

（2）成酸性食品和成碱性食品　食物的成酸、成碱作用是指摄入的某些食物经过消化、吸收、代谢后变成酸性或碱性的代谢残余物，相应的食物即为成酸性食物或成碱性食物。体内的成碱性物质只能直接从食物中吸取，而成酸性食物则既可来自食物，也可通过食物在体内代谢的中间产物或最终产物形成。

1）成酸性食品通常含有较丰富的蛋白质、脂肪和糖类。它们含成酸元素（Cl、S、P）较多，在体内代谢后转化为酸性物质，可降低血液等的 pH。一般而言，动物性食品尤其是蛋白质质量分数较高的肉类、蛋类、鱼类及其制品都属于成酸性食品。

2）成碱性食品是指含钾、钠、钙、镁较多的食物。这些离子在食品中常表现为强碱弱酸性，在体内代谢后，有机酸被氧化，而钾、钠等则表现出碱性，能防止血液等向酸性发展。植物性食品如蔬菜、水果是常见的成碱性食品，但水果中的乌梅、草莓和谷类、薯类为成酸性食品。

平衡膳食要求在摄入食物时应当注意酸碱食物的比例恰当，以利于维持机体正常的酸碱平衡。若肉类等成酸性食品摄入过多，可导致体内酸性物质过剩，而大量消耗体内的矿物质。适当地食用蔬菜、水果则可消除机体中过剩的酸，维持酸碱平衡。

（3）烹饪原料的科学命名方法　人们为了认识生物，以便掌握和利用它们，常要对不同的种类给以不同的名称来区分它们。由于生物种类繁多，并分布于世界各地，若各自定名，就会造成名称上的混乱。为了避免同物异名或同名异物的现象，需对不同的生物给以统一的名称，以便在世界范围内进行学术研究和交流。1753 年瑞典植物学家林奈提出了“双名制”，这一方法现已被广泛应用于植物、动物的分类方面。

（4）烹饪原料分类要求

1）按照菜肴产品营养与卫生的基本要求分类。

2）按照菜肴产品不同的质量分类。

3）按照原料本身的性质和原料固有的特点分类。

4）按照原料的“具体质量要求”进行分类。

（5）影响烹饪原料质量要求的因素　“具体质量要求”是指原料的质量标准和规格，如原料的年龄、老嫩、应该选用的部位、产地等。

1）产季：自然生长的动植物性烹饪原料的品质具有很强的时令性。正当时令的原料口感好、风味醇，营养丰富，食用价值高。

2）产地：各地区烹饪原料的品种质量差异较大。

3）食用部位：同一原料的不同部位，其组织构成比例差异很大，体积较大的动植物性原料表现得更加明显。

4）贮存：烹饪原料在贮存保管时可能发生变质。在使用前可针对损伤及变质程度进行相应处理，不致造成原料浪费和影响食用者的健康。

（6）烹饪原料的分类方法

1）按照生物学的特性分类：植物性原料、动物性原料、人工合成原料和矿物性原料。

2）按原料行业分类：农产食品、畜产食品、水产食品、林产食品和其他食品。

3）按原料的加工程度分类：鲜活原料、干货原料、半成品原料。

4）按烹饪技法分类：主料、配料、调辅料。

5）按商品种类分类：粮食、蔬菜、果品、肉及肉制品、水产品、野味、干货及干货制品、蛋奶及蛋奶制品、调味品等。

二、烹饪原料分类的原则

对烹饪原料进行科学分类，是烹饪原料加工的基本要求，也是能否达到预期目的的关键。因此，在分类时需要具体掌握以下原则。

1. 系统性原则

烹饪原料在选择某种方法分类时，应按烹饪原料本身固有的属性和某种本质特征作为统一的标志自成一体。

2. 兼容性原则

在某种分类方法和分类体系中，要能够包含并兼容所有的烹饪原料品种。

3. 简明性原则

选择任何一种方法分类，对各种原料的划分归属要一目了然，层次结构要逻辑清晰。

三、烹饪原料分类的意义

烹饪原料的分类是一项细致、严密和具有科学性的研究工作。我国在烹饪中运用的原料品种之多，涉及面之广，在世界上没有一个国家能与之相比。对如此众多的烹饪原料进行科学的、适合本学科特点和人们认识规律的分类，使每一种烹饪原料都比较合理地归属到各自的类别之下是非常必要的，具有重要的实际意义。

（1）通过对烹饪原料的分类，可以全面地反映我国在烹饪中运用的所有原料的全貌，使我们能系统地认识烹饪原料的有关知识以及烹饪原料与烹饪技术内在的联系，进一步促进对烹饪原料的开发和运用，促进烹饪技术水平的不断提高。

（2）通过对烹饪原料的分类，可以更好地结合现代自然科学知识，从理论高度对各种烹饪原料的共性和个性加以归纳阐述，深化对烹饪原料的认识，促进中国烹饪理论的不断完善和发展。

（3）通过对烹饪原料的分类，可以使学习烹饪者比较系统而有条理地了解各种烹饪原料的性质和特点，指导烹饪人员对烹饪原料进行选择、检验、保管等实践，提高对烹饪原料合理加工的程度和水准。所以，学习烹饪原料分类的有关内容，掌握其分类方法是学习和掌握烹饪原料知识的钥匙，对烹饪理论的研究和烹饪技术水平的提高有着重要的作用。

第三节　烹饪原料的新资源

长期以来，人类致力于对烹饪原料进行品种改良，造就了许多优良品种。特别是近年来遗传育种技术的发展，使烹饪原料品种更加丰富。

一、植物新资源

植物性烹饪原料的种类从世界范围来讲，其增加是有限的，但对我国来讲或特定区域来讲，每年都有大量增加。这主要是通过相互引种实现的。即使这样，品种也时刻在改进之中。例如，我国柑橘过去主要是“黄岩本地柑”、“温州蜜柑”等，现在出现了“华盛顿脐橙”等主栽品种。过去主要种植水蜜桃，现在是没有桃毛的油桃。“美国猕猴桃”等都是近几年出现的新品种。10 年前浙江主要种植“华盛顿芦笋”，现在基本上都换成了“加州芦笋”品种。近年来随着基因工程技术的进展，植物性烹饪原料的品种改良的速度进一步加快。一些转基因的马铃薯、玉米、番茄、大豆等已经悄悄进入我国的烹饪原料领域。近年来的另一个发展是低等植物进入我国烹饪原料领域。主要是一些藻类，如螺旋藻、微球藻等，能够生产大量优良的蛋白质。这些藻类的粉剂或提取物作为食品添加剂，开始进入烹饪原料领域。

二、动物新资源

动物性烹饪原料种类的增加很有限，但目前通过对一些原来稀有种类和品种的养殖，提供了烹饪原料新资源。例如，鸵鸟、火鸡、蜗牛、蝎子等可通过养殖来满足烹饪需要。其他如黄鱼、青蟹、河鳗、黄鳝等也通过大量养殖，降低价格，满足大众需要。

目前动物中比较受人重视的新资源是昆虫食品，如蚂蚁粉等昆虫蛋白通过食品工程手段，作为添加剂进入烹饪原料领域。这使部分不喜欢直接食用昆虫的人，变得能够接受。

动物食品中另一个发展趋势是人造动物食品进入烹饪原料领域。人造虾、人造鱼子、人造海蜇皮等大量进入我国烹饪原料领域。人造虾在日本和美国也非常流行，主要用于汉堡包的馅。

三、微生物新资源

食用微生物种类比较少。目前由于技术进步，微生物烹饪原料的种类出现了增长。例如，食用苗的“灰树花”过去很少，现在由于栽培技术进步成为新资源，正不断走向餐桌。

技能训练（选做）

平菇栽培实验

（1）目的：通过平菇栽培中的培养基的制备、接种、消毒、灭菌等操作，使学生掌握烹饪原料中食用菌栽培的基本技术。

（2）器材：接种刀、接种耙、接种铲（用自行车辐条自制）；接种箱（自制规格不定）、恒温箱、高压灭菌锅（用家用 24～26cm 高压锅代替也可）；温度计、干湿温度计、酒精灯、脱脂棉、试管、菌种瓶（可用罐头瓶代替）、0.04×25～0.04×30cm 聚乙烯塑料筒、聚丙烯塑料（耐高温，可用方便面袋代替）、牛皮纸、线绳等。

（3）方法和步骤：

1）母种培养基制备：20%的马铃薯浸汁液 500ml、葡萄糖 2%、$MgSO_4$0.015%、$KH_2PO_4$0.03%、琼脂 2%、pH6.7。

① 取去皮马铃薯 100g、加水 500ml 煮沸约 15 分钟，至熟而不烂，用纱布过滤得滤液，加水至 500ml 为止。

② 取上述各种微量元素于烧杯内，溶化后加入琼脂加热，待琼脂溶化后用 0.5mol/L NaOH 和 0.5mol/L HCl 调 pH 为 6.7。

③ 倒入干净试管中，以斜面上端到试管底部约占试管总长的 3/4 为宜。塞上棉塞。

④ 灭菌。用高压灭菌锅可先使压力表到 0.5kg 刻度，打开气阀放出冷空气。关阀后加压达 1.2kg 刻度，计时 30 分钟，断电。若用家用高压锅时，加热至冒出蒸气 3 分钟后盖上高压阀，直至阀门冒出蒸气时开始计时，并维持 50 分钟，然后摆成斜面自然冷却。

2）母种的转管：转管在无菌环境（接种箱）条件下进行。若没有接种箱可在酒精灯下进行。取事先引进的母种，用 70%酒精棉球将手和试管口消毒。右手拿接种耙在酒精灯上烧，表面旋转灭菌。左手并排拿起母种试管和未接菌的斜面试管，先轻轻旋松试管口棉塞，用右手的小指和无名指夹下棉塞，试管口用灯焰封口。将接种耙放入未接菌的试管口冷却，把试管内菌面上 0.5cm、下 0.5cm 废弃。用接种刀（也要在灯焰上灭菌放入试管口冷却）在菌种管内划纵刀，再用接种耙（灭菌冷却同上）横切为 20 块；最后用接种铲（灭菌冷却同上）铲出一块，左手中指将两试管分开送入母种培养基，塞上棉塞。注意整个过程试管口一定要用灯焰封闭，尤其是在露天进行时，一定要严格操作。贴好标签放入恒温箱内培养。72 小时后打开箱内检查，若发现有杂菌及时处理掉。待菌丝长满到斜面培养基 4/5 时，停止培养。

3）原种的制备与培养：制备玉米粒培养基，取玉米粒在水内浸泡 24 小时后小煮 15 分钟，过滤得玉米粒加 1%白糖、1%石膏粉、10%马粪，加水适量拌匀。将拌匀的玉米粒培养基装入 500ml 的干净菌种瓶内，装料至瓶肩处为止，不要压实。用直径为 1.5cm 的锥形木在瓶的中间向下插一小洞，并随即将瓶口内外及瓶身外洗净，用一块聚丙烯塑料包好瓶口，再盖上一层牛皮纸，用线绳（或橡皮筋）扎紧瓶口灭菌。灭菌方法同上。由于原种培养基体积大、瓶壁厚，故灭菌时若用家用高压锅需灭菌 1.5 小时左右。若数量较多时，可用大蒸锅常压灭菌，连续煮沸 8 小时左右，并焖一夜，也能达到灭菌目的。灭菌后，在接种箱内冷却接种。将长好的母种斜面试管用接种铲取黄豆粒大一块，连同培养基迅速装入原种瓶内的洞穴上，封口。接种后的原种全部移至培养箱或培养室内，根据菌丝生长最适温度进行培养。培养室要注意通风换气，空气相对湿度要小于60%。72小时后检查，发现有其他颜色杂菌时，及时清理掉。

4）栽培种的制备：栽培种由原种扩制而成。其培养基成分为：木屑80%、玉米面18%、石膏粉1%、生石灰1%、过磷酸钙0.3%、pH7.4，干料与水的比例约为1:1.3。拌匀后装瓶，装料松紧要适宜，一般为上下紧、中间松。然后灭菌、接种、培养方法同上。

5）袋式生料栽培：此法优点是不用搭架子，且不易染病。在播种前，菇房（采用的是学校菜窖）要打扫干净，进行消毒。用熏蒸法，即每立方米空间用甲醛10ml，加高锰酸钾5g。密闭菇房熏蒸24h，然后开窗换气，至菇房无刺激气味时将培养料移入菇房。培养料为新鲜木屑98%、生石灰1%、石膏粉1%、多菌灵0.1%，用碳酸钙调pH为6.8（或至7.4），加水拌匀，至手紧握料手缝有水渗出且不下滴为宜。

取0.04×25～0.04×30cm的塑料袋截成45cm长，装料。距两端封口处各5cm处撒一些菌种，料中间也撒一层菌种，边装边压实（但不要压得太紧），两端用大头针封口。封口要求尽量防止杂菌感染，又透气良好。一般每袋装干料约1.75kg，2袋共接3瓶栽培种为宜。放菇房内垛起，但不要垛得太高，一般不超过1m。避光在25℃条件下3天可长满菌丝，利用温差等刺激袋口两端将有子实体原基出现。此时将袋口打开上卷，需光照1～2天（日光灯或散射光，避免直射光），增加空气相对湿度并通风，待子实体原基分化出可见的菌柄、菌盖时，料面可直接喷水，控制空气相对湿度在80%～90%。待成熟时即可采收，采收后仍按上述管理方法进行，待两茬后应适当作中间补料，可收获4～5茬。

（4）分析与讨论：

1）母种、原种、栽培种的接种记录。

2）袋式生料栽培记录。

拓展知识

奇妙的“螺旋藻”

螺旋藻（Spirulina）是一类低等植物，属于蓝藻门，颤藻科。它们与细菌一样，细胞内没有真正的细胞核，所以又称蓝细菌。蓝藻的细胞结构原始，且非常简单，是地球上最早出现的光合生物，在这个星球上已生存了35亿年。它生长于水体中，在显微镜下可见其形态为螺旋丝状，故而得名。丽江程海湖是世界三大出产天然螺旋藻的地区之一，也是我国唯一出产天然螺旋藻的地区，此外国内各地区的螺旋藻都是人工养殖的，而且生产的质量也参差不齐。螺旋藻因其营养均衡、全面而风行世界，成为最佳的健康保养食品。

数百年前非洲一些部落就将螺旋藻制成藻饼食用。近几十年来，科学家发现螺旋藻是人类迄今为止所发现的最优秀的纯天然蛋白质食品源，蛋白质含量高达60%～70%，相当于小麦的6倍，猪肉的4倍，鱼肉的3倍，鸡蛋的5倍，干酪的2.7倍，且消化吸收率高达95%以上。其特有的藻蓝蛋白，能够提高淋巴细胞活性，增强人体免疫力，因此对胃肠疾病及肝病患者康复具有特殊意义。其中维生素及矿物质含量极为丰富，包括维生素 B_1、维生素 B_2、维生素 B_6、维生素 B_{12}、维生素 E、维生素 K 等，并含锌、铁、钾、钙、镁、磷、硒、碘等微量元素，其生物锌、铁的比例基本与人体生理需要一致，最容易被人体吸收，能快速改善小孩厌食症，提高食欲。其类胡萝卜素含量是胡萝卜的 15 倍，维生素 B_{12} 含量是猪肝的 4 倍，铁含量是菠菜的 23 倍，是铁含量最丰富的食物，因此，螺旋藻对防治贫血有积极意义。它含有大量的 γ-亚麻酸，这是一种人体必需的不饱和脂肪酸，是健脑益智、清除血脂、调节血压、降低胆固醇的理想物质。螺旋藻中的螺旋藻多糖具有抗辐射损伤和改善放、化疗引起的副作用，因此对肿瘤患者是食疗佳品。螺旋藻中叶绿素含量极为丰富，是普通蔬菜含量的 10 倍以上，对促进人体消化、中和血液中毒素及改善过敏体质、消除内脏炎症等都有积极作用。螺旋藻中脂肪含量只有 5%，且不含胆固醇，可使人体在补充必要蛋白时避免摄入过多热量。经国内外大量科研试验证明，螺旋藻在降低胆固醇和血脂、抗癌、减肥、养胃护胃、治疗贫血及微量元素缺乏、护肝、增进免疫、调整代谢机能等方面都有积极作用，被联合国粮农组织和联合国世界食品协会推荐为“21 世纪最理想的食品”。

习　题

一、名词解释

热能密度　成酸食品　成碱食品

二、判断题

（1）全世界 95%的畜禽产品来自于猪、牛、羊、鸡、鸭这五种动物。（　　）

（2）酵母、霉菌、微型球藻以及其他微生物，含蛋白质约 50%～70%，营养价值较高，被誉为“蛋白质仓库”。（　　）

（3）根据自然分类系统，植物界习惯上一般分为藻类植物、菌类植物、地衣植物、苔藓植物、蕨类植物和种子植物。（　　）

（4）名称错乱是指一物多名和多物一名两种情况交织在一起，或者同一名称有范围大小不同的几种含义。（　　）

（5）食用部位是说同一原料的不同部位，其各组织构成比例差异很大，体积较大的动植物性原料表现得更加明显。（　　）

三、简述题

（1）烹饪原料分类原则分为哪些？

（2）烹饪原料的分类意义是什么？

（3）影响烹饪原料的质量因素有哪些？

（4）烹饪原料新资源的发展趋势如何？试举例。

第四章　烹饪原料的品质检验与保藏

学习目标

（1）了解烹饪原料品质检验的意义及影响烹饪原料品质的主要因素。

（2）掌握各种烹饪原料的品种特性。

（3）了解烹饪原料保藏技术，能运用烹饪原料保藏技术对原料进行保藏。

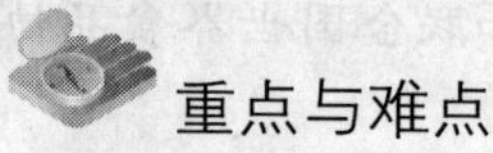

重点与难点

烹饪原料品质的检验和保藏技术。

考核要点

各种烹饪原料品质的检验方法和保藏技术。

第一节　烹饪原料的品质检验

烹饪原料的品质检验指从原料的用途和使用条件出发，依据一定的标准、运用一定的方法，对原料的食用价值进行判断，确定其食用质量的优劣。

一、烹饪原料品质检验的意义

1．原料品质检验能够保证菜点的质量

原料品质是保证菜点质量的前提。原料的品质好，加上厨师的精湛技艺，能够烹制出色、香、味、形俱佳，营养丰富又卫生安全的菜肴；相反，如果原料的品质较差，即使厨师的技艺再高，菜点的质量也很难得到保证。

2．原料品质检验能够使烹饪原料得到合理应用

同一类原料的品种不同、生长季节不同、产地不同以及同一种原料的不同部位都对原料的品质产生不同程度的影响。不同菜肴对原料质量的要求存在一定的不同，如爆、炒肉丝之类的原料需要质地较嫩、容易成熟的原料，如里脊肉和通脊肉等；而制作一些肉馅之类的就可以选择质地相对较老的原料如前腿肉。因此，有效的质量鉴别和品质检验能够合理地区分原料等级，按照菜肴的具体要求来选择原料，保证原料的合理利用。

3．原料品质检验能够保证人们的健康

原料品质的好坏是关系到人体健康的重大问题。人体所需要的营养素来自食物。每一种原料所含有的营养素存在着不同程度的差异，要保证人体营养素需要得到满足，就要了解每一类（种）原料的营养特点，进而可以在原料的选择和搭配上以满足人体营养素的需要为出发点。

原料在生长、采收（屠宰）、加工、储藏、运输、销售过程中会受到各种有害甚至有毒物质的污染，这些原料一旦在烹饪中被使用，不但不能满足人体的营养素需要，相反还会给人体健康带来严重危害。

因此，原料的品质检验可以有效地保证原料的营养品质和卫生质量，避免劣变原料进入人体内，确保食品安全与人体健康。

4．原料品质检能够控制成本

原料成本在菜肴总成本中所占比重很大。原料品质检验的目的是保证菜肴的质量，保证原料的合理利用。通过品质检验，原料有等级的差异，在烹饪中的应用也有不同。这样，按照菜肴的具体要求来选择原料，可以有效地控制原料的成本。

二、影响烹饪原料品质的主要因素

1．原料的种类对原料品质的影响

各类原料都有自己的结构特点和化学组成，其品质也各有不同。植物性原料有细胞壁、质体和体液，所以植物性原料比较硬，水分含量高，色彩比较丰富。动物性原料没有细胞壁、质体和体液，所以动物性原料一般比较柔软，韧性较强，但色泽比较单调。同一种原料的不同品种之间也存在着质量的差异。同一品种的栽培和饲养方法不同，质量也不同。

2．上市季节对原料品质的影响

生物性原料的生长受季节因素的影响较大。因为生物在一年之中，有其生长的旺盛期，也有生长的停滞期；有肥壮期，也有瘦弱期；有生长期，也有繁殖期；有幼嫩期，也有成熟期等。处于这些不同时期的生物，其状态差异较大，将它们用做烹饪原料，其品质就有较大的差异。因此，我们必须掌握好原料不同生长时期的特点，在不同季节选择不同的原料，从而烹制出不同的时令佳肴。

3．原料的产地对原料品质的影响

由于各地区自然环境不同，加上气候条件、动植物饲养和种植方法以及加工方法的不同，所产的原料其品质也有差异，因此在各地形成了不同特点的烹饪原料，即所谓的地方名特产品。例如，加工金华火腿，必须选用当地的瘦肉型猪“两头乌”的后腿为原料，榨菜以四川涪陵的最为有名。此外，这些地方名特品种，在菜肴制作中都具有非常重要的作用，甚至会影响各地菜肴的特色和风味，乃至影响人们的饮食习惯。

4．同一种原料的不同部位对原料品质的影响

同一原料的不同部位，其质地、结构、特点都不相同，这也就影响了原料的品质。来自于自然界中的生物，各部分的组织结构、化学成分、色泽、质地老嫩、风味、营养等因素都存在差别，其适用的烹调方法也各有不同。例如，家畜各部位的肉有肥、瘦、老、嫩之别，必须根据各部分的特点使用不同的烹制方法：有的适合炒，有的适合烧煮，有的适合酱卤，有的适合煨汤等。

5．原料的卫生状况对原料品质的影响

烹饪原料大多来自动植物，其品质极容易发生变化，导致原料劣变。不卫生的原料不仅直接关系到菜肴质量，而且关系到人体的健康，如有病或带有病菌的原料、含有毒物质的原料、受微生物污染而腐败变质的原料、受化学物质污染的原料等。这些原料不仅品质下降，而且直接影响其食用价值，影响人体的健康状况。例如，鳝鱼死后体内会产生大量组胺，对身体造成危害。

6．原料的加工贮存方法对原料品质的影响

原料的加工和贮存方法也直接影响到原料的品质，加工不当或贮存不好，都将使原料的质量下降，如营养价值降低、感官性状发生劣变，严重时甚至会影响到原料的食用价值。因此，如何对原料进行加工和贮存也是决定原料质量的一个关键。

三、烹饪原料品质检验的基本要求

1．掌握原料的品种特性

要熟悉各种原料的性能和品种间的质量差异，再根据需要选择合适的原料。例如，做鱼丸时要选用刺少肉多的鱼，最好用黑鱼、鳜鱼、石斑鱼等；而做糖醋鲤鱼时就必须选用鲤鱼了，最好是黄河鲤鱼。

2．掌握各种原料的最佳上市季节

要做出一道佳肴，正确选择原料的上市季节是很重要的，尽管随着科学技术的发展，原料的季节性不是很明显，但是从营养、风味等角度考虑，还是应该选择最佳上市季节的原料充分发挥原料的最佳效能，做到物尽其用。例如，螃蟹有“九月团脐十月尖”的说法，甲鱼以菜花和桂花开花时为最好，刀鱼以清明节前上市的质量最好，韭菜有“六月韭，驴不瞅；九月韭，佛开口”之民谚，鳝鱼民间有“小暑长鱼赛人参”的谚语，鳜鱼则是“桃花流水鳜鱼肥”。如果要吃莼菜则要吃春夏季节的，因为莼菜到了秋季叶小微苦，在当地一般被当做猪饲料使用的。

3．掌握各地区的地方名特产，发挥名特产品的优势

要掌握每种原料比较好或者最好的产地，从而制作出有特色的优质菜肴，如东北的蛤士蟆、松口蘑、大豆，湖南的湘莲，新疆的葡萄干，江苏的太湖莼菜、南京板鸭，浙江绍兴的黄酒、千岛湖的鳜鱼等。

4．充分了解和熟悉具体菜点对原料的要求

要清楚具体菜肴对原料各方面的要求。以猪肉为例，如果做东坡肉应该选用五花肉，做

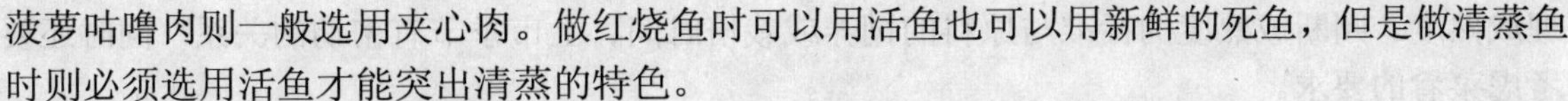

菠萝咕噜肉则一般选用夹心肉。做红烧鱼时可以用活鱼也可以用新鲜的死鱼，但是做清蒸鱼时则必须选用活鱼才能突出清蒸的特色。

5．掌握原料真伪的鉴别方法

原料的优劣直接影响到原料的使用，也影响到菜肴的质量。要保证菜肴的质量，必须选择与之质量相符的原料。因此，学习烹饪原料一个重要的要求就是要掌握原料的真伪鉴别和质量优劣鉴别的方法。

6．掌握各种原料的加工储藏方法

原料在生产、运输、储存和加工过程中，难免要受到不同程度的污染。每一种原料因自己的特殊结构和烹饪应用的不同，对外界环境的要求也不相同，掌握每一类原料的卫生要求，可以合理地利用其特点，选择合适的储存方法。根据原料的特性和菜肴的要求来合理加工原料，可最大限度地使用原料，节约成本。

四、烹饪原料品质检验的标准

1．国家标准

对烹饪原料的质量检验，可以按照有关烹饪原料质量的国家标准来进行。烹饪原料品质检验的指标，主要有以下几个方面。

（1）感官指标　感官指标主要是指原料的外观形态、色泽、水分含量、杂质含量、质地、气味、滋味、有无霉变、有无腐败变质等。

（2）理化指标　理化指标主要指原料的营养成分、化学成分、农药残留量、重金属指标等化学指标，以及腐败变质和霉变后产生的有毒、有害物质等。

（3）微生物指标　微生物指标主要指原料中细菌总数、大肠杆菌群数、致病菌的数量和种类等。例如，米猪肉里可能有猪肉绦虫。

2．商业标准

这是商业流通部门和烹饪实践过程中常用的一类标准，包括以下几个方面。

（1）原料的固有品质　原料固有品质是原料本身所具有的食用价值和使用价值，包括原料特有的质地、色泽、香气、滋味、外观形状等外部品质特征，以及营养物质、化学成分、组织结构等内部品质特征。原料的固有品质与原料的产地、产季、品种、食用部位及栽培饲养条件等有关。一般来说，原料的食用价值越高，其品质越高。原料的使用价值越高，其适用的烹调方法就越多。例如，木耳本身是没有任何味道的，纯净的黑木耳口感纯正无异味，如果有涩味、碱味或甜味，则是用明矾水、碱水浸泡过或用食糖水拌和的掺假品。

（2）原料的纯度　纯度是指原料的可食部分占原料的比例，它说明了原料中所含杂质、污染物的多少和加工净度的高低。纯度与原料中混杂的杂质比例有关，纯度越高，原料的使用价值就越高。原料中有的杂质是不可避免的，但必须避免烹饪原料中出现恶性杂质。例如，燕窝中的羽毛越少越好，鱼翅中的夹沙越少越好。

（3）原料的成熟度　原料的成熟度是指原料的生长年龄和生长时间。成熟适当的原料能充分体现原料特有的内在品质。烹调中所指的成熟是指适合食用的成熟度，而非动植物的生

理成熟度。判断成熟度的标准与原料的饲养或栽培时间、上市季节有密切的关系，同时还要考虑菜肴的要求。

（4）原料的新鲜度　烹饪原料的新鲜度是指烹饪原料的组织结构、营养物质、风味成分等在原料生产、加工、运输、销售以及储存过程中的变化程度。这是烹饪行业中检验原料品质的基本标准。原料的新鲜度越高，品质越好。不同的原料，其新鲜程度的标准不同，一般可以从原料的形态、色泽、水分、重量、质地和气味等感官现状来判断，因为这些感官性状的变化是由原料内部化学变化和组成结构的变化造成的。因此，鉴别原料新鲜度的高低，主要需要了解各种原料的固有品质和造成新鲜度下降的原因。

1）形态的变化。任何原料都有相应的形态，越新鲜越能保持其原有的形态。例如，不新鲜的蔬菜会萎蔫，不新鲜的鱼会离刺。

2）色泽的变化。每种原料都会有天然的色彩和光泽。例如，新鲜的对虾呈青白色，壳发亮，不新鲜的对虾则壳发暗，颜色呈红色或灰紫色；新鲜的猪肝呈褐色或紫红色，有光泽，不新鲜的则颜色发黑。

3）水分的变化。水分变化要从两个方面来分析：原料应该有其应有的正常含水量，但一般来说，对于新鲜的原料，含水量多一些比较好；而对于干货原料来说，含水量少一些，品质会更好一些，也更有利于储藏保管。

4）重量的变化。就鲜活原料而言，重量的变化也能说明原料的新鲜程度，原料由于内部分解、水分的蒸发会减轻重量，新鲜度就降低。干货原料则相反，重量增加，则说明已经受潮，质量下降。

5）质地的变化。原料的新鲜度降低，就会改变其原有质地。例如，新鲜瘦肉的断面紧密而富有弹性，用手按压后的压痕能迅速恢复原状；而不新鲜的肉则比较松弛，压痕不能够立即恢复；腐败的肉甚至能用手指刺穿。

6）气味的变化。新鲜原料都有其特有的气味。如果出现异味，品质就应该有一定的问题出现，当然，不一定气味不好闻品质就一定有问题，如榴莲本身就有臭味。所以一定要根据原料自身特点来鉴别。

（5）原料的清洁卫生程度　原料的清洁卫生程度是指原料表面黏附的污秽物、虫及虫卵、微生物等污染程度，以及原料腐败变质程度和可引起人体发生食物中毒的各种有害物质的含量。原料的清洁卫生程度与食用安全性密切相关。

五、烹饪原料品质鉴别的方法

烹饪原料品质检验的方法，主要有理化检验和感官检验两大类。

1．理化检验

理化检验法是借助于各种仪器设备或化学试剂来测定和分析烹饪原料质量的方法。理化检验往往在实验室或专门场所进行，故也称实验室检验法。理化检验法主要用于检验烹饪原料的成分、结构、物理性质、化学性质、安全性和卫生性等。

理化检验法既可对烹饪原料进行定性分析，又可进行定量分析，而且其结果比感官检验法精确而客观，它不受检验人员主观意志的影响，结果可用具体数值表示，能深入分析烹饪原料的内在质量。但是，理化检验法需要一定的仪器设备和实验场所，成本较高，检验时间较长，需要专门的技术人员进行，对于烹饪原料的某些感官指标，如色、香、味的检验还是无能为力的。因此，理化检验法在餐饮企业直接采用较少。

理化检验法根据其检验的原理不同，可分为理化检验方法、生物检验方法两大类。其中，理化检验方法主要分析检验原料的物理化学性质，生物检验方法主要检验原料有无毒性或有无生物性污染。

2. 感官检验

感官检验是以人的感觉器官作为“测量仪器”的分析检验方法，即利用人的感觉器官如眼、耳、鼻、口、手等对原料品质进行鉴别的方法。烹饪原料的品质可从其气味、滋味、外观形态等感官性状上反映出来，人们通过感觉器官可感知并作出判断。这种方法简便、灵敏、直观，不需专门的仪器设备，尤其是烹饪原料品质的日常检验可接受性比较大，是目前餐饮业最常用的品质鉴别的方法。感官检验法适用于几乎所有的烹饪原料，尤其是肉类、禽蛋、水产品、果蔬、调味品等。当然感官检验精确度和重现性较差，会受到疲劳和心理等因素影响，常见的有对比增强现象、对比减弱现象、变调现象、相乘作用等。

（1）嗅觉检验　嗅觉检验是利用人的嗅觉器官来检验原料品质的一种方法。原料大都有正常的气味，也可采用适当方法增加气味物质的挥发度，以增加嗅觉检验的准确度，避免嗅觉疲劳和嗅觉交叉适应对检验结果的影响。例如，检验花生油品质时，可以将一滴花生油滴在掌心，然后用双手进行摩擦，再嗅闻气味。

（2）视觉检验　视觉检验的应用很广泛，通过利用人的视觉器官来鉴别原料的形态、色泽，观察原料的质地变化等。凡是能用肉眼、凭经验来鉴别品质的，都可以采用这种方法。视觉检验应从原料包装的完整程度、大小、形状、结构、色度、光泽、杂质比例等方面入手，应在光线明亮、背景亮度大的环境下进行视觉检验，最好采用自然光或日光灯等冷光源。对于可能出现沉淀及悬浮物的液态原料应适当搅拌或摇晃；对于瓶装或包装原料应开瓶、开袋检验；大块原料可以切开观察其截切面状态。例如，检验蜂蜜时可以取一根筷子插入蜜中，垂直提起，看蜂蜜是否有丝、断丝的弹性以及滴在报纸上的状态，以检验出蜂蜜的纯度和真假。

（3）味觉检验　味觉检验利用人的舌头上的味蕾对原料的滋味进行检验，是一种非常直观的检验方法。味觉检验适用于可直接入口的调味品、水果及烹饪半成品的检验。它包括原料入口后的风味特性（滋味及口腔的冷、热、收敛等知觉和余味）及质地特性（原料的硬度、脆度、凝聚度、黏度和弹性），原料咀嚼时产生的颗粒、形态及方向物性，以及油、水含量感。例如，检验蜂蜜时用味觉检验会更准确一些，质量好的蜂蜜，味道甜润，略带微酸，口感绵软细腻，爽口柔和，喉感略带辣味，余味清香悠久；掺假的蜂蜜味道虽甜，但夹杂着糖味或香料味道，喉感弱，而且余味淡薄短促。烹饪原料的味觉检验一般宜在常温下进行，原料温度最好处在18～45℃之间。黏度大的原料应适当延长检验时间。

（4）听觉检验　听觉检验是运用人的听觉器官，通过原料震动的声音来鉴别原料质量的一种检验方法。有些原料内部的变化可以从它震动时所发出的声音鉴别出来，如检验西瓜、萝卜、鸡蛋等。此方法主要用于鉴别原料的脆嫩度、酥脆度及新鲜度。

（5）触觉检验　触觉检验是通过手的触觉来检验原料的重量、质感（弹性、硬度）和原料组织的粗细等指标，从而判断原料质量的检验方法。例如，检验鱼肉时可以用手指按压的方法来感知鱼肌肉的硬度和弹性，确定鱼的品质。

上述五种检验方法都不是孤立存在的，在具体实施感官检验时，必须综合地运用嗅觉、味觉、视觉、听觉和触觉检验，结合多种感觉器官的检验结果，对原料的质量作出较准确的判断。感官检验具有简单易行、比较直观等优点，但需要检验者有较为丰富的实践经验。检验人员要虚心学习、勇于实践、善于积累经验。

第二节　烹饪原料败坏和劣变原因

原料在收获、运输、加工、贮存等过程中由于自身的新陈代谢和外界各种因素的影响，其品质会发生各种变化。导致原料败坏和劣变的原因主要是生物因素、物理因素和化学因素。

一、生物因素

1．微生物

微生物是所有形态微小的单细胞、个体结构较为简单的多细胞甚至没有细胞结构的低等生物的统称。自然界中微生物分布极为广泛，在空气、土壤、水中几乎无处不在，而且生命力强，生长繁殖速度极快。绝大多数微生物为腐生或寄生的，需从其他有生命的或无生命的有机体内获取营养，原料中的水分和营养物质是微生物生长繁殖的良好基质。微生物一旦污染烹饪原料，就会大量地消耗原料中的营养物质，使原料发生变质，表现为腐败、霉变和发酵三种生物化学变化，甚至失去食用价值。

大多数微生物在温度 20～35℃时生长良好，此范围内温度越高微生物生长繁殖速度越快；当湿度大或水分含量高、渗透压适宜、pH 中性、不存在其他不利的物理和化学条件时，微生物生长良好。

（1）腐败　原料腐败主要是细菌将原料中的蛋白质、氨基酸、肽和胨等含氮有机物恶性分解为低分子化合物。蛋白质分解为多肽、氨基酸、胺类、硫化氢，使原料带有恶臭气味和令人厌恶的滋味，并产生毒性。腐败常发生在富含蛋白质的动物性原料中，如畜禽肉类、鱼类、贝类、鲜蛋、鲜乳及它们的制成品。豆制品如豆腐、豆乳、豆芽及含水量高的豆粒含有丰富的植物蛋白，因而也容易发生腐败变质。

引起原料腐败的微生物主要是细菌类，特别是那些能分泌大量蛋白质分解酶的腐败细菌，它们主要分属于以下七个属：假单胞菌属、黄色杆菌属、无色杆菌属、变形杆菌属、芽孢杆菌属、小球菌属。

引起原料腐败的菌源与原料的来源密切相关。生鲜鱼类、贝类来自海水捕捞，因而引起它们腐败的主要是水中细菌，如无色杆菌属、黄色杆菌属、假单胞菌属和小球菌属的细菌。新鲜的畜禽肉类、鲜蛋、鲜乳来自饲养场和屠宰场，容易受到土壤中腐败细菌的污染，常见的土壤细菌是好氧性芽孢杆菌属、厌氧性梭状芽孢杆菌属和变形杆菌属细菌。

原料腐败现象：①变色。腐败细菌生长产生的色素以及其代谢产物与原料成分发生化学变化而产生的色素，会在原料表面或深层产生片状、斑点状，甚至呈现全部分布的异常色泽，常见的如绿变、褐变、黑变等。②变臭。蛋白质、氨基酸等的腐败分解产物可在原料中积累大量的硫醇、硫化氢、吲哚、三甲胺、粪臭素等，使原料产生令人不愉快的腐臭气味。③变质。固体原料变质时，组织细胞被破坏，细胞内容物外溢，出现变形软化。例如，肉类出现肌肉松弛、弹性差、发黏等现象。液态原料变质后则出现浑浊、沉淀，表面出现浮膜，变稠或变稀、分层、产生气泡等。④中毒。有毒代谢产物还会引起食物中毒。

（2）霉变　霉变是霉菌在原料中大量生长繁殖而引起的发霉变质现象，多发生在高糖、高盐、含酸或干燥的粮食、果品、蔬菜及其加工制品。霉菌能分泌大量的糖酶，可分解利用原料中的碳水化合物。温度、湿度较高时，霉菌活动旺盛而使原料发生霉变现象。

自然界中霉菌的种类很多，引起原料霉变的霉菌主要有毛霉属的总状毛霉、大毛霉，根霉属的黑根霉，曲霉属的黄曲霉、灰绿曲霉、黑曲霉，青霉属的灰绿青霉等。毛霉和根霉常在含水量高的原料中生长繁殖，其菌落颜色为黑色或褐色。曲霉适于在含水量低的原料中繁殖，其菌落为黄、绿、褐、黑等颜色。青霉属的一些菌适合在含水量少、环境比较干燥的条件下繁殖，也有一些适宜在含水量高、环境湿度大的条件下繁殖，其菌落为青绿色或黄绿色。

霉变现象：①霉斑变色。霉菌在原料表面或原料中大量繁殖而产生霉斑、长毛、变色等现象。②变质。原料组织变得松软。③产生异味。由于原料中营养成分被分解，导致原料营养降低并产生异样酸味或霉味。④产生毒素。玉米、花生被黄曲霉污染后产生黄曲霉毒素、大米被青霉污染后形成的黄变米中含有的青霉毒素等都会引起慢性或急性中毒。如果原料被产毒菌株如黄曲霉、染色曲霉、玉米赤霉等污染，则会产生严重危害人体健康的毒素。

（3）发酵　发酵是指原料被微生物污染后，在微生物分泌的氧化还原酶的作用下，使原料中的糖发生不完全氧化的过程。发酵对发酵原料的生产是必不可少的过程，但是如果发生在原料保藏或流通过程中，则是一种变质现象。

酒精发酵是指以含糖为主的原料被酵母菌污染所发生的变质现象，如果汁、果酱、果蔬罐头等发生变质时，常常产生酒味，即是酒精发酵的结果。水果、蔬菜气调贮藏时，如果氧气浓度过低，使产品长时间进行无氧呼吸，组织中无氧呼吸产生的酒精积累到一定程度，致使产品发生变质，也称为低氧伤害。

醋酸发酵是低度酒和某些糖类原料被醋酸菌污染所发生的变质现象，果酒、啤酒、黄酒等低度酒中的酒精在醋酸菌作用下产生醋酸，使酒味变酸而降低其饮用品质。果汁、水果罐头、果酱等含糖多的原料，在遭受酵母菌和醋酸菌的共同污染后，连续发生酒精发酵和醋酸发酵，会导致味道变酸而丧失食用价值。

乳酸发酵是原料中的糖在乳酸杆菌作用下产生乳酸的过程，酸乳、奶酪、泡菜、酸菜等原料的生产都必须经过乳酸发酵。但是，这些乳酸发酵产品在生产过程中发酵过度，或者在流通、保藏中再次发酵，或者鲜乳和乳制品遭受包括乳酸菌在内的杂菌污染，会导致产品中以乳酸为主的有机酸含量增大，使之因滋味过酸而丧失食用或饮用价值。

酪酸发酵是原料中的糖在酪酸菌的作用下产生酪酸的过程。酪酸会使原料具有一种令人厌恶的气味，尤其是鲜乳、奶酪、青豌豆、酸菜等在流通、保藏过程中易被酪酸菌污染而发生变质，严重降低原料质量。

2．生理生化变化

原料的生理生化作用泛指新鲜的果品蔬菜、活鱼、活蟹、鲜蛋、粮食等鲜活产品在贮藏和流通过程中所进行的生理生化变化及畜、禽、鱼等屠宰后生鲜肉品所发生的僵直、软化等变化。原料生理生化变化的表现形式及特征在不同原料种类间有较大差异，它们对原料质量具有重要影响。

（1）呼吸作用　呼吸作用是生物体活细胞中大分子能量物质在多种酶系统的参与下，逐渐降解为简单物质并释放出能量的过程。其实质是大分子物质的一种氧化还原作用，把呼吸底物氧化为二氧化碳或中间代谢产物。其功能是利用有机物降解释放的能量和产生的某些中间产物供生物体进行生理活动和新陈代谢。

1）有氧呼吸。有氧呼吸是指活细胞在氧气的参与下，把体内有机物彻底氧化分解，放出二氧化碳并形成水，同时释放出能量的过程。

$$C_6H_{12}O_6+6O_2 —— 6CO_2+6H_2O+\text{能量}$$

2）无氧呼吸。无氧呼吸是指在无氧条件下，细胞把某些有机物质分解成为不彻底的氧化产物，同时释放出能量的过程。蔬菜和水果的无氧呼吸有两种类型：一种是产生酒精，一种是产生乳酸。

① 产生酒精：

$$C_6H_{12}O_6 —— 2C_2H_5OH+2CO_2+\text{能量}$$

② 产生乳酸：

$$C_6H_{12}O_6 —— 2CH_3CHOHCOOH+\text{能量}$$

理论和实践证明，呼吸作用是水果、蔬菜、原粮、油料种子及各种植物种子最基本、最重要的生理活动，具有维持自身生存、抵抗病菌浸染的功能。

呼吸作用又是一个不断地消耗体内贮藏物质、释放热量、促使自身逐渐成熟衰老的生理过程，会使果蔬迅速腐烂变质。糖类、脂类、蛋白质、氨基酸、有机酸等物质的消耗随贮藏期延长而增加，同时由于营养成分逐渐消耗，营养价值下降，滋味淡化。另外，水果、蔬菜气调贮藏时，由于氧气浓度过低或二氧化碳浓度过高，可能发生低氧伤害或二氧化碳中毒的生理性病害，影响产品质量，缩短贮藏期。因此，呼吸作用对水果蔬菜质量的影响是不可忽视的。保持低水平的正常呼吸，是水果、蔬菜在贮藏、流通中应掌握的基本原则。

（2）后熟作用　后熟作用是指许多植物的种子（果实）在采摘（脱离母体）后，在一定的外界条件下经过一定时间达到生理上成熟的过程，如色泽由绿色向红色、黄色等成熟色转化，香味增加，风味好转，产生甜味，酸味下降，涩味减轻，质地软化。

水果、蔬菜当达到一定的成熟度而收获后，在贮藏、流通中仍然进行着在田间尚未完成的成熟衰老过程。

许多种果蔬如苹果、洋梨、香蕉、猕猴桃、番茄等采摘后发生的成熟变化，使它们的色、香、味、质地得到改善，商品质量得到提高。但当它们进入衰老阶段时，商品质量却发生劣变，表现为色泽暗淡、质地疏松软化、风味和气味变差，更重要的是抗病性显著下降，易受病菌侵染而腐烂变质。所以，这些果蔬采摘后应采取措施，使之缓慢完成成熟过程，阻止其很快进入衰老阶段。

有更多种果蔬，如葡萄、柑橘、菠萝、石榴、草莓、黄瓜、菜豆、马铃薯、洋葱、胡萝卜、甘蓝、蒜薹、花椰菜、食用菌等，收获时的品质最好，收获后随着贮藏、流通时间的延长，其成熟衰老进程逐渐推进，品质不断下降，商品质量呈现下降趋势。质量下降的表现特征因果蔬种类而不同，如葡萄、柑橘表现为风味变淡，黄瓜表现为变形和肉质变糠，菜豆表现为豆荚革质化和豆粒硬化，洋葱、胡萝卜表现为发芽和肉质糠心，蒜薹表现为梗端纤维化、薹苞肥大和薹条糠心。不难看出，这类果蔬收获后，最大限度地保持其收获时的固有质量，是贮藏保鲜的基本目标。其方法是保持适宜而稳定的低温，较高的相对湿度和恰当比例的气体，及时排除刺激性气体（乙烯）。

利用催熟的方法可以加速果蔬后熟。其机理是增加果蔬中酶的活性和创造缺氧呼吸的条件，如维持 20～25℃的高温，在密封条件下保持适量氧气，利用乙烯等催熟剂。

（3）休眠与发芽　根茎类蔬菜如萝卜、胡萝卜、洋葱、大蒜、生姜、马铃薯、百合等，叶菜类蔬菜如大白菜、甘蓝等，干果如板栗、核桃、银杏等，各种原粮及油料种子等，它们在收获后具有休眠与发芽的生理特性。有些产品的休眠是在长期的系统发育过程中应对不良生存环境而形成的生理特性，如洋葱、大蒜、生姜、马铃薯、板栗的生理休眠；有些休眠则是由于外界环境温度偏低所致，如萝卜、胡萝卜、大白菜、甘蓝、各种粮食、油料等由于低温而具有的强制休眠。无论是生理休眠还是强制休眠，它们对保持产品质量和增进耐藏性都是有益无害的生理作用。

两年或多年生植物终止休眠状态以后会开始新的生长，此时会表现出发芽和抽薹。蔬菜、板栗的生理休眠期结束后或者强制休眠的低温解除后，由于它们本身水分含量高，无需外源水就会发芽生长。发芽消耗体内的储藏物质，使食用品质下降，严重者如萝卜、胡萝卜糠心后丧失食用价值，马铃薯发芽后在芽眼部位产生剧毒物质龙葵素。

粮食和油料子的休眠是由于它们通常处于临界安全含水量以下，低含水量使之处于强制休眠状态而得以安全储藏。但是由于它们潜在的发芽能力是长期存在的，遇到适宜的水分、温度、空气三者共存时就会发芽。粮食发芽时，赤霉素促进淀粉酶的活性增大，激动素促进蛋白酶和纤维素酶的活性，细胞分裂素促进细胞增大和增殖，于是种子发芽。发芽粮食的呼吸特别旺盛，呼吸消耗显著增加，发芽粮食的食用品质和加工性能严重下降，对于储藏极为不利。因此，在粮食、油料种子储藏中，应特别注意防止其发芽，如果发现有发芽迹象的种子，应及时采取晾晒或烘烤、降温等措施抑制发芽。

（4）蒸腾作用　新鲜蔬菜含水量很高，达到 65%～96%，在贮藏中容易因蒸腾脱水而引起组织萎蔫。蒸腾作用通常是指新鲜果品蔬菜在贮藏、流通过程进行的一种生理作用，即产品组织中的水分通过其表面以气态散失到环境中的现象。蒸腾失水所引起的最明显的现象是失重和失鲜。失重即所谓的“自然损耗”，包括水分和干物质两方面的损失，主要是失水。这是蔬菜水果贮藏中数量方面的损失。失鲜是质量方面的损失。当蒸腾失去的水分达到 50%时，就会引起组织萎蔫，失去新鲜状态。植物细胞必须水分充足，膨压大，才能使组织呈现坚挺脆嫩的状态，显出光泽并有弹性。如果水分减少，细胞膨压降低，组织萎蔫、疲软、皱缩、光泽消退，蔬菜水果就会失去新鲜状态。蒸腾脱水还会引起“糠心”，细胞间隙内空气增多，组织变成乳白色海绵状，黄瓜、蒜薹等很容易产生这种现象，直根、块茎类蔬菜甚至会出现内部空腔，即“空心”。

如果仅轻度脱水，可以使冰点降低，提高抗寒能力，并且细胞脱水使膨压稍微下降，组织较为柔软，有利于减少运输和贮藏处理时的机械伤害。另外，洋葱和大蒜头，收获后要求充分晾干，使外表的鳞片干燥成膜质，以降低呼吸、加强休眠、减轻腐烂。但如果脱水严重，细胞液浓度增高，引起细胞中毒，也会引起一些水解酶的活性加强，加速一些物质的水解过程。例如，风干的甘薯变甜，原因之一就是脱水引起淀粉水解为糖。

禽蛋在贮藏、流通中也易发生失水，这种失水现象通常被称为蒸发。禽蛋蒸发失水导致重量减少、气室增大，蛋的新鲜度和食用质量也随之下降。

（5）僵直和自溶　动物刚屠宰后的肉体是柔软的，并具有很高的持水性。经过一段时间后肉体变僵硬，持水性降低，即出现僵直。僵直之后继而发生软化，肌肉变得柔软多汁，并产生令人愉悦的气味和滋味。

1）僵直。僵直又称僵硬或尸僵，屠宰后的肉发生生物化学变化促使肌肉伸展性消失而呈僵直的状态。其特征是肌肉丧失原有的柔软性和弹性，呈现僵硬状态。例如，手握鱼头，其尾部挺直而不下弯，就是僵直的表现。

僵直形成的原因是肉中的糖原在缺氧情况下分解为乳酸，使动物肉的 pH 下降，肉中的蛋白质发生酸性凝固，造成肌肉组织的硬度增加，因而出现僵直状态。僵直与肌肉中的肌糖原酵解产生的乳酸、ATP、磷酸肌酸的分解等有密切关系。这些物质的分解都会增加肌肉中酸性成分的积累，降低肌肉的 pH，使原来呈松弛状态的肌肉因肌纤蛋白质与肌球蛋白质结合，形成无伸展性的肌凝蛋白质，因而丧失肌肉原有的弹性而呈现僵直状态。

僵直出现的时间及对肉品质的影响因动物种类、致死方式和温度等不同而异。通常鱼类的僵直先于畜、禽类，带血致死的先于放血致死的，温度高的先于温度低的。从死后到僵直的时间，鱼类为 1～4 小时，禽肉为 6～12 小时，牛肉为 12～24 小时，猪肉为 36 小时。尸僵期持续时间与动物的种类、肉温有密切关系。躯体较大的动物，如牛、猪、羊的尸僵期较长，而鸡、鱼、虾、蟹的尸僵期较短。温度越低，尸僵持续的时间越长。

处于僵直期的鱼是新鲜度高的鲜鱼，食用品质好；而尸僵阶段畜肉和禽肉的肌肉组织紧密、挺硬、弹性差，无鲜肉的自然气味，烹调时不易煮烂，食用品质较差，因弹性差、难煮烂、缺少香味、消化率低而不适于食用。但是，从肉的保藏角度考虑，僵直期的肌肉 pH 低，不利于腐败微生物的生长繁殖，肌肉组织致密，主要成分尚未发生明显的分解变化，基本保持了肉固有的营养价值，因而适合于冷冻贮藏。

2）成熟。肉的 pH 达到最低时，肉的僵直程度也同时达到最高点。较低的 pH 使蛋白质发生酸性溶解，重新变得柔软而有弹性。同时酸性引起肉中原来存在的组织蛋白酶即自溶酶的活化。组织蛋白酶逐渐分解肌肉中的蛋白质，造成肌原纤维的部分断裂，此时肉的硬度就逐渐降低，僵直状态逐渐解除，该过程为肉的成熟或解僵。肌肉蛋白质在肌肉中组织酶的作用下产生部分分解，形成与风味有关的化合物如多肽、二肽、氨基酸、亚黄嘌呤等，使肉具有鲜美滋味。经过成熟过程的肌肉，表面有一层干燥、透明的薄膜，可以防止微生物入侵；肉柔软有弹性，经手指压下后，凹陷可以立即恢复；肉呈微酸性反应；同时肉的切面湿润、多汁、有光泽，带有鲜肉自然的气味，味鲜而易烹调；肉的持水性和黏结性明显提高，达到肉的最佳食用期。肉的成熟与外界温度条件有很大的关系：外界温度低时，成熟作用缓慢；温度升高，成熟过程就加快，这也是由于温度可以影响自溶酶的活性所导致。

3）自溶。当肉成熟作用完成后，肉中的生物化学变化就转向自溶作用阶段。自溶作用是腐败的前奏，它是在组织蛋白酶作用下，继续分解肌肉蛋白质引起组织的自溶分解，大分子物质进一步分解为简单物质，肌肉的性质发生改变。此时由于大气中二氧化碳与肌红蛋白和血红蛋白的相互作用，肉的颜色变暗，呈棕红色。处于自溶阶段的肉，虽然可以食用，但气味和滋味比起成熟阶段的肉已经大为逊色。而且，随着自溶作用的进行，肉的 pH 逐步向中性发展，这就为细菌的繁殖创造了适宜条件。实际上，肉的自溶后期常常伴有细菌活动，因此处于自溶阶段的肉，已丧失储藏性能，处于腐败前期，不宜长期保存。环境温度高时，肉的自溶速度加快；当温度降至 0℃时，可使自溶停止。

4）腐败。自溶作用进一步发展便会导致肉的腐败。在腐败微生物的作用下，肉中的蛋白质分解为多肽和氨基酸。氨基酸在不同的条件和不同微生物的作用下产生不同的产物：在有氧条件下，好气菌的托氨基酶将氨基酸转变为游离脂肪酸和羟基酸类化合物；无氧条件下，则脱羧产生胺类化合物。

鲜肉腐败时，先从肉的表面开始，大量生长，并沿着毛细血管逐渐深入到肌肉内部，继而引起深层腐败。其表现为肉的表面出现液化状态，发黏，弹性丧失，产生异味，肉色变为绿色、棕色等，失去食用价值。

从贮藏角度考虑，延长僵直阶段的持续时间是畜、禽、鱼肉类保鲜的关键。因此，在畜、禽屠宰后和鱼类捕捞后，应尽快采取冷却降温措施，使之在贮藏期间处于僵直阶段，以延缓肉的生化变化过程，这是冷冻贮藏生鲜肉类原料的基本原理。

（6）禽蛋的生理变化　鸡蛋、鸭蛋和鹌鹑蛋等禽蛋在贮藏温度较高（>25℃）时会引起胚胎的生理学变化，使受精卵的胚胎周围产生网状的血丝、血圈甚至血筋，称为胚胎发育蛋；使未受精卵的胚胎有膨大现象，称为热伤蛋。

蛋的生理学变化常常引起蛋的质量下降和耐藏性降低，严重者会导致蛋的腐败变质。控制鲜蛋生理学变化以及物理、化学、微生物变化的关键措施是降低温度，在保持蛋体完整无损的前提下，将温度控制在 0℃左右，再辅之 80%～85%的湿度条件，一般可贮藏 6～8 个月，在 10℃以下可贮藏 3 个月左右。

3．害虫和鼠类

害虫和鼠类对于原料贮藏有很大的危害性。不仅其本身是原料贮藏损耗加大的直接原因，而且由于害虫和鼠类的繁殖迁移，它们排泄的粪便、分泌物、遗弃的皮壳和尸体等还会污染原料，甚至传染疾病，从而使原料的卫生质量受损，严重者丧失商品价值，造成巨大的经济损失。

（1）害虫　危害原料的害虫种类繁多，世界上有数百种，大多属于昆虫和螨类。它们的共同特点是：体小色暗，不易发现；适应力强，抗高温，耐严寒和耐饥饿；食性复杂，危害广泛；食源丰富，繁殖力强；分布广泛，大多为世界性害虫。原料害虫对原料的危害主要表现在以下几个方面。

1）造成原料数量的损失。根据联合国粮农组织（FAO）估计，世界粮食因害虫危害而造成的数量损失在总量的 5%以上，这是个相当惊人的数字。有人估算，10 对谷象在适宜环境中连续繁殖五年，其后代在五年中能吃掉 400 吨小麦。

2）造成原料质量的损失。原料遭受害虫危害后，品质和营养成分严重受损。例如，蛾类害虫喜食小麦胚部和麦皮，因胚部和麦皮的蛋白质、糖、脂肪、维生素等营养物质含量丰富，被害虫取食后的原料营养成分下降，碎屑增多，严重时害虫能蛀食到麦粒内部，使麦粒仅剩空壳，丧失商品价值。

3）引起原料发热霉变。害虫大量发生时，由于它们生命活动的结果，产生热量和水分，热量和水分有利于微生物的滋生蔓延，导致原料发热霉变，甚至严重霉烂变质。这些霉变的原料，轻者尚可用做饲料或工业原料，重者只好用做肥料或销毁。

4）影响原料卫生和人体健康。害虫危害原料时，它们生活中的排泄物、粪便、蜕皮以及尸体等混杂在原料中，使原料的卫生质量严重受损，由此影响到消费者的身体健康。例如，有一种糖螨，能在甜的糕点、糖果及砂糖中生活，而且很难除治，人吃了感染糖螨的原料，常常会引起腹泻、呕吐，直接影响身体健康。

5）破坏性大而广。有些原料害虫的食性杂、取食范围广，它们除了危害原料，还对原料包装、生产工具等有很大的破坏性。例如，大谷盗除主要危害稻谷、玉米、麦类、大米、面粉、豆类、油料等原料外，还危害中药材、土产品、日杂用品等，大谷盗还喜欢潜入木板内，或是咬啮原料厂的筛绢、麻袋、布面袋、木箱等，影响厂房结构和破坏生产设备。据报道，国外曾有一艘货船，因被白腹皮蠹蛀食船底及船两侧，使船舱进水而几乎沉没。

（2）鼠类　鼠类是食性杂、食量大、繁殖快、适应性强的啮齿类动物。危害原料的鼠类主要是家鼠中的褐家鼠、黄胸鼠、黑线姬鼠和小家鼠等。鼠害对原料贮藏的危害极大，据 FAO 统计，全世界粮食产量约 3%因鼠害而损失。鼠类除了危害原料，还有咬啮其他物品的习性，对包装原料及包装物品均有危害。鼠类排泄的粪便、咬啮原料及其他物品的残渣，能污染原料和环境卫生，使之产生异味，严重影响原料的卫生质量，危害人体健康。此外，鼠类还能传染多种疾病，如 14 世纪欧洲的一次鼠疫流行，竟然夺取了约 2500 万人的生命。可见，鼠类对原料及人类的危害是极大的。

二、物理因素

原料在贮藏和流通中，其质量总体呈现下降趋势。质量下降的速度和程度除了受产品内在因素的影响外，还与环境中的温度、湿度、空气、光线等物理因素密切相关。

1．温度

温度是影响原料质量变化的最重要的环境因素，它对原料质量的影响表现在多个方面。例如，原料中发生的化学变化、酶促生物化学变化、鲜活原料的生理作用、生鲜原料的僵直和软化、与原料稳定性和卫生安全性关系极大的微生物的生长繁殖、原料的水分含量及其水分活度等无不受温度制约。由此可见，温度对原料贮藏和流通中的所有质量变化都产生影响。

温度过高或过低都会影响原料的品质。高温加速各种化学性或生化性变化，增加挥发性物质和水分的损失，使原料成分、重量、体积和外观发生改变，产生干枯变质；而温度过低会使原料在组织内产生冰冻，解冻后质地变软、腐烂、崩解。

（1）温度对原料化学变化的影响　温度对原料化学变化的影响主要体现在对化学变化速度的影响上。原料在贮藏和流通中的非酶褐变、脂肪酸败、淀粉老化、蛋白质变性、维生素分解等化学变化能否发生及进行的速度，直接影响到原料质量的变化及其变化的速度。在一定温度范围内，随着温度升高，化学反应速度加快，反应速度常数K值增大。

范特荷夫规则指出，反应温度每升高10℃，化学反应的速度大约增加2～4倍。在生命科学和原料科学中，范特荷夫规则常用Q_{10}表示，称为温度系数，用式（4-1）表示：

$$Q_{10}=\frac{V_{(t+10)}}{V_t} \tag{4-1}$$

式中$V_{(t+10)}$和V_t分别表示在（t+10）℃和t℃时的反应速度。

由于温度对反应物的浓度和反应级数没有影响，仅影响反应的速度常数，所以式（4-1）又可写为：

$$Q_{10}=\frac{K_{(t+10)}}{K_t} \tag{4-2}$$

式中$K_{(t+10)}$和K_t分别表示在（t+10）℃和t℃时的反应速度常数。

根据许多测试结果，原料贮藏中的Q_{10}值一般在2～4之间。表4-1为部分蔬菜采摘后呼吸强度的温度系数。由表中数据可看出，对于鲜活果品蔬菜的生理生化变化来说，Q_{10}并不是在整个生理过程中保持恒定，而是温度的函数。

表4-1 蔬菜的呼吸温度系数

种类	0.5～10℃	10～24℃	种类	0.5～10℃	10～24℃
芦笋	3.5	2.5	胡萝卜	3.3	1.9
豌豆	3.9	2.0	莴苣	3.6	2.0
嫩荚豌豆	5.1	2.5	番茄	2.0	2.3
菠菜	3.2	2.6	黄瓜	4.2	1.9
辣椒	2.8	3.2	马铃薯	2.1	2.2

（2）温度对原料酶促反应的影响　绝大多数原料都是来源于生物界的动物和植物，尤其是水果、蔬菜、鱼、蟹、禽蛋等鲜活原料，生肉、鲜乳等生鲜原料，以及粮食、油料的种子等，它们体内存在着具有催化活性的多种酶类。贮藏期间其体内酶的活动，特别是水解酶类和氧化还原酶类的催化作用，会导致多种多样的酶促反应。例如，酶促褐变反应、淀粉的水解糖化、鲜活原料的呼吸作用等，无不是在酶的催化下进行的。

温度对原料酶促反应的影响远比对非酶反应的影响复杂，这是因为温度对酶促反应具有双重影响的结果：一方面酶促反应与非酶的化学反应相同，温度升高，活化分子数增多，酶促反应的速度加快；另一方面酶是蛋白质，在温度升高过程中，酶会逐渐变性失活，酶促反应的速度就相应减弱，在更高温度下，酶促反应速度则急剧下降或者停止。

（3）温度对微生物活动的影响　微生物与原料保藏有非常密切的关系，除了少数原料是通过微生物的发酵作用增强其贮藏性能外，绝大多数原料如果被微生物污染就有可能导致发霉、腐败或发酵，少数病原微生物还会引起食物中毒或传染疾病。因此，抑制或杀灭微生物是原料保藏的最重要措施。

微生物对原料的侵染危害受多种物理因素制约，其中温度是影响最大也最容易控制的一个因素。

自然界中各种微生物都有其适应的生长温度。适宜的温度可以促进微生物的生命活动，不适宜的温度则能抑制微生物的生命活动，或引起微生物的形态、生理等特性的改变，甚至导致微生物死亡。

微生物的活动是在酶催化下各种物质代谢的结果，而酶的活性受制于温度，各种酶催化的生化反应的所需能量是不一样的，每一种微生物只能在一定的温度范围内生长。根据微生物适应生长的温度范围，可将微生物分为嗜冷性、嗜温性和嗜热性三个生理类群，每一类群微生物适应生长的温度范围可包括最低、最适和最高温度，见表 4-2，这种现象称为微生物生长温度的三基点现象。

表 4-2　微生物的适应生长温度

类　群	生长温度/℃			举　例
	最　低	最　适	最　高	
嗜冷微生物	−10～5	10～20	25～30	水和冷藏中的微生物
嗜温微生物	10～20	25～30	40～45	腐生微生物
	10～20	37～40	40～45	寄生于人和动物的微生物
嗜热微生物	25～45	50～55	70～80	温泉、堆肥中的微生物

嗜冷微生物可在−10～30℃的范围内活动，最适生长温度为 10～20℃。海洋、湖泊、河流以及原料冷藏场所存在的微生物多属于此类。

嗜温微生物也称中温微生物，适应生长温度为 10～45℃，最适生长温度为 25～40℃。原料发酵用的菌种、引起原料和成品腐败变质的微生物以及引起人和动物疾病的微生物，往往都属于这一类群。原料通常处于自然温度下，嗜温性微生物与原料贮藏的关系最为密切。

嗜热微生物的适应生长温度为 25～80℃，最适生长温度为 50～55℃。这类微生物常存在于动物的饲料、土壤堆肥和温泉中，与原料贮藏的关系不大。

微生物在最适温度下的生长繁殖速度最快，因而对原料贮藏的卫生质量影响也就最大。例如，大肠杆菌在 37～40℃的适温下繁殖时间最短，仅为 17～19 分钟，而在 20℃（较低温度）和 45℃（较高温度）下的繁殖时间相应为 60 分钟和 32 分钟，50℃时大肠杆菌停止生长活动。由于微生物的生长繁殖是其体内酶促反应及多种生化反应协调进行的结果，所以在一定的温度范围内，微生物的生长速度与温度的关系也常以温度系数 Q_{10} 表示。Q_{10} 在此定义为温度每升高 10℃时，微生物的生长速度与原来温度下生长速度的比值。大多数微生物的 Q_{10} 值在 1.5～2.5 之间。

（4）温度对原料含水量的影响　水分在原料中具有重要的意义，它既是构成原料质量的重要物质，又是影响原料贮藏中稳定性的重要因素。水分不仅影响原料的营养成分、风味、质地和外观形态，而且影响微生物的生长活动、原料的理化变化等。由此不难看出，原料的含水量，特别是水分活度与原料的质量及贮藏性的关系非常密切。

原料的含水量是指在一定的温度、湿度等外界条件下原料的平衡水分含量。当外界条件发生变化时，原料的含水量也就随之变化。原料中的水分由液相变为气相而散失的现象称为水分的蒸发（对于新鲜果品蔬菜的失水现象则谓之蒸腾），这是引起原料含水量减少的重要原因。

对于新鲜的果品蔬菜、肉、禽、鱼、贝、蛋及许多其他高含水量原料而言，它们在贮藏和流通过程中经常有水分蒸发现象存在，水分蒸发会对其品质产生不良的影响。新鲜果品蔬菜由于蒸腾失水过多而使外观萎蔫皱缩，新鲜度和脆嫩度下降，质地变得柔韧或糠心，严重者丧失商品价值和食用价值；一些组织疏松的原料如糕点、面包、馒头等，由于水分蒸发而产生干缩僵硬现象；香肠、腌肉、熏鱼、松花蛋等初级加工原料由于失水过多，也常有干缩僵硬现象发生。这不仅降低了原料的品质和商品价值，而且加大了原料的重量损耗，特别是冷藏和冻藏的原料，由于贮藏的时间长，因水分蒸发引起干耗所造成的经济损失不可低估。

原料在贮藏和流通过程中，影响水分蒸发的主要环境因素是温度、湿度和空气流速，其中温度影响最大。原料水分蒸发的直接诱因是环境空气中存在饱和湿度差，饱和湿度差越大，则空气要达到饱和状态所能容纳的水蒸气量就越多，反之则越少。

2．湿度

（1）高湿度下原料含水量增大　原料种类很多，各种原料对贮藏环境湿度的要求不尽相同，有的甚至差异很大。例如，大多数新鲜果品蔬菜贮藏的适宜相对湿度为 90%～95%，而粮食、果干、菜干、茶叶、膨化原料、肉干、鱼干等贮藏时则要求干燥条件，空气相对湿度一般应小于 70%。但是，现实中环境湿度超过 70%的情况非常普遍，如果环境湿度偏高，易发生原料对水气的吸附或者水气的凝结现象。

对水蒸气具有吸附作用的原料主要有脱水干燥类原料、具有疏松结构类原料和具有亲水性物质结构的原料（食糖、食盐等）。原料吸附水分后，对其品质及贮藏安全性会产生不良影响。干燥类原料吸附水蒸气后，其含水量增加，水分活度相应增大，原料的品质及贮藏性下降。例如，茶叶在湿度大的环境中贮藏，由于吸附水气而加速其变质，色、香、味品质急剧下降，当含水量超过 12%时，甚至会出现霉变；许多果干、菜干在高湿度环境中贮藏时，有类似茶叶的吸附水蒸气而发生变质的现象；小麦、大米、玉米、豆类等粮食在高湿环境中虽然也能吸附一定量的水汽，但由于它们具有种皮或表面致密的组织结构，吸附水分对它们的品质及贮藏安全性的影响远不如对其粉制品（面粉、米粉、豆粉）的影响显著。

食糖和食盐在贮藏中，如果处于高湿条件下，极易吸附水蒸气而受潮溶化。糖制品受潮后，还会引起酵母繁殖而变味。受潮的食糖在空气湿度较低的环境下，则使吸附的水分解吸而引起干缩结块，使食糖及糖制品的商品质量严重受损。

水蒸气凝结，是指空气中的水蒸气在原料或包装物表面凝结成水的现象。水汽在原料上凝结会增加原料自由水的含量，使原料的水分活度增大，加速原料质量劣变而降低耐藏性。尤其是凝水为微生物摄取营养提供了有利条件，从而增大了原料腐败变质的可能，降低了原料贮藏的安全性。

在原料贮藏过程中，水蒸气的凝结是由于原料或其包装材料周围的空气湿度处于过饱和状态时，多余的水蒸气凝结在原料或包装材料的表面所致。具体产生凝水的原因有以下几种情况：①库温波动引起的水汽凝结；②塑料薄膜封闭引起的水汽凝结；③冷藏原料出库后引起的水汽凝结；④库房通风引起的水汽凝结；⑤空气移动引起的水汽凝结。

环境湿度过高或原料含水量高，微生物可旺盛生长，导致原料变质加速。

（2）低湿度下原料失水　新鲜果品蔬菜类原料在低湿度下会发生失水萎蔫，果蔬是高含水量的原料，其组织内的空气湿度接近饱和状态，而环境中的空气湿度通常低于果蔬组织内的空气湿度，因此果蔬在贮藏、运输、销售过程中的蒸腾失水便成为一个不可避免的生理现象。在同一温度条件下，环境湿度越低，水蒸气的流动速度便越快，果蔬组织的失水就越快。当失水达到一定程度时，果蔬表层组织的细胞膨压显著降低，体积收缩，表面表现出萎蔫或皱缩状态。对于许多种果品来说，失水 5%左右就有可能使其果面出现皱缩。萎蔫或皱缩不但使产品的新鲜度受损，而且表明其耐藏性和抗病性下降。因此，绝大多数果品蔬菜贮藏中，必须杜绝低湿条件，而应采取高湿度。

低湿度下原料的失水硬化主要发生在一些组织结构疏松的原料中，如面包、糕点、馒头、绵白糖等，如果不进行包装，上市后由于水分蒸发而易产生硬化、干缩现象，不仅影响其食用品质，而且影响销售和商品价值。

环境湿度越低，原料失水越快越多，其硬化发生越早越严重。

原料贮藏中低湿度下的失水硬化与高湿度下对水汽的吸附与凝结相比，后者对原料的影响更大更广泛，因而重视的程度较高，而对前者的重视程度不够。但是，对于面包、糕点等原料而言，失水硬化是市场流通中不可忽视的一个问题。

综合考虑，对于大多数原料而言，应尽量降低含水量和环境湿度，尤其是干货制品、调味品等，防止因吸湿受潮而霉变、结块；对于新鲜蔬菜水果则可通过地面洒水等方式，适当增加保藏环境的湿度。

3．气体

空气的正常组成是 N_2 占 78%，O_2 占 21%，CO_2 占 0.03%，其他气体约占 1%。在各种气体成分中，O_2 对原料质量变化的影响最大，如鲜活原料的生理生化变化、脂肪的氧化酸败、某些维生素（维生素 C、维生素 A、维生素 E 等）的氧化都与 O_2 有关。在低氧条件下，上述氧化反应的速度变慢，有利于保持原料的质量。有关气体成分对原料质量影响的研究和实践，目前主要集中在果品蔬菜的气调贮藏领域。在适宜的低温条件下，改变贮藏库或塑料薄膜帐、袋中的空气组成，即降低 O_2 浓度和增加 CO_2 浓度（高浓度的 CO_2 一般为 2%～5%），可防止需氧性腐败菌的生长，还可抑制果蔬的呼吸、采后成长和后熟等现象的发生；可以降低果蔬的呼吸作用，延缓成熟衰老进程，有利于保持果蔬固有的色泽、风味、质地等商品品质。

在低氧条件下，好气性微生物的生长活动受到抑制，可减轻由微生物引起的原料变质。另外，低浓度 O_2 可迫使昆虫休克甚至死亡，高浓度 CO_2 可迫使昆虫中毒而窒息死亡。因此，对于粮食及其许多制品、果干、菜干、乳粉等原料，长期贮藏尤其是贮藏过夏时，降低 O_2 或充入 CO_2，能够有效地控制生虫引起的原料变质。适当降低环境中氧气含量、增加 CO_2 含量可有效防止氧化变质和微生物引起的腐败变质。

4．光照

光照包括日光和灯光照射，通常引起原料质量变化的主要是指前者。光照引起原料质量变化的主要表现为原料的着色、脱色、脂肪酸败、维生素和氨基酸分解、产生不良气味等。例如，马铃薯贮藏中长期受太阳光照射，受光部位的皮变为绿色，绿色部分的龙葵素含量明显增加；清酒放置在有光照的场所，从淡黄色变成褐色，光照可引起色氨酸分解，其溶液经日光暴晒则可着色而褐变；肌红蛋白是畜禽肉呈现鲜红色的主要动物色素，紫外线照射及其他多种理化因素都可能使肌红蛋白变性，并使血红素从肌红蛋白中游离出来，进而氧化为羟基血红素，更加速了肉类颜色的褐变；绿色果品蔬菜在光照下贮藏、运输或销售，光照可促进叶绿素分解而使绿色逐渐消退，使产品的新鲜度下降。

光照对于性质较稳定的氨基酸类也有促进氧化的作用，如含硫氨基酸在光的作用下，会产生特有的氧化臭。维生素 B_2 对光辐射尤其是紫外光很敏感，在酸性介质中分解较少，在微酸性和中性介质中分解为蓝色荧光物质，在碱性介质中分解生成荧光黄素；维生素 B_2 的光分解又可导致氨基酸的光分解，畜乳及其饮料在光照下诱发的日光臭便是明显的例证。

蛋白质也可因日光、紫外光照射而发生不良变化，10%的酪蛋白溶液在荧光物质存在时，经日光照射，酪蛋白中的色氨酸分解，营养价值下降；卵蛋白经紫外光照射，其黏度虽无变化，但表面张力降低，这是与热变性不同的一种蛋白质变性。

从以上列举的变化可以看出，光照对原料质量也是一个不可忽视的影响因素。一般要求对原料避光贮藏，或用不透光的材料包装，这是减轻或避免原料因光照而变质的重要措施。

三、化学因素

原料是由多种化学物质组成的，其中绝大部分为有机物质和水分，另外还含有少量的无机物质。蛋白质、脂肪、碳水化合物、维生素、色素等有机物质的稳定性差，从生产到贮藏、运输、加工、销售、消费，每一环节无不涉及一系列的化学变化。这些成分不仅各自发生变化，而且成分之间还会发生变化，因而化学成分变化对原料质量的影响是错综复杂的。有些变化对原料质量产生积极影响，有些则产生消极的甚至有害的影响，导致原料质量降低。其中对原料质量产生不良影响的常见化学变化为变色、变性和营养成分变化等。

1．变色

原料的颜色是由各种色素构成的，其中有的是动物或植物的天然色素，有的是人为添加的某些食用色素，另外有的是原料在贮运、加工中因某些化学变化而产生的色素。对原料质量产生影响的主要有褐变以及色素变化。

褐变是原料在贮藏、加工、流通过程中最常见的一种变色现象，一般表现为颜色变褐，有的还出现红、蓝、绿、黄等颜色，将这类颜色变化统称为褐变。褐变不仅影响原料的感官色泽，而且降低原料的营养和滋味。原料褐变按其变色机理可分为酶褐变和非酶褐变。

酶褐变一般发生在水果蔬菜中，在贮藏或加工期间，由于逆境胁迫（低温伤害、冻害、高浓度 CO_2 伤害等）或组织损伤（机械伤、病虫伤、日灼等）而易引起产品表面或组织内部变为褐色、暗红色或黑色。酶褐变是经过一系列的氧化、聚合作用，最终形成一种结构复杂的褐色产物，称为黑色素。

非酶褐变是原料在贮藏和加工过程中，发生与酶无关的褐变作用。非酶褐变主要是由原料中的糖分、蛋白质、氨基酸、抗坏血酸等发生化学变化所引起，在乳粉、蛋粉、干制果蔬、水解蛋白、玉米糖浆等原料中屡见不鲜。非酶褐变主要有美拉德反应和抗坏血酸氧化反应，焦糖化反应只发生在原料加工中。

植物中含有叶绿素、类胡萝卜素、花青素和叶黄素等，它们在植物类原料（主要是果品、蔬菜、茶叶）的贮藏加工中都会发生变化，从而影响这类原料的天然色泽。叶绿素变化受 pH 和温度的影响，在高温下的酸性介质中，叶绿素易分解生成脱镁叶绿素，即植物黑质。

畜肉、禽肉及某些红色的鱼肉中都存在肌红素和残留血液中的血红素。肌红素与血红素的化学性质很相似，都呈现紫红色，与氧结合形成氧合肌红素，呈现鲜红色。新鲜的肉类多呈现鲜红色或紫红色，如果长时间放置，肌红素和血红素则氧化形成羟基肌红蛋白或羟基血红蛋白，使肉呈现暗红色或暗褐色，失去肉原有的鲜红色而降低其鲜度。可见，肌红素的氧化变色对于鲜肉及肉制品的质量影响很大。

另外，虾、蟹等甲壳中存在的甲壳类色素属虾黄素，其处于天然状态时，虾黄素与蛋白质结合呈现新鲜的青蓝色。受热后虾黄素与蛋白质分离并氧化，虾黄素变成虾红素，使虾、蟹由青灰色变为红色，这种颜色变化有助于改善其商品外观。

2．变性

原料的各种化学变性中，以脂肪酸败、淀粉老化、蛋白质变性对原料质量的影响最典型。

（1）脂肪酸败是指脂肪水解产生游离脂肪酸，游离脂肪酸进一步氧化、分解引起的变质现象。其典型特征是原料有一种令人不愉快的哈喇味。动植物食用油、油炸原料、富含脂肪的核桃和花生等在常温下经过长期贮藏，往往都会发生脂肪酸败。脂肪酸败不仅使原料的风味变劣，而且脂肪酸败的产物如醛类、酮类等还有害人体健康。如果食用酸败原料过多，轻者会引起腹泻，重者则可能造成肝脏疾病。影响脂肪酸败的因素有温度、光线、O_2、水分、金属（铁、铜）离子以及原料中的酶等。因此，油脂类原料贮藏中，采取低温、避光、密封、降低含水量、避免使用铁或铜器具、原料中添加维生素 E 等天然抗氧化剂等措施，均可延缓脂肪氧化酸败。

（2）淀粉老化是指糊化淀粉随着温度的降低，淀粉分子链之间的羟基生成氢键而相互凝结，破坏了淀粉糊原有的均匀结构，呈现不溶状态或称为凝沉变化。淀粉老化会影响口感及风味品质。淀粉老化后与水失去亲和力，并且不易被淀粉酶水解，因而也不易被人体吸收。一般是直链淀粉易老化，支链淀粉几乎不发生老化。在原料贮藏或加工中，可通过控制贮藏温度、降低原料中水分含量、调节原料的 pH、加入碱类膨松剂或乳化剂等措施，防止淀粉类原料的老化。

（3）蛋白质变性是肉类、乳类、蛋类、豆类等富含蛋白质的原料在贮藏或加工过程中发生的一种变质现象。在贮藏或加工过程中，蛋白质的水解和变性对原料质量有很大影响。蛋白质水解是蛋白质分子最终降解为氨基酸的过程。蛋白质变性对原料质量的影响，因动物蛋白质和植物蛋白质而有所不同。按蛋白质在动物组织中的分布状况，有肌浆蛋白、肉基质蛋白和肌原纤维蛋白。肌浆蛋白呈液态，存在于肌肉纤维中，性质极不稳定，易发生变性。肉基质蛋白主要由胶原和弹性蛋白等组成，对保持肉的硬度有很大作用。肌原纤维蛋白主要包括肌球蛋白和肌动蛋白，在动物蛋白质原料中起重要作用，它不仅与肉类贮藏中的硬度变化有密切关系，而且对肉类加工、肉的持水性和黏结性变化起着控制作用，其中肌球蛋白对控制作用的影响更为敏感。当肌球蛋白质处于游离状态时，在 pH 为 7、温度为 30℃的条件下即可开始发生变性。鱼肉蛋白质的稳定性较差，捕杀后易发生变性。这是由于肌肉中所含的自溶酶使蛋白质迅速分解而使肉质软化变质。禽蛋贮藏中发生的卵蛋白变性主要表现为浓厚清蛋白变稀，水样化蛋白含量增多，同时清蛋白的发泡性增强。植物蛋白质变性通常发生在人工干燥、冷冻贮藏和常温下长期贮藏中。高温下人工干燥如将大豆加工成豆腐粉、豆乳粉等豆制原料，产品的水溶性受到很大影响，而采取低温（40℃）干燥可防止植物蛋白质的变性，保持产品有较好的溶解性。植物蛋白质变性主要发生在冷冻豆制品中，其变性程度与冷

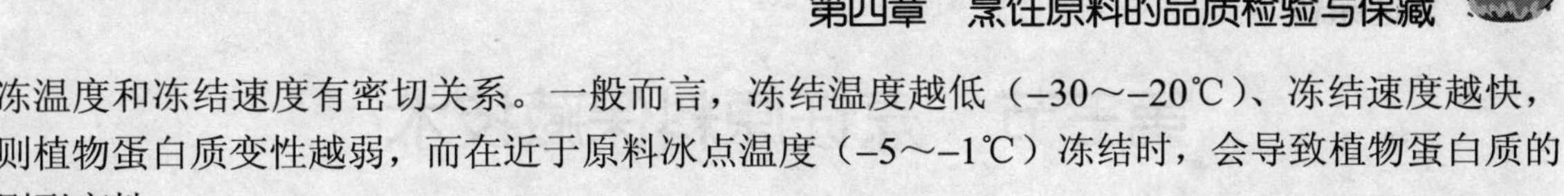

冻温度和冻结速度有密切关系。一般而言，冻结温度越低（–30～–20℃）、冻结速度越快，则植物蛋白质变性越弱，而在近于原料冰点温度（–5～–1℃）冻结时，会导致植物蛋白质的剧烈变性。

3．维生素的变化

原料中维生素含量低至以毫克或微克计算，但对原料质量有很大影响。在原料贮藏和加工中对此类问题绝对不能掉以轻心。脂溶性维生素存在于原料的脂肪中，常因脂肪氧化酸败而氧化分解，使其含量降低。所以，在原料贮藏中，凡是能够控制脂肪酸败的条件和措施，便可有效地保护脂溶性维生素的存在。水溶性维生素虽然都能溶于水，但它们的化学性质和稳定性差异较大。在原料贮藏和加工中，水溶性维生素受 pH、温度、O_2、光、水分活度及贮藏时间等因素影响而发生分解，会使其含量显著降低而影响原料质量。

四、其他因素

除了上述生物因素、化学因素、物理因素对原料的贮藏质量产生重要影响外，原料本身的质量状况、原料的包装、贮藏和加工技术等对其质量也有一定的影响。

原料大多来自于农业部门的种植业和养殖业，有少数原料直接从自然界获取，如陆地上的野生动植物、江河湖海中非人工养殖的水生动植物。由于原料来源的复杂性及其理化特性的多样性，原料的质量状况是千差万别的，由此导致原料在贮藏和流通中的质量变化速度不同。例如，果品蔬菜田间生长期间发育良好，除食用品质较佳外，采摘后还具有较强的抗病性和耐藏性，质量下降的速度也比较慢；家畜屠宰前的饲养和管理与屠宰后肌肉的微生物感染率也有关系，饲养良好、屠宰前得到适当休息的家畜，屠宰后肌肉的微生物感染率要比管理不善的家畜肉低得多，感染率低的质量下降速度就比较慢；鸡、鸭、鹅等蛋用家禽在养殖中，选用优良品种，饲料搭配合理，管理科学，不但产蛋率高，而且蛋的质量和贮藏性都比较好。

通过包装，可控制光照、O_2、湿度、昆虫、微生物、尘土、杂物、物理损伤等对原料质量造成的影响，对原料起到保护作用。许多农产品、半成品、鲜活或生鲜原料有无包装、包装的材料和方法、包装的质量等对其贮藏性及流通性具有举足轻重的影响。例如，蒜薹在冷藏条件下只能贮藏 2 个月左右，但采用 PE 或 PVC 薄膜袋包装贮藏，贮藏期一般可达到 6～8 个月；鲜肉如果暴露在空气中，肉的表面连续受到氧化，就会变成褐色而降低新鲜度，时间再延长，将会受到细菌侵染而腐败变质；芳香性原料如茶叶、咖啡、可可和调味品，如果没有保鲜包装，则其固有的香气必然散失，以致丧失商品价值；不包装的干制原料如果干、菜干、饼干、膨化原料等，极易吸潮变质；散装的粉状原料如砂糖、食盐、乳粉和固体饮料等，易吸湿而结块，纯度低的砂糖和食盐还易吸湿潮解。这些都反映出包装对保持原料贮藏及流通质量的重要性。

五、贮藏保管原理

原料保藏总的原则是：减少物理作用和化学作用对原料的影响；消灭微生物（使酶失活或钝化）或造成不适于微生物生长（酶作用）的环境；防止原料与外界环境（水分、空气）接触，杜绝微生物的二次污染，从而尽量延长原料的保质期限。

第三节　烹饪原料保藏技术

烹饪原料的保藏是根据烹饪原料品质变化的规律，采用适当的方法延缓其品质的变化，保持其新鲜度。

为了防止食品腐败变质，延长食品可供食用的期限，人们常对食品进行加工处理，即食品保藏。通过食品保藏可以改善食品风味，便于携带运输，更重要的是防止食品腐败变质。常用的方法包括低温保藏、干燥保藏、腌渍保藏、高温保藏、烟熏保藏等。

一、低温保藏原理和技术

低温保藏法是通过降低烹饪原料的温度并维持在低温状态或者冻结状态，以防止或延缓它们的腐败变质的保藏方法。常用低温为15℃以下，这种方法能最大限度地保持原料的新鲜度、营养价值和固有风味。

利用低温来保藏食品是人类在实践中获得的经验公元前1000多年，我国就有利用天然冰雪来贮藏食品的记载。人们很早就会利用天然冰来降低食品的温度，以延长食品的贮藏期。但用天然冰雪来保藏食品的方法受到地区和季节的限制，人们曾经千方百计地贮藏冰雪，来延长对天然冰雪的利用时间。利用天然冰雪保藏食品是一种原始的冷藏方法，天然冰的相对温度为0℃，对大多数食品来说，在此温度下无法达到长期贮藏的目的。

冻结食品的产生起源于19世纪上半叶冷冻机的发明。19世纪，美国人David Boyle和德国人Carl von Linde分别发明了以氨为制冷剂的压缩式冷冻机。从此人工冷源开始逐渐代替了天然冷源，使食品的冷冻、冷藏的技术手段发生了根本性的变革。

1877年，Charles Tellier法国人将氨—水吸收式冷冻机用于冷冻阿根廷的牛肉和新西兰的羊肉并运输到法国，这是食品冷冻的首次商业应用，也是冷冻食品的首度问世。用冷冻机来直接冻结和冷藏食品有许多优越性，它不受冰融化的限制，可以长期保藏食品；能够根据食品冻结和冷藏时的需要对温度进行调节和控制；省去了放冰的位置，因而大大增加了保藏食品的数量。因此将冷冻机直接用于食品冷冻的方法迅速得到推广。

我国在20世纪70年代，因外贸需要冷冻蔬菜，冷冻食品开始起步；80年代，家用冰箱和微波炉的普及、销售用冰柜和冷藏柜的使用，推动了冷冻冷藏食品的发展；90年代，由于人民生活水平的提高和受到外来食品的影响，速冻食品工业得到迅速发展，冷链初步形成，品种增加，产量大幅度增加。1995年速冻食品的产量达到240万吨左右，年增长速度为25%。我国速冻食品中的中式传统点心如肉包、豆沙包、小笼包、水饺、虾饺、汤圆、春卷、烧卖、八宝粥等占相当大的份额。

1. 低温保藏的原理

食品的腐败变质，主要是由于微生物的生命活动和食品中的酶所进行的生物化学反应所造成的。低温保藏主要是通过降低温度来抑制微生物活动和酶的活性以及减弱化学反应速度来达到保藏原料的目的。把食品放在-18℃的条件下，微生物和酶对食品的作用就变得很微小了。当食品在冻结时，生成的冰结晶使微生物细胞受到破坏，微生物丧失活力而不能繁殖，酶的反应受到严重抑制，食品的化学变化也会变慢，因此食品就可以作较长时间的储藏而不会腐败变质。这就是低温保藏原理。

（1）低温抑制酶的活性　酶是生物机体组织内的一种具有催化特性的特殊蛋白质。酶的活性与温度有关，在一定的温度范围内（0～40℃），酶的活性随温度上升而增大，但是酶也是一种蛋白质，其本身也会因温度过高而变性，失去其催化特性。在酶促反应中，这两个相反的影响是同时存在的，因此在某一温度时，酶促反应速度最大，这个温度就称为酶的最适温度。大多数酶的最适温度为 30～40℃。当温度超过酶的最适温度时，酶的活性就开始受到破坏。当温度达到 80～90℃时，几乎所有的酶的活性都遭受到破坏。

低温并不会破坏酶的活性，但可以在一定程度上抑制酶的活性。温度越低，对酶的活性的抑制作用越强。例如，将食品的温度维持在–18℃以下，食品中酶的活性就会受到很大程度上的抑制，从而有效地延缓了食品的腐败变质的发生。然而，酶在低温下往往仍有部分活性，因而其催化作用仍在非常缓慢地进行。例如，蛋白酶在–30℃下仍有微弱的活性，脂肪水解酶在–20℃仍能引起脂肪的缓慢水解。特别应该引起注意的是，食品在解冻时，酶的活性将会重新活跃起来，加速食品的变质。

（2）低温对微生物的抑制作用　微生物繁殖需要有适当的温度和水分等条件。环境不适宜，微生物就会停止繁殖，甚至死亡。任何微生物都有一定的正常生长繁殖的温度范围，温度越低，它们的活动能力也越弱。

温度降低到微生物的最低生长温度时，微生物就会停止生长。许多嗜温菌和嗜冷菌的最低生长温度低于 0℃，有的甚至可低达–8℃，如荧光杆菌的最低生长温度为–8.9℃。温度降至微生物的最低生长温度以下，就会导致微生物死亡。不过在低温下，微生物的死亡速度比在高温下缓慢得多。常见微生物的最低生长温度见表 4-3。

表 4-3　常见微生物的最低生长温度

菌　名	学　名	最低生长温度
灰绿曲菌	Aspergillus glacus Link	5
黑曲菌	Aspergillus niger Van Tiegh	10
灰绿葡萄孢	Botrytis cinerea Bers	-5
大毛霉	Mucor mucedo Bref	-2
乳粉孢	Oidium lactis Fresenins	2
灰绿青霉	Panecilliumg laucum Link	-5
黑根霉	Rhizopus nigricans Ehrenberg	5
毕赤氏酵母	Pichia sp	-5
高加索乳酒酵母	Suceharomyces Kefiri beijernick	-2
圆酵母	Torula sp	-5～-6
蔬菜中各种细菌		-6.7
乳酸杆菌	Lactcbacillus sp	-4
肉毒杆菌	Clostridium botulinum Hollond	10 左右
大肠杆菌	Escherichia coli	5～2
荧光杆菌	Pseudomonas fluoresens Migula	-5～-8.9

降温的程度对微生物的生命活动有很大影响，由此对原料贮藏的质量产生影响。在 0～10℃的冷藏温度下，由于嗜温微生物的生长和果蔬的生理代谢均被抑制，因而除了一些热带果蔬易发生生理伤害外，其他寒温带、温带和亚热带的果蔬一般都可以在此温度范围很好地贮藏。另外，肉、乳、蛋、面包、糕点等非密封杀菌原料，在此冷藏温度下也可有效地进行贮藏。当然，对于贮藏时间较长的原料，冷藏温度下的霉变、腐败、发酵变质还是不可避免。冰点左右温度对许多原料的贮藏效果要明显优于冷藏温度，但嗜冷微生物仍然能够活动而危害原料，所以原料变质仍可发生。当产品温度降至−5～−2℃时，菌数下降的比率较大，原料贮藏的效果显著增强。但温度再低时，菌数下降的比率减小。通常认为，当产品温度降至−18℃时，就可以抑制所有微生物的生长繁殖，而且也可以抑制绝大多数酶的活性，所以原料能够长期、安全地贮藏。

冻结或冰冻介质容易促使微生物死亡。冻结导致大量的水分转变成冰晶体，对微生物有较大的破坏作用。例如，微生物在−8℃的冰冻介质中死亡速率比在−8℃过冷介质中的死亡速率明显快得多，见图 4-1。

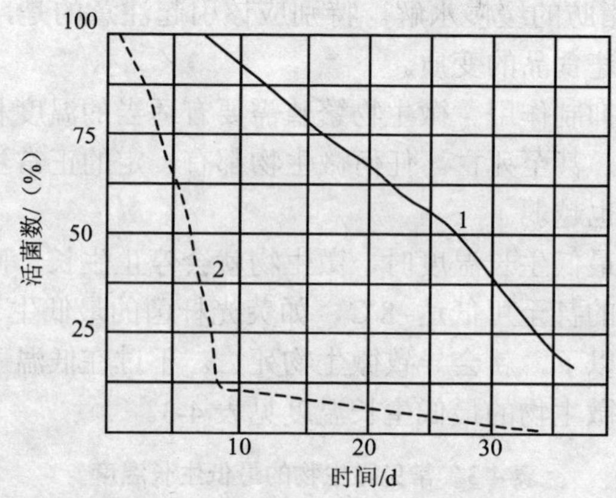

图 4-1　−8℃时神灵杆菌细胞的死亡情况（1．过冷介质；2．冰冻介质）

温度下降，微生物细胞内的酶的活性随之下降，使得物质代谢过程中各种生化反应速度减慢，因而微生物的生长繁殖速度也随之减慢。在正常情况下，微生物细胞内各种生化反应总是协调一致的。但在降温时，各种生化反应按照各自的温度系数（Q_{10}）减慢，破坏了各种生化反应的协调一致性，从而破坏了微生物细胞内的新陈代谢。

温度下降时，微生物细胞内的原生质黏度增加，胶体吸水性下降，蛋白质分散度改变，并且最后还会导致不可逆的蛋白质凝固，破坏其物质代谢的正常运行，对细胞造成严重的损害。

食品冻结时，冰晶体的形成会使得微生物细胞内的原生质或胶体脱水，细胞内溶质浓度的增加常会促使蛋白质变性；同时冰晶体的形成还会使微生物细胞受到机械性的破坏。

食品冷却贮藏的温度可阻止某些微生物的生长，并大大减缓其他微生物的生长速度。因此，与常温下相比，冷却贮藏可延长食品的贮藏期。食品的冻结贮藏的温度则可抑制所有微生物的生长。

（3）延缓原料中所含各种化学变化　前面已经讲过，氧化等反应的速度也与温度有关，温度降低，化学反应显著减慢。

（4）降低原料中水分蒸发速度，减少萎蔫现象

2．低温保藏技术

（1）冷藏　冷藏又称冷却，是指将原料置于 0～10℃尚不结冰的环境贮存，主要用于贮藏蔬菜、水果、禽蛋以及畜禽肉、鱼等水产品的短期贮存，亦可用于加工性原料的防虫和延长贮存期限。

食品贮藏于低温时可以大大延长食品的保质期，还可以降低新鲜食品如水果、蔬菜中的酶活性而保持食品的新鲜度。但各类食品对于冷藏的温度要求不一样。对于马铃薯、苹果、大白菜等一般只需在低于 15℃的低温保藏，并应保持一定湿度以免脱水干枯。水产、肉类、禽蛋、奶制品、某些蔬菜等，如需保藏的时间较短，则置于冰冻温度以上（如在 4～8℃）进行保藏。动物性原料要求温度越低越好，常用 0～4℃；植物性原料中苹果、梨、大白菜 0℃，西红柿 10～12℃，青椒 7～9℃，黄瓜 10～13℃，香蕉 12～18℃。

但应注意，在低温保藏环境中仍有低温微生物生长，因此低温保藏的食品仍有可能发生腐败变质。在冷藏条件下原料不发生冻结，能较好保持其细胞结构、胶体结构及原料的质地和风味特征。冷藏温度下原料中的酶及由酶催化的各种生化代谢并未停止，一些嗜冷微生物仍能生长繁殖，原料所含化学成分仍可缓慢地进行水解、氧化、聚合等变化，一定时间后仍然可使原料腐败变质。原料冷藏的贮存期限较短，一般为几天至几周。在冷藏过程中，不同原料要求不同的冷藏温度。

（2）冻藏　冻藏又称冷冻贮存，是将原料放置于 0℃以下的低温贮存的方法。冻藏温度一般为–2～–15℃，其中 4～8℃则是最常用的冻藏温度，常用于对肉、禽、水产品、预调理原料的保藏。

原料冻结后，原料所含水分绝大部分形成冰晶体，减少了生命活动与生化变化所必需的液态水分，能高度减缓原料的生化变化，可以更有效地抑制微生物的活动，保证原料在贮藏期间的稳定性。冻藏适合较长期贮藏，长的可以年计。快速冻结可较好地保持原料品质。

应尽量选择较低的冻藏温度贮藏原料，同时要避免长时间、频繁地打开冰箱而造成温度波动，引起原料内冰晶的生长现象；可采用密封的方法缓解原料表面失水、串味和变色的现象。

（3）解冻　可采用缓慢解冻法、微波解冻法和烹调解冻法。

二、干燥保藏原理和技术

利用各种方法将原料中的水分减少至足以防止腐败变质的程度并维持低水分进行长期贮藏的保藏方法称为干燥保藏，也称为脱水保藏法。

1．干燥保藏的原理

微生物生长需要适宜的水分，如许多细菌实际上生存于表面水膜之中。因此将食品进行干燥，减小食品中水的可供性，提高食品渗透压，使微生物难以生长繁殖，这是古今都使用的传统方法，多用于对山珍海味、蔬菜水果的保藏，餐厅中可用干燥脱水的方法自行晒制干菜、猪皮等。

干燥方法可以利用太阳、风等自然手段，也可以利用常压热风、喷雾、薄膜、冰冻、微波和添加干燥剂以及利用真空干燥、真空冰冻干燥等人为手段。在现代技术日益发展、干燥要求越来越高的情况下，人为手段日趋重要，使用也越来越广泛。食品干燥、脱水方法主要有日晒、阴干、喷雾干燥、减压蒸发和冷冻干燥等。生鲜食品干燥和脱水保藏前，一般需破坏其酶的活性，最常用的方法是热烫（亦称杀青、漂烫）或硫黄熏蒸（主要用于水果）或添加抗坏血酸（0.05%～0.1%）及食盐（0.1%～1.0%）。肉类、鱼类及蛋中因含 0.5%～2.0%肝糖，干燥时常发生褐变，可添加酵母或葡萄糖氧化酶处理或除去肝糖再干燥。

（1）水分活度与微生物生长的关系　大多数情况下，食品的稳定性（腐败、酶解、化学反应等）与水分活度是紧密相关的。食品的腐败变质通常是由微生物作用和生物化学反应造成的，任何微生物进行生长繁殖以及多数生物化学反应都需要以水作为溶剂或介质。干藏就是通过对食品中水分的脱除，进而降低食品的水分活度，从而限制微生物活动、酶的活力以及化学反应的进行，达到长期保藏的目的。

各种微生物要求的最低水分活度是不同的。细菌、霉菌和酵母菌三大类微生物中，一般细菌要求的最低 Aw（水分活度）较高，在 0.94～0.99；霉菌要求的最低 Aw 为 0.73～0.94，酵母要求的最低 Aw 为 0.88～0.94。但有些干性霉菌，如灰绿曲霉最低 Aw 仅为 0.64～0.70（含水量 16%），某些食品水活性值在 0.70～0.73（含水量约 16%），曲霉和青霉即可生长，因此干制食品的防霉 Aw 要达到 0.64 以下（含水量 12%～14%以下）才较为安全。新鲜食品如乳、肉、鱼、蛋、水果、蔬菜等都有较高水分，其水活性值一般在 0.98～0.99，适合多种微生物的生长。目前防霉干制食品的水分一般在 3%～25%，如水果干为 15%～25%，蔬菜干为 4%以下，肉类干制品为 5%～10%，喷雾干燥乳粉为 2.5%～3%，喷雾干燥蛋粉在 5%以下。

（2）干制对微生物的影响　微生物生长繁殖与水分活度之间的依赖关系见表 4-4。从食品的角度来看，大多数新鲜食品的水分活度在 0.99 以上，适合各种微生物生长。只有当水分活度降至 0.75 以下，食品的腐败变质才显著减慢；水分活度降到 0.70 以下，物料才能在室温下进行较长时间的贮存。

表 4-4　微生物与水分活度的关系

AW	微生物的生长状况	AW	微生物的生长状况
＜0.94	大多数细菌不能生长发育	＜0.74	大多数霉菌生长发育受到限制
＜0.85	大多数酵母菌不能生长发育	＜0.62	几乎没有能够生长发育的微生物

干制过程中，食品及其所污染的微生物均同时脱水，干制后，微生物就长期地处于休眠状态，环境条件一旦适宜，又会重新吸湿恢复活动。

干制品复水后，部分微生物复苏并再次生长，微生物的耐旱力常随菌种及其不同生长期而异。例如，葡萄球菌、肠道杆菌、结核杆菌在干燥状态下能保存活力几周到几个月，乳酸菌能保存活力为几个月到一年以上，干酵母保存活力可达两年之久，干燥状态的细菌芽孢菌核、原膜孢子、分生孢子可存活一年以上，黑曲霉菌孢子可存活 6～10 年。

干制并不能将微生物（病原菌）全部杀死，只能抑制它们的活动。因此，干制品并非无菌，遇温遇潮湿气候，就会腐败变质。干制食品要求用微生物污染低、质量高的食品原料，清洁加工处理常用热处理或化学灭菌（即干制前设法将它灭菌）。

（3）干制对酶的影响　酶为食品所固有，它需要水分才具有活性，水分减少时，酶的活

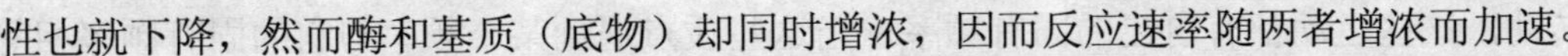

性也就下降，然而酶和基质（底物）却同时增浓，因而反应速率随两者增浓而加速。

因此，在低水分干制品中，特别在其吸湿后，酶仍会缓慢地活动，从而引起食品品质恶化或变质。只有干制品水分降低到1%以下时，酶的活性才会完全消失。

酶在湿热条件下处理时易钝化，100℃瞬间即能破坏它的活性；但在干热条件下难于钝化，如在干燥条件下，即使用 204℃热处理，钝化效果也极其微小。因此，为了控制干制品中酶的活动，就有必要在干制前对食品进行湿热或化学钝化处理，以达到酶失去活性为度。为鉴定干制品中残留酶的活性，可用过氧化物酶作为指示酶，因为当过氧化物酶完全失活时（它抗热性较强）可以保证所有其他酶被破坏。

2．干燥的方法

干制方法可以区分为自然和人工干燥两大类。自然干制是指在自然环境条件下干制食品的方法，主要为晒干。晒干就是直接在阳光下暴晒物料，利用辐射能进行干制的过程。物料获得从太阳中来的辐射能后，其温度就随之而上升，物料内水分受热而向它表面的周围介质蒸发，物料表面附近的空气即处于饱和状态，并和周围空气形成水蒸气分压差，于是在空气自然对流循环中就不断促使食品中水分向空气中蒸发，直至它的水分含量降低到和空气温度及其湿度相适应的平衡水分为止。炎热和通风是最适宜晒干的气候条件。晒干主要用于干制固态食品，如果蔬、鱼肉。晒干需要场地。食品的晒干工具有悬挂架、晒盘（放在晒架上）、晒席（铺在地上）。晒干时间一般需 2～3 天，长的 10 天，最长达 3～4 周。

人工干制是在常压或减压环境利用人工控制的工艺条件进行食品干制，有专用的干燥设备。常见设备有空气对流干燥设备、真空干燥设备等。

（1）空气对流干燥　空气对流干燥是最常见的食品干燥方法，这类干燥在常压下进行，食品也分批或连续地干制，而空气则自然或强制地对流循环。流动的热空气不断和食品密切接触并向它提供蒸发水分所需的热量，有时还要为载料盘或输送带增添补充加热装置。

（2）接触干燥　被干燥物与加热面处于密切接触状态，蒸发水分的能量来自传导方式，间壁传热，干燥介质可为蒸汽、热油。这种方式可实现快速干燥，采用高压蒸汽，可使物料固形物从 3%～30%增加到 90%～98%，表面温度可达 100～145℃，接触时间 2 秒至几分钟，干燥费用低，带有煮熟风味，适用于浆状、泥状、液态和一些受热影响不大的食品，如麦片、米粉等。

（3）真空干燥

1）基本结构：干燥箱、真空系统、供热系统、冷凝水收集装置。

2）特点：物料呈疏松多孔状，能速溶，有时可使被干燥物料膨化。

3）设备类型：间歇式真空干燥和连续式真空干燥（带式输送）。

4）适用范围：水果片、颗粒、粉末，如麦乳精。

（4）冷冻干燥　在冷冻状态下，食品中的水变成冰，再在高真空度下，冰直接从固态变成水蒸气（升华）而脱水，故又称为升华干燥。

（5）其他干燥方法

1）红外干燥。电磁波谱中波长在 1～1000μm 区域称为红外区。在食品中有很多物料对红外区波长在 3～15μm（2.5～25μm）范围的红外线有很强的吸收。

红外干燥的原理：构成物质的分子、原子、电子，即使处于基态，也都在不停地运动着振动或转动，这些运动都有自己的固有频率。当这些质点遇到某个频率与它的固有频率相等时，则会发生与振动、转动的共振运动，使运动进一步激化，微观结构质点运动加剧的宏观反映就是物体温度升高，即物质吸收红外线后，便产生自发的热效应，由于这种热效应直接产生于物体内部，所以能快速有效地对物质加热，这就是红外线加热的原理。在食品中很多成分都能对红外线 3～15μm 波长有强烈的吸收率。

2）微波干燥。微波是指波长在 1mm～100cm 范围的电磁波（频率在 300～300000MHz）。微波干燥的原理：水分子是一个偶极分子，一端带正电，一端带负电，在没有电场作用的情况下，这些偶极分子在介质中作杂乱无规则的运动。在电场作用下，偶极分子定向排列，有规则地取向排列。若改变电场方向，则偶极分子取向也随之改变。若电场迅速交替改变方向，则偶极分子亦随之作迅速的摆动，由于分子的热运动和相邻分子间的相互作用，产生了类似摩擦作用，使得分子以热的形式表现出来，表现为介质温度升高。工业上采用高频交替变换电场，如 915MHz 和 2450MHz，即意味着在 1 秒内有 9.15×10^{8} 次或 2.45×10^{9} 次的电场变化，分子如此频繁的运动，其摩擦产生的热量则相当大，故能瞬间升高温度。

三、腌渍保藏原理和技术

利用较高浓度的食糖、食盐等物质对原料进行处理而延长保存期的保存方法，称为腌渍保藏法。

腌渍是早期保存蔬菜的一种非常有效的方法。现今，蔬菜的腌渍已从简单的保存手段转变为独特风味蔬菜产品的加工技术。酱腌菜这一传统食品是我国人民历代智慧的结晶，是祖国宝贵文化财富的一部分。

早在南北朝时期的《齐民要术》一书中就记载了许多不同酱菜的制作方法，如甜酱、酱油等加工的酱菜，酒糟做的糟菜，糖蜜做的甜酱菜等。唐代，我国酱菜技术不仅有了很大的发展，而且传到了日本，现今日本著名的奈良酱菜就是源于那时。经过长期的生产实践，到明清时期，我国酱腌菜工艺和品种都有了很大的发展，很多书籍都有详尽记载，其中一些品种和工艺一直流传至今。

1．腌渍保藏的原理

食品腌渍过程中，不论盐或糖或其他酸味剂等原辅料（固体或液体），总是发生扩散渗透现象，溶质进入食品组织内，水分渗透出来。因此，扩散和渗透理论成为食品腌渍过程中重要的理论基础。

糖、盐等物质产生的高渗透压，可降低原料的水分活度，造成微生物细胞的质壁分离现象，细胞内蛋白质成分变性，杀死或抑制微生物活动。同时，高渗透压可抑制酶的活力，达到保藏原料的目的。

2．腌渍保藏技术

腌渍保藏技术包括盐藏、糖藏、醋藏、酒藏。

盐藏和糖藏都是根据提高食物的渗透压来抑制微生物的活动，醋和酒在食物中达到一定浓度时也能抑制微生物的生长繁殖，防腐剂能抑制微生物酶系的活性以及破坏微生物细胞的膜结构。

（1）盐腌　食品经盐藏不仅能抑制微生物的生长繁殖，并可赋予其新的风味，故兼有加工的效果。食盐的防腐作用主要在于提高渗透压，使细胞原生质浓缩发生质壁分离；降低水分活性，不利于微生物生长；减少水中溶解氧，使好气性微生物的生长受到抑制等。各种微生物对食盐浓度的适应性差别较大。嗜盐性微生物，如红色细菌、接合酵母属和革兰氏阳性球菌在较高浓度食盐的溶液（15%以上）中仍能生长。无色杆菌属等一般腐败性微生物约在 5%的食盐浓度，肉毒梭状芽孢杆菌等病原菌在 7%～10%食盐浓度时，生长也受到抑制。一般霉菌对食盐都有较强的耐受性，如某些青霉菌株在 25%的食盐浓度中尚能生长。由于各种微生物对食盐浓度的适应性不同，食盐浓度的高低就决定了所能生长的微生物菌群。例如，肉类中食盐浓度在 5%以下时，主要是细菌的繁殖；食盐浓度在 5%以上，存在较多的是霉菌；食盐浓度超过 20%，主要生长的微生物是酵母菌。盐腌多用于肉类、禽类、蛋、水产品及蔬菜的保藏，依原料不同分别使用食盐及硝盐、香料等其他辅助腌剂。一般使用食盐浓度在 6%～15%。盐腌有时与脱水干燥相结合。

（2）糖渍　糖渍也是利用增加食品渗透压、降低水分活度，从而抑制微生物生长的一种贮藏方法。一般微生物在糖浓度超过 50%时生长便受到抑制。但有些耐透性强的酵母和霉菌，在糖浓度高达 70%以上尚可生长。因而仅靠增加糖浓度有一定局限性，但若再添加少量酸（如食醋），微生物的耐渗透力将显著下降。果酱等因其原料果实中含有有机酸，在加工时又添加蔗糖，并经加热，在渗透压、酸和加热三个因子的联合作用下，可得到非常好的保藏性。但有时果酱也会出现因微生物作用而变质腐败，其主要原因是糖浓度不足。糖渍主要用于水果和部分蔬菜的保藏加工，可制成蜜饯、果脯、果酱等制品。一般糖浓度在 50%以上才具有良好的保藏效果。

（3）酸渍　酸渍保藏法是通过提高原料酸度而保存原料的方法。大多数腐败菌在 pH5.5 以下时生长繁殖会受抑制，通过提高原料酸度，降低 pH 达 5.5 以下，即可达到储存原料的目的。用风味纯正的可食用的有机酸，如乳酸、醋酸、柠檬酸等腌渍原料，除具有明显保藏作用外，还可使原料具有独特的风味；也可利用微生物发酵产酸，如泡菜、酸菜。

许多微生物的生长与繁殖在酸性条件下受到严重抑制，甚至被杀死。因此将新鲜蔬菜和牛乳等食品进行乳酸发酵，不仅可产生特异的食品风味，还可明显延长储存期。这在我国已有几千年的历史，而且现今正在用来开发新的风味食品和饮料。例如，四川、湖南、湖北、江西、贵州等地的泡菜，内蒙古、西藏等牧区的干酪、酸奶、酸酪乳，近年开始的活性乳、酸牛奶等饮料，都是利用乳酸发酵生产的风味食品。

（4）酒渍　利用酒精的抑菌杀菌作用保藏原料的方法称为酒渍保藏法。人们常用白酒、酒酿、香糟、黄酒来浸渍原料。白酒和酒酿等含酒精量高，杀菌力强，多用于水产品的腌渍，如红糟鱼、醉蟹；香糟、黄酒等适用于出水后酒渍的原料，如醉虾、醉鸡。酒渍保藏多加入盐、醋及香辛料以增加保藏效果。酒渍保藏法可以使制品带上特殊的酒香风味。

利用盐、糖、蜜等腌渍新鲜食品，可大大提高食品和环境的渗透压，使微生物难以生存，甚至死亡。这是常用而十分有效的方法。新鲜鱼、肉、禽类、蛋品、某些水果、蔬菜等都可利用此法制成腌制品和蜜饯、酱菜等。腌制品可以保藏相当长的时间而不变质。但某些耐高渗的酵母、霉菌和嗜盐细菌仍可生长，因此，仍需注意这些微生物使腌制品腐败变质。

四、高温保藏原理和技术

利用高温（60℃以上）杀灭原料上粘附的微生物及破坏原料的酶活性而延长原料保存期的方法称为高温保藏法。

1．高温保藏的原理

当环境温度超过了微生物的最高生长温度时，一些对热较敏感的微生物就会立即死亡，而另一些对热耐受力较强的微生物虽不能生长，但尚能生存一段时间。Wesier（1962）曾指出，凡是在 61.6℃经 30 分钟尚能生存的微生物称为耐热微生物。与原料有关的耐热微生物主要属于芽孢杆菌属和梭状芽孢杆菌属，其次是链球菌属和乳杆菌属，前两者是芽孢菌，后两者是非芽孢菌。在高温条件下，由于微生物体内的酶变性失活，由此导致微生物丧失新陈代谢功能而死亡。

耐热微生物生长的最适温度在 50～55℃，生长的最低温度也在 25～45℃，所以其与原料热加工的关系非常密切，而与原料储藏的关系不大。但在果品蔬菜储藏中，如果码垛或堆积过于密集，堆垛内部往往通风散热不良，有可能使温度上升到 40～50℃，结果不但会造成果蔬生理上的“热伤”，也有利于耐热菌活动而引起腐烂。

由于微生物和酶对高温的耐受能力较弱，当温度超过 60℃时，微生物的生理机能即减弱并逐渐死亡，可防止微生物对原料的影响。同时高温还可以破坏原料中酶的活性，防止原料因自身的呼吸作用、自溶等引起的变质，达到保藏的目的。

在高温作用下，微生物体内的酶、脂质和细胞膜被破坏，原生质构造中呈现不均一状态，以致蛋白质凝固，细胞内一切代谢反应停止。

2．高温保藏技术

常用的加热杀菌技术有高温灭菌法、巴氏消毒法、超高温消毒法、微波加热杀菌、一般煮沸法。一些不适合加热的食品或饮料，常采用过滤除菌的方法。

（1）巴氏消毒法　巴氏消毒法又叫巴斯德消毒法，是法国微生物学家巴斯德为葡萄酒消毒时发明，并以他的名字来命名的一种消毒方法，是指在规定时间内以不太高的温度处理液体食品的一种加热灭菌方法。巴氏消毒是乳品加工中的一个重要环节，它可消灭所有的致病菌、酵母、霉菌和绝大部分其他细菌，但并不能达到灭菌的程度。此法可以达到消毒目的，又不致损害食品质量。有些不耐高温的液体如牛奶、啤酒和葡萄酒等，不能加热到煮沸的温度（100℃），可采用较低的温度（70～80℃）灭菌。它的主要理论依据是：无芽孢细菌加热到 60～65℃，经过 15～30 分钟可以死亡；而加热到 70～80℃，则只需 5～10 分钟即被杀死。牛奶用巴氏消毒法，用 70～75℃或用 80℃经几秒钟可达到消毒目的。这样可以杀死致病菌，特别是无芽孢的肠道细菌，又保证营养成分不被破坏。巴氏灭菌法应用到啤酒加热约 65℃经 30 分钟，用此法生产的啤酒称为熟啤酒。巴氏消毒法适合于啤酒、牛奶、酱油、醋等原料的消毒。巴氏消毒法有下列三种方法。

1）低温长时间杀菌法（LTLT）。低温长时间杀菌的杀菌条件为 62～65℃，并在该温度下保温 30 分钟，故又称保持式杀菌法。病原菌能完全杀死，而不影响牛奶等的品质。保持式杀菌法，其杀菌效果一般只达到 99%以内，对耐热性嗜热细菌以及孢子等则不易杀死。例

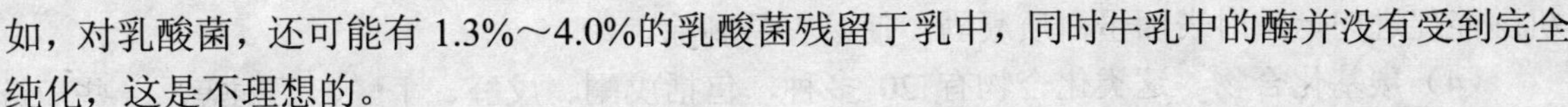

如，对乳酸菌，还可能有1.3%～4.0%的乳酸菌残留于乳中，同时牛乳中的酶并没有受到完全纯化，这是不理想的。

2）高温短时间杀菌法（HTST）。高温短时间杀菌是采用80～85℃、10～15秒或72～75℃、16～40秒的加热杀菌法。这种杀菌法是连续进行，适合于大规模乳品厂使用。经过上述两法加热消毒后，一般可杀死乳中97%～99%的细菌，但在消毒鲜乳中还残留少数耐热性较强的细菌。

3）超高温瞬间杀菌法（UHT）。超高温瞬间杀菌法是采用加压蒸汽将牛乳加热到135～150℃保持2秒，经瞬间加热后迅速冷却。它的特点是温度高、时间极短，可以达到灭菌效果。如与无菌包装连接起来，可以生产灭菌乳，保持无菌状态，无需冷藏，可在常温下长期保存（3～6个月），超高温杀菌乳在冷藏下可以存放20天。

巴氏消毒法的优点：巴氏消毒纯鲜奶较好地保存了牛奶的营养与天然风味，在所有牛奶品种中是最好的一种。巴氏消毒奶在4℃左右的温度下保存，细菌的繁殖非常慢，牛奶的营养和风味就可在几天内保持不变。

（2）煮沸消毒法　煮沸消毒法是将原料置于沸水中煮沸的消毒方法。其杀菌消毒效果较巴氏消毒法要好。餐厅中多用于餐具、易腐的肉类、豆制品等的消毒。

（3）高温高压灭菌法　高温高压灭菌法是采用100～121℃的高温灭菌的方法，可以杀灭各种微生物及芽孢，烹调次新鲜的肉类可用高温高压杀菌法消毒杀菌后供食用。

高温保藏法的保存期限与原料杀菌时的密封程度有关。原料经过高温保藏往往有类似煮、蒸的致熟作用。高温处理的原料还要注意防止重新污染，否则仍会变质。

五、烟熏保藏原理和技术

烟熏保藏法是在腌制或干制的基础上，利用木柴、树叶等不完全燃烧时产生的烟气来熏制原料达到保藏目的的方法。

1. 烟熏保藏的原理

熏烟中含有醛、酚等具有抑菌作用的化学物质，烟熏过程中产生的热量可使原料部分脱水，同时温度升高也能有效地杀灭表面的微生物，减少表面粘附的微生物数量，具有较好的防腐效果。

熏烟主要是不完全氧化产物，包括挥发性成分和微粒固体，如碳粒等。在熏烟中对制品产生风味、发色作用及防腐效果的有关成分就是不完全氧化产物，人们从这种产物中已分出约200多种化合物，一般认为最重要的成分有酚、醇、酸、羧基化合物和烃类等。

（1）酚　从熏烟中分离并鉴定的酚类有20多种，都是酚的各种取代物，如愈疮木酚，邻位、间位、对位甲基酚或甲氧基取代物等。酚在鱼肉类烟熏制品中有三种作用：形成特有的烟熏味、抑菌防腐作用、抗氧化作用。

（2）醇　木材熏烟中醇的种类很多，有甲醇、乙醇及多碳醇。醇的作用中，保藏作用不是主要的，它主要起到一种为其他有机物挥发创造条件的作用，也就是挥发性物质的载体。

（3）有机酸　在整个熏烟组成中存在有含1～10个碳的简单有机酸，熏烟蒸汽相内的有机酸含1～4个碳，5～10个碳的有机酸附在熏烟内的微粒上。有机酸有微弱的防腐能力。有

机酸能促进肉烟熏时表面蛋白质凝固，使肠衣易剥除。

（4）羰基化合物　这类化合物有 20 多种，包括戊酮、戊醛、丁醛、丁酮等，一些短链的醛酮化合物在气相内，有非常典型的烟熏风味和芳香味。羰基化合物与肉中的蛋白质、氨基酸发生美拉德反应，产生烟熏色泽。

（5）烃类　主要指产生的多苯环烃类，其中至少有两类二苯并蒽和苯并芘，已被证实是致癌物质。它们与防腐和风味无关。这两种物质一般附着在熏烟的固相上，可以被清除掉。

2．烟熏保藏技术

烟熏可采用各种燃料，如稻草、玉米棒子、木材等，各种材料所产生的成分有差别。一般来说，硬木、竹类风味较佳，软木、松叶类风味较次，胡桃木为优质烟熏肉的标准燃料。因燃料来源问题，现一般使用的是混合硬木。

（1）熏烟产生的条件

1）较低的燃烧温度和适量空气的供应是缓慢燃烧的条件。燃料燃烧过程是燃料外表面在燃烧氧化，内部在进行脱水（温度稍高于 100℃）。在正常烟熏条件下，常见的温度范围为 100～400℃，会产生 200 多种成分。烟熏时引入氧气，则会在氧化作用下熏烟中的固相成分进一步复杂化；如果将空气严格加以控制，熏烟呈黑色，并含有大量羧酸，这样的熏烟不适合用于食品。当供氧量增加时，酸和酚的量增加，供氧量超过完全氧化时需氧的 8 倍左右，形成量达到最高值。温度较低（低于 300℃），酸的形成量较大；燃烧温度增加到 400℃以上，酸和酚的比值就下降。因此，400℃是分界线，高于或低于 400℃时产生的熏烟成分有显著差别。

2）熏烟成分的质量与燃烧和氧化发生的条件有关。燃烧温度在 340～400℃以及氧化温度在 200～250℃间产生的熏烟质量最高。虽然 400℃燃烧温度最适宜于形成最高量的酚，然而它也同时有利于苯并芘及其他环烃的形成。如果将致癌物质形成量降低到最低程度，实际燃烧温度以控制在 343℃为宜。

3）相对湿度也影响烟熏效果。高湿有利于熏烟沉积，但不利于呈色，干燥的表面需延长沉积时间。烟熏浓度一般可用 40W 电灯来确定，若离 7 米时可见则熏烟不浓，若离 0.6 米时不可见则说明熏烟很浓。

（2）熏制的方法

1）冷熏。制品周围熏烟和空气混合物气体的温度不超过 22℃的烟熏过程称为冷熏。冷熏特点是熏制时间长，需要 4～7 天，熏烟成分在制品中渗透较均匀且较深，冷熏时制品干燥虽然比较均匀，但干燥程度较大，失重量大，有干缩现象，同时由于干缩提高了制品内盐含量和熏烟成分的聚集量，制品内脂肪熔化不显著或基本没有，冷熏制品耐藏性比其他烟熏法稳定，特别适用于烟熏生香肠。

2）热熏。制品周围熏烟和空气混合气体的温度超过 22℃的烟熏过程称为热熏，常用的烟熏温度在 35～50℃，因温度较高，一般烟熏时间短，约 12～48 小时。

在肉类制品或肠制品中，有时烟熏和加热蒸煮同时进行，因此生产烟熏熟制品时，常用 60～110℃温度。

热熏时因蛋白质凝固，以致制品表面上很快形成干膜，妨碍了制品内部的水分渗出，延缓了干燥过程，也阻碍了熏烟成分向制品内部渗透，因此，其内渗深度比冷熏浅，色

泽较浅。

烟熏温度对于烟熏抑菌作用有较大影响。温度为 30℃，浓度较淡的熏烟对细菌影响不大；温度为 43℃而浓度较高的熏烟能显著降低微生物数量；温度为 60℃时，不论淡的或浓的熏烟，都能将微生物数量下降到原数的 0.01%。

六、活养储存原理和技术

活养储存法是将氧气注入补充在保存动物性原料的环境中，由于氧气是生物活性必不可少的成分，原料的新鲜与否与氧气的含量有密切的关系。它是餐厅对小型动物性原料进行饲养而保持并提高其品质的特殊贮存方法。

使用范围：适用于稀少罕见、价格昂贵或对新鲜程度要求较高的动物性原料。

优点：原料随用随杀，可以充分保证原料的新鲜度；短期饲养可消除原料不良风味，使风味更加鲜美；经长途运输的原料躯体消瘦，活养后可使其恢复元气，提高食用质量。

注意事项：注意动物的生活习性，提高存活率，提高食用质量。

七、气调保藏原理和技术

气调储藏是调节控制果蔬产品储藏环境中气体成分的冷藏方法。

1．气调保藏的原理

气调贮藏是指冷藏、减少环境中氧、增加二氧化碳的综合质量控制方式，除控制贮藏环境的温度、湿度外，还同时控制气体条件，形成有利于保持果蔬品质的综合环境，是当代贮藏设施的高级形式。

2．气调保藏技术

现在有两种气调贮藏方式：CA 贮藏和 MA 贮藏。CA 贮藏是指空气中的 O_2 和 CO_2 都有较严格规定的指标，允许变动的范围较小，根据各种产品的特性而定。MA 贮藏，即薄膜包装贮藏，是靠果蔬的呼吸作用来降低 O_2 的含量和增加 CO_2 浓度，多用于短期贮藏、运输及销售时的临时性贮藏。

气调贮藏是把低温、低氧和高二氧化碳结合起来，按不同果蔬的最佳贮藏效果要求，优化组合成新的综合环境的贮藏方法。三者具有适当的配合才能达到果蔬质量控制的最优化效果。

（1）温度要求　采取气调措施，即使温度较高，也能收到较好的贮藏效果。例如，绿色番茄在 20～28℃进行气调贮藏的效果，与在 10～13℃下普通空气中贮藏相仿。所以，对低温敏感的热带、亚热带果蔬采用气调方法，更有利于保持质量、延长贮期。但不能就此认为进行气调贮藏就可以不必注意温度管理了。实际上只有适宜的气体组成与适宜的温度相配合，才能充分发挥气调贮藏的效果。只是对于同一种果蔬，气调贮藏的适温可能与在普通空气中贮藏的适温有所不同。气调贮藏时常需把温度稍提高一些。这是因为有些植物组织在 0℃附近的低温下对 CO_2 很敏感，容易发生 CO_2 伤害；在稍高的温度下，这种伤害就可以避免。

（2）O_2、CO_2 和温度的综合影响　气调贮藏要同时配合好 O_2、CO_2 和温度条件，不仅因为它们各自密切影响着果蔬的生理生化过程，而且它们彼此间存在着互相联系、互相制约的关系。

一方面，一个条件的有利影响可因结合另外的有利条件而进一步加强，反之亦然，如低 O_2 可延缓叶绿素的分解，配合适量的 CO_2 保绿效果更好。另一方面，一个不适条件的不利影响可因改变另一条件而使之减轻或消除，如适当提高 O_2 含量或升高温度，可以缓解 CO_2 伤害。

所以，必须重视 O_2、CO_2 和温度三者的综合影响，使它们有一个最佳配合。

八、原料防腐剂和抗氧化剂保藏

1. 防腐剂作用机理

（1）杀菌剂的作用机理

1）氧化型杀菌剂。氧化型杀菌剂的作用就在于它们的强氧化作用。例如，在食品储藏中常用的氧化型杀菌剂和过氧化物，都是具有很强氧化能力的化学制品。过氧化物会释放出具有强氧化能力的新生态氧，使微生物被其氧化致死。过氧化物杀菌机理是以氧化作用破坏微生物膜的结构。过氧化物首先作用于细胞膜，使膜构成成分受损伤而导致新陈代谢障碍，过氧化物继续渗透而破坏膜内脂蛋白和脂多糠，改变细胞的通透性，导致细胞溶解、死亡。而次氯酸则是利用其释放出的有效氯（OCl^-）成分的强氧化作用杀灭微生物的。次氯酸分子量小，易扩散到细菌表面，并穿透细胞膜进入菌体内，会破坏微生物的蛋白及核蛋白的硫基或者抑制对氧化作用敏感的酶类，从而使微生物死亡。

2）还原型杀菌剂。SO_2 发挥作用的机理还不清楚，目前有几种作用机理。一种解释认为：未解离的亚硫酸或 SO_2 分子具抗菌性，在低 pH 下具有较强的抗菌性的事实可以支持这种观点。通过添加酸使食品的 pH 下降，再与 SO_2 协同作用可取得更好的保藏效果。另一观点认为 SO_2 的抗菌性是由于其具有强的还原性，可使作用成分的氧气降至需氧菌可生长的点位以下，或者 SO_2 可与某些酶系统直接作用。SO_2 也被认为是一种酶抑制剂，可以通过抑制基本酶系来抑制微生物的生长。在干燥食品中，SO_2 抑制酶促褐变的作用就是基于这种假设。因为已知亚硫酸盐对二硫键有破坏作用，因此可认为它能破坏某些特定的基本酶系，由此发生对菌的抑制作用。亚硫酸盐对细胞正常运输无抑制作用。亚硫酸氢盐对细胞生长过程中的芽孢萌发有抑制作用。

3）其他杀菌剂。如醇类可以通过和蛋白质竞争水分，使蛋白质因脱水而变性凝固，从而导致微生物的死亡。

（2）抑菌剂的作用机理　一般认为，食品防腐剂对微生物的抑制作用是通过影响细胞亚结构而实现的，这些亚结构包括细胞壁、细胞膜、与代谢有关的酶、蛋白质合成系统及遗传物质。由于每个亚结构对菌体而言都是必需的，因此食品防腐剂只要作用于其中的一个亚结构便能达到杀菌或抑菌的目的。根据大量的实验观察，可把防腐剂作用机理归纳为三个方面：作用于细胞壁和细胞膜系统，作用于遗传物质或遗传微粒结构，作用于酶或功能蛋白。

（3）防腐剂的类别

防腐剂按原料特性可分为以下几类。

1）有机酸及其盐类。作为亲脂性酸，山梨酸盐、苯甲酸盐和丙酸盐抑制微生物细胞的机理是一样的。弱有机酸及其盐类抑菌效果主要取决于它们未解离的酸分子，非离子态是其有效活性形式。H^+（质子）和 OH^- 被细胞质膜分离。前者在外，使 pH 上升；而后者在细胞

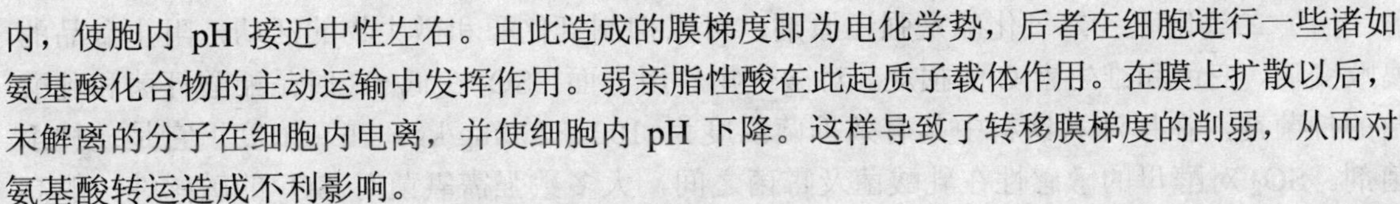

内，使胞内 pH 接近中性左右。由此造成的膜梯度即为电化学势，后者在细胞进行一些诸如氨基酸化合物的主动运输中发挥作用。弱亲脂性酸在此起质子载体作用。在膜上扩散以后，未解离的分子在细胞内电离，并使细胞内 pH 下降。这样导致了转移膜梯度的削弱，从而对氨基酸转运造成不利影响。

2）苯甲酸。苯甲酸的抑菌机理是阻碍微生物细胞的呼吸系统，使三羧酸循环（TCA 循环）中乙酰辅酶 A—乙酰醋酸及乙酰草酸—柠檬酸之间的循环过程难以进行。苯甲酸被普通变形杆菌等微生物细胞吸收后，能阻碍其葡萄糖和丙酮酸盐氧化成乙酸。对普通变形杆菌，苯甲酸在葡萄糖氧化的最初阶段能提高氧气的消耗速率。苯甲酸盐也是通过抑制细胞吸收底物分子以达到抑制微生物的目的。芽孢在其萌发阶段对苯甲酸盐最为敏感。

3）山梨酸。山梨酸抑菌机理可能是对脱氢酶系的抑制，尤其是霉菌细胞内脱氢酶系统活性，并与酶系统中的硫基结合，使多种重要的酶系统被破坏，从而达到抑菌和防腐的要求。山梨酸盐也通过抑制细胞吸收底物分子以达到抑制微生物的目的，通过对芽孢发芽的抑制，山梨酸盐可阻止生长细胞的生成。

4）对羟基苯甲酸酯。对羟基苯甲酸酯抑菌机理与苯甲酸类似，主要使微生物细胞呼吸系统酶和电子传递系统酶的活性受抑制，并能破坏微生物细胞膜的结构，从而起到防腐作用。

5）丙酸盐。丙酸盐的抑菌机理与苯甲酸盐和山梨酸盐一样。丙酸盐是通过抑制细胞吸收底物分子来达到抑制微生物的目的。

6）亚硝酸盐。亚硝酸盐对需氧菌的某些抗菌效果的机理可能是：当肉中色素以氧合肌红蛋白形式存在时，如在肉糜中，色素先被氧化成正铁肌红蛋白（褐色），后者还原时与 NO^-作用生成亚硝基肌红蛋白。因为 NO^-有同其他含卟琳的化合物（过氧化氢酶、过氧化物酶、细胞色素等）相互反应的能力。

7）其他小分子有机物。肉桂酸、对羟基苯甲酸酯、香草酚、愈创木酚等小分子有机物，其成分一般为疏水物质，能使细胞膜功能紊乱甚至使细胞膜破裂，最终导致微生物死亡。

2．抗氧化剂作用机理

抗氧化剂是为了防止或延缓食品氧化变质的一类物质。食品内部及其周围经常有氧存在着。即使采取充氯或真空包装措施也难免仍有微量氧存在，食品在氧的氧化作用下就会发生变质。油脂或含油脂的食品在储藏、运输过程中由于氧化发生酸败或油烧现象，不仅降低食品营养，使风味和颜色劣变，而且产生有害物质危及人体健康。维生素 C 和胡萝卜素会因为氧化失去生理作用，很多食品可能因为氧化作用而产生褐变等。因此需在食品保藏中添加一些化学制品，以延缓或阻止氧气所导致的氧化变质。这类化学制品包括抗氧化剂和脱氧剂。

虽然在食品中使用抗氧化剂的主要目的是防止脂肪的自动氧化，但一些酚类抗氧化剂已被证实对微生物有广谱抑菌作用，包括一些病毒、支原体和原生物体。这些化合物在加工肉制品中作为亚硝酸盐增效剂的作用以及与其他抑菌剂的协同抑菌功能已得到广泛的肯定。

食品抗氧（化）剂的种类繁多。抗氧化的作用机理也不尽相同。虽然如此，它们的抗氧化作用却都是以其还原性为理论依据。有的抗氧化剂被氧化，消耗食品内部和环境中的氧而保护食品品质，有的抗氧化剂则是通过抑制氧化酶的活性而防止食品氧化变质等，所有这些抗氧化作用都与抗氧化剂的还原性密切相关。

（1）二氧化硫　二氧化硫是强还原剂，可以抑制氧化酶和微生物的活动，阻止食品的腐败变质、变色和维生素 C 的损耗。对微生物作用方面，SO_2在低 pH 时是醋酸杆菌和乳酸菌的抑菌剂，在果汁和饮料中其有效抑菌浓度为 100～200mg/kg。在高浓度下它是一种杀菌剂。SO_2 对酵母的敏感性在乳酸菌及霉菌之间，大多数强需氧菌对 SO_2 的敏感性一般高于发酵菌。

生产中二氧化硫处理法主要用气熏法，即在密封室内燃烧硫黄，或将钢瓶中的二氧化硫导入室内进行气熏，又称为熏硫。一般熏硫室中二氧化硫浓度保持在 10～20g/m^3，每吨干制果品熏硫时约需硫黄 3～4kg，熏硫时间 30～60 分钟，所用硫黄要求杂质少，其中砷含量应低于 0.03%。

因为二氧化硫具有毒害性，联合国粮农组织和世界卫生组织规定二氧化硫的 ADI 值为 0～0.7mg/kg。

（2）亚硫酸盐类　亚硫酸及其盐类的杀菌效力、作用条件与二氧化硫的释放量有关。一般采用浸渍法，配成亚硫酸盐溶液，放入原料进行浸渍。

该杀菌剂使用时应注意以下几点。

1）亚硫酸盐水溶液在放置过程中容易分解逸散二氧化硫而失效，所以应现用现配。

2）应根据不同食品的杀菌要求和亚硫酸盐的有效二氧化硫含量确定用量及溶液浓度，严格控制食品中的二氧化硫残留量标准，以保证食品的卫生安全性。

3）亚硫酸盐产生的二氧化硫是一种对人体有害的气体，具有强烈的刺激性和对金属设备的腐蚀作用，所以在使用时应做好操作人员和库房金属设备的防护管理工作，以确保人身和设备的安全。

技能训练（选做）

辣白菜的制作方法

（1）目的：以制作泡菜为案例，了解传统发酵技术的应用，说明泡菜制作过程的科学原理，掌握泡菜制作的流程，知道影响发酵的因素。根据资料，设计实验步骤，尝试泡菜制作的过程。理解实验变量的控制，分析影响泡菜品质的条件。

（2）原理：泡菜是一种以湿态发酵方式加工制成的浸制品，为泡酸菜类的一种。泡菜制作容易，成本低廉，营养卫生，风味可口，利于储存。在我国四川、东北、湖南、湖北、河南、广东、广西等地民间均有自制泡菜的习惯。

（3）方法和步骤：

1）用料：

主料：东北大白菜、尖辣椒。

配料：咸盐、苹果梨、白糖等。

2）步骤：

①大白菜洗净晾干，时间大约在一两天左右。

② 将尖辣椒洗净切碎，苹果梨切丁，然后用稍多一点的咸盐与适量的白糖拌匀，放置 2 小时后，用手灌入整棵白菜叶子之间。

③ 把处理好的大白菜摆放到缸里，封好，置于干燥阴凉卫生的地方。

④ 温度保持在 1～10℃之间发酵，时间应该在一个月左右或更长。

3）注意事项：

① 大白菜要用东北秋天的白菜，南方包心状大白菜绝对不行。白菜不可切开，更不可切块，只能在吃的时候捞出切半或切碎。

② 辣椒要用半红半绿的尖椒，不可全红也不可全绿，它直接涉及做好后的辣白菜的色调、口感和味道。

③ 苹果梨是延边地区特有的苹果与梨杂交的水果，具有苹果与梨的共同优点，好吃异常。苹果梨的放入绝对不是可有可无的，它关系到辣白菜腌制的酸度和那种无法言表的地道酸味。

④ 做辣白菜最关键之处在于发酵，没有成功的发酵过程就不会做出真正味道的辣白菜。一切缩短或代替发酵过程而做出来的辣白菜都不是真正味道的辣白菜。

⑤ 在腌制辣白菜的过程中可以放入一些整个的小白萝卜一同腌制。

（4）分析与讨论：

1）泡菜的制作依据是：能够合理地选择实验材料与用具；独立或者合作完成泡菜的制作过程。

2）泡菜质量的评价：色泽基本一致、味道鲜美、咸淡适口、无异味、具有特有的香味。

3）总结不同条件对泡菜风味和质量的影响：能就盐、发酵的温度、发酵时间的长短以及香辛料等因素中的某一因素来说明其对泡菜风味或质量的影响。

拓展知识

干鱿鱼的泡发方法

鱿鱼，虽然习惯上称它们为鱼，其实它并不是鱼，而是生活在海洋中的软体动物。鱿鱼体内具有二片鳃作为呼吸器官，身体分为头部、很短的颈部和躯干部。头部两侧具有一对发达的眼和围绕口周围的腕足。

干鱿鱼是将枪乌贼自腹部剖开，挖去内脏，放入淡水中洗净，再以清水冲洗后晒干的产品。体扁长，头腕似佛手，肉鳍紧附在尾部两侧，形似双髻，全身均为浅粉色，表面有白霜，主要产于广东、福建、浙江，产期为 7～8 月。日本、越南、朝鲜也产。

干鱿鱼的泡发通常采用碱发法，将干料先用冷水浸泡后，再放在碱水里浸泡，以使其涨发回软。碱发能使坚硬的原料质地松软柔嫩，如鱿鱼、墨鱼等干货原料。这种方法是利用碱所具有的腐蚀及脱脂性能，促进干料吸收水分，缩短涨发时间，不过也会使原料的营养成分受到一些损失。碱发分为生碱水发和熟碱水发两种，具体采用哪种方法，可依据原料的情况和烹调需要来决定。

生碱水的调制是将 0.5kg 纯碱放入 10kg 温水里溶化后，兑成 5%的纯碱溶液。用生碱水泡过的原料有滑腻的感觉，涨发好的原料具有柔软、质嫩、口感好的特点，适于烧、烩、拌、熘及汤菜等。熟碱水的调制是将0.5kg纯碱、0.15kg生石灰放入陶制器皿内，放入沸水5kg搅和均匀，再加入2.5kg冷水搅匀，静置澄清后，取澄清的碱液使用。用熟碱水泡过的原料不粘滑，涨发好的原料具有韧性及柔嫩的特点，适合于炒、爆、熘等。

用生碱水涨发干鱿鱼：先将干鱿鱼用冷水浸泡3小时左右（使鱿鱼回软），然后改刀成大小均匀的片，再放入生碱水里浸泡5～6小时，随即灌入开水，加盖焖制，待冷却后，连同碱液一起倒入铁锅内，上小火慢慢加热，在80～90℃的恒温中提质（一边向锅内加入清水，一边将锅内碱液舀出，使碱液的浓度降低），提至鱿鱼片逐渐呈均匀的黄色且鲜润透明时，鱿鱼就涨发足了。最后，将发足的鱿鱼片捞出，放入清水盆中不断地换水浸漂，除去碱味，至鱿鱼片变得厚大且有弹性时，即可放入微量碱度的溶液中浸泡贮存备用。

用熟碱水涨发干鱿鱼：将浸泡回软且改刀后的鱿鱼片放入熟碱水中，浸泡至膨胀发透后捞出，放入清水中浸泡并不断换水来退碱，最后在微量碱度的溶液中浸泡贮存备用。

用碱水涨发干鱿鱼时要注意以下几点：

1）碱溶液的浓度应根据干鱿鱼的老嫩和气候的冷热作适当调整。例如，体大质硬的干鱿鱼，浓度应稍大，体小质软的，浓度宜小；夏天涨发，浓度宜小，冬天涨发，浓度稍大。

2）涨发时间的长短与碱溶液的浓度有密切关系。浓度大时可缩短涨发时间，浓度小则可适当延长时间。

3）干鱿鱼经浸泡吸水回软后，再放入碱水中涨发，能够降低碱水对鱿鱼的腐蚀作用；而鱿鱼改成大小均匀的片，可使鱿鱼的涨发程度一致。

4）涨发时，先发透的应先捞出，未发透的再继续发，应避免有的涨发过度，有的涨发不足。

5）用生碱水涨发时，须在80～90℃的恒温溶液里进行。若碱液沸腾（100℃），易使鱿鱼肉“化”掉。在实际操作中，可将锅离火或加入冷水来保持恒定的温度。用熟碱水涨发时，则不需要加热。

习　题

一、名词解释

抗氧化剂　漂白剂　腌渍　气调保藏　低温保藏　防腐剂

二、判断题

(1) 同一类原料的品种不同、生长季节不同、产地不同以及同一种原料的不同部位都对原料的品质产生不同程度的影响。（　）

(2) 原料的加工和贮存方法也直接影响到原料的品质，加工不当或贮存不好，都将使原料的质量下降，使营养价值降低，感官性状发生劣变，严重时甚至会影响到原料的食用价值。（　）

(3) 理化检验法根据其检验原理不同，分为理化检验方法、生物检验方法两大类。

（　　）

（4）烹饪原料品质检验的方法，主要有理化检验和感官检验两大类。（　　）

（5）把食品放在–18℃条件下，微生物和酶对食品的作用就变得很微小了。（　　）

（6）调气调贮藏是调节控制果蔬产品贮藏环境中气体成分的冷藏方法。（　　）

三、简述题

（1）影响烹饪原料品质检验的基本要求有哪些？

（2）简述气调保藏的原理和主要技术。

（3）抗氧化剂的作用机理是什么？氧化剂按照抗氧化作用方式可分为哪几种？

（4）影响防腐剂防腐效果的因素有哪些？

第五章 粮 食 类

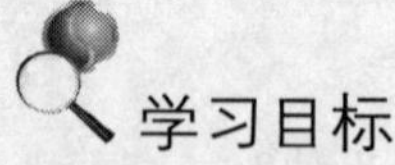
学习目标

（1）了解烹饪原料中粮食的分类。
（2）掌握粮食原料的使用方法及概况。
（3）了解粮食在贮藏中的变化。

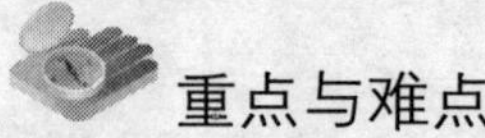
重点与难点

粮食类原料在烹饪中的使用和分类。

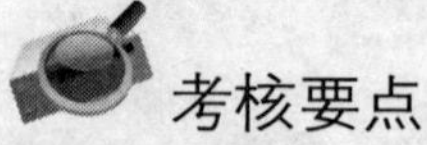
考核要点

粮食原料在烹饪中的使用和分类。

第一节 粮食类原料概况

粮食是以淀粉为主要营养成分，用于制作各种主食的原料的统称，主要包括谷类、豆类、薯类以及以它们为原料的制品。它是烹饪原料的重要组成部分，不仅能提供人体所需要的基本营养物质，而且也是我国人体热能的主要来源。

在我国，粮食生产历史悠久：早在新石器时代，人们已经在长江流域种植稻，在黄河流域种植粟，已经有了广泛的种植面积，并且有了家庭的粮食储藏，粮食成为膳食中的主食。自古以来，除了少数民族外，我国人民的食物来源均以植物性食物为主。植物性食物中使用量最大的是粮食类原料。在我国居民的膳食结构中，所需要的能量80%以上来自于粮食。粮食又是重要的轻工业原料，其中某些品种又是畜禽的重要饲料。

一、粮食的分类

我国是世界上栽培稻谷最早的国家之一。我国也是盛产粮食的国家，所产粮食品种有20余种，其中仅水稻就有4万多个品种。在众多粮食品种中，稻米、小麦、玉米、甘薯为主要粮食作物，约占粮食总产量的 80%，其次是谷子、高粱和大豆等。随着社会经济的不断发展和遗传育种技术的运用，粮食品种不断增加，粮食的质量也逐渐提高。

1．按粮食的来源属性划分

（1）谷类　谷类通称粮食，是植物的种子。谷类是世界大多数居民的主要食物，种类很多。在我国主要是稻米、小麦、玉米、高粱和小米。谷类食物在我国饮食构成中占有突出的重要地位，是人们日常生活中的主食，是人们赖以生存的支柱。人体每天所需热量有60%～70%来源于谷类，所需的蛋白质也有相当数量来自谷类及其制品。谷类属于单子叶植物纲禾本科植物，包含稻米（包括粳米、籼米、糯米等）、小麦、玉米、小米、大麦、燕麦、高粱、荞麦等。

（2）豆类　豆类包括各种豆科栽培植物的可食种子，其中以大豆最为重要，也包括红豆、扁豆、绿豆、豌豆、蚕豆等各种杂豆。豆类与谷类种子结构不同，其营养成分主要在子粒内部的子叶中，因此在加工中除去种皮不影响营养价值。

（3）薯类　薯类在植物分类上隶属于不同的科，它们的块根或块茎都含有丰富的淀粉，可以作为粮食的替代食物，主要有甘薯、木薯、马铃薯、芋艿、菊芋等。

（4）粮食制品　粮食制品是以粮食为原料经过进一步的加工得到的成品或半成品。根据加工所用原料的不同又可分为谷类制品、豆类制品、淀粉制品三类。例如，豆腐、豆干、面筋、米线、烤麸、粉丝、粉皮等均属于粮食制品类。

2．按粮食的产量和应用范围划分

按照粮食的产量和应用范围可以将粮食分为主粮和杂粮两大类。

（1）主粮　主粮指在粮食生产和消费过程中占主要地位的粮食原料品种。我国的主粮主要包括大米和面粉。但由于我国幅员辽阔，各地粮食作物的生长环境以及自然条件、风俗习惯的差异，各地主粮的具体品种也有所不同。因此，这里“主粮”只是一个相对的概念。

（2）杂粮　杂粮指粗粮，粗粮是相对我们平时吃的精米、白面等细粮而言的，主要包括谷类中的玉米、小米、紫米、高粱、燕麦、荞麦、麦麸以及各种干豆类，如黄豆、青豆、赤豆、绿豆等。杂粮在人们的饮食结构中占有重要的地位，是主粮不可或缺的补充。有些杂粮还具有特殊的功效。由于加工简单，粗粮中保存了许多细粮中没有的营养如粗粮含碳水化合物比细粮要低，含膳食纤维较多，并且富含B族维生素。

二、粮食的烹饪运用

粮食的适用范围非常广泛，使用方法也很多，归纳起来有以下几个方面。

1．粮食是制作主食的重要原料

以粮食作为主食，是中国饮食的传统习惯。由于全国各地所产的粮食品种各不相同，各地用以制作主食的粮食品种也有所不同。例如，在长江流域及其以南地区以大米为主食，黄河流域及其以北地区则以面粉为主食。

（1）以大米为主食　主要分为米饭和粥，又可以分为家常米饭（粥）和营养保健米饭（粥）两大类。家常米饭（粥）指仅用大米蒸煮而成的米饭（粥），制作简单。营养保健米饭（粥）指把一些具有食疗作用的原料和大米混合蒸煮而成的米饭（粥），也可以将原料和米饭放在一起炒制。此种米饭弥补了各类原料的不足，达到营养素的均衡，有些米饭（粥）长期食用会达到健身祛病的目的，符合现代营养学的需要，又称为药膳米饭（粥），如扬州的什锦炒饭、姜汁牛肉饭、莲子百合粥、红豆粥等。

（2）以面粉为主食　以面粉为主要原料加工的主食主要有面条、馒头、饼、花卷等。

2．制作各种菜肴

有些菜肴是以粮食或粮食制品为主料的，如凤凰玉米羹、锅巴肉片、八宝饭、松仁玉米、椿芽蚕豆、麻婆豆腐等。粮食在菜肴中也可以作为配料来使用，如糯米酿藕、八宝糯米鸡、珍珠丸子、年糕炒肉丝等。

3．制作糕点和小吃

以粮食为原料制作的糕点、小吃品种丰富，风味各异。米制品有年糕、糍粑、粽子、米线等，面制品有蛋糕、烧卖、元宵、抄手、麻花、油条、肉盒、高桥松饼、驴打滚等。

4．粮食是制作调味品的重要原料

酱油、酱、醋、豆油、味精、黄酒、豆瓣酱等调味品都是以粮食为原料加工制作而成。

三、粮食的营养特点

粮食中主要含有碳水化合物、脂肪、蛋白质、维生素和矿物质等机体必需的营养素，尤其是碳水化合物（淀粉）含量丰富，在我国居民膳食结构中，占人体热能来源的80%以上，是人体能量的主要来源。

1．谷类的营养特点

谷类主要包括大米、小麦、玉米、小米、高粱、大麦、燕麦等，是我国人民的主食，在平衡膳食中占有重要地位，一般可提供每日膳食中 60%～70%的能量、55%～60%的蛋白质和相当数量的 B 族维生素及矿物质。我国人民的饮食是以谷类食物为主的，人体所需热能约有 80%、蛋白质约有 50%都是由谷类提供的。因此，我们称谷类为主食。

（1）糖类　碳水化合物是谷类中的主要营养成分，以淀粉为主，还有少量糊精、葡萄糖、果糖等，主要存在于胚乳中。淀粉易被人体消化吸收，是人类最经济的能量来源。

（2）蛋白质　谷类中蛋白质含量不高，一般在 7.5%～15%之间，稻米和玉米为 8%，白青稞为 13.4%，燕麦为 15.6%。谷类中必需氨基酸组成不平衡、不齐全，赖氨酸含量少，色氨酸、蛋氨酸、苯丙氨酸亦偏低，所以谷类蛋白质营养不如动物性食物。由于我国膳食以谷类为主，所以它也是蛋白质的重要来源，但应搭配动物食物，如瘦肉、鱼、蛋、奶等或豆类。

（3）脂肪　谷类含脂肪低，一般为 1%～2%，玉米和小米可达 4%，莜麦可以达到 7%，主要存在于糊粉层和内胚乳中。谷类脂肪主要由不饱和脂肪酸组成，其中亚油酸含量很高，有降低血清胆固醇和防止动脉粥样硬化的作用。

（4）矿物质　谷类含矿物质约为 1.5%～3%，主要有钙、磷、硫、铁、钾、钠、锰等。它们一般存在于谷皮和糊粉层中。其中磷含量最多，但多以植酸盐形式存在，不易被人体吸收利用。

（5）维生素　谷类中的维生素主要是 B 族维生素，如维生素 B_1、B_2，烟酸含量较多，还有一定量的维生素 E，主要分布在糊粉层和胚乳，在加工时极容易损失掉，一般保留量只有原有含量的 10%～30%。小米和玉米还含有少量胡萝卜素。

（6）纤维素　谷类还含有大约 2%～3%的纤维素，是良好的膳食纤维来源。

谷类的营养成分因种类、品种、生长条件和加工方法的不同而异。一般来说，加工越细，营养素损失越多，特别是维生素和矿物质，膳食纤维也会下降。所以为提高谷类的营养价值，不宜只吃精米、精面，要粗细搭配，最好采取多种粮食混合食用的办法，即粗细粮、米面杂粮混食，这样通过食物的互补作用，可使食物蛋白质氨基酸的种类和数量更接近人体的生理需要。同时，很多粗粮还具有药用价值：荞麦含有其他谷物所不具有的“叶绿素”和“芦丁”，可以治疗高血压；玉米可加速肠部蠕动，避免患大肠癌，还能有效地防治高血脂、动脉硬化、胆结石等。因此，患有肥胖症、高血脂、糖尿病、便秘的人应多吃粗粮。此外，在日常做饭洗米时应注意不要过分搓洗，提倡焖饭或蒸饭，最好不要捞饭，以免营养成分的流失。

2．豆类的营养特点

豆类植物中以大豆最为重要。大豆包括黄大豆、青大豆、黑大豆、白大豆等品种，其中黄大豆比较常见。黄大豆的蛋白质含量达 35%～45%，是植物中蛋白质质量和数量最佳的作物之一。

（1）蛋白质　豆类的蛋白质含量很高，尤其干制品达 35%～40%。大豆蛋白质的赖氨酸含量高，其中蛋氨酸为豆类的限制氨基酸。大豆蛋白质的赖氨酸含量达谷物蛋白质的 2 倍以上，如果与缺乏赖氨酸的谷类配合食用，则能够实现蛋白质的互补作用，使混合后的蛋白质生物价值达到肉类蛋白的水平。这一特点，对于因各种原因不能摄入足够动物性食品的人群特别具有重要意义。因此，在以谷类为主食的我国应大力提倡食用豆类。

（2）脂肪　大豆的脂肪含量为 15%～20%，传统上用来生产豆油。大豆油中的不饱和脂肪酸含量高达 85%，其中亚油酸含量达 50%以上，油酸达 30%以上，维生素 E 含量也很高，是一种优良的食用油脂。其黄色来自类胡萝卜素。大豆油中的亚麻酸含量因品种不同而有所差异，多在 2%～10%之间。低亚麻酸、高油酸和亚油酸的品种受到欢迎，因为高亚麻酸的豆油容易发生油脂氧化，不利于加工和储藏。大豆含有较多磷脂，占脂肪含量的 2%～3%。

（3）糖类　大豆含 25%～30%的碳水化合物，其中 50%左右是人体所不能消化的棉子糖和水苏糖，此外还有由阿拉伯糖和半乳糖所构成的多糖。它们在大肠中能被微生物发酵产生气体，引起腹胀，但同时也是肠内双歧杆菌的生长促进因子，因而无碍健康。在豆制品的加工过程中，这些糖类溶于水而基本上被除去，因此食用豆制品不会引起严重的腹胀。

（4）维生素　大豆中各种 B 族维生素都比较高，如维生素 B_1、维生素 B_2 的含量是面粉的 2 倍以上。黄大豆还含有少量胡萝卜素。但是，干大豆中不含维生素 C 和维生素 D。

（5）矿物质　大豆中含有丰富的矿物质，总含量为 4.5%～5.0%。其中钙的含量高于普通谷类食品，铁、锰、锌、铜、硒等微量元素的含量也较高。此外，豆类是一类高钾、高镁、低钠的碱性食品，有利于维持体液的酸碱平衡。需要注意的是，大豆中的矿物质生物利用率较低，如铁的生物利用率仅有 3%左右。

3．薯类的营养特点

薯类包括土豆、白薯等，是我国传统膳食的重要组成部分，它们除了提供丰富的碳水化合物、膳食纤维及 B 族维生素外，还有较多的矿物质和维生素，兼有谷类和蔬菜的双重好处。近年来随着生活改善，人们消费的薯类减少，这是一种不好的趋势，应当提倡多吃些薯类。每天膳食中含有 400～500g 的蔬菜及薯类，100～200g 的水果，对保护心血管健康、增强抗病能力、减少儿童发生干眼病的危险及预防某些癌症等方面有着重要的作用。

第二节　谷类粮食

谷类粮食又称谷类作物，是将成熟的果实收获后，经过去壳、碾磨加工而成为人类基本粮食的一种作物。谷类中大多数属于单子叶植物纲禾本科植物，种类有稻、小麦、玉米、小米、大麦、燕麦、高粱等。但荞麦不是单子叶禾本科植物，而属双子叶蓼科植物。因其用途与禾谷科粮食类似，故习惯上经常把荞麦归入谷类粮食，或称为“假谷类”。

一、谷类籽粒的结构

除荞麦外，谷类种子除了形态大小不一样以外，其基本结构相似，都由谷皮、糊粉层、胚乳和胚四部分构成，见图 5-1。

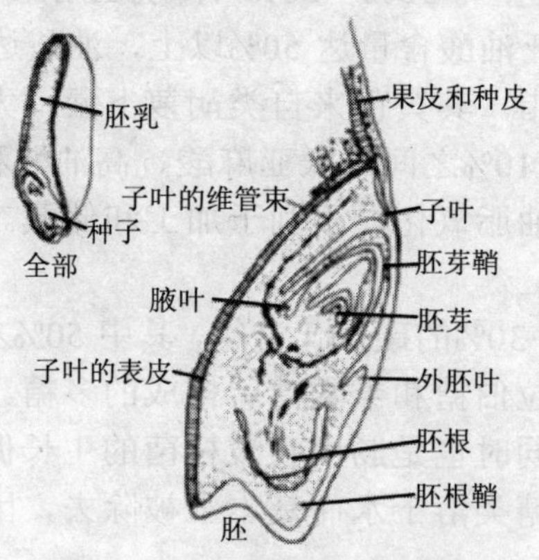

图 5-1　谷类籽粒结构纵切面

1．谷皮

谷皮俗称糠皮，是谷粒的最外层，由果皮和种皮构成，主要由纤维素、半纤维素和果胶等组成，对胚乳和胚有保护作用。它不易于人体消化利用，故需除去，食用价值不高，但也含有一定量的蛋白质、脂肪和维生素，矿物质的含量也比较高，所以适量保留一些谷皮可以提高营养含量，对人体健康大有好处。

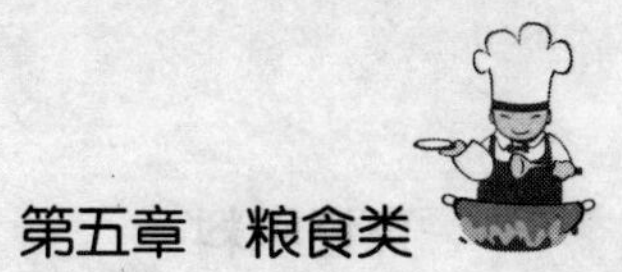

2．糊粉层

糊粉层位于谷皮与胚乳之间，由大型多角细胞组成，纤维素含量较多，并含有较多的蛋白质、脂肪、维生素和矿物质，营养价值较高。但由于糊粉层在种子整体中所占比例很小，各种营养成分的含量很低，在粮食加工时通常随谷皮一同碾去。

3．胚乳

胚乳位于谷粒的中部，充满种子的内腔，约占种子重量的 80%，是谷物主要的食用部位，是种子储藏营养物质的主要场所。其储藏的主要营养物质是淀粉，还有较多的蛋白质、少量的脂肪和矿物质。

4．胚

胚位于种子下部，所占体积很小，是种子的重要部分，主要由胚根、胚轴、胚芽和子叶四部分组成，富含蛋白质、脂肪、矿物质、B 族维生素和维生素 E。由于胚在适宜条件下会发芽，易感染微生物，不利于保藏，所以在加工中一般将胚除去。

二、谷类的品种特点

1．稻和大米

稻是草本类稻属植物的统称，为一年生，禾本科植物，性喜温湿。稻是人类重要的粮食作物之一，耕种与食用的历史都相当悠久。它是世界上约一半以上的人口的主要食用谷类，主要种植区域在亚洲、欧洲南部和热带美洲及非洲部分地区。我国是稻谷的原产地之一，约有 7000 年的历史，也是世界主要的产稻国家，目前我国稻谷种植总产量位居世界首位，约占世界稻谷总产量的 1/3。我国稻谷产区主要集中在长江流域和珠江流域，包括四川、湖南、湖北、广东、江西、江苏、浙江、安徽等省，华北和东北等地也可生产。

稻谷的类型和品种较多，按照形态特征、生理特征和品种亲缘关系的差异，分为籼稻、粳稻和糯稻，经碾制脱壳后，即成为籼米、粳米和糯米；按照生长发育期的长短区分，有早稻、中稻和晚稻；按其生长所需要的自然环境区分，有水稻和旱稻。

稻米又称大米，由水稻碾制脱壳而制成。根据米粒的性质和品种的不同，大米可以分为籼米、粳米、糯米三类。

（1）主要品种

1）籼米。籼米是我国稻米中产量最多的一类，主要在四川、广东、湖南等省出产。籼米粒形细长、横断面呈扁圆形，腹白部分较多。其色泽灰白，半透明的较多，也有不透明和透明的，硬度中等，黏性小，胀性最大，出饭率高，见图 5-2。籼米通常用来制作米饭和粥类，还可以用干磨、湿磨、水磨等方法加工成米线、河粉等；用其磨制的米粉用于制作“粉蒸牛肉”、“粉蒸排骨”等粉蒸类菜肴。

图 5-2　籼米

2）粳米。粳米的主要产区在我国的东北、华北、江苏等地。按种收季节不同，可分为早粳、中粳和晚粳。按其品质优劣可分为上白粳和中白粳。上白粳色白、黏性较重，中白粳色差。粳米粒形短圆，横断面近圆形，色蜡白，透明和半透明的较多，硬度高，耐性好，不易碎，黏性低于糯米，胀性大于糯米，出饭率比籼米低，见图 5-3。优质米腹白面积小，是煮饭的最佳品种。北京的“京西稻”、天津的“小站稻”等都是优良的粳米品种，煮出的饭软糯适中，可口好吃。烹饪中，粳米一般用于制作干饭、稀粥，磨粉后制作水磨年糕等，应用基本与籼米相同，但纯粳米调制的粉团具有黏性，一般不用于发酵。

图 5-3 粳米

3）糯米。糯米又称为江米、元米、茶米、瓜米等，为禾本科植物稻的变种糯稻脱壳后的米粒，是一种有黏性的稻米，见图 5-4。我国糯米以江苏南部和浙江出产较多。糯米有粳糯米和籼糯米之分。前者粒形圆，与粳米相似；后者粒形狭长，熟后黏性较强。糯米特点是硬度低、黏性大、胀性小、色乳白，不透明，成熟后有透明感，出饭率低。糯米中的珍贵品种有江苏常熟的“鸭血糯”和广西的黑糯米。烹饪中，糯米多用于制作八宝饭、糍粑、粽子、打糕、饭团、江米藕等，磨粉后可制作黏软糕点和酿制米酒。每 100g 糯米约含有蛋白质 5.1～8.1g，碳水化合物 75.6～85g，可提供热量 343～363kcal。中医认为其味甘性温，有补中益气功效。民间常将其用做滋补佳品。

图 5-4 糯米

籼米、粳米和糯米的特点比较见表 5-1。

表 5-1 籼米、粳米和糯米的特点比较

种类	形状特征	硬度	黏性	胀性	应用特点
籼米	米粒细长，色泽灰白，一般是半透明	质地疏松，硬度底，加工时容易破碎	黏性小，口感较差	胀性大，出饭率高	用于制作饭、粥、粉团，可以发酵使用
粳米	米粒短圆，透明度较好	质地硬而有韧性，加工不易破碎	黏性大，柔软，可口	胀性小，出饭率低	用于制作饭、粥、粉团，不可以发酵使用
糯米	有粳糯和籼糯两种。粳糯粒形短圆，籼糯粒形细长，两者均呈不透明的乳白色	硬度低	黏性大	胀性小，出饭率低	用于制作糕点、小吃，不可以发酵使用

4）特殊品种稻米。

① 黑米：又称紫米、墨米，是由禾本科植物稻经长期培育形成的一类特色品种。黑米是稻米中的珍贵品种，籼稻和糯稻均有黑色品种，其中黑米也分籼米型和粳米型两类。其米粒一般外皮呈黑色，糊粉层呈紫褐色、紫黑色或黑色，胚乳呈白色，见图 5-5。用黑米熬制的米粥清香油亮、软糯适口，因其含有丰富的营养，具有很好的滋补作用，因此被人们称为“补血米”、“长寿米”。我国民间就有“逢黑必

图 5-5 黑米

补”之说。黑米外表墨黑，营养丰富，有“黑珍珠”和“世界米中之王”的美誉。

我国黑米的品种约 300 个，名贵品种有江苏常熟的鸭血糯、宜兴紫香糯、广西东兰墨米、陕西洋县的黑米、贵州惠水黑糯米、云南墨江紫米等。

黑米的营养成分比普通稻米要高。黑米味甘、性温，有益气补血、暖胃健脾、滋补肝肾、止咳喘等作用，特别适合脾胃虚弱、体虚乏力、贫血失血、心悸气短、咳嗽喘逆等患者食用。应注意的是，食用时黑米粥一定要煮烂，否则不仅大多数营养素不能溶出，而且多食后易引起急性肠胃炎，对消化功能较弱的孩子和老弱病者更是如此。因此，消化不良的人不要吃未煮烂的黑米。

②香米：又名香禾米、香稻，西汉时已有种植。香米是稻谷的一种，这种稻谷长在田里就有一股香气，抽穗扬花期香味尤烈。碾出的香米雪白滚圆，见图 5-6，做成饭香味四溢，可以做饭、粥，也可以做年糕、糍粑和酿制米酒等。香米的品种较多，比较著名的有我国山西的香米、湖南的江永香米和泰国的香米等。泰国香米一般指泰国茉莉香米，米粒为细长形，完整无损的整米粒长度约为 7mm，宽度约为 3mm。香米米色晶莹剔透，没有腹白。

图 5-6　香米

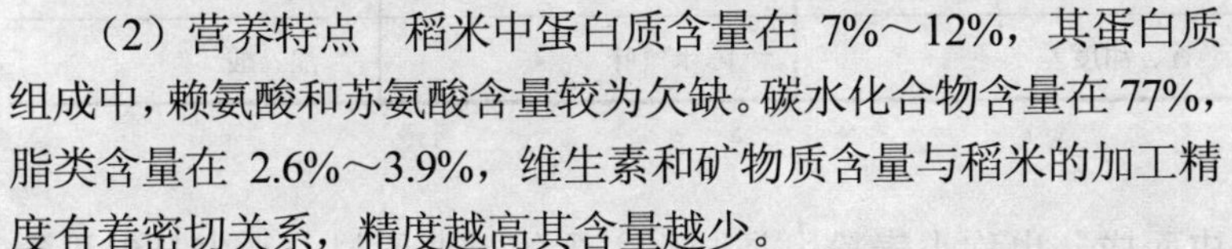

（2）营养特点　稻米中蛋白质含量在 7%～12%，其蛋白质组成中，赖氨酸和苏氨酸含量较为欠缺。碳水化合物含量在 77%，脂类含量在 2.6%～3.9%，维生素和矿物质含量与稻米的加工精度有着密切关系，精度越高其含量越少。

（3）质量鉴别　稻米的质量在很大程度上取决于它的食用价值。对于不同品种的米来说，其优劣主要取决于大米煮后的黏度、硬度、口味和出饭率等；对于同一品种而言，米的品质由米的粒形、硬度、颜色、新鲜度和腹白量等方面来决定。

1）看硬度。米粒硬度主要是由蛋白质的含量决定的，米的硬度越强，蛋白质含量越高，透明度也越高。反之，蛋白质含量较低的米含水量高，用不成熟的稻制的米，透明度差，米的腹部不透明，白斑（腹白）较大。一般新米比陈米硬，水分低的米比水分高的米硬，晚米比早米硬。

2）看颜色。正常的米应是洁白透明，腹白色泽正常（紫、黑米除外）。米最易变为黄色，米粒变黄是由于大米中某些营养成分在一定的条件下发生了化学反应，或者是大米粒中的微生物引起的。发黄的米，其香味、口感、黏性、营养价值都较差。

3）看腹白。大米的腹白是指米粒中呈乳白色不透明的部分，白斑在大米粒中心部分被称为心白，在外腹被称为外白。带腹白的大米，其吸水量低，出饭率低，硬度低，易碎，蛋白质含量低。

4）看爆腰。爆腰米是指米粒上有裂纹的米，它是由于大米在干燥过程中发生急热，米粒内外收缩失去平衡造成的。爆腰米食用时外烂里生，营养价值降低。所以，选米时要仔细观察米粒表面，如果米粒上出现一条或多条横裂纹，就是爆腰米。

5）看新陈。陈化现象较重的米，色泽变暗，黏性降低，失去大米原有的香味。所以，要认真观察米粒颜色，表面呈灰粉状或有白道沟纹的米是陈米。其量越多则说明大米越陈旧。同时，捧起大米闻一闻气味是否正常，如有发霉的气味说明是陈米。还可以看米粒中是否有虫蚀粒，如果有虫蚀粒和虫尸的也说明是陈米。

稻米的质量鉴别方法见表 5-2。

表 5-2 稻米的质量鉴别

项 目	优 质	质 次	质 差	变 质
粒形	粒大、均匀、整齐、饱满、无碎米、糠粉少	粒小、欠均匀、有碎米、糠粉多，有未成熟的米夹杂	粒大小不均匀，陈米，有虫蛀痕迹、虫屎	碎米多，发霉严重，米多被虫蛀空
色泽	洁白有光泽、腹白少、白蜡部分多	白而无光泽、腹白部分大、白蜡部分少	白中带灰暗或有小黑点，夹有变黄米、花斑米	灰色、绿色
硬度	硬	稍差	差、易碎	软
干度	干燥、手插入米中有干爽感觉	干度差	微潮	潮湿
气味	生米无异味，熟米有香味	生米无异味，熟米香味淡	轻度陈米气味	霉气
口味	香、糯、甜	香、甜度差	陈米气味	涩、酸

2. 面粉

面粉是小麦经过磨制去表皮而成，也称小麦粉，是制作主食的重要原料。小麦是世界上种植最广泛的作物之一，除南极外，小麦种植遍布世界各大洲。从北极圈到南纬 45°，从海平面到海拔 4570m 的高原都有小麦种植。小麦的种植面积约占谷类种植面积的 31%，产量接近谷类总产量的 30%，两者均居于谷类作物之首。

我国是世界上种植小麦最多的国家之一。我国小麦的种植面积约占粮食植物总面积的 26%，产量约占总产量的 22%。生产小麦较多的区域是河南、山东、河北和安徽等省。我国种植的小麦品种主要是普通小麦、密穗小麦、圆锥小麦、东方小麦和波兰小麦，其中普通小麦最为普遍。

小麦按照麦粒性质的不同，可分为硬小麦和软小麦；按播种季节不同，可分为春小麦和冬小麦；按照麦粒的颜色不同，可分为白小麦、红小麦和花小麦。

硬小麦的胚乳坚硬，呈半透明状，含蛋白质较多，筋力大，可以磨制高级面粉，适合制作面包、拉面等对面筋要求高的面点品种；软小麦又称粉质小麦，胚乳呈粉状，性质松软，淀粉含量高，筋力小，质量不如硬麦，磨制的面粉适合制作饼干和普通糕点等面点品种。

面粉富含蛋白质、碳水化合物、维生素和钙、铁、磷、钾、镁等矿物质。我国医学认为，小麦具有清热除烦、养心安神等功效，小麦粉不仅可厚肠胃、强气力，还可以作为药物的基础剂，故有“五谷之贵”之美称。小麦可制成各种面粉（如精面粉、强化面粉、全麦面粉等）、麦片及其他免烹饪食品。

（1）面粉种类

面粉按加工精度和用途不同分为等级粉和专用粉两大类。

1）等级粉。按照加工精度的不同，面粉分成三种等级粉，见表 5-3。

表 5-3 面粉等级

类别	精度	含麸量	颜色	含水量	面筋质	烹饪加工
特制粉（富强粉）	高	小	白	<14.5%	>26%	适于制作各种精细品种，如花色蒸饺、拉面、龙须面等
标准粉	中	中	稍带黄	<13.5%	>24%	适于制作大众面食品种
普通粉	低	高	色泽较黄	<12.5%	>22%	制作馒头、饼干、糕点等一般品种

2）专用粉。专用粉是利用特殊品种小麦磨制而成的面粉，或根据使用目的的需要，在等级粉的基础上加入食用增白剂、食用膨松剂、食用香精及其他成分，混合均匀而制成的面粉。专用粉的种类多样，主要有两大类：蛋白质含量高的面粉和淀粉含量高的面粉。专用粉配方精确、质量稳定，为提高劳动效率、制作质量较好的面制品提供了良好的原料。

（2）面粉的营养特点

1）蛋白质。小麦蛋白质含量在 10%以上，由清蛋白、球蛋白、麦醇溶蛋白和麦谷蛋白组成。小麦制成面粉后，面粉中主要是麦醇溶蛋白和麦谷蛋白。麦醇溶蛋白和麦谷蛋白是面筋的构成成分，由于它们不溶于水，遇水后膨胀为富有黏性和弹性的面筋质，从而使面团具有弹性和柔韧性，便于烹饪加工。春小麦蛋白质含量多于冬小麦，北方地区小麦的蛋白质含量高于南方地区的小麦。

2）碳水化合物。小麦碳水化合物含量在 74%～78%，主要形式是淀粉。面粉的等级不同，淀粉的含量也不相同。高级面粉中淀粉含量多，纤维素含量少；低级面粉中纤维素含量较多。

3）脂肪。面粉中的脂肪含量较少，高级面粉比低级面粉的脂肪含量低。面粉中的脂肪主要是不饱和脂肪酸，容易氧化酸败，所以，低级面粉不容易储存。

此外，面粉中还含有一定量的矿物质、维生素等营养成分。

（3）质量鉴别 面粉的质量鉴别一般从面粉的颜色、新鲜度、灰分含量、加工精度、水分、面筋质等方面来判断，见表 5-4。加工精度是指面粉的色泽和麸量多少。面粉的安全水分要求在 12.5%左右。加工时水分太低磨出面粉色泽欠佳、麸量明显增加，同时麸量中含粉也明显增多；水分太高，面粉色泽白、麸量少，但对储存不利，易发热、发霉、变质、生虫。面筋质指面粉中的面筋蛋白，主要是不溶于水的麦醇溶蛋白（具有延伸性）和麦谷蛋白（富有弹性）。面粉制作面包时，这两种蛋白能包住发酵所产生的二氧化碳和水蒸气，使面包体积膨胀增大。我国小麦蛋白质含量多在 13%左右。

表 5-4 面粉的质量鉴别

项目	优质	质次	变质
色泽	洁白或白中带有淡黄色	微黄	色暗绿或灰色
粉粒	均匀，细腻	均匀	粉结块
干度	干燥、爽滑，手捏后即放，粉能自然散开	干燥差，手捏后即放，粉不能自然散开	黏手
气味	面粉香味	香味淡、有陈气	霉气
口味	甜、香	香、甜味淡	酸苦

（4）检验方法　面粉检验一般用感官检验的方法，主要通过鉴别其外观、气味、口味和色泽来判断面粉质量。

1）视觉检验。取少量面粉在手掌上，在白天散射光下，对着光线观察，正常面粉呈白色或微黄、无杂色，不正常的面粉呈灰白色或深黄色，发暗、色泽不均匀。

2）嗅觉检验。正常面粉具有面粉固有清香味，如发酸，有苦味、霉味、哈喇味或其他异味，属不合格面粉。

3）味觉检验。手捏一点干面粉放在嘴里，如果有牙碜现象，说明面粉含沙量高；如果味道发酸，可判断面粉酸度高。味觉检验最好能将面粉做成熟食品尝，正常面粉制成熟食后品尝有淀粉的“回香味”，口感细腻。

4）触觉检验。手抓一把面粉稍用劲捏，若面粉呈粉末状、无颗粒感，手捏后松开面粉不结块，可以判断面粉水分含量适中。若手捏后，易成团、结块、发黏，则可判断面粉含水分高，遇高温天气，易发热、发霉变质。

（5）烹饪应用　面粉在烹饪中用于制作各种馒头、包子、饺子、面条、馄饨、饼等，因而面点制品成为我国最重要的日常食品之一。在某些创新菜式中，锅魁（烧饼）、馒头、北方烙饼、麻花等也在菜肴的制作中作为配料使用，如锅魁回锅肉、酸辣豆花、羊肉汤、羊肉泡馍等。在某些油炸原料中，也常用面粉调制面糊作为裹料加以应用。

3．其他谷类

（1）玉米　又称玉蜀黍、苞谷、苞米、棒子、玉谷等，因其粒如珠、色如玉而得名珍珠果，见图 5-7。玉米原产于中南美洲的墨西哥和秘鲁，明代引入我国，现在遍及全国，主要产区集中在东北、华北和西南各省。玉米按籽粒颜色可分为白色玉米、黄色玉米、杂色玉米三种；按玉米籽粒的形状特征和胚乳的性质又可以分为硬粒型、马齿型、蜡质型、糯质型、粉质型、甜质型、爆裂型等。

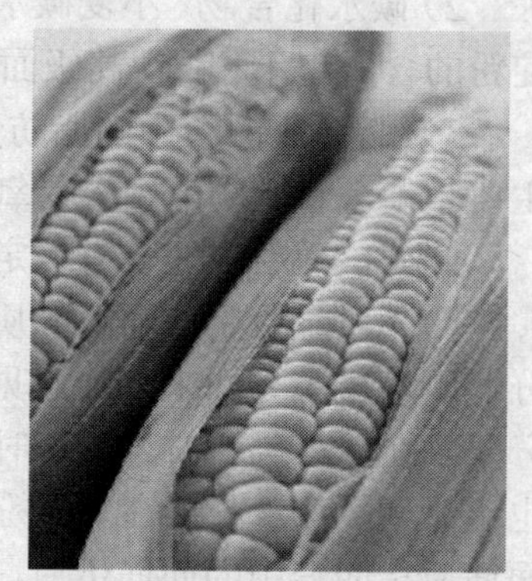
图 5-7　玉米

玉米被称为黄金作物和粗粮佳品。玉米含有多种营养成分，其中胡萝卜素、维生素 B_2、脂肪含量居谷类之首，脂肪含量是米、面的 2 倍，其脂肪酸的组成中，必需脂肪酸（亚油酸）占 50%以上，并含较多的卵磷脂和谷固醇及丰富的维生素 E，因此玉米具有降低胆固醇、防止动脉粥样硬化和高血压的作用，并能刺激脑细胞，增强脑力和记忆力。玉米中还含有大量的膳食纤维，能促进肠道蠕动，缩短食物在消化道的时间，减少毒物对肠道的刺激，因此可预防肠道疾病。玉米除了有较高的营养价值外，还具有较高的食疗价值，《本草纲目》中有关于玉米的记载：“气味甘平，无毒，主治调中开胃，根叶主治小便淋漓。”我国还有一些医著认为，玉米有利尿消肿、调中开胃的功效，最适宜有慢性肾炎者治疗时食用，还适用于有热象的各种疾病，如头晕、头胀的肝阳上亢，以及产后血虚、内热所致的虚汗等。

玉米可以磨成玉米粉，也可以制成玉米糁。玉米粉没有等级之分，只有粗细之别。玉米粉中含有一定的蛋白质，但是不含胶原蛋白，不能形成面筋质，因此没有形成弹性面团的能力，需要与面粉掺和后方可以制作发酵点心。

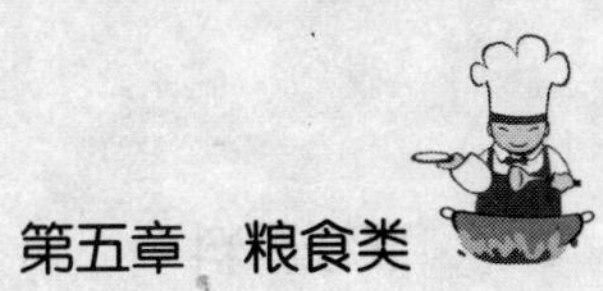

玉米在烹饪中用于制作主食或粥品、小吃，如窝头、玉米饼、玉米粥等；嫩玉米和美洲玉米新品种——珍珠笋可作为菜肴的主料和配料，如玉米羹、松仁玉米。玉米还可作为制取淀粉、提炼油脂和酿酒的重要原料。

（2）小米　又称粟、黄梁、黄米、粟谷，是谷子去皮后的米粒，见图 5-8。小米是我国古老的种植作物之一，是我国北方的主要粮食作物之一。新石器时代，小米就成为我国的主要粮食。5000 多年前，我国黄河流域已经大量种植。现在主要分布在我国华北、西北和东北各地。小米名产有山东金乡的金米，章丘一带的龙山米，河北蔚县桃花镇一带的桃花米，山西沁县的沁州黄，延安小米等。

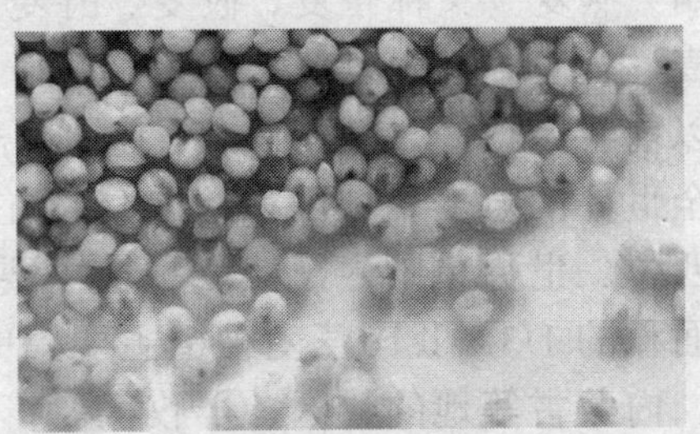

图 5-8　小米

小米有粳小米和糯小米两种。通常白色、黄色、橘色、红色、褐色为粳性小米，米粒有光泽、黏性小，粳小米多作主食。红色、灰色者为糯性小米，糯小米由糯性粟加工而成，米粒略有光泽，黏性大，糯小米多用于制作各种糕点及粥类。

小米的营养素含量比大米多，尤其是 B 族维生素（维生素 B_1、维生素 B_2 比大米和面粉多几倍）、维生素 E、钙、铁、磷、硒等，黄小米中还含有少量的胡萝卜素。由于小米营养丰富，它不仅可以强身健体，而且还可防病去恙，据《神农本草经》记载，小米具有养肾气、除胃热、止消渴（糖尿病）、利小便等功效。

小米可单独制成小米饭、小米粥，磨成粉后可以制作窝头、丝糕等，也可与面粉掺和后制成各式发酵原料。

（3）大麦　又称青稞、米麦、元麦、裸麦等。目前在世界上谷类播种面积中，大麦次于小麦、水稻、玉米、燕麦和黑麦，居于第六位。在我国，大麦播种面积超过燕麦和黑麦，居于第四位。我国栽培大麦有数千年的历史，大约公元前 6 世纪，黄河和淮河流域已经种植大麦。目前我国大麦主要分布在长江流域以及黄河、淮河中下游地区，主要产区是青海、西藏、江苏、湖北、四川、河南、安徽等地。藏族人民自古栽培大麦作为主食。

大麦籽粒扁平、中间宽、两头较尖，见图 5-9。根据麦穗的排列和结实性的不同，大麦可分为六棱大麦、四棱大麦、二棱大麦。根据大麦籽粒与麦麸的分离程度可将大麦分为裸大麦和皮大麦两类。裸大麦也称元麦、青稞，籽粒与麦麸是分离状态。皮大麦籽粒与麦麸是结合状态，也称有麸大麦。

大麦中蛋白质含量在 10%左右，赖氨酸含量高于其他谷类籽粒中的含量。大麦中脂类含量约占籽粒重量的 3.3%，约 1/3 存在于胚芽中。大麦富含碳水化合物，约占 68%～70%，并含有较丰富的维生素 B_1、B_2、B_6，含粗纤维较多。大麦营养价值优于稻米和面粉，属于高热能食品，中医认为其味咸性平凉，又下气宽中，有壮筋益力、除湿发汗、止泻的功效。

图 5-9　大麦

大麦磨成粉后比较粗糙，色泽灰暗，口感发黏，味道不如小麦粉，但可以制作饼、馍、糊糊等，藏民多用青稞面制作糌粑。大麦去麸皮后压成片，可以用于制作饭粥等。此外大麦还是酿造啤酒、制取麦芽糖的原料。

（4）燕麦　又称雀麦、莜麦、爵麦、皮燕麦、黑麦、铃铛麦、玉麦、香麦、苏鲁等，起源于我国，早在3000多年以前我国已经种植，汉代已有栽培，见图5-10。目前，全世界的燕麦种植面积约6亿亩左右，位居谷类作物第四位。世界范围内，燕麦种植主要集中在欧洲，约占总面积的1/3。我国燕麦种植主要集中在西北、西南、东北、内蒙古等地的牧区、半牧区。

图5-10　燕麦

燕麦中蛋白质和脂肪含量高于一般谷类原料。燕麦蛋白质中含有人体需要的全部必需氨基酸，脂肪中含有大量的亚油酸，消化吸收率高。燕麦具有良好的降血脂和预防动脉硬化症的作用。实验发现，每天早饭如果能食用50g燕麦原料，连续3个月，可有效降低血清低密度脂蛋白胆固醇浓度，提高高密度脂蛋白胆固醇水平，而且对肝肾无任何不良反应，这对高血脂合并肝肾疾病及糖尿病患者更为适用。燕麦也可以催乳，降低胆固醇，预防心脏病、糖尿病，对中老年人常见的心脑血管疾病有一定的预防作用，但不易消化，不宜多食。燕麦是药食兼优的营养保健食品。

燕麦经加工去掉麸皮后，可以用于做饭（粥），还可以蒸熟或炒熟磨粉使用。燕麦中缺少麦醇溶蛋白，磨粉和面后不易成团，一般与面粉混合后，制作各种面食。燕麦还可以加工成燕麦片。燕麦加工需要经过“三熟”——磨粉前要炒熟、和面时要烫熟、制胚后要煮熟，否则不易消化，可引起腹痛或腹泻。吃时讲究冬蘸羊肉卤，夏调咸菜汤。

（5）荞麦　又称三角麦、乌麦、甜荞、花荞、甜麦、花麦等，是蓼科一年生草本植物，见图5-11。荞麦起源于中国和亚洲北部，公元前5世纪的《神农书》中记载，荞麦已是当时栽培的八谷之一，现在主要分布在西北、东北、华北、西南的高山地带。按照形态和品质，可将荞麦分为甜荞、苦荞、翅荞、米荞等品种，甜荞是中国栽培较多的一个品种，品质最好。

图5-11　荞麦

荞麦营养价值较高，其蛋白质含量高于大米和玉米，脂类含量低于玉米面而高于大米和面粉，维生素B_1、B_2的含量比较丰富。荞麦含有铬，可用于糖尿病的营养治疗。现代医学研究表明，荞麦含有具有药理功效的芦丁等物质，芦丁具有降脂、软化血管、增加血管弹性等作用。在我们日常膳食生活中经常搭配适量荞麦，可以预防高血压、高血脂、动脉粥样硬化、冠心病等疾病。但是荞麦整个植株又含有红色荧光色素，食后在缺乏色素的部位可出现光敏感症，又称荞麦病。

荞麦一般人群均可食用，适合食欲不振、饮食不香、肠胃积滞、慢性泄泻的人食用，对于糖尿病人更为适宜，但脾胃虚寒、消化功能不佳、经常腹泻的人和体质敏感之人不宜食用。

荞麦去壳后，可制作饭（粥）食用，也可以磨成粉，制作面条、饸烙、饼、饺子、馒头等。荞麦粉还可以与面粉混合制作各种面食，如朝鲜族的冷面，东北的荞面饺子、荞面条等。荞麦的嫩叶可以充当蔬菜，也可以作为饲料。荞麦皮是优良的“枕头芯”的填充料。

（6）高粱 又称蜀黍、高粱米、芦粟、桃粟、蜀秫、木稷、芦粟、番黍、荻粱等，是一种高产作物，被誉为“铁杆庄稼”，有5000年历史，也是世界四大谷物之一。我国的东北地区是高粱的主要产区，见图5-12。高粱脱壳后即是高粱米，其籽粒是卵圆形、倒卵形或圆形，大小不一，有白、黄、红、黑、褐等多种颜色，质量以白壳高粱最好，黄壳高粱次之。根据用途不同，高粱还可分为食用高粱、糖用高粱、帚用高粱、酿制用高粱、饲用高粱等。

图5-12 高粱

食用高粱含有丰富的淀粉和蛋白质，高粱蛋白质中赖氨酸含量较低，属于半完全蛋白质。高粱的烟酸含量也不如玉米多，但却能为人体所吸收，因此，以高粱为主食的地区很少发生“癞皮病”。高粱中铁和脂肪的含量高于大米。高粱的皮层中含有一种特殊的成分——单宁，单宁有涩味，食用后会妨碍人体对食物的消化吸收，还易引起便秘。

加工粗糙的高粱米中含有较多的单宁，呈红色，食用时涩口难吃，加工精度比较高时颜色较白，可以消除单宁的不良影响，还可以提高蛋白质的消化吸收率。

高粱味甘、性温、涩，入脾、胃经，具有和胃、消积、温中、涩肠胃、止霍乱、凉血解毒的功效。

高粱可蒸饭、煮粥，也可以磨成粉后制作糕、饼等。酿酒、制醋、提取淀粉、加工饴糖也使用到高粱。

（7）薏苡仁 又称薏仁米、药玉米、感米、薏珠子等，属药食两用的食物。薏苡仁是禾本科植物薏苡的种仁，呈圆球形或椭圆形，表面白色或黄白色，光滑，见图5-13。

薏米味甘、淡，性微寒，有健脾利水、利湿除痹、清热排脓、清利湿热之功效。现代研究表明，薏仁米含有多种营养成分，据测定，薏仁米蛋白质含量高达12%以上，高于其他谷类（约8%），含有丰富的维生素B，对防治脚气病十分有益。它还具有增强人体免疫功能、抑制癌细胞生长的作用。国内外多用薏米配伍其他抗癌药物治疗肿瘤，并收到一定疗效。

图5-13 薏苡仁

薏苡仁主要用于制作甜食，如制作各种羹汤，或加入各种米饭中。它也可以用于制作咸味菜，如薏苡仁炖鸡。

第三节 豆类粮食

一、豆类的结构

豆类种子的结构基本相似，主要由种皮和胚构成。种皮位于种子的最外层，起保护胚的作用。胚由子叶、胚芽、胚轴、胚根四部分构成，子叶是食用的重要部分。

二、豆类的分类

豆类按其所含的营养成分可以分为两大类：一类是高蛋白（35%～40%）、中脂肪（15%～20%）、低碳水化合物（35%～40%），如大豆；另一类是高碳水化合物（55%～70%）、中蛋白（20%～30%）、低脂肪（<5%），如绿豆、赤豆等。烹饪时通常采用鲜豆及豆制品。豆类不但可做菜肴的主料及辅料，而且还可以作为调味品的原料。

三、豆类品种

1. 大豆

大豆古代称菽，又称黄豆、毛豆，豆科大豆属，一年生草本植物，见图 5-14。大豆原产我国，已有 5000 年的栽培历史。在东北、黄淮流域、江南各省南部、广西和云南南部及长江下游地区均有出产，以长江流域及西南栽培较多，以东北大豆质量最优。由于它的营养价值很高，被称为豆中之王、田中之肉、绿色的牛乳等，是数百种天然食物中最受营养学家推崇的食品。

大豆的荚果呈长圆形，密布棕色绒毛，黄绿色。种子呈圆球形、椭圆形或扁圆形，嫩芽时为绿色，成熟后呈黄、青、紫、黑等颜色。大豆根据种皮颜色和粒形分为五类：黄大豆、青大豆、黑大豆、其他大豆（种皮为褐色、棕色、赤色等单一颜色的大豆）和饲料豆（一般籽粒较小，呈扁长椭圆形，两片子叶上有凹陷圆点，种皮略有光泽或无光泽）。

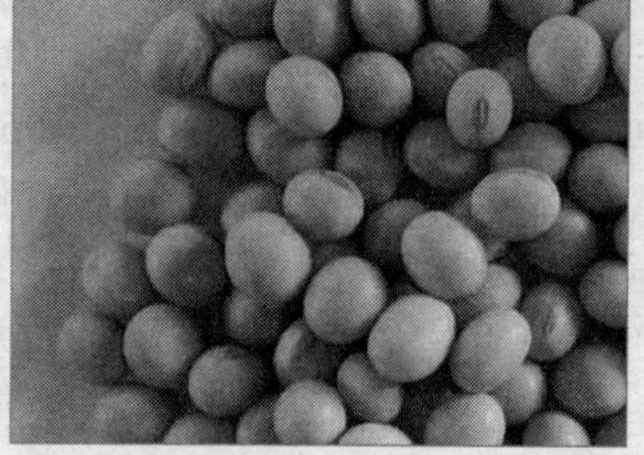

图 5-14 大豆

大豆蛋白质含量较高，有“植物肉”之称。与其他食品比较，仅蛋白质一项，黄豆就比瘦肉多 1 倍，比鸡蛋多 2 倍，比牛乳多 1 倍。一般大豆的蛋白质含量为 35%左右，其中黑豆含量高达 36%。蛋白质中含有人体需要的全部氨基酸，属于完全蛋白质，其中赖氨酸含量较多，但蛋氨酸较少，与谷类混合食用，可以较好地发挥蛋白质的互补作用。脂肪含量为 15%～20%，主要是不饱和脂肪酸，其中油酸占 32%～36%，亚油酸占 52%～57%，亚麻酸占 2%～10%，此外还有少量的磷脂。

碳水化合物的含量为 20%～30%，多为纤维素和可溶性糖，容易引起肠道胀气。大豆发芽以后还能产生较多的维生素 C。

大豆味甘平，可以"逐水胀，除胃中热痹、伤中淋露，下淤血，散五脏结积内寒"等，是食疗佳品。据研究，黄豆中的皂草苷可延缓人体衰老；黄豆中的卵磷脂可除掉血管壁上的胆固醇，保持血管软化；黄豆中的抑胰酶，对糖尿病有一定疗效；黄豆中磷含量可观，对大脑神经非常有益，神经衰弱及体质虚弱者，常食有益；黄豆中富含的铁质，对缺铁性贫血患者，大有补益。

大豆是重要的烹饪原料，既可以整粒运用制作菜肴、休闲原料或用做粥品的辅料，也可以磨粉使用，制作主食和各种面点。

2．蚕豆

蚕豆又名胡豆、罗汉豆、马料豆、佛豆等，豆科植物，见图 5-15。汉代自西域传入我国。

我国蚕豆种植面积广泛，以四川、云南、江苏、湖北等地为多，主要的优良品种有四川青胡豆、南翔白皮等。

蚕豆的荚果呈扁平筒形，未成熟时豆荚为绿色，荚壳肥厚而多汁，荚内有丝绒状茸毛，因含丰富的酪氨酸酶，成熟的豆荚为黑色。蚕豆按其籽粒的大小不同可分为大粒蚕豆、中粒蚕豆、小粒蚕豆三种类型：大粒蚕豆宽而扁平，千粒重在 800g 以上，如四川、青海产的大白蚕豆，品质较好，常作为粮食或蔬菜食用；中粒蚕豆呈扁椭圆形，千粒重为 600～800g；小粒蚕豆近圆形或椭圆形，千粒重为 400～650g，其产量高，但品质较差，多作为畜禽饮料或绿肥作物。蚕豆按种皮颜色不同可分为青皮蚕豆、白皮蚕豆和红皮蚕豆等。

图 5-15　蚕豆

蚕豆中含有大量蛋白质，在日常食用的豆类中仅次于大豆，还含有大量钙、钾、镁、维生素 C 等，并且氨基酸种类较为齐全，特别是赖氨酸含量丰富。蚕豆中的蛋白质可以延缓动脉硬化；蚕豆皮中的粗纤维有降低胆固醇、促进肠蠕动的作用；蚕豆中含有大脑和神经组织的重要组成成分磷脂，并含有丰富的胆碱，有增加记忆力和健脑的作用。但蚕豆不可多吃，以防胀肚伤脾胃。此外，蚕豆含有致过敏物质，过敏体质的人吃了会产生不同程度的过敏、急性溶血等中毒症状，就是俗称的"蚕豆病"，这是因为其体内缺乏某种酶类，是一种遗传缺陷，发生过蚕豆过敏者一定不要再吃。

蚕豆既可以炒菜、凉拌，又可以制成各种小食品，是一种大众食物。嫩蚕豆可制作多种菜肴，如作为主料制成酸菜蚕豆、椿芽蚕豆，作为配料制成鸡米蚕豆、翡翠虾仁等。老蚕豆多用于点心、小吃等面点中，也可以制汤。

3．豌豆

豌豆又称寒豆、麦豆、荷兰豆，古称毕豆、留豆，豆科植物，见图 5-16。豌豆原产于亚洲西部、地中海地区和埃塞俄比亚、小亚细亚西部，因其适应性很强，在全世界的地理分布很广。

图 5-16　豌豆

豌豆在我国已有2000多年的栽培历史，现在各地均有栽培，主要产区有四川、河南、湖北、江苏、青海等十多个省区。豌豆种子的形状因品种不同而有所不同，大多为圆球形，还有椭圆、扁圆、凹圆、皱缩等形状。颜色有乳白、绿、红、玫瑰、褐、黑等颜色。

豌豆可按株形分为软荚、谷实、矮生豌豆三个变种，或按豆荚壳内层革质膜的有无和厚薄分为软荚和硬荚豌豆，也可按花色分为白色和紫（红）色豌豆。

豌豆既可作为蔬菜炒食，籽实成熟后又可磨成豌豆面粉使用。嫩豌豆大多整粒使用，一般用于制作菜肴，如腊肉焖豌豆、清炒豌豆。老豌豆常磨粉后使用，可以制作糕点和馅心。用豌豆制取的淀粉可制作粉丝、凉粉等原料。因豌豆豆粒圆润鲜绿，十分好看，也常被用来作为配菜，以增加菜肴的色彩，促进食欲。

豌豆味甘、性平，归脾、胃经；具有益中气、止泻痢、利小便、消痈肿、解乳石毒之功效；主治脚气、痈肿、乳汁不通、脾胃不适、呃逆呕吐、心腹胀痛、口渴泻痢等病症。

食用豌豆能增强机体免疫力，豌豆中富含胡萝卜素，食用后可防止人体致癌物质的合成，从而减少癌细胞的形成，降低人体癌症的发病率。

4．绿豆

图 5-17　绿豆

绿豆又称青小豆、吉豆，豆科一年生草本植物，见图 5-17，原产于我国、印度、缅甸。我国已有2000多年的栽培历史，现产于黄河、淮河流域的河南、河北、山东、安徽等省，一般秋季成熟上市。绿豆品种以安徽的明光绿豆、河北大绿豆、宣化绿豆和嘉兴绿豆品质较好。

绿豆种皮的颜色主要有青绿、黄绿、墨绿三大类，种皮分有光泽（明绿）和无光泽（暗绿）两种，以色浓绿而富有光泽、粒大整齐、形圆、煮之易酥者品质最好。

绿豆味甘、性凉，具有清热解毒、利尿、消暑除烦、止渴健胃、利水消肿之功效。

绿豆是我国人民的传统豆类食物。绿豆中的多种维生素、钙、磷、铁等矿物质都比粳米多。因此，它不但具有良好的食用价值，还具有非常好的药用价值，有“济世之良谷”的说法。在炎炎夏日，绿豆汤更是老百姓最喜欢的消暑饮料。

绿豆的营养价值很高，可以说浑身是宝。绿豆粉可以治疗疮肿烫伤，绿豆皮可以明目，绿豆芽还可以解酒。夏季常喝绿豆汤，不仅能增加营养，还对肾炎、糖尿病、高血压、动脉硬化、肠胃炎、咽喉炎及视力减退等病症有一定的疗效。由于绿豆属寒性，所以脾胃虚弱的人不宜多食；低血压和女性生理期间不吃为宜。另外，绿豆不宜煮得过烂，以免使有机酸和维生素遭到破坏，降低清热解毒的功效。

绿豆可单独或与大米等原料混合，制作饭、粥等；也可以磨成粉制成各种糕点及小吃，如绿豆糕；也常制成绿豆沙，在面点中作为馅心使用。此外，绿豆还是制取优质淀粉的原料，可用于品质优良的粉丝、粉皮的制作。

5．赤豆

赤豆为豆科植物赤小豆或赤豆干燥成熟的种子，秋季果实成熟而未开裂时收获。赤豆又称红豆、红小豆、赤小豆、小豆等，富含淀粉，因此又被人们称为“饭豆”，见图 5-18。它具有利小便、消胀、除肿、止吐的功能，被李时珍称为“心之谷”。赤小豆是人们生活中不可缺少的高营养、多功能的杂粮。赤豆起源于我国，目前主要产于华北、东北、黄河流域、长江流域以及华南地区。

图 5-18　赤豆

赤豆的成熟豆荚光滑，籽粒短圆或呈圆柱形，脐呈长条形而不凹陷，籽粒颜色多为赤褐色，也有茶色、淡绿、淡黄、白、褐等颜色。优质赤豆颗粒大而饱满，皮薄，红紫有光泽，脐上有白纹。

红豆具有很高的药用和良好的保健作用，赤小豆性平、味甘、酸；红豆药用可以清热解毒、健脾益胃、利尿消肿、通气除烦，可治疗小便不利、脾虚水肿、脚气症等。

赤豆煮熟后会变得非常柔软，而且有着不同寻常的甜味，风味相当强。红豆原产于中国，是一种一年生灌木的种子，由于具有医疗效用，所以在远东一带颇受重视，数千年来一直将它加入米饭及汤里食用。也由于它的甜度，红豆在东方甜食里是一种常见的材料，多用于制作羹汤、粥品；煮烂退皮后可加工制成赤豆泥、豆沙等，是制作糕点甜馅的主要原料；在菜肴的制作中可作为甜味夹酿菜的馅料，如夹沙肉、龙眼烧白、高丽肉、酿枇杷等。

6. 扁豆

扁豆属一年生或越年生草本，又名滨豆、鸡眼豆，一种粮食和绿肥兼用作物。扁豆起源于亚洲西南部和地中海东部地区，栽培历史悠久，现在世界各地都有种植。扁豆荚肥厚扁平，种子较大，扁圆形，有白色、黑色、红褐色多种，其中以白色质量最好，见图 5-19。嫩豆荚和嫩豆粒可作为新鲜蔬菜入烹。成熟的豆粒经蒸煮可制成豆泥、豆沙食用。

图 5-19　扁豆

扁豆的营养成分相当丰富，包括蛋白质、脂肪、糖类、钙、磷、铁及食物纤维、维生素 A、B 族维生素、氰甙、酪氨酸酶等，扁豆衣的维生素 B 含量特别丰富，其所含的淀粉酶抑制物在体内有降低血糖的作用，此外，扁豆还有预防心脏病、癌症、抗衰老的功效。

第四节　薯　类

薯类粮食是以收获富含淀粉或其他多糖类物质的膨大块根、块茎或球茎为目的的一类作物。

一、甘薯

甘薯又称为番薯、红薯、红苕、山芋、白薯、地瓜等，为旋花科一年生或多年生草本植物甘薯膨大的地下块根，见图 5-20。甘薯原产于南美洲，欧洲第一批红薯是由哥伦布于 1492 年带回，然后经葡萄牙人传入非洲，并由太平洋群岛传入亚洲。16 世纪，甘薯由菲律宾和越南等地传入我国。目前我国各地均有栽培，尤以淮海平原、长江流域及东南沿海各省区栽种较多。甘薯主要以肥大的块根供食用。块根的形状、大小、皮肉颜色等因品种和栽培条件不同而有差异。其形状有纺锤形、圆筒形、球形和块形等；皮色有白、黄、红、淡红、紫红等色；肉色可分为白、黄、淡黄、橘红或带有紫晕等色。白色薯肉含淀粉多，水分较少，适宜于提取淀粉；红色薯肉含丰富的胡萝卜素，糖分和水分含量多，味甜，常供鲜用。甘薯味道甜美，营养丰富，又易于消化，可供大量热能，所以非洲和亚洲的部分国家以甘薯为主食。

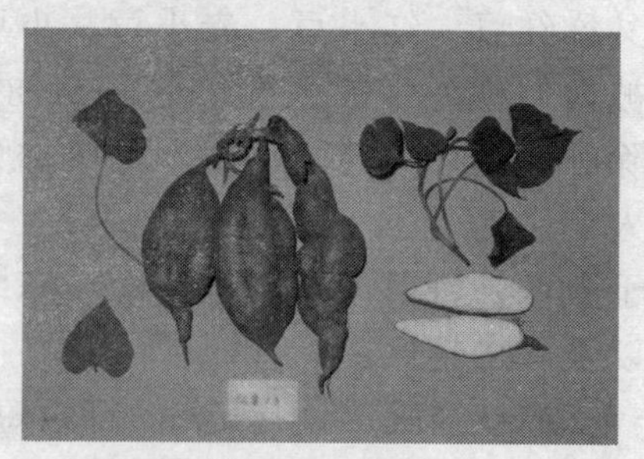
图 5-20　甘薯

甘薯含有丰富的糖、蛋白质、纤维素和多种维生素，其中 β-胡萝卜素、维生素 E 和维生素 C 尤多。特别是甘薯含有丰富的赖氨酸，而大米、面粉恰恰缺乏赖氨酸。故甘薯与米面混吃正好可发挥蛋白质的互补作用，提高营养价值。就总体营养而言，甘薯可谓是粮食和蔬菜中的佼佼者。欧美人赞它是“第二面包”，前苏联科学家说它是未来的“宇航食品”，法国人称它是当之无愧的“高级保健食品”。甘薯具有和血补中、宽肠通便、增强免疫功能、防癌抗癌、抗衰老、防止动脉硬化等作用。

甘薯除直接煮、蒸、烤食用外，还可以在煮熟后捣制成泥，与米粉、面粉等混合，制作各类糕、团、包、饺、饼等，如红薯饼、苕梨等；晒干磨成粉后，与小麦粉等掺和，可制作馒头、面条、饺子、蛋糕、布丁等。甘薯还可作为甜菜用料或蒸类菜肴的垫底，如拔丝红薯、粉蒸牛肉等，也作为雕刻的用料。从甘薯中提取的淀粉可制作红薯粉条、红薯粉等。此外，甘薯的嫩茎和叶可作为鲜蔬食用，如清炒红薯苗。

甘薯含有“气化酶”，吃后有时会发生烧心、吐酸水、肚胀排气等现象。因而胃溃疡、胃酸过多、糖尿病人不宜食用。正常情况只要一次不吃得过多，而且和米面搭配着吃，并配以咸菜或喝点菜汤即可避免食用后的不适。烂甘薯（带有黑斑的红薯）和发芽的红薯可使人中毒，不可食用。甘薯忌与柿子、西红柿、白酒、螃蟹、香蕉同食。

二、木薯

木薯又称树薯、木番薯、槐薯等，为大戟科亚灌木植物。木薯是世界三大薯类之一，广泛栽培于热带和亚热带地区。在我国南亚热带地区，木薯是仅次于水稻、甘薯、甘蔗和玉米的第五大作物。木薯原产于南美洲，我国在 19 世纪 20 年代引入，现主要分布在我国热带地区，以广西栽培最多，见图 5-21。木薯主要有两种：苦木薯（专门用做生产木薯粉）和甜木薯（食用方法类似马铃薯）。重要品种有广东的青皮木薯、海南韶关的面包木薯等。

木薯的茎直立，木质，高 1～3m，供食部分是其地下生长的块根。木薯块根呈圆锥形、圆柱形或纺锤形，肉质，富含淀粉。表皮有紫红、乳白、灰白和淡黄色等多种颜色。

鲜木薯块根含淀粉 25%～35%，用它生产的淀粉品质十分优良，消化率高，非常适合

图 5-21　木薯

婴儿及病弱者食用。木薯可作为畜禽、鱼类饲料，代替饲料中所有的谷类成分。将其用于制糖工业，可制造葡萄糖、果糖等；用于发酵工业，可制造酒精、饮用酒、各类有机酸、氨基酸、木薯蛋白等。木薯的各部位均含氰苷，有毒，鲜薯的肉质部分须经水泡、干燥等去毒加工处理后才可食用。由于鲜薯易腐烂变质，一般在收获后要尽快加工成淀粉、干片、干薯粒等。

木薯的烹饪应用与甘薯基本相同，可直接煮、蒸、烤食用，或煮熟捣泥，与米粉、面粉等混合，制成点心和小吃。

薯类粮食还有参薯和竹芋，此处不再详述。

第五节　粮 食 制 品

粮食制品是以谷类、豆类、薯类等粮食为原料，经加工制成的烹饪原料，主要制品有谷制品、豆制品和淀粉制品。

1．谷制品

（1）面筋　将面粉加入适量水、少许食盐，搅匀上劲，形成面团后，用清水反复搓洗，把面团中的活粉和其他杂质全部洗掉，剩下的即是面筋。面筋的主要成分是小麦面粉中不溶于水的麦谷蛋白和麦醇溶蛋白。面筋的营养成分尤其是蛋白质含量，高于瘦猪肉、鸡肉、鸡蛋和大部分豆制品，属于高蛋白、低脂肪、低糖、低热量食物。

刚洗出的面筋叫“生面筋”，它容易发酵变质，不耐储存，常进一步加工成不同的制品。

1）水面筋。将生面筋加工成块状或条状，投入沸水锅内煮熟，即是水面筋。水面筋色泽灰白，有弹性。水面筋性凉、味甘，有和中益气、解热、止烦渴的功效。

2）素肠。将生面筋加工成条状，缠绕在筷子上，煮熟后抽掉筷子，成为管状的面筋，其质地和色泽与水面筋相同。

3）烤麸。烤麸由生面筋经保温发酵后高温蒸制而成，色橙黄，松软而富弹性，有很多气孔，如海绵状。烤麸除作主料外，可与多种荤素原料组配，又称百搭菜。

4）油面筋。油面筋又称为面筋泡、生根、生筋，将生面筋加工成小块，投入热油锅内炸至金黄色捞出即成。油面筋色泽金黄，中间多孔，见图 5-22。

图 5-22　油面筋

此外，面筋还可熏制、干制以利久贮，也可经干燥后制成活性面筋粉，使用方便。面筋可以制成

三鲜素鱼肚、熘素鹅皮等菜。

面筋及其各种加工品口感柔韧，富有弹性。在烹调中，既可以单独使用，也可以与其他原料配合，最宜与鲜美的动物性原料合烹，适用于炒、烩、烧、蒸、填馅、做汤等多种烹调方法。

（2）澄粉　澄粉又称澄面、汀粉、小麦淀粉，见图 5-23。澄面是一种无筋的面粉，成分为小麦。澄粉色白、无筋力、不粘手、杂质少，烫熟后色泽光亮，略透明，韧性强，可用于面点的制馅及工艺面点的造型，如山药饼、虾饺、粉果、肠粉、莲茸馅、玉兔饺、金鱼饺等。

图 5-23　小麦淀粉

（3）米线　米线又称米粉、沙河粉，是以大米为原料，经过洗米、浸泡、磨浆、搅拌、蒸粉、压条、干燥等程序制成的线状米制品，见图 5-24。米线的质量以质地洁白，柔韧滑爽，煮后不粘条、不糊汤，断条少，无斑点、异味者为佳。名产有福建兴化粉、桐口粉干、广东沙河粉、江西石城粉干等。

米线的食用方法很多，可以炒、煮、烩等，凉热皆宜。云南的过桥米线、小锅米线等，都是我国著名的以米线为原料的小吃。

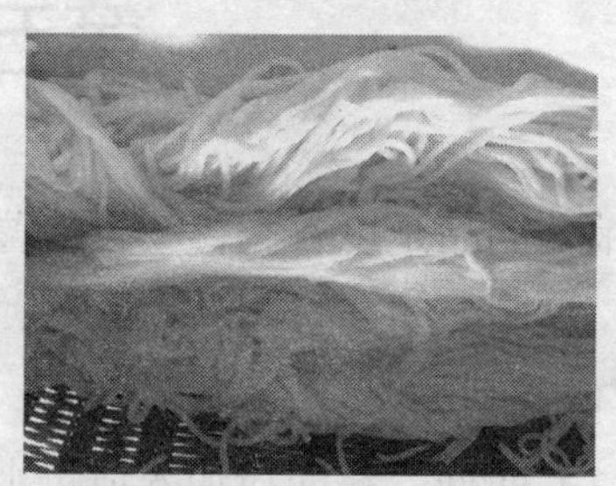
图 5-24　米线

（4）米粉　米粉可以说是南方人的“面条”，既可作为小吃，也可作为主食。米粉含有丰富的碳水化合物、维生素、矿物质及酵素等，具有熟透迅速、均匀，耐煮不烂，爽口滑嫩，煮后汤水不浊，易于消化的特点，特别适合火锅和休闲快餐食用，见图 5-25。

米粉在泡制过程中营养容易流失，因此米粉需搭配各种蔬菜、肉、蛋和调料，从而增加营养。

图 5-25　米粉

2．豆制品

（1）豆腐　古称福黎，是由我国最早发明、制造，而后传往世界各地的。豆腐是以大豆为原料，经过浸泡、磨浆、过滤、煮浆、点卤或加入石膏等程序，使豆浆中蛋白质凝固后压榨成型的产品。

豆腐是我国素食菜肴的主要原料，历来受到人们的欢迎，被人们誉为“植物肉”。豆腐主要以大豆为原料加工而成，大豆含有较多的蛋白质和脂肪，因此豆腐营养价值也较高。豆腐可以常年生产，不受季节限制，因此在蔬菜生产淡季，可以调剂菜肴品种。

豆腐按使用凝固剂和含水量的不同分为嫩豆腐、老豆腐、内酯豆腐等。豆腐有南豆腐和北豆腐之分，主要区别在于点石膏（或点卤）的多少。豆腐是中国的传统食品，味美而养生，有益中气，和脾胃，健脾利湿，清肺健肤，清热解毒，下气消痰之功效。豆腐中缺少人体必需氨基酸——蛋氨酸，烧菜时把它和其他的肉类、蛋类食物搭配一起合用成

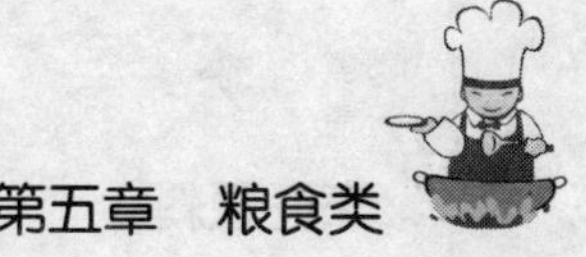

菜，可大大提高豆腐中蛋白质营养的利用率。豆腐在烹调中应用十分广泛，适合多种刀工成形，如条、块、丁、粒、末、泥等，适于各种烹调方法，能与鱼、肉、禽、蛋、蔬菜等配合，制作的菜肴多达上百种。著名的菜肴有麻婆豆腐、生煎豆腐、泥鳅钻豆腐、锅贴豆腐、沙锅豆腐等。

1）嫩豆腐。嫩豆腐又称南豆腐、软豆腐，南豆腐多用石膏（硫酸钙）点制，因而质地细嫩，色泽洁白，水分含量在90%左右，见图 5-26。南豆腐适于拌、烩、烧、制作汤羹等，如草菇炖豆腐、蟹黄豆腐等。

2）老豆腐。老豆腐又称盐卤豆腐、北豆腐，多用盐卤（氯化镁）点制，含水量约为 85%～88%。老豆腐色泽白中略偏黄，质地比较粗老，见图 5-27，适合煎、炸、酿以及制馅等，如砂锅豆腐、雪菜烧豆腐等。

图 5-26　嫩豆腐

图 5-27　老豆腐

3）内酯豆腐。内酯豆腐是以葡萄糖酸－δ－内酯作为凝固剂制作的豆腐。它改变了传统的用卤水点豆腐的制作方法，可减少蛋白质流失，并使豆腐的保水率提高，比常规方法多出豆腐近 1 倍。内酯豆腐质地细腻有弹性，有光泽，适口性好，清洁卫生。内酯豆腐的烹调应用与嫩豆腐相似。

图 5-28　冻豆腐

4）冻豆腐。豆腐还可制成冻豆腐，或称海绵豆腐。冻豆腐是由新鲜豆腐冷冻而成，孔隙多、弹性好、营养丰富，味道也很鲜美，见图 5-28。

由于冻豆腐多孔可以饱吸汤汁，适于烧、烩、制汤以及作为火锅用料等，可做成除夕全家福、麻辣冻豆腐等。

（2）豆腐干　豆腐干是以大豆为原料，经浸泡、研磨、出浆、凝固、压榨等工序生产加工而成，见图 5-29。

图 5-29　豆腐干

豆腐干主要有香干和白干之分：香干在制作过程中添加食盐、茴香、花椒、大料、干姜等调料，既香又鲜，久吃不厌，被誉为“素火腿”；白干的要求是色白味淡，厚薄均匀，柔软有韧性，组织紧密无气孔，无杂质、无异味。

豆腐干名产有安徽采石矶茶干，四川五香豆腐干，江苏苏州卤干、如皋蒲茶干，河南朱仙镇五香豆腐干等。

它可制作多种菜肴，可冷拌，可热炒，可油炸，可烤制，可以作为主料烹制菜肴，如扬州名菜大煮干丝、烫干丝等；也可以切成丁、片、小块等，作为茶点、凉菜和炒菜的配料。

（3）百叶　又称千张、皮子、豆片，是将大豆磨浆、煮沸、点卤后，将豆腐脑按规定分量舀到布上，分批折叠、压制而成的片状制品。百叶的厚度为 0.5～2mm。优质百叶呈均匀一致的白色或淡黄色，有光泽，富有韧性，软硬适度，薄厚度均匀一致，不黏手，无杂质，味醇正，久煮不碎，见图 5-30。

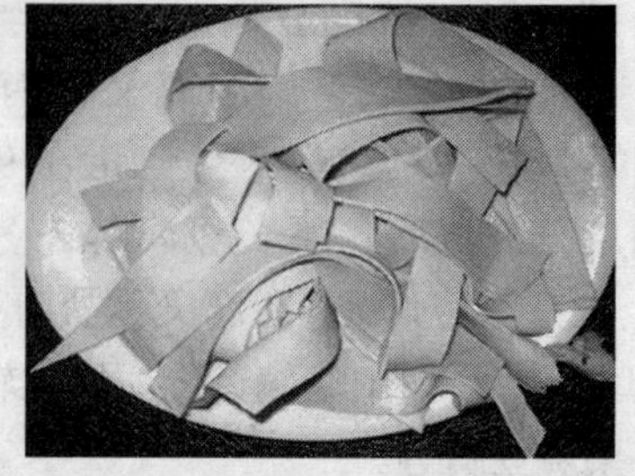

图 5-30　千张

百叶在烹饪中可以通过熏、酱、炝、拌制成凉菜，也可以通过炒、烧、煮、炖等制成热菜，也可以制作素鸡等。

（4）腐衣和腐竹　腐衣和腐竹都是大豆磨浆烧煮在制作豆浆时，表面由于蛋白质上浮凝结而成的薄皮，挑出后干制而成的豆制品。腐衣也叫豆腐皮、油皮，是从锅中挑皮、捋直，将皮从中间粘起，成双层半圆形，经过烘干而制成的。它皮薄透明，半圆而不破，黄色有光泽，柔软不粘，表面光滑，色泽乳白，微黄光亮，风味独特，是高蛋白低脂肪、不含胆固醇的营养食品。腐竹则是湿片张卷成杆状烘干而成的制品，又叫支柱、甜竹，见图 5-31。腐竹名产有桂林腐竹、长葛腐竹、陈留腐竹等。

图 5-31　腐竹

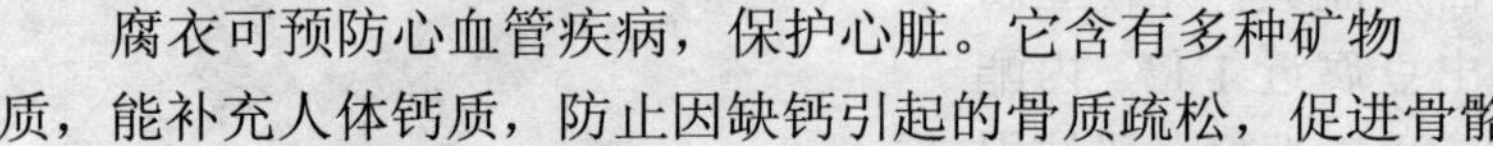

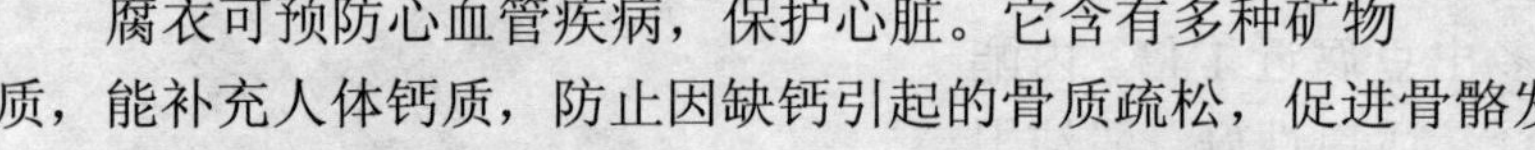

腐衣可预防心血管疾病，保护心脏。它含有多种矿物质，能补充人体钙质，防止因缺钙引起的骨质疏松，促进骨骼发育。

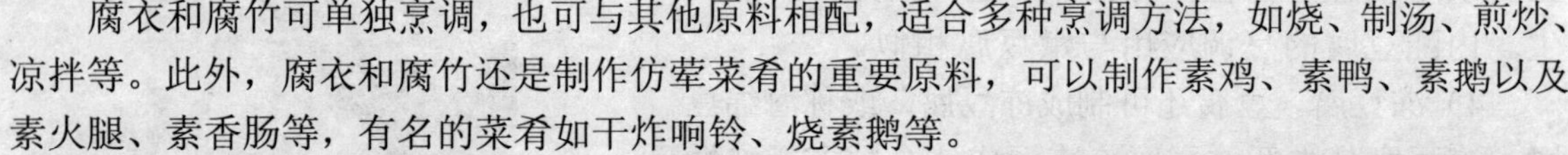

腐衣和腐竹可单独烹调，也可与其他原料相配，适合多种烹调方法，如烧、制汤、煎炒、凉拌等。此外，腐衣和腐竹还是制作仿荤菜肴的重要原料，可以制作素鸡、素鸭、素鹅以及素火腿、素香肠等，有名的菜肴如干炸响铃、烧素鹅等。

（5）豆芽　豆芽是豆类种子在一定湿度和温度下，无土栽培芽菜的统称，主要有黄豆芽、绿豆芽两种。近年花生芽也走上了餐桌。

1）黄豆芽。黄豆芽是用黄豆浸泡、淋制而成，一般长约 10cm，子叶黄色，呈卵圆形，胚较粗，色白，见图 5-32。黄豆芽有“如意菜”的美称，明朝陈嶷曾有过赞美黄豆芽的诗句：“有彼物兮，冰肌玉质，子不入污泥，根不资于扶植。”黄豆在发芽过程中有更多的营养元素被释放出来，更利于人体吸收，营养更胜黄豆一筹。

图 5-32　黄豆芽

黄豆芽具有清热明目，补气养血，防止牙龈出血、心血管硬化，降低胆固醇等功效，降豆芽多用于热菜制作，可以烧、炒、氽等。

2）绿豆芽。绿豆芽是用绿豆浸泡、淋制而成，一般长约 7cm。子叶淡绿，呈卵圆形，胚较细，青白色，见图 5-33。绿豆在发芽的过程中，维生素 C 会增加很多，所以绿豆芽的营

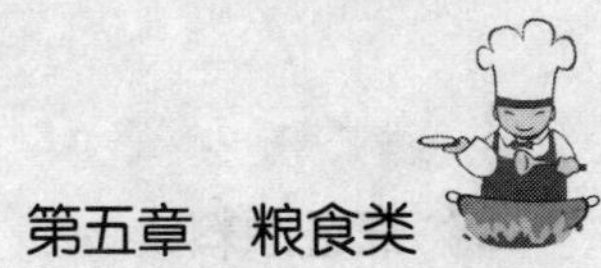

养价值比绿豆更大。绿豆芽中含有丰富的维生素C，可以治疗坏血病，还含有核黄素，口腔溃疡的人很适合食用。常吃绿豆芽，可以达到减肥的目的。

图 5-33 绿豆芽

豆芽不宜过长，否则不仅食用品质差，而且营养成分消耗较多。

豆芽营养成分丰富，其蛋白质等营养成分含量高于一般蔬菜，维生素 C 和氨基酸的含量高于相应豆类。烹调时应该快速加入，并加入一些醋，可以保脆嫩，并避免维生素 C 流失。

豆芽可以制作冷菜、热菜、面点，做主配料和馅心，也可以用于制素汤或菜肴的垫底。绿豆芽、花生芽还可以用于腌渍。代表菜式有拌银芽、干煸黄豆芽等。

（6）腐乳 腐乳又称豆腐乳，是用大豆、黄酒、高粱酒、红曲等原料先制成豆腐胚，再利用毛霉接种在豆腐胚上经发酵制成的，见图 5-34。

图 5-34 腐乳

豆腐乳种类较多，口味鲜美，有除腥解腻的作用，适于佐餐或作调味料，如火锅调料等。腐乳通常可分为白、红、青三种：白色腐乳在生产时不加红曲，使其保持本色；腐乳坯加红曲即红腐乳；青色腐乳是指臭腐乳，又称青方，它在腌制过程中加入了苦浆水、盐水，呈豆青色。腐乳中维生素 B 族的含量很丰富，还能预防老年性痴呆、增进食欲、帮助消化。但高血压、心血管病、痛风、肾病患者及消化道溃疡患者，宜少吃或不吃，以免加重病情。

3．淀粉制品

淀粉是由高分子组成的多糖类化合物，是植物体中储藏的养分，多存在于种子与块茎中，是无色无臭的白色粉末，有吸湿性。淀粉有直链淀粉和支链淀粉两类，它们在淀粉中所占的比例随植物的种类不同有所差异。

淀粉在烹饪中可以加工成粉丝、粉皮作为主配料使用，还可以作为挂糊、上浆、勾芡的原料使用。

（1）粉丝 粉丝又称线粉，是利用粮食原料中的淀粉经过糊化和老化，加工制成的丝状制品，见图 5-35。粉丝按使用的淀粉原料不同分为豆粉丝、薯粉丝和混合粉丝三类。

图 5-35 粉丝

1）豆粉丝：以各种豆类为原料制成，其中，以绿豆和蚕豆制作的粉丝质量为佳，呈半透明状，煮后柔软并富有弹性和韧性，为粉丝中的上品，如山东龙口粉丝。

2）薯粉丝：一般以甘薯、马铃薯等为原料加工而成，不透明，色泽暗，味甜，易化条，但涨发率较高。

3）混合粉丝：一般以豆类原料为主，兼以薯类、玉米、高粱等混合制作而成，品质优于薯粉丝。

粉丝广泛用于烹调中，既可以作为菜肴主料、配料，用于拌、炒、烧、作汤，也可以制作面点的馅心。蚂蚁爬树、五色龙须等菜肴，都是以粉丝为主料制作出的著名菜肴。

（2）粉皮　又称拉皮，是以豆类或薯类淀粉制成的片状食品，粉皮以纯绿豆粉制作的为最好，见图 5-36。制成后未经干制者称为水粉皮或湿粉皮。湿品呈乳白色，方形或圆片状，柔软光亮，有一定的弹性，厚 3～5mm，直径约 20～30mm。经过干制的称为干粉皮，干制后片薄平整，色泽银白光洁，半透明，有弹性韧性，久煮不溶，口感筋道。名产有河北邯郸“纯绿豆韧性”粉皮、河南“汝州粉皮”等。用蚕豆、绿豆、豌豆淀粉混合制成的制品质量稍差。另有用番薯或马铃薯淀粉制作的，成品灰黄或灰白，色泽滞暗，韧性差。用干粉皮制作菜肴须先用温水泡发。

图 5-36　拉皮

粉皮主要营养成分为碳水化合物，还含有少量蛋白质、维生素及矿物质，具有柔润嫩滑、口感筋道等特点。

粉皮经切成块状、条状后，可以直接调拌作为小吃或冷菜，如黄瓜拌粉皮、鸡丝拉皮等；配荤料可以制作砂锅鱼头粉皮、汤卷、猴戴帽等热菜；油炸后可制作拔丝粉皮、火腿蛋粉皮等菜式。

（3）西谷米　又叫做西米，产于南洋群岛一带。最为传统的西米是从西谷椰树的木髓部提取的淀粉，经过手工加工制成。在广东等沿海地区，西米也叫做沙谷米、沙弧米。现在大多数西谷米是以淀粉为原料经机器或手工制成的白色、圆珠形颗粒，见图 5-37。

图 5-37　西谷米

西米按照粒形的大小分为大西米和小西米两种，均为圆形。大西米直径约 8mm，小西米直径约 2～3mm。市场上常见到的是稍微偏小的那一种。其实，珍珠奶茶里面一粒粒的“珍珠”也是西米的一种。

西米性温、味甘，有健脾、补肺、化痰的功效，有治脾胃虚弱和消化不良的作用，西米还有使皮肤恢复天然润泽的功能，所以西米羹很受人们尤其是女士的喜爱。但患有糖尿病者忌食。

西米的品质以色泽白净、颗粒均匀而坚实、硬而不碎、表面光滑圆润、煮熟后透明度高而不黏糊、口感有韧性者为佳。

西米主要用于甜羹、甜菜、工艺点心的制作，如白果西米羹、银耳西米羹、酒酿桂圆西米羹、珍珠元子等，也可单独煮熟后加糖食用。

（4）饵块　饵块是以大米为原料，经过多道工艺加工而成的粮食制品，主要产于四川、云南等地，以四川会理、云南官渡所产最为著名。饵块多成长方、扁圆、椭圆形状，也有制成圆饼状的。选择时以洁白细腻、筋道滑润、清香软糯、经泡耐煮为佳，见图5-38。

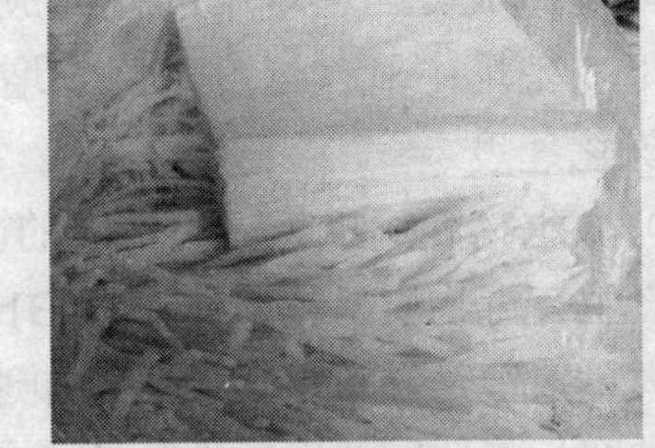

图5-38　饵丝

饵块常用炒、煮、蒸、炸、烤等方法制作，配荤、素原料均可。炸饵块、红油饵块、肉炒饵块、煮鸡丝饵块、煮海味饵块，都是饵块菜肴的代表品种。

除了饵块外，饵丝也是云南、四川等地的常见原料。饵丝与饵块的原料相同，但在饵块挤压后，再经过冷却、轧片、切丝制成。饵丝有干饵丝、鲜饵丝两种，其烹饪应用与饵块大致相同。

第六节　粮食的储存

粮食是有生命的物质。与其他物质不同，粮食在贮存过程中依然进行复杂的生理生化反应，而且时刻受到温度、湿度、空气、微生物的作用。因而粮食在储存中有一个陈化变质的过程。

一、粮食陈化

陈化粮是储存品质明显下降，一般不宜直接作为口粮食用的粮食。粮食陈化是一种自然现象。粮食和所有生物体一样，有一定的寿命期。经过较长一段时间贮藏后，尽管在贮藏期间并没有发生发热、生芽、霉变或其他措施不当引起的危害，但由于原生质胶体结构松弛，酶的活性与呼吸能力衰退，其种用品质、工艺品质和食用品质都会逐步降低，这种现象就称为粮食的陈化。粮食陈化在种用品质方面表现为发芽能力下降或丧失，失去播种价值。有的虽能发芽，但幼苗及植株均不能健壮成长，会影响产量。粮食陈化在工艺品质方面表现为加工易脆、出品率低、柔韧性弱、大米蒸煮时米粒易破碎、黏性差、有“老仓味”。粮食陈化表现在食用品质方面则是黏性降低、口味差、适口性不好，失去新鲜感和固有的香气。

造成粮食陈化的主要因素分为外在和内在两个方面。

1．外在因素

（1）温度和湿度　温度是影响粮食陈化最主要的因素之一。温度高，一方面会促使粮食呼吸，加速内部物质分解；另一方面，温度达到一定程度后又会使蛋白质凝固变性。水分是影响陈化的又一重要因素，粮食含水量增加，呼吸加快，陈化速度加快。水分还会与温度相互促进，加速陈化过程。有研究表明，粮食在正常状态下储藏，温度每降 5～10℃，水分每降 1%，储藏期可延长一倍。因此，要想减缓粮食的陈化速度，首先要把粮食的温度、水分控制在一定范围内。

（2）气体成分　粮堆中的气体成分是影响储藏寿命的另一重要因素，当粮食水分在安全系数以下，粮堆中氧气浓度下降，增加二氧化碳的强度，减缓粮食内部营养物质的分解，将会降低陈化速度。

（3）微生物和病虫害　粮堆中的微生物主要是霉菌，它不仅分解粮食中的有机物质，而且有时还产生有毒物质，如黄曲霉素 B1，有的霉菌孢子还为害虫提供可口食物，因此，粮堆中微生物的大量繁殖是导致粮食发热、加速粮食陈化的重要因素。害虫危害不仅会减少粮食的数量、增加虫蚀率、降低发芽率，而且还容易导致粮食的发热、霉变、变色、变味，降低粮食质量。

（4）杂质　粮堆中的杂质直接关系到储藏稳定性。有些杂质，如草子，体积小，胚占比例大，呼吸强度大，产生湿热多；有些杂质，如叶子、灰尘、粉屑等往往携带大量的微生物、螨、害虫等，随粮食入库而进仓，而粉状细小的杂质往往又容易堵塞粮堆内的孔隙，影响粮堆的散热、散湿，是粮堆局部结露、霉变、发热、生虫的重要因素。

（5）化学杀虫剂　有些化学杀虫剂能与粮食形成化学反应，形成药害，加速粮食分解劣变的过程，如溴甲烷中的溴可以和粮食中的不饱和脂肪酸中的双键发生加成反应；小麦、面粉能吸收少量的磷化氢，生成磷酸化合物。从延缓粮食陈化的角度而言，要尽量减少化学药剂使用的剂量和次数，一般同一批粮油，每年只宜熏蒸一次。

2. 内在因素

（1）脂类的变化　导致大米陈化的主要因素是大米脂类的变化。脂肪的水解导致了大米酸度的增加，显著地影响了米饭的食用品质，脂肪酸又在一定条件下氧化产生极多种类的易挥发小分子物质（陈米气味的主要贡献因子）。

（2）蛋白质的变化　储藏前后的大米，其蛋白质含量并无变化，但有些蛋白质，如米谷蛋白会出现分子量增长的趋势，导致其溶出度的减小，也使淀粉不能充分吸水膨胀，影响了米饭的硬度与黏度。

（3）淀粉的变化　大米淀粉占整个籽粒总重的 80%以上，它的种类和性质与食味的关系密切，这也是划分不同大米品种的一个依据。虽然在储藏过程中，大米的 α 淀粉酶和 β 淀粉酶活力都有所下降，但总的作用效果是使支链淀粉的含量下降，而直链淀粉的含量上升，结果使做出来的米饭黏性变差、硬度增加、口感变劣。另一方面，淀粉的糊化性质的变化，淀粉与脂类、蛋白质的结合加强，影响到了大米淀粉的糊化。

（4）酶促反应　在大米皮层中存在着淀粉糖化酶、蛋白质分解酶、脂肪氧化酶、水解酶等多种酶，有些酶对储藏前的干燥并不敏感。而且，即使在水分活度较低的情况下，它们仍然可以起作用，可以说，有关大米的变化，大部分是酶促反应的结果。

（5）种子的遗传和本身质量　不同粮种在正常贮藏条件下，有的寿命长，有的寿命短。一般地说，除小麦外，大多数粮种在一年后即出现不同程度的陈化。在稻谷的糯、粳、籼三类中，糯谷陈化最快，其次是粳谷，籼谷慢一些。小麦、绿豆储存的时间长，稻谷、玉米等储存时间短，这是由粮食本身的遗传因子决定的。同时，种子的本身质量也决定陈化速度，充分成熟的种子和原始生命力强的种子寿命长，而完熟期采收的种子生命力强。籽粒饱满的陈化速度慢，甚至有些粮食在田间生长的条件也会影响到储存性能，如风调雨顺年景生长的粮食，其耐储性能要好于气候不利年景生长的粮食。

二、粮食贮存的措施

影响粮食陈化的因素是多方面的，粮食陈化的趋势是不可逆转的，但可以采用以下的手段减缓粮食陈化的速度。

1．保证入库粮质

入库质量对安全储藏关系极大，粮食入库时要及时清杂、降温、降湿，做到入库粮食干、饱、净。水分大、杂质多、不完善粒含量高的稻谷，容易发热霉变，不耐久藏。因此，提高入库稻谷质量，是稻谷安全储藏的关键。稻谷的安全水分标准，应根据品种、季节、地区、气候条件考虑决定，一般籼稻谷在13%以下，粳稻谷在14%以下，杂质和不完善粒则越少越好。如果入库稻谷水分大、杂质多，应做好分等储存，及时晾晒或烘干并进行筛选或风选清除杂质。

2．适时通风

新稻谷往往呼吸旺盛，粮温或水分较高，应适时通风，降温降水。因而粮仓应具有合理通风功能。特别一到秋凉，粮堆内外温差大，这时更应加强通风，结合深翻粮面，散发粮堆湿热，以防结露。有条件的，可以采用机械通风。

3．调节温度

粮食购进后，要加强检查。实验表明：在室外温度没有特殊变化的条件下，粮堆温度高于粮仓5℃以上时就会发热，如果继续升温，则粮食会出汗、发芽、黏性增加。如果贮藏温度低，则能延长寿命，最低可达-10℃。但温度过低，种子也会受冻而死亡。可以充分利用冬季寒冷干燥的天气通风，使粮温降低到10℃以下，水分降低到安全标准以内，在春暖以前进行压盖密闭，以便度夏。此外新建仓库要建造顶部双层防潮隔热装置，仓库门窗应有密闭和隔热性能。

4．控制湿度

粮食具有吸湿性，在潮湿环境中易吸收水分、体积膨胀，遇到适当温度就会发芽。特别是种子水分愈高，对高、低温的抗性愈弱，就愈易受损害。种子如保存在潮湿状态，会很快霉变；在干燥的状态下，就能延缓陈化。在贮藏中，往往是每经过一次高温、高湿季节，粮食陈化现象就有显著变化。因而，粮食在保管中除了要注意温度变化外还要注意湿度的影响。普通仓库建设时可以使用吊顶、贴层设置仓顶或墙体隔热设施防潮，以及地面铺设防潮防渗层等方法控制湿度。

5．避免感染

粮食中的蛋白质、淀粉具有吸收各种气味的特性。在保管过程中，如果把粮食和有异味的物质（如肥皂、煤油、蚊香等）放在一起，会感染异味，影响粮食的品质。

6．防止虫、鼠害

要设置防鼠板、防虫线，防止虫、鼠、雀危害。建立健全粮食病虫害的空仓清毒、实仓熏蒸，拌药防虫的预防、除治制度，把预防工作作为日常工作的首要任务。害虫防治要采用多种手段并用，尽量减少用药的剂量和次数，要科学合理用药。大量用药既增加了开支，使害虫产生抗药性，又易对给粮食产生药害，影响粮食质量。

此外，一般家庭少量储藏粮食也可常采用无氧保存法、花椒防虫保存法、草木灰吸湿保存法、干海带防虫法等。

技能训练（选做）

训练　内酯豆腐的制作

（1）目的：了解内酯豆腐制作的原理，掌握内酯豆腐制作的方法。

（2）方法和步骤：

1）实验材料与配方：大豆，δ–葡萄糖内酯。

2）实验设备与工具：磨浆机、搅拌器、台秤（电子秤）、粉筛、擀面杖、油纸、刮板等。

3）工艺流程：原料大豆→拣选→称量→浸泡→漂洗→磨浆→煮浆→冷却→混合→分装→凝固成形→冷却→成品。

4）制作方法：

① 拣挑、称量：拣出大豆里的坏豆、沙石等杂质，称取 2kg 净豆。

② 浸泡、漂洗：将处理好的大豆浸入 4～5kg 水中，室温下浸泡 8～18 小时。

③ 磨浆：将浸泡好的大豆倒入磨浆机，缓缓加入 6 倍于干豆质量的水，磨好后备用。

④ 煮浆：温度为90～100℃；时间为5～6 分钟。

⑤ 冷却、混合、分装：冷却到 30℃以下，同时将预先用凉水溶化的 δ–葡萄糖内酯（36g）在不断搅拌下加入豆浆中，并搅拌均匀，然后分装。

⑥ 凝固成形：将分装好的豆浆连同容器一起放入热水中，保温 90℃，时间为 30 分钟，再逐渐冷却至室温。

（3）分析与讨论：

1）详细做好实验记录。

2）注意观察实验现象。

3）计算产品出品率。

4）对产品进行感官评定。

5）分析影响产品质量的因素。

拓 展 知 识

美味的过桥米线

云南的米线分为两种：一类是大米经过发酵后磨粉制成的，俗称酸浆米线，工艺复杂，生产周期长，米线筋骨好，滑爽回甜，有大米的清香味，是传统的制作方法；另一类是大米磨粉后直接放到机器中挤压成型，靠摩擦的热度使大米糊化成型，称为干浆米线。干浆米线晒干后即为“干米线”，方便携带和贮藏，待食用时，再蒸煮涨发。干浆米线筋骨硬，咬口，线长，但缺乏大米的清香味。

宋代制作的“米缆”就是后一种干浆米线。直到现在，在广东、广西等地叫“米粉”、“粉干”的都是这种米线。

云南的过桥米线已有一百多年的历史。相传，清朝时滇南蒙自县城外有一湖心小岛，一个秀才到岛上读书，秀才贤惠勤劳的娘子常常弄了他爱吃的米线送去给他当饭，但等出门到了岛上时，米线已不热。后来一次偶然送鸡汤的时候，秀才娘子发现鸡汤上覆盖着厚厚的那层鸡油有如锅盖一样，可以让汤保持温度，如果把佐料和米线等吃时再放，还能更加爽口。于是她先把肥鸡、筒子骨等熬好清汤，上覆厚厚鸡油，米线在家烫好，而不少配料切得薄薄的，到岛上后用滚油烫熟，之后加入米线，鲜香滑爽。此法一经传开，人们纷纷仿效，因为到岛上要过一座桥，也为纪念这位贤妻，后世就把它叫做“过桥米线”。

过桥米线由汤、片和米线、佐料三部分组成。吃时用大瓷碗一只，先放熟鸡油、味精、胡椒面，然后将鸡、鸭、排骨、猪筒子骨等熬出的汤舀入碗内端上桌备用。先把鸡蛋磕入碗内，接着把生鱼片、生肉片、鸡肉、猪肝、腰花、鱿鱼、海参、肚片等生的肉食依次放入，并用筷子轻轻拨动，好让生肉烫熟。然后放入香料、叉烧等熟肉，再加入豌豆类、嫩韭菜、菠菜、豆腐皮、米线，最后加入酱油、辣子油。这种米线吃起来味道特别浓郁鲜美，营养非常丰富。过桥米线集中地体现了滇菜丰盛的原料、精湛的技术和特殊的吃法，在国内外享有盛名。人们常说到云南不吃过桥米线等于白去一趟。过桥米线就是在煨好的鸡汤中加入米线和其他食品的一种独特的吃法。过桥米线是严格进行分食的，每人面前生片、鸡汤、蔬菜、米线各一碗。这样既卫生又不至浪费。过桥米线在各类风味小吃中滋味独特，可谓是各路传统小吃之首。有人说过桥米线是中式西餐，值得大大提倡。米线营养丰富，食用简便，深受国内外人士的欢迎。过桥米线已经列入昆明市重要的非物质文化遗产，这是昆明市首个列入非物质文化遗产的经济类项目。

习　题

一、名词解释

杂粮　谷制品　豆制品　粉丝　西谷米　面筋　澄粉

二、判断题

（1）粗粮是相对我们平时吃的精米、白面等细粮而言的，主要包括谷类中的玉米、小米、紫米、高粱、燕麦、荞麦、麦麸，以及各种干豆类，如黄豆、青豆、赤豆、绿豆等。（　）

（2）谷制品又称米面制品，主要有米制品和面制品两大类，是以面粉、稻米为原料加工而成的粮食制品。（　）

（3）面筋是一种植物性蛋白质，由麦胶蛋白质和麦谷蛋白质组成。（　）

（4）陈化粮是储存品质明显下降，一般不宜直接作为口粮食用的粮食。粮食陈化是一种自然现象。（ ）

（5）粉丝又称线粉，是利用粮食原料中的淀粉经过糊化和老化，加工制成的丝状制品。粉丝按使用的淀粉原料不同分为豆粉丝、薯粉丝、混合粉丝三类。（ ）

（6）粮食购进后，要加强检查。实验表明：在室外温度没有特殊变化的条件下，粮堆温度高于粮仓5℃以上时就会发热，如果继续升温，则粮食会出汗、发芽、黏性增加。（ ）

三、简述题

（1）简述粮食来源属性划分的分类，试举例。

（2）简述粮食制品的种类，试举例。

（3）粮食的贮存有哪些条件？具体措施有哪些？

第六章　蔬　菜　类

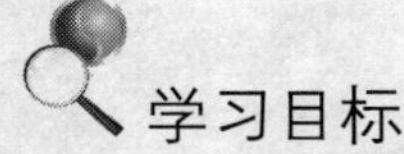

学习目标

（1）对蔬菜的概念、分类、营养特点、品种、烹饪运用规律有较全面的认识。

（2）了解各大类蔬菜的主要品种、质地特点和烹饪运用特点。

（3）了解蔬菜制品的质地、风味及烹饪运用特点。

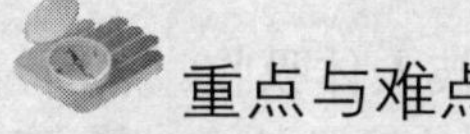

重点与难点

蔬菜的化学组成和营养价值；根、茎、花、果类蔬菜和孢子植物蔬菜的分类，各类的特点及常用品种、烹饪运用特点；蔬菜制品的种类、保藏原理、风味特点及代表品种。

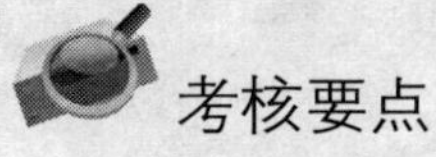

考核要点

各大类蔬菜的主要品种、营养特点和烹饪方法。

第一节　蔬菜类原料概况

蔬菜是指一切可供佐餐的植物总称，包括一二年生草本植物，多年生草本植物，少数木本植物以及食用菌、藻类、蕨类和某些调味品等，其中栽培较多的是一二年生草本植物。蔬菜的食用器官多种多样，包括植物的根、茎、叶、花、果实、种子和子实体等。

一、蔬菜的化学组成和营养价值

蔬菜是人们日常饮食中必不可少的食物之一，在人类的饮食中具有重要的意义。蔬菜是多种维生素如抗坏血酸、胡萝卜素和核黄素的重要来源。蔬菜中含有丰富的无机盐，如钙、铁、钾等，对维持体内的酸碱平衡十分重要。蔬菜中所含的纤维素、果胶质等物质具有一定的生理学意义。蔬菜中含有大量的酶和有机酸，可促进消化。某些蔬菜还具有一定的生理学或药理学作用。例如，大蒜中含有的蒜素具较强的杀菌力，苦瓜有明显的降血糖作用，洋葱可明显地降低血胆固醇。蔬菜中的化学成分主要有水分、碳水化合物、维生素、有机酸、矿物质、苷类、色素物质、芳香物质、酶和毒蛋白等。

1．水分

水分是果蔬的重要组成成分，平均含量可达80%～90%。它对于原料的外观、风味、新

鲜程度有极大影响。水分通常以自由水和结合水的状态存在于果蔬中。

自由水与原料组织结合不是十分紧密，易结冰，可造成水果和蔬菜组织的破坏；同时自由水能够被微生物所利用，从而引起原料的腐败变质。所以，可通过降低原料的含水量、提高细胞的浓度来抑制原料的腐败变质。

结合水较稳定，不易结冰，不易改变，对形成食品的风味起着非常重要的作用，结合水被强行与原料分离时如脱水干燥后，原料的风味和质地就会大大改变。

2．碳水化合物

蔬菜中的碳水化合物主要有淀粉、纤维素、半纤维素、果胶及可溶性糖等。

淀粉、可溶性糖等为有效碳水化合物，系光合作用产物，可以被人体消化吸收。有些蔬菜如马铃薯、山药、芋艿、豆薯、荸荠、慈姑、菱角、藕等中含有丰富的淀粉。大多数蔬菜中含有可溶性糖。例如，番茄中主要含葡萄糖，果糖次之，蔗糖很少或没有；胡萝卜主要含蔗糖；西瓜含果糖；甘蓝含葡萄糖。

纤维素、半纤维素和果胶又称为膳食纤维，是无效碳水化合物，不能被人体吸收。然而，膳食纤维可促进肠道蠕动，有利于粪便排出，可预防便秘、直肠癌及下肢静脉曲张。膳食纤维还可促进胆汁酸的排泄，抑制血清胆固醇的上升，预防动脉粥样硬化和冠心病等心血管疾病的发生。蔬菜是纤维素的重要来源之一，金针菜、茭白、苦瓜、韭菜、冬笋、菠菜、芹菜等均含有丰富的纤维素。

3．维生素

蔬菜中含有丰富的维生素 C、维生素 B_1、维生素 B_2、维生素 A 原、维生素 E 及维生素 K。其中维生素 B_1、维生素 B_2、维生素 C 是水溶性维生素；维生素 A 原、维生素 E 和维生素 K 是脂溶性维生素。水溶性维生素含量较多的蔬菜原料，不宜用水久浸。在烹制富含脂溶性维生素的蔬菜时，宜多加油烹制，以利于人体的吸收。

4．有机酸

蔬菜中含有多种有机酸，主要包括柠檬酸、苹果酸、酒石酸，一般通称为果酸。此外还含有少量的草酸、水杨酸、琥珀酸。由于这些有机酸含量不高，大多数的蔬菜在食用时，感觉不出有酸味，只有番茄等少数蔬菜中有机酸含量稍高，可感觉到一定的酸味。有机酸可以刺激食欲、保护果蔬原料中的维生素 C、丰富菜肴的味感。但是草酸会与钙、磷、铁等离子结合成不溶性的草酸盐，影响钙、铁等离子的吸收，因此，含有较多草酸的蔬菜，如菠菜、竹笋、叶用甜菜等，在烹制前应焯水处理，除去草酸，从而避免影响钙质的吸收、减少对胃肠道的刺激、降低酸涩味。

5．矿物质

钙、磷、铁、镁、钾、钠、碘、铝、铜等以无机盐或有机盐的形式存在于蔬菜中。在各种蔬菜中，以叶菜类含无机盐较多，尤以绿叶菜最为丰富。例如，一般绿叶菜含钙量在 200mg/100g 左右，含铁量在 1～2mg/100g。但蔬菜中的无机盐在人体内的吸收率不高。包菜、白菜、芥菜、苋菜、芹菜等含有丰富的钙，毛豆、豌豆、甜玉米、菜豆、青花菜、大蒜等含有较多的磷，芹菜、黄花菜等含有较多的铁，辣椒、蘑菇中含较多的钾，茼蒿、芹菜、马兰中含有较多的钠，大白菜、萝卜中含有较多的锌。

6．苷类

苷类是由糖和其他含羟基的化合物（如醇、醛、酚）结合而成的物质。大多数苷类具苦味或特殊香味，但有的有毒性，如甘草苷、甜叶菊苷、芥子苷、氰苷、茄碱等。

7．色素物质

蔬菜的鲜艳色泽是由各种色素成分形成的。在烹饪过程中，色素物质常发生变化，从而影响成菜效果。加热对花青素、叶绿素有破坏作用，能促进其分解退色，而黄色色素一般比较稳定，故在烹调中不易变色。

8．芳香物质

挥发油是形成蔬菜香气的主要成分，大多呈油状。由于挥发油的含量和蔬菜主体的组成成分不同，因而构成了各种蔬菜独特的香气特点。挥发油虽然含量甚微，但对蔬菜的风味好坏却起着重要作用，并且能提高食品的可消化率。大多数挥发油类具有杀菌作用，有利于蔬菜的保藏。挥发油都是一些低沸点、易挥发的成分，因此贮存过久的蔬菜，其香味要降低。

9．酶

酶是由生物活细胞产生的有催化功能的蛋白质，大量分布于植物性原料的组织细胞内，虽然绝对含量很低，但与原料的组织结构、性质特点、营养成分有着非常重要的关系。

酶的种类繁多，对原料的性质有很大影响。例如，多酚氧化酶可使切开的茄子、马铃薯、香蕉发生酶促褐变反应；果胶酶会促进果实的成熟和果肉组织的软化；风味酶作用于风味前体会使香蕉、苹果、洋葱等原料产生特有的香味。

10．毒蛋白

在毛豆、蚕豆、菜豆、扁豆等豆类蔬菜的豆粒中和马铃薯的块茎中，含有一种能使血液的红血球凝集的有毒蛋白质，叫做血球凝集素。当这些蔬菜烹炒不透而被食用时，常会引起恶心、呕吐等症状，严重时可致死。这些蔬菜中还含有一种毒蛋白性质的抗胰蛋白酶，其毒性表现为抑制蛋白酶的活性，引起胰腺肿大。这些有毒物质在加热后便失去活性。在蚕豆的籽粒（以及花粉）中含有一种被称为蚕豆毒素的巢苷，能破坏红血球，诱发溶血性贫血。所以上述蔬菜一定要炒熟、煮透后方可食用。

二、蔬菜在烹饪中的运用

蔬菜在烹饪中运用广泛，可作为制作菜肴的主料和配料。蔬菜作为主料，单独成菜应用广泛，如蒜蓉油麦菜、清炒三丝、鱼香茄子等。蔬菜作配料，既可配动物性原料，也可配豆制品，还可相互之间搭配，如青椒炒肉丝、香菇肉片、青菜烧豆腐等。

有些蔬菜是重要的调味品。例如，葱、姜、蒜、辣椒等，可以去除异味，矫正菜肴的风味。蔬菜还可以作为面点、小吃制作过程中的馅心原料，如南瓜、萝卜、包菜、韭菜、芹菜、茄子、洋葱等，用它们可制作各种水饺、包子、锅贴等。

蔬菜是菜点制作过程中重要的雕刻、装饰、配色和点缀的原料，如南瓜、萝卜、芋、马铃薯、黄瓜、白菜等。

山药、马铃薯、南瓜、藕和山芋等含淀粉多的蔬菜，可用于主食的制作，如土豆泥，南瓜饼等。蔬菜还用于盐渍、糖渍、发酵、干制等加工，以延长食用期、改善原料的口感或风味，如咸菜、泡菜等。

三、蔬菜的分类

蔬菜的种类很多，仅我国就栽培 100 多种，普遍栽培的有 40～50 种，同一种类又有许多变种和品种。为了方便学习和研究，我们必须对品种多样的蔬菜进行系统分类。常见的蔬菜植物的分类方法有三种，即植物学分类法、农业生物学分类法和主要食用部位分类法。根据研究目的不同，本书依据主要食用部位分类法进行分类，因为该方法容易掌握，便于记忆。具体分类如下所示。

1．茎菜类

茎菜类以植物的嫩茎或变态茎为主要食用部位。

（1）地上茎类

1）嫩茎类：包括莴苣、竹笋等。

2）肉质茎类：包括球茎甘蓝等。

（2）地下茎类

1）球茎类：包括荸荠、山芋等。

2）块茎类：包括马铃薯、山药等。

3）根状茎类：包括藕、姜等。

4）鳞茎类：包括大蒜、洋葱等。

2．叶菜类

叶菜类以植物的叶片和叶柄作为主要食用部位。

（1）普通叶菜类　包括小白菜、菠菜等。

（2）结球叶菜类　包括大白菜、结球甘蓝等。

（3）香辛叶菜类　包括芹菜、茴香菜等。

3．根菜类

根菜类以植物膨大的变态根作为主要食用部位。

（1）肉质直根　包括萝卜、胡萝卜等。

（2）肉质块根　包括豆薯等。

4．花菜类

花菜类以植物花部器官作为主要的食用部位，包括花椰菜、青花菜等。

5．果菜类

果菜类以植物的果实或幼嫩的种子作为主要食用部位。

（1）荚果类　包括菜豆、豇豆等。

（2）瓜类　包括黄瓜、冬瓜等。

（3）茄果类　包括番茄、茄子等。

6．孢子植物类

孢子植物类属低等植物，以孢子形式繁殖，不形成种子和果实，通常以植物体全株或嫩叶片以及子实体等供食用。

（1）食用菌类　以子实体供食用，包括木耳、平菇等。

（2）食用藻类　以植物体全株供食用，包括紫菜、海带等。

第二节　茎菜类蔬菜

一、茎菜类蔬菜概述

茎菜类蔬菜是以植物的嫩茎或变态茎作为食用部分的蔬菜。该类蔬菜的茎一旦长老后，其茎中维管柱会呈木质化，失去食用价值。茎菜类蔬菜有的生于地下，有的生于地上，品种较多，形态多种多样，按其生长的环境和结构特点可分为地上茎蔬菜和地下茎蔬菜两大类。

1．地上茎类蔬菜

地上茎类主要包括嫩茎类蔬菜和肉质茎类蔬菜，嫩茎类通常以植物柔嫩的茎或芽作为食用对象，如茭白、竹笋；肉质茎类则以植物变态的肥大而肉质化的茎供食用，如球茎甘蓝、茎用芥菜。

2．地下茎类蔬菜

地下茎是植物生长在地下的变态茎的总称。地下茎虽然生长于地下，但仍具有茎的特点，即有节与节间之分，节上常有退化的鳞叶，鳞叶的叶腋内有腋芽，所以具有繁殖的作用，以此与根相区别。

地下茎主要有球茎、根状茎、块茎和鳞茎四类，在这四类中均有可供食用的蔬菜。

（1）球茎为地下茎末端肥大呈球状的部分，富含蛋白质、淀粉、维生素和矿物质，具有爽脆或绵糯的口感。

（2）根状茎又称为根茎，是多年生植物的根状地下茎，富含淀粉和水分，质地爽脆、多汁。

（3）块茎是地下茎的末端肥大块状部分，适应贮藏养料和越冬，富含大量的水分和淀粉、维生素 C 以及一定量的蛋白质、矿物质，营养丰富。

（4）大多数鳞茎类蔬菜含有白色油脂状挥发性物质——硫化丙烯，从而具有特殊辛辣味，并有杀菌消炎的作用。

在烹饪运用上，茎菜类蔬菜大都可以生食。另外，地上茎类、根状茎类常适于炒、炝、拌等加热时间较短的烹饪方法，体现其脆嫩、清香；地下茎中的块茎、球茎、鳞茎等一般含淀粉较多，适于烧、煮、炖等长时间加热的方法，以突出其柔软、香糯。此外，许多茎菜类的品种还可作为面点的馅心、臊子用料，或作为调味蔬菜，或用于食品雕刻、造型，或用于腌渍、干制。

二、地上茎蔬菜主要种类介绍

1．嫩茎蔬菜

（1）竹笋　又称笋，为禾本科中竹亚科多年生常绿木本植物的可以食用的肥嫩短状的芽，如图 6-1 所示。

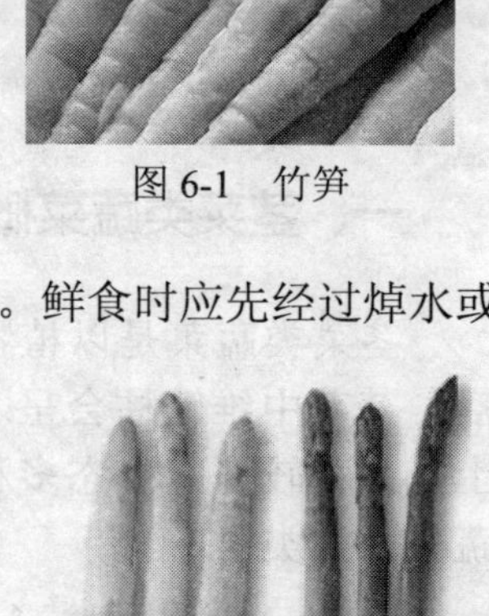
图 6-1　竹笋

竹子原产于中国。我国竹笋主要分布在珠江流域和长江流域。竹笋的种类繁多，按上市季节分为冬笋、春笋和夏初的笋鞭，品质以冬笋最佳，春笋次之，笋鞭最差。

竹笋的质量以新鲜质嫩、节间短、肉厚、肉质呈乳白色或淡黄色、无病虫害、无霉烂者为佳。竹笋营养丰富，含有人体所必需的多种氨基酸、钙、磷、铁及多种维生素。竹笋在烹饪中应用较广，适于炒、煮、烩、焖、烧等多种烹调方法，既可作主料，还能作点心的馅心。竹笋可以鲜食，也可以加工成笋干和竹笋罐头。鲜食时应先经过焯水或焐油处理，以除去其中较多的草酸。

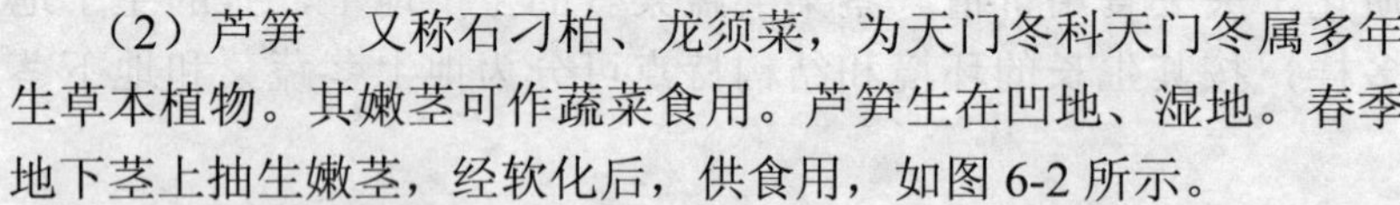

（2）芦笋　又称石刁柏、龙须菜，为天门冬科天门冬属多年生草本植物。其嫩茎可作蔬菜食用。芦笋生在凹地、湿地。春季地下茎上抽生嫩茎，经软化后，供食用，如图 6-2 所示。

芦笋原产于地中海东岸及小亚细亚，在我国以福建、山东、河南等省栽培较多，山东省是芦笋生产的主要基地。芦笋按嫩茎抽生早晚分早、中、晚三类。早熟类型茎多而细，晚熟类型嫩茎少而粗。芦笋的品质以白色、鲜嫩条整、无空心、无开裂、尖端紧密者为佳。芦笋含有丰富的维生素、氨基酸及甾体皂甙、硒等物质，对高血压和冠心病具有防治作用，近年来还有医学报道称其具有抗癌的功效。芦笋质地细嫩，是世界十大名菜之一，在国际市场上享有“蔬菜之王”的美称。烹饪中炒、煮、炖、凉拌均可，可制冷菜。但芦笋不宜生吃，也不宜长时间存放。

图 6-2　芦笋

（3）水芹　又称水英、牛草、楚葵、刀芹、蜀芹等，属于伞形科水芹菜属多年水生宿根草本植物。水芹以嫩茎或叶柄供食用，如图 6-3 所示。

图 6-3　水芹

水芹原产于亚洲东部，我国自古食用，现在我国中部和南部栽培较多，以江西、浙江、广东、云南和贵州栽培面积较大。水芹分尖叶芹和圆叶芹两类。芹菜叶的降压效果很好，营养成分很高，而且滋味爽口。水芹适于炒、拌、炝等烹调方法，可作肉类、豆制品的配菜，也可作馅心，制作的菜肴清香鲜嫩。

（4）茭白　又称菰手、茭笋，为禾本科菰属多年生宿根性水生草本植物，以其嫩茎供食用，如图 6-4 所示。

茭白原产于我国及东南亚，但作为蔬菜栽培的，只有我国和越南，其中又以我国栽培最早。目前主要分布在长江流域以南各地，特别是太湖流域栽培较多，华北地区也有栽培。茭白的品质以肉色洁白、肥大鲜嫩、带甜味者为佳。茭白质地变老后，纤维变粗，食用价值降低。茭白中的钙、铁、维生素等比叶菜类少。茭白适于用炒、烧、焖、拌等烹调方法做菜。常与肉类搭配成菜，也可制作馅心等，嫩时亦可生食。茭白中含有草酸，因此在烹调前应将茭白焯水以除去草酸，避免其影响人体对钙离子的吸收。

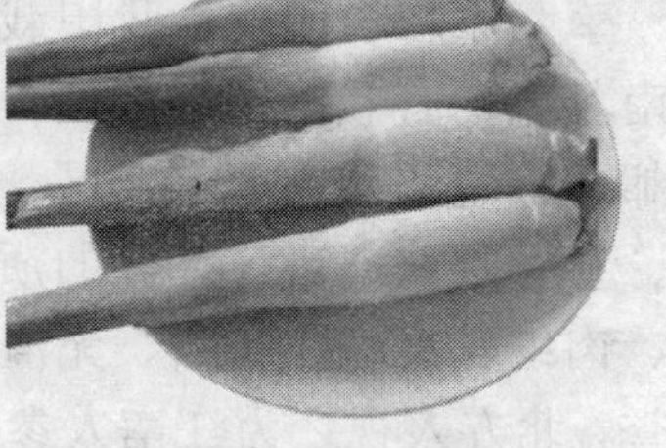

图 6-4　茭白

2．肉质茎蔬菜

（1）茎用芥菜　又称青菜头、菜头、羊角菜，为十字花科芸薹属芥菜种中以膨大的茎供食用的一个变种，一二年生草本植物。茎用芥菜是芥菜的一个变种，叶片大，一般每 5 片叶子形成一个叶环，通常可发生 6～8 个叶环，如图 6-5 所示。

图 6-5　茎用芥菜

茎用芥菜原产于我国西南，主产区为四川和浙江。其加工产品是榨菜，质地脆嫩、风味鲜美、香气扑鼻、营养丰富，具有一种特殊风味，其肉质茎也可鲜食，可凉拌、炒、煮等。茎用芥菜按用途分为两种：加工用品种，即适于加工成榨菜的品种，有四川的草腰子、鹅公包，浙江海宁的碎叶；鲜食用品种，即适于新鲜食用的品种，有羊角荣、大狮头。

（2）茎用莴苣　又称莴笋、莴苣笋等，为菊科莴苣属莴苣种能形成肉质嫩茎的变种，是一二年生草本植物，如图 6-6 所示。

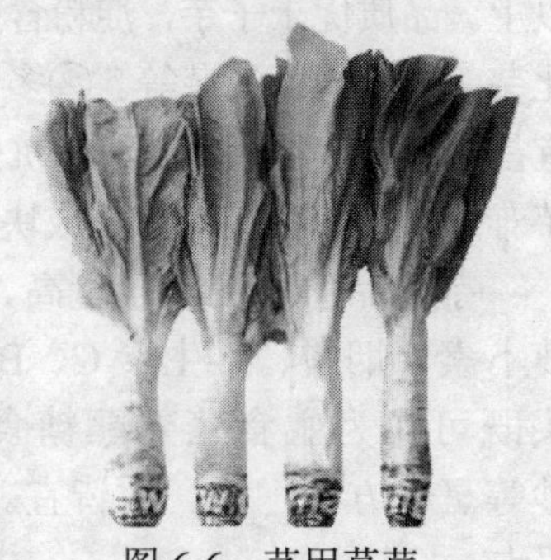

图 6-6　茎用莴苣

茎用莴苣原产于我国华中或华北。其地上茎可供食用，茎皮白绿色，茎肉质脆嫩，幼嫩茎翠绿，成熟后转变为白绿色。莴笋肉质细嫩，生吃热炒均相宜。目前我国各地普遍栽培。莴笋的品质以粗短顺直，皮薄质脆，水分充足，不抽蔓，不空心，不带老叶、黄叶者为佳。茎用莴苣中碳水化合物的含量较低，而无机盐、维生素则含量较丰富，尤其是含有较多的烟酸。莴苣还含有乳酸、莴苣素、苹果酸、琥珀酸、天冬碱及多种维生素和矿物质，有消热化痰、利尿的功效。

茎用莴苣的茎和叶均可食用，叶的营养远远高于茎。可生吃，适用于腌、拌、泡等烹调方法；可熟吃，适用于烧、炒、烩等烹调方法。茎用莴苣也可用作汤菜和做配料等，还能作为食品雕刻的原料。此外，莴笋还可制作腌菜等加工品。

三、地下茎蔬菜主要种类介绍

1．球茎蔬菜

（1）荸荠　又称地栗、马蹄等，为莎草科荸荠属能形成地下球茎的栽培种，多年生浅水性草本植物，如图 6-7 所示。

荸荠原产于印度，我国栽培历史悠久，目前长江流域以南各省均有栽培，以广西桂林、浙江余杭、江苏苏州与高邮、福建福州为著名产区，长江以北地区有少量栽培。冬、春季收获上市。荸荠的质量以个大、新鲜、干净、皮薄、肉细、爽脆、味甜、无渣者为佳，自古有地下雪梨之美誉，北方人视之为江南人参。荸荠口感甜脆，营养丰富，含有蛋白质、脂肪、胡萝卜素、维生素 B、维生素 C、铁、钙和碳水化合物。因为荸荠生长在泥中，外皮和内部都有可能附着较多的细菌和寄生虫，所以食用前一定要洗净煮透。荸荠作蔬菜多作配料，适于炒、烧、炸等。

图 6-7 荸荠

（2）芋　又称芋头、芋艿、毛芋，为天南星科芋属中能形成地下球茎的栽培种，多年生草本植物，作一年生栽培，如图 6-8 所示。

芋原产于亚洲南部的热带沼泽地区。我国以珠江流域及台湾省种植最多，长江流域次之，其他省市也有种植。芋的类型可依生态条件和食用部位不同而加以区分。依生态条件不同，分为水芋和旱芋。依食用部位不同，分为叶用变种及球茎变种。球茎变种种植广泛，又可分为三类：①魁芋类，植株高大，食母芋为主，子芋少而小，仅供繁殖用。母芋占球茎产量的一半以上。品质优于子芋，淀粉含量高、质细软、香味浓、品质好，如江苏宜兴的龙头芋、浙江的奉化芋、广西的荔浦芋等。②多子芋类，子芋大而多，无柄，易分离，质地黏，品质优于母芋，如宜昌白荷芋、红芋，上海、杭州的白梗芋、红梗芋等。③多头芋类，球茎丛生，母芋、子芋及孙芋难分，互相密接，重叠成块，如浙江金华的切芋、广东的狗爪芋等。

图 6-8 芋

芋的品质以淀粉含量高、肉质松软、香味浓郁、耐储存者为佳。芋头中富含蛋白质、胡萝卜素、烟酸、维生素 C、B 族维生素、钙、磷、镁、钠、铁、钾、皂角甙等多种成分。芋头既可作为主食蒸熟蘸糖食用，又可用来制作菜肴、点心。用芋作菜肴，适于烧、蒸、炒等烹饪方法，咸、甜皆宜。芋头烹调时一定要烹熟，否则其中的黏液会刺激咽喉，且忌与香蕉同食。

2．块茎蔬菜

（1）马铃薯　又称土豆、山药蛋、洋山芋等，为茄科茄属中能形成地下块茎的栽培种，一年生草本植物。其以肥硕的地下块茎供食用，呈圆、卵、椭圆等形，有芽眼，皮有红、黄、白或紫色，如图 6-9 所示。

目前马铃薯主要在我国的东北、内蒙古、华北和云贵等气候较凉的地区种植。马铃薯的质量以体大形正、整齐均匀、皮薄而光滑、芽眼较浅、肉质细密、味道纯正者为佳。

图 6-9 马铃薯

马铃薯富含蛋白质、糖、膳食纤维、维生素 B_1、维生素 B_2、维生素 C、无机盐（以钾盐

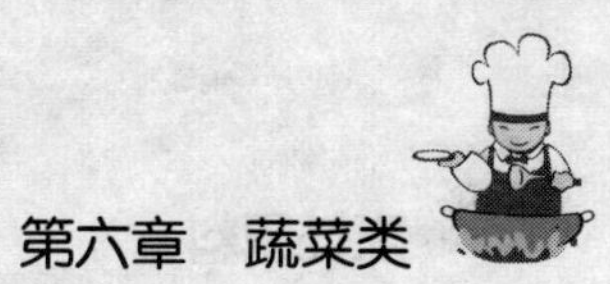

为多）、少量龙葵碱等。马铃薯块茎还含有禾谷类粮食所没有的胡萝卜素和抗坏血酸。从营养角度来看，它比大米、面粉具有更多的优点，能供给人体大量的热能，可称为“十全十美的食物”。人只靠马铃薯和全脂牛奶就足以维持生命和健康。

马铃薯适于炒、煮、烧、炸、煎、煨、蒸等烹调方法。它可作为主食，亦可烹制菜肴，还可用于食品雕刻。此外，马铃薯还是制淀粉和酒精的原料。马铃薯去皮后易变色，可将去皮后的马铃薯用水洗后再泡入水中，能防止褐变。发芽的马铃薯中龙葵碱较多，故不能食用，以防中毒。

（2）山药　又称薯蓣、薯药，为薯蓣科薯蓣属中能形成地下肉质块茎的栽培种，一年生或多年生缠绕性藤本植物。其以肥大的块茎供食用，山药块茎周皮褐色，肉洁白，表面多生须根，如图 6-10 所示。

图 6-10　山药

我国是山药重要的原产地和驯化中心。山药现分布于我国华北、西北及长江流域的各省区，以河南、山东、河北一带栽培最多。山药的品质以表面干燥、坚实，肉色洁白，含粉量高，无损伤者为佳。

山药质地细腻，是一种药食兼用的植物。山药的营养丰富，含糖类、蛋白质、维生素及粗纤维、黏液质等多种对人体有益的物质。现代医学认为山药对心血管、肺、肝、肾、骨骼等器官有一定的保健作用，是良好的滋补食物。烹调方法可用炒、蒸、烩、烧、扒、拔丝等，咸甜皆宜，还可与大米等一起煮粥制作主食。

3．根状茎蔬菜

（1）藕　又称莲藕，为睡莲科莲属中能形成肥嫩根状茎的栽培种，多年生宿根草本植物。其以肥嫩的根状茎供食用。藕外皮白色或黄白色，内部白色，有许多条纵行的中空管，如图 6-11 所示。

图 6-11　藕

目前藕在我国各省普遍栽培，中部和南部各省浅水塘泊栽种较多，尤以湖南、湖北、浙江、江苏等省产量最高。每年秋、冬及春初均可采挖上市。藕的品质以头小、身粗、皮白、第一节壮大、肉质脆嫩、水分多而甜、带有清香味、藕身无伤、不烂、不变色、不断节、不干缩为佳。

藕除富含淀粉外，还含有维生素 C、柿子糖、果糖、蔗糖、多酚化合物以及矿物质等，具有滋补作用。烹调中适于炒、炸、拌、糖醋、蜜渍等烹法，可制作藕荚、藕盒等特殊菜式。藕也可作水果生食。此外，藕还可加工成藕粉、蜜饯等。

（2）姜　又称生姜、黄姜，为姜科姜属能形成地下肉质根状茎的栽培种，多年生草本植物，作一年生栽培。其以肉质根茎供食，根茎肥大，呈不规则的块状，灰黄色或土黄色，如图 6-12 所示。

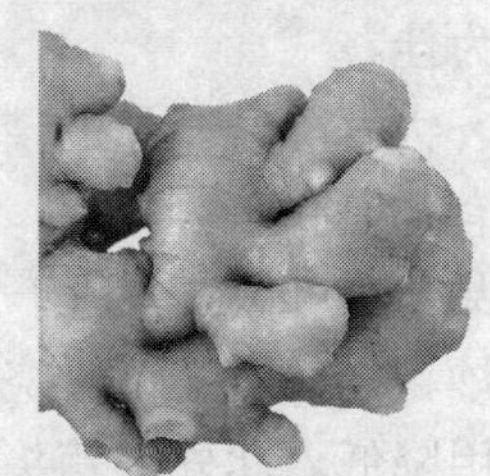

图 6-12　姜

姜原产于中国及东南亚等热带地区。我国中部、东南部至西南部均有栽培，以广东、浙江、山东为主产区。姜按用途和收获季节不同而有嫩姜和老姜之分。嫩姜多在 8 月份挖掘，一般含水多，纤维少，辛辣味淡薄，除作为调味品外，尚可炒食，制作姜糖等；

老姜多在 11 月份挖掘，水分少，辛辣味浓，主要用做调味。姜的质量以不带泥土、毛根，不烂，无虫伤，无干瘪现象，无受热、受冻现象者为佳。

姜含有挥发性的姜辣素和姜油酮等物质，味道辛辣，具有健胃、发汗、祛风等作用，但要注意腐烂的生姜会产生毒性很强的黄樟素，它能使肝细胞变性，不能食用。姜与葱、蒜、辣椒并称“四辣”，嫩姜可制作菜肴，适用于炒、拌、泡、酱制等方法，如芽姜肉丝等；老姜多作为带腥膻味原料的调味料，可除去异味、增加香味。另外，姜还是加工酱菜、姜汁、姜酒、姜油的原料。

4．鳞茎蔬菜

（1）洋葱　又称葱头、圆葱，为百合科葱属中以肉质鳞片和鳞芽构成鳞茎的二年生草本植物，如图 6-13 所示。

图 6-13　洋葱

洋葱起源于中亚，约在 20 世纪初传入我国，我国目前全国各地均有种植，种植区域主要是山东、甘肃、内蒙古、新疆等地。洋葱的质量以葱头肥大、外皮光泽、不烂、无机械伤和泥土、鲜葱头不带叶，经储藏后，不松软、不抽薹、鳞片紧密、含水量少、辛辣和甜味浓的为佳。

洋葱营养价值较高，含有丰富的挥发性物质，具有辛辣味，可增进食欲，有较强的杀菌作用。现代医学证明，洋葱对高血压、动脉硬化、维生素 C 缺乏症等有防病作用。但洋葱食用不可过量，因其含挥发性物质多，易产生气体，过量食用后会产生胀气。洋葱是西餐的主要蔬菜之一。中餐入馔，以我国北方和西北地区食用较多，多用作配料，偶尔单独成菜，也可以把洋葱作为菜肴的调味料或加工成花形用于菜肴的装饰，又可以加工成酱菜。烹调方法上，最适合于煎、炒、爆等法，也可汆熟后用于凉拌，偶用于炸。洗净后亦可生吃。

（2）大蒜　又称蒜、胡蒜，为百合科葱属中以鳞芽构成鳞茎的栽培种，二年生草本植物。其以鳞茎（蒜头）、幼苗（青蒜、蒜苗）、花茎（蒜薹）供食，如图 6-14 所示。

图 6-14　大蒜

我国栽培大蒜已有 2000 多年历史，是大蒜种植面积和产量最多的国家之一，目前全国各地均有栽种。蒜头一般初夏收获上市，北方在 6 月下旬上市，蒜薹通常在初夏上市，青蒜则常在春秋季上市。蒜头的品质以外皮干净、带光泽，无损伤和烂瓣者为佳；青蒜的品质以叶柔嫩、叶尖不干枯、株棵粗壮、整齐、洁净不折断为佳；蒜薹的品质以新鲜脆嫩、叶色鲜绿、不黄不烂、毛根白色不枯萎、辣味较浓、不开花者为佳。

大蒜除含少量的磷、铁、镁和维生素 C 外，还含有杀菌力强的大蒜素，对多种病菌、病毒有抑制和杀灭作用；大蒜还能刺激胃液分泌、帮助消化、促进食欲。大蒜头是很重要的调味品，也可做菜，适于炒、爆、烧、炸等烹调方法。蒜苗和蒜薹也是人们喜欢吃的蔬菜之一，可炒、拌、爆、熘、烧等。青蒜和蒜薹都是不宜烹制得过烂的食材，以免辣素被破坏，杀菌作用降低。此外，蒜头也可腌渍成醋蒜、糖蒜、泡蒜等，蒜头也可生食。大蒜、蒜苗和蒜薹均不宜过量食用。

第三节 叶菜类蔬菜

一、叶菜类蔬菜概述

叶菜类蔬菜是指以植物肥嫩的叶片和叶柄作为食用部位的蔬菜。该类蔬菜富含维生素和无机盐，而且品种多、用途广，其中既有生长期短的快熟菜，又有高产耐储存的品种，还有起调味作用的品种，因而在蔬菜的全年供应中占有很重要的地位。

植物的叶分为三个组成部分，即叶片、叶柄和托叶。叶片是由表皮、叶肉和叶脉组成，为叶菜类主要的食用部分，其叶肉组织尤其发达，且表皮薄、叶脉细嫩。叶柄是由表皮、基本组织、维管束组成。托叶是保护幼芽的结构，通常早落，食用价值不大。

叶菜类蔬菜按照其栽培特点分为普通叶菜、结球叶菜和香辛叶菜三种类型。普通叶菜以植物幼嫩的绿叶、叶柄或嫩茎供食用，生长期较短，成熟快，品种较多，形态、结构和风味各有特点，我国南方和北方都有种植；结球叶菜的叶片大而圆，叶柄肥宽，在生长的末期包心而形成紧实的叶球，由于收获后处在休眠状态而耐储藏，因而是冬、春缺菜季节的重要品种；香辛叶菜多为绿叶蔬菜，在其叶片和叶柄中含有挥发油成分，因而该类品种还具有调味作用。

叶菜类蔬菜由于常含叶绿素、类胡萝卜素而呈现绿色、黄色，为人体无机盐及维生素 B、维生素 C 和维生素 A 原的主要来源。尽管叶菜类含水分多，但其持水能力差，若烹制时间过久，则不仅质地、颜色发生变化，营养及风味物质也易损失，所以，多适于快速烹调或生食、凉拌。选择时以色正、鲜嫩、无黄枯叶、无腐烂者为佳。

二、叶菜类蔬菜主要种类介绍

1．普通叶菜

（1）小白菜　又称不结球白菜、青菜、油菜等，为十字花科芸薹属芸薹种白菜亚种的一个变种，一二年生草本植物，茎叶可食，如图 6-15 所示。

图 6-15　小白菜

小白菜原产于我国，南北各地均有分布，在我国栽培十分广泛。该菜根据其叶柄形状特征可分为圆柄和阔柄两类；按叶柄颜色可分为青梗菜和白梗菜；按栽培收获季节的不同又可分为冬白菜、春白菜和夏白菜三类。从适口性、安全性和营养性看，每年的第一季度是小白菜消费的最佳季节。由于冬季温度较低，小白菜的碳水化合物转为糖，油脂含量增加，可溶性蛋白质、不饱和脂肪酸、磷脂含量增加，从而提高其耐旱能力；对消费者来讲，此时的小白菜更富营养性，食用起来软糯可口、清香鲜美、带有甜味。

小白菜的品质以无黄叶、无烂叶、不带根、外形整齐者为佳。小白菜含有丰富的膳食纤维、钙、磷、铁、胡萝卜素、维生素 B_1、维生素 B_2、烟酸、维生素 C 等。其中钙的含量较高，几乎是白菜含量的 2～3 倍。小白菜是一种大众化的蔬菜，可煮食或炒食，亦可做成菜汤或者凉拌食用。此外，小白菜还是加工腌菜的重要原料。

（2）荠菜　又称护生草、菱角菜，为十字花科荠菜属中以嫩叶食用的栽培种，一二年生草本植物，如图 6-16 所示。

图 6-16　荠菜

荠菜原产于中国，自古以来人们就采集野生荠菜食用，目前已人工栽培，全国各地均有生长，春季大量上市。荠菜的品种可分为板叶和散叶两种。

荠菜所含的营养成分颇高，除含有较多的蛋白质、钙、维生素 C 外，还含有一定量的钾、磷、铁、钠、核黄素、胡萝卜素，所含氨基酸多达 11 种，而且其鲜味还能促进食欲，一直被视为春季野菜佳品。荠菜适于拌、炝、炒、煮等，还可作配料及包子、饺子、春卷等的馅心。

（3）苋菜　又称苋，为苋科苋属中以嫩茎叶为食用对象的一年生草本植物，如图 6-17 所示。

图 6-17　苋菜

目前苋菜在全国南北各地均有种植，春、夏、秋三季均有上市，品质以叶茎柔嫩、多汁，不带黄烂叶，无虫眼者为佳。苋菜营养价值较高，含胡萝卜素、维生素 C、钙、铁等成分较多，适于贫血病人食用。中医认为苋菜有清热解毒的功效。苋菜质地柔嫩、多汁，烹调中适于炒或制作汤菜，也可稍烫后改刀凉拌。炒食时，加几瓣大蒜头，可增加苋菜的风味。苋菜也可制馅，用于面食点心。苋菜不宜与甲鱼同食，否则会引起中毒。

（4）菠菜　又称菠棱菜、赤根菜，为黎科菠菜属一二年生草本植物，以叶片及嫩茎供食用，如图 6-18 所示。

菠菜原产于波斯，目前在我国各地均有栽种，春、秋、冬季均可上市供应。挑选菠菜以菜梗红短、叶子新鲜有弹性的为佳。菠菜营养比较全面，富含维生素 C、胡萝卜素、蛋白质和钙、磷、铁等矿物质，菠菜分泌的激素对人的胃肠和胰腺的分泌功能有较好的作用。常吃菠菜，能促进消化和吸收的功能。菠菜中的草酸含量较高，有涩味，并且会影响人体对钙、镁的吸收，故菠菜烹调前应先焯水，以除去草酸。菠菜适于炒、汆、拌、烫等加工方法，也可作为配料，做垫底、围边，还能作点心的馅心。此外，用菠菜茎叶挤成的汁，是烹调中常用的绿色素之一。

图 6-18　菠菜

（5）香椿　又称椿芽、香椿头、为楝科香椿属中以嫩茎叶供食的栽培种，多年生落叶乔木，如图 6-19 所示。

图 6-19　香椿

香椿原产于中国，在山东、安徽、河南和陕西等地栽培广泛，广西北部、河南西部和四川等地也栽培较多。根据香椿初出芽苞和子叶的颜色不同，基本上可分为紫香椿和绿香椿两大类。香椿维生素 C 含量较高，是番茄的 5～10 倍，香椿还含有钙、磷、铁等多种矿物质。中医认为香椿有祛风、散寒等功能。煎汤服用对金黄色葡萄球菌、肺炎球菌、伤寒杆菌等有一定的抑制作用。香椿以鲜食为主，适于蒸、炒、拌、炝等烹调方法，香椿芽也可腌制后食用。香椿含有硝酸盐和亚硝酸盐，含量远高于一般蔬菜，食用时应选择质地最嫩的新鲜香椿芽，在沸水中焯烫一分钟左右，这样不会明显影响菜品的风味，并可以除去 2/3 以上的亚硝酸盐和硝酸盐，同时还可以更好地保存香椿的绿色。

（6）蕹菜　又称空心菜、瓮菜、竹叶菜，为旋花科甘薯属一年或多年生草本植物，叶和茎都可以食用，如图 6-20 所示。

图 6-20　蕹菜

目前蕹菜在我国华南和西南地区栽培较多，华东、华中和台湾省次之，北方各省新引进地区都称空心菜。蕹菜是夏秋季的重要蔬菜，菜茎中空，叶直生，叶长心脏形，叶柄长，色绿，质柔嫩。其品质以色泽鲜绿、光亮，叶大柔嫩，无黄叶、烂叶者为佳。蕹菜营养丰富，含有多种维生素，其中含胡萝卜素，维生素 B_1、维生素 B_2、维生素 C 的含量比番茄还高，蕹菜还含有较多的钙、铁、粗纤维等成分。蕹菜做菜，生熟皆宜，适用于炒、拌等方法，宜旺火快炒，避免营养流失。蕹菜可搭配以鸡蛋、鸭蛋、鱼类，或配以豆腐、百叶之类豆制品。

（7）生菜　又称叶用莴苣、莴苣菜，为菊科莴苣属以叶或叶球作为食用对象的一二年生草本植物，如图 6-21 所示。

图 6-21　生菜

生菜原产于地中海沿岸，主要分布于欧洲、美洲，我国目前多分布在华南地区，其中以台湾种植较多，品质以叶片较薄、完整均匀、脆嫩爽口、无苦涩味者为佳。生菜营养价值较高，含有多种维生素、多种人体必需的氨基酸以及钙、铁等矿物质。生菜宜生吃，也可熟食，适用于炒、焯等烹调方法，但烹调时间不宜太长。生菜还可作为菜肴围边装饰，西餐中应用更加广泛。

（8）茼蒿　又称蓬蒿、春菊、蒿子杆，为菊科茼蒿属中以嫩茎叶为食用对象的栽培种，一二年生草本植物，如图 6-22 所示。

图 6-22　茼蒿

茼蒿原产于地中海沿岸，我国栽培历史较长，现东北、华北、华东地区均有栽培。茼蒿含有丰富的胡萝卜素以及挥发性物质芳香精油和胆碱，具有开胃健脾、降压补脑的功用。茼蒿品质柔嫩，含有丰富的维生素，具有特异的香味，烹调中常用作炒食，也可制汤等，还可作一些荤菜的围边或垫底。

2．结球叶菜

（1）大白菜　又称结球白菜、黄芽菜、菘菜，为十字花科芸薹属芸薹种一二年生草本植物，如图 6-23 所示。

图 6-23　大白菜

大白菜为我国特产蔬菜之一，现在全国各地均有栽培，主产区为长江以北，山东、河北、河南等地种植最多。大白菜以包心紧实，外形整齐，无老帮、黄叶和烂叶，不带须根和泥土，无病虫害和机械损伤者为佳。大白菜含有多种维生

素及矿物质，还含有较多的粗纤维，有养胃消食、清热解渴的功效。大白菜在烹饪中应用广泛，可炒、烧、涮、拌、扒、炖等，还是加工泡菜和干菜的原料。烹调时不宜用煮焯、浸烫后挤汁等方法，以避免招牌营养素的大量损失。

（2）结球甘蓝　又称洋白菜、包菜、圆白菜、卷心菜、莲花白等，为十字花科芸薹属甘蓝种中顶芽或腋芽能形成叶球的一个变种，二年生草本植物，如图 6-24 所示。

图 6-24　结球甘蓝

结球甘蓝在我国各地均有栽培，是东北、西北、华北等较冷凉地区春、夏、秋的主要蔬菜，华南地区冬、春季也有大面积栽培。结球甘蓝含有多种维生素和矿物质，新鲜菜汁对消化道的溃疡有一定止痛和促进愈合的作用。结球甘蓝可生食，制作蔬菜色拉；熟食，可作为主配料，在烹调中适于炒、炝、熘等加工方法。它也可作为馅心和各类原料的配料，亦可凉拌做冷菜，此外，还可制作泡菜。

3．香辛叶菜

（1）芹菜　又称芹、旱芹、药芹、香芹等，为伞形科芹属中形成肥嫩叶柄的二年生草本植物，如图 6-25 所示。

图 6-25　芹菜

芹菜原产于地中海沿岸，在我国栽培历史悠久，分布广泛，产于全国大部分地区。河北宣化、山东潍县、河南商丘都是芹菜的著名产地，四季均有上市。芹菜可分为本芹（中国类型）和洋芹（欧洲类型）两种。本芹，菜根大，空心，叶柄细长，柄呈绿色或紫色，纤维较粗，香味浓，可食部分较少；洋芹，根小，棵高，叶柄宽肥，实心，香味较淡，菜质脆嫩，可食部分多。人们通常只食用芹菜的叶柄，叶柄含有较多的维生素、纤维素、挥发油、钙、磷、铁等。经常食用芹菜，对缺铁性贫血、肝脏病有恢复健康的功效，对高血压等也有很好的食疗作用。芹菜可炒、拌、炝或做配料，也可制作馅心或腌渍、泡制小菜。

（2）芫荽　又称香菜、胡荽、香荽，为伞形花科芫荽属一年或二年生草本植物，主要以叶及嫩茎供食用，如图 6-26 所示。

图 6-26　芫荽

目前芫荽在我国各地均有栽种，以华北地区种植最多，一年四季均有供应。品质以色泽青绿，香味浓郁，质地脆嫩，无黄叶、烂叶，茎短者为佳。芫荽含有较多的维生素 C、钙、铁等，还含有挥发性物质芫荽油，具有香气，故香菜有调味、去腥膻和增进食欲的作用。芫荽以生食为多，可凉拌或做冷盘的配色料，也可炒食和调味，还是菜肴装饰的常用原料之一。

（3）茴香菜　又称香丝菜，为伞形花科中以嫩茎叶供食的栽培种，多年生宿根草本植物，如图 6-27 所示。

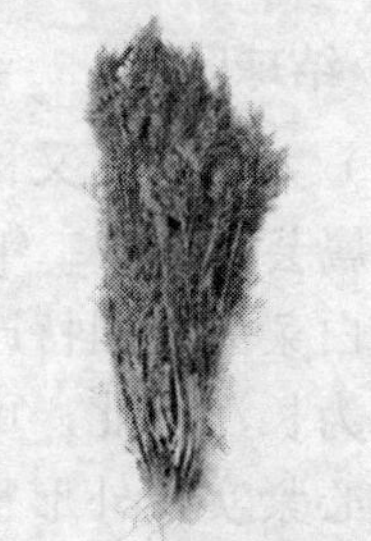

图 6-27　茴香菜

茴香菜原产于中亚及地中海沿岸，我国目前北方地区栽培比较普遍，可常年应市。茴香菜的叶和种子都含挥发油，主要成分为茴香醚及茴香酮，具特殊香味，可做调味料。茴香菜可炒食，也可作为馅心或冷盘的装饰料。

（4）韭菜　又称起阳草、懒人菜，为百合科葱属中以嫩叶和柔嫩花茎供食用的多年生宿根草本植物，如图 6-28 所示。

图 6-28　韭菜

韭菜原产于中国，目前全国各地均有栽培，四季均有上市，尤以春、秋季为佳。冬季的韭黄品质也较好，品质以植株粗壮鲜嫩，叶肉肥厚，不带烂叶、黄叶，中心不抽花薹者为佳。韭菜除含有多种维生素和矿物质外，还含有挥发性物质，具有辛香味，可增进食欲。韭菜的粗纤维较多，且较坚韧，不易被消化，故一次不宜食用过多。韭菜以炒食为多，也可焯水后凉拌，做配料可用于炒、熘、爆等菜式，韭菜也可做馅心料，做调料运用也较广。

（5）葱　葱为百合科葱属中以叶鞘组成的肥大假茎和嫩叶为食用对象的二三年生草本植物，如图 6-29 所示。

图 6-29　葱

葱起源于中国西部和西伯利亚。我国是栽培大葱的主要国家，全国各地均有栽培，以山东、河北、河南等省种植较多，四季均可上市。葱含有维生素 C、胡萝卜素、磷和硫化丙烯，具有特殊的辛香辣味，能增进食欲。葱是重要的调味品，有去腥增香的作用。葱作为蔬菜，可炒、烧、扒、拌等，可生食，还可做馅料。葱中因含有硫化丙烯，故有辛辣味，既可做调料，又有杀菌作用。

第四节　根菜类蔬菜

一、根菜类蔬菜概述

根菜类蔬菜是指以植物膨大的根部作为食用部位的蔬菜。这种根为植物的贮藏器官，富含糖类等营养物质。由于根菜的产量高、耐贮藏、适于加工腌制，在北方冬、春季节蔬菜短缺时占有重要地位。

根菜类蔬菜按照膨大的变态根发生的部位不同可分为肉质直根和肉质块根两种类型。

（1）肉质直根是由植物的主根膨大而成，按解剖结构可分为三种类型：①萝卜型，如萝卜、芜菁、芜菁甘蓝等；②胡萝卜型，如胡萝卜、根用芹菜等；③根用甜菜类型，如根用甜菜。

（2）肉质块根是由植物的侧根膨大而成，由于块根不是由主根膨大而成，因此不像萝卜、胡萝卜、甜菜那样每株只能形成一个肉质根，而是一株可以形成许多膨大的块根，山芋、豆薯等属此类型。

根菜类蔬菜为植物的贮藏器官，因此含有大量的水分，富含糖类以及一定的维生素和矿物质、少量的蛋白质，具有较高的营养价值。根菜类蔬菜在烹饪中应用很广，可制作多种菜肴，也可作水果生食，还是加工腌菜、酱菜的重要原料。根用甜菜、萝卜、胡萝卜等还具有药用价值，可用于一些疾病的预防和治疗。

二、根菜类蔬菜主要品种介绍

1．肉质直根类

（1）萝卜　又称来菔、芦菔，为十字花科萝卜属，能形成肥大肉质根的二年生草本植物，如图 6-30 所示。萝卜是世界上古老的栽培蔬菜之一，原产我国，现在世界各地均有栽培。欧美国家以小型萝卜为主，亚洲国家以大型萝卜为主，是秋、冬季的重要蔬菜之一。

图 6-30　萝卜

萝卜的质量以个体大小均匀，无病虫害，无糠心、黑心和抽薹现象，新鲜、脆嫩、无苦味者为佳。

新鲜萝卜含有丰富的维生素 C、糖分和无机盐，还含有淀粉酶和芥籽油。萝卜是一种保健食品，常吃有助于消化，能促进胃肠蠕动，增加食欲。萝卜还有止咳化痰、通气行气的功能。萝卜的烹制方法较多，适于烧、拌、做汤、炝、炖、煮等，与牛、羊肉一起烧还具有去膻味作用，萝卜还是食品雕刻的重要原料，可用于菜点的装饰和点缀。萝卜经腌制后，可制酱菜、萝卜干等。

（2）胡萝卜　又称红萝卜、黄萝卜、丁香萝卜，为伞形科胡萝卜属野胡萝卜种胡萝卜变种，能形成肥大肉质根的二年生草本植物，如图 6-31 所示。

胡萝卜原产亚洲的西南部，我国栽培甚为普遍，以山东、河南、浙江、云南等省种植最多，品质亦佳，秋冬季节上市。

胡萝卜的品种很多。肉质根形状有圆、扁圆、圆锥、圆筒形等；色泽有红、黄、白、紫等，我国栽培最多的是红、黄两种。胡萝卜品质以质细味甜、脆嫩多汁、表皮光滑、形态整齐、心柱小、肉厚、无裂口和病虫伤害者为佳。

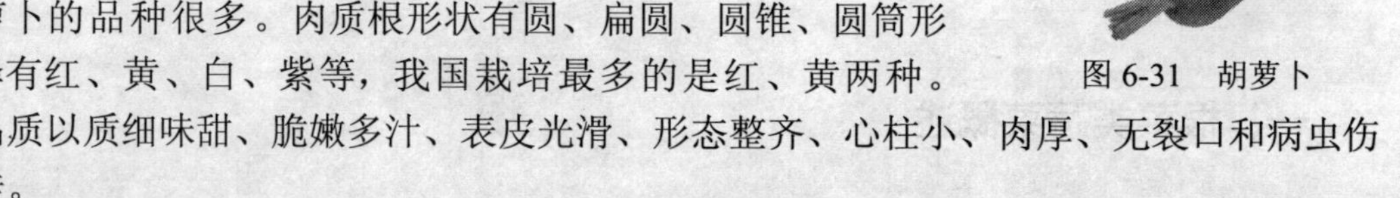
图 6-31　胡萝卜

胡萝卜含有大量的糖分和胡萝卜素，还含有人体必需的维生素 B_1、维生素 B_2、维生素 B_5 和维生素 C 等，胡萝卜素又称维生素 A 原，在人体内可以通过酶的作用形成维生素 A。胡萝卜肉质细密，质地脆嫩，有特殊的甜味，适于炒、烧、拌等。与牛、羊肉同烧，还有去除膻味的作用。烹调胡萝卜时，不要加醋，以免胡萝卜素损失。此外，胡萝卜可用于食品雕刻，做菜点的装饰、围边等。胡萝卜还是制作腌菜、酱菜的原料。

（3）芜菁　又称大头菜、圆根、诸葛菜等，为十字花科芸薹属芸薹种芜菁亚种，能形成肉质根的二年生草本植物，如图 6-32 所示。芜菁原产于地中海沿岸，我国自古种植，现主要分布于华北、西北及华东江浙一带。

芜菁以肥大的肉质根供食用，其肉质根属萝卜型，外形呈球形、扁圆形、矩圆形或圆锥形，皮多为白色，也有上部绿色或紫色、下部白色的。芜菁含有糖类、矿物质以及多种维生素，有促进食欲、助消化、清火解毒的作用。芜菁肉质根柔嫩致密，味似萝卜，无辣味而稍带甜味。芜菁可生食，也可供炒食、煮食或腌渍。

图 6-32　芜菁

（4）芜菁甘蓝　又称洋蔓菁、洋疙瘩、洋大头菜，为十字花科芸薹属中能形成肉质根的二年生草本植物，如图 6-33 所示。

图 6-33　芜菁甘蓝

芜菁甘蓝因适应性强、易栽培，可粮菜兼用，在我国华北、江浙、云贵地区均有栽培。

芜菁甘蓝的肉质根呈圆球形或纺锤形，皮白色或出土部分带紫红色，肉白色。由于在我国栽培历史较短，故目前品种较少，主要有南京芜菁甘蓝、上海芜菁甘蓝、云南芜菁甘蓝。

芜菁甘蓝质地细密，无辛辣味，适于炒、煮、烧等吃法，也可腌渍加工腌菜，有些地区可用来代替粮食。

（5）根用芥菜　又称大头菜、疙瘩菜，为十字花科芸薹属芥菜种中能形成肥大肉质根的一个变种，为一二年生草本植物，如图 6-34 所示。

图 6-34　根用芥菜

根用芥菜在我国自古就有栽培，南北皆有分布，以云南、四川、广东、浙江、辽宁、山东为多。根用芥菜的鲜品有特殊的辣味，故很少鲜食，一般用来加工腌菜，如广西横州五香大头菜、广东江门大头菜、云南玫瑰大头菜、江苏淮安五香大头菜等。腌制品可作小菜，也可以切片或切丝配荤素料，或蒸或炒，如云南玫瑰大头菜炒鸡丝。

2．块根类

块根类的代表菜为豆薯。

豆薯又称沙葛、凉薯、地瓜等，为豆科豆薯属中能形成块根的栽培种，一年生或多年生草质藤本植物，如图 6-35 所示。

图 6-35　豆薯

豆薯原产热带美洲，后来传入我国，目前我国四川、重庆地区和台湾省栽培较多。豆薯的品质以肉质脆嫩、味甜汁多、大小均匀、不破伤、不霉烂者为佳。豆薯含有大量糖分，可代替水果，还含有矿物质及多种维生素。豆薯块根肥大，肉质白色，脆嫩多汁，富含糖分和蛋白质，各种维生素也较丰富，可代替水果。作为蔬菜，豆薯可单独运用或做动物性原料的配料，适于炒、烧、煮等方法。

第五节　花菜类蔬菜

一、花菜类蔬菜概述

以植物的嫩幼花部器官作为食用部位的蔬菜称为花菜类蔬菜。该类蔬菜品种不多，但经济价值和食用价值较高。

花通常由花柄、花托、花萼、花冠、雄蕊群、雌蕊群几部分组成。有些植物的花柄肥大肉质化（如花椰菜），是食用的主要对象。有些植物的萼片肥厚可食用（如朝鲜蓟）。有些植物的花冠、雄蕊、雌蕊部分肉质肥嫩，可食用（如黄花菜）。这些食用部位质地柔嫩或脆嫩，具特殊的清香或辛香气味。

目前常用的花菜类蔬菜主要有花椰菜、青花菜、黄花菜、食用菊等。

二、花菜类蔬菜主要种类介绍

1．花椰菜

花椰菜又称花菜、菜花，为十字花科芸薹属甘蓝种中以花球为食用对象的一个变种，一二年生草本植物，如图 6-36 所示。

图 6-36　花椰菜

花椰菜原产于地中海东部沿岸，由甘蓝演化而来。我国各地均有栽培，以东南沿海地区种植较多。由于我国幅员辽阔、气候多样，各地花椰菜的栽培模式和收获时间差异很大，所以现在花椰菜可以实现全年供应。花椰菜按生长期长短可分为早熟品种、中熟品种和晚熟品种三类。其品质以花球色泽洁白、肉厚而细嫩、坚实、花柱细、无虫伤、不腐烂者为佳。花椰菜营养丰富，含有较多的维生素 A、维生素 B、维生素 C、维生素 E 以及钙、磷、铁等矿物质。花椰菜适于炒、烩、扒、烧、拌等烹调方法，也可制作汤菜，有时也做菜肴的配色料、配形料，还可酱渍、酸渍或制作泡菜。

2．青花菜

青花菜又称绿花菜、青花椰菜、西兰花等，为十字花科芸薹属甘蓝种中以绿花球为食用对象的一个变种，一二年生草本植物，如图 6-37 所示。

图 6-37　青花菜

青花菜原产于意大利，目前西欧地区种植较广，我国台湾省栽培较为普遍，云南、广东、福建、北京、上海等地也有种植，全年均有应市。青花菜耐寒和耐热力强。青花菜的主要品种有绿彗星、大叶青花、意大利青等。品质以色泽深绿、质地脆嫩、叶球松散、无腐烂、无虫伤者为上品。青花菜含有较多的维生素 C 和叶绿素等营养成分。青花菜品质柔嫩，纤维少，水分多，风味比花椰菜更鲜美，主要做西餐的配料或制作色拉等，也可做中式菜肴的配色原料，或做围边等点缀，适于拌、炒、烩、烧、扒等烹法。

3．黄花菜

黄花菜又称黄花、金针菜，为百合科萱草属中能形成肥嫩花蕾的宿根性多年生草本植物，如图 6-38 所示。

图 6-38　黄花菜

黄花菜原产于亚洲和欧洲，我国南北各地均有栽培，多分布于中国秦岭以南各地，以湖南、江苏、浙江、湖北、四川、甘肃、陕西所产较多。此外，吉林、广东与内蒙古草原亦有出产。黄花菜的食用部位是其花蕾。花蕾呈细长条状，呈黄色，有芳香气味，每年春、秋两季采收，干品常年有供应。品质以色泽浅黄或金黄，洁净、鲜嫩、不蔫、不干、

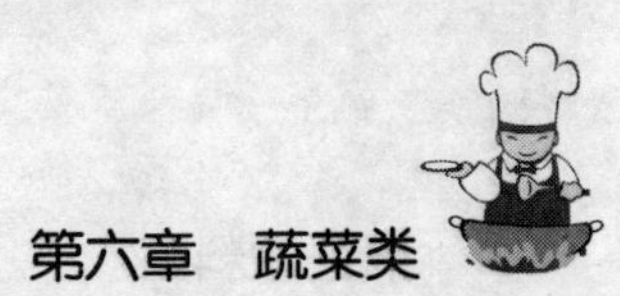

芯尚未开放、无杂物者为佳。黄花菜味鲜质嫩，营养丰富，含有丰富的花粉、糖、蛋白质、维生素 C、钙、脂肪、胡萝卜素、氨基酸等人体所必需的养分，食用价值高，但应注意的是新鲜黄花菜含有秋水仙碱，食用时要煮透，或烹调前用开水焯过，再用清水浸泡 2 小时以上，以除去秋水仙碱，否则易导致食物中毒。黄花菜常与黑木耳等斋菜配搭同烹，也可与蛋、鸡、肉等做汤吃或炒食，营养丰富。

第六节　果菜类蔬菜

一、果菜类蔬菜概述

果菜类蔬菜是指以植物的果实或幼嫩的种子作为主要食用部分的蔬菜。果菜类蔬菜是我国栽培面积最广的一类蔬菜，随着栽培方式的不断发展，这一类蔬菜已由过去的露地春夏茬栽培发展到现在的秋延迟、越冬茬和早春保护地栽培，实现了周年生产、四季供应。

依照供食果实的构造特点不同，果菜类蔬菜可分为豆类、茄果类和瓜类三种。

（1）豆类蔬菜是指以豆科植物的嫩豆荚或嫩豆粒供食用的蔬菜。这类蔬菜富含蛋白质、碳水化合物、脂肪、钙、磷和多种维生素，营养丰富，滋味鲜美。除鲜食外，豆类蔬菜还可以制作脱水蔬菜和罐头。常见的豆类蔬菜品种有菜豆、扁豆、豇豆、蚕豆等。

（2）茄果类蔬菜即茄科植物中以浆果供食用的蔬菜，这类果实中的浆状果皮和内果皮是食用的主要对象。茄果类蔬菜富含碳水化合物、维生素、矿物质及少量蛋白质，可生吃、熟食、干制及加工制作罐头。其产量高，供应期长，在果菜中占有很大比重。常见的品种有茄子、番茄、辣椒等。

（3）瓜类蔬菜指葫芦科植物中以果实供食用的蔬菜。该类蔬菜大多起源于非洲、亚洲、南美洲，其果皮肥厚而肉质化，花托和果皮愈合，胎座呈肉质，并充满子房。瓜类蔬菜富含蛋白质、糖类、脂肪、维生素与矿物质，可供生吃、熟食及加工、制作罐头，亦是食品雕刻的常用原料之一。常见的品种有黄瓜、西葫芦、丝瓜、苦瓜、冬瓜、南瓜等。

二、果菜类蔬菜主要种类介绍

1．豆类蔬菜

（1）菜豆　又称四季豆、芸豆、玉豆等，为豆科菜豆属中以嫩荚或种子为食用对象的栽培种，一年生缠绕性草本植物，如图 6-39 所示。

图 6-39　菜豆

菜豆以嫩荚或豆粒供食用，原产南美洲，至今该地仍有野生种。16 世纪末，中国已有栽培，现广泛分布于世界各地。菜豆含有丰富的胡萝卜素、钙和维生素 B，但菜豆中含有豆素和皂素，长时间加热可以破坏，否则易致中毒。菜豆的吃法较多，可以烧、煮、炒、焖，还可制作豆沙、豆泥等。

（2）长豇豆　又称豆角、长豆角、带豆等，为豆科豇豆属豇豆种中能形成长形豆荚的栽培

种，一年生缠绕性草本植物，如图 6-40 所示。

现在长豇豆在全国各地均有种植，在豆类蔬菜中产量仅次于菜豆。豇豆富含蛋白质、糖类、多种维生素和矿物质，具有健脾补肾作用，常食可防治高血压、动脉粥样硬化及水肿等症。长豇豆可烫熟后凉拌，还可炒、煮、烧、蒸、焖等。老熟的种子可作为粮食，制作豆饭或豆汤等多种粥饭类食品。长豇豆也可加工成腌菜、酱菜或泡菜等。

图 6-40　长豇豆

（3）扁豆　又称眉豆、蛾眉豆，为一年生草本植物，茎蔓生，小叶披针形，花白色或紫色，荚果长椭圆形，扁平，微弯。种子呈白色或紫黑色。嫩荚是普通蔬菜，种子可入药，如图 6-41 所示。

扁豆原产印度和印度尼西亚，我国华东、中南、西南和河北、辽宁等地均有栽培。秋季采摘未成熟荚果鲜用；冬季采收成熟荚果，晒干，除去荚皮，收集种子炒黄或稍煮。扁豆品质以豆荚宽扁，肥厚者为佳。扁豆的营养成分相当丰富，包括蛋白质、脂肪、糖类、钙、磷等营养成分。但是扁豆中还含有毒蛋白、凝集素以及能引起溶血症的皂素，因此在烹调前应用冷水浸泡或焯水处理。烹调时，适于烧、炒、炸、煮、焖等烹法。种仁可用来制作甜菜，也可制豆沙作馅心。此外，扁豆还可腌制和制作泡菜。

图 6-41　扁豆

（4）蚕豆　又称胡豆、罗汉豆、佛豆，为豆科野豌豆属结荚果的栽培种，一二年生草本植物，如图 6-42 所示。

蚕豆起源于西南亚和北非，我国自古就有栽培，现主要分布在江苏、浙江、四川、云南、湖南、湖北等省份，品质以色浅绿、肉质软而鲜美、无虫蛀者为佳。蚕豆中含有大量蛋白质，在日常食用的豆类中仅次于大豆，还含有大量钙、钾、镁、维生素 C 等，并且氨基酸种类较为齐全，特别是赖氨酸含量丰富。中医认为蚕豆具有益脾、健胃、和中的功能。新鲜蚕豆既可作主食，又可制菜肴；既可为主料，又可为配料，风味独特。不论拌、炝，还是炒、烩都能做出适口的素馔佳肴。成熟的种子富含淀粉、蛋白质，可以制作粉丝、粉条，也可作粮食，还是制作多种炒货、豆瓣酱的原料。

图 6-42　蚕豆

（5）刀豆　又称大刀豆、中国刀豆，为豆科刀豆属的栽培亚种，一年生缠绕性草本植物，也是豆科植物刀豆的种子。秋季采摘嫩荚果鲜用；秋、冬季采收成熟荚果，晒干，剥取种子备用，如图 6-43 所示。

我国在 1500 年前已栽培刀豆，目前各地均有种植，秋季大量上市。刀豆嫩荚食用，质地脆嫩，肉厚鲜美，是菜中佳品，可单作鲜菜炒食，还可腌制成酱菜或泡菜。干刀豆可以煮食或磨粉制作糕点小吃。食用刀豆时须注意火候，如果火候不够，会有豆腥味和生硬感，引起食物中毒，故一定要炒熟煮透。

图 6-43　刀豆

（6）豌豆　又称回回豆、荷兰豆、麦豆等，为豆科豌豆属一年或二年生攀缘性草本植物，

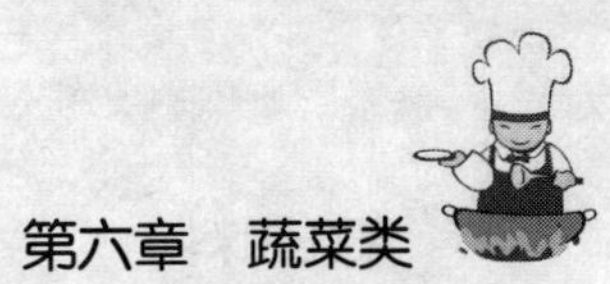

羽状复叶，小叶卵形，花白色或淡紫红色，结荚果，种子略作球形，嫩荚和种子供食用，如图 6-44 所示。

目前豌豆在我国南北各地都有栽培，菜用豌豆以江南各省种植较普遍。荚果 5 月成熟。豌豆种子可呈圆形、椭圆形、扁圆形、凹圆形，每荚 2～10 颗，多为青绿色，也有黄白、红、玫瑰、黑等颜色的品种。豌豆营养丰富，含有较多的蛋白质、碳水化合物、多种维生素以及钙、磷、铁等矿物质，对高血压和心脏病有一定的防治作用。嫩荚可烧、炒、焖等；青豆适于炒、烩、烧、做汤等，也可作多种菜肴的配料，有时可作配色料应用；嫩苗可炒、涮、汆等，也可作荤菜的围边或垫底；老熟的籽粒可磨粉制作糕点、小吃等，还可加工成多种制品，如粉丝、粉皮等。

图 6-44 豌豆

2．茄果类蔬菜

（1）番茄　又称西红柿，是全世界栽培最为普遍的果菜之一，为茄科番茄属中以成熟多汁浆果为食用对象的一年生草本植物，如图 6-45 所示。

图 6-45 番茄

传统观点认为，西红柿作为蔬菜和水果被人们食用，是欧洲人在 19 世纪首先开始的，现在我国各地均种植，四季均有上市，以夏秋季产量最高。番茄的品质要求：果形周正，无裂口，成熟适度，酸甜适口，肉肥厚，心室小。番茄含有较多的蛋白质、碳水化合物、有机酸、维生素和矿物质，具有促进食欲、辅助消化的作用。番茄在烹调过程中用途广泛，生吃、熟食皆可，适用于拌、蜜渍、炒，也可做汤菜，同时是菜肴装饰点缀的理想原料。番茄经过预煮杀菌还能制成番茄酱。

（2）茄子　江浙人称茄子为六蔬，广东人称之为矮瓜，为茄科茄属一年生草本植物，热带为多年生。其结出的果实可食用，颜色多为紫色或紫黑色，也有淡绿色或白色品种，形状上也有圆形、椭圆、梨形等各种，如图 6-46 所示。

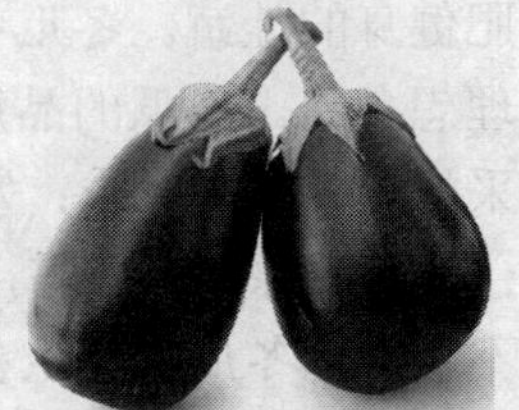

图 6-46 茄子

茄子最早产于印度，公元 4～5 世纪传入中国，目前各地均有种植，夏季大量上市。茄子的品质以果形周正、老嫩适度、皮薄籽少、无裂口、肉厚细嫩者为佳。茄子含有多种矿物元素和维生素，尤以钙和维生素 E 含量较高，现代医学证明常食茄子对心血管疾病有一定的预防作用。茄子的吃法很多，适于炒、烧、烩、拌、煮等烹法。用茄子做菜肴应长时间加热，以熟烂为好。此外，茄子还可制作腌、酱制品和干制品。

（3）辣椒　又称番椒、海椒、辣茄等，为茄科辣椒属一年生或多年生草本植物，如图 6-47 所示。

图 6-47 辣椒

辣椒原产于中南美洲，目前辣椒在我国主要分布于西北、西南、中南和华南各省，其他各地均有种植，夏秋季节大量上市。果实通常成圆锥形或长圆形，未成熟时呈绿色，成熟后变成鲜红色、黄色或紫色，以红色最为常见。辣椒的果实因果皮含有辣椒

素而有辣味，能增进食欲。辣椒中维生素 C 的含量在蔬菜中居第一位。辣椒做菜，适于爆、炒、熘等，也可制作腌菜和泡菜。辣椒是重要的辣味调味料，可加工成辣椒粉、辣椒油等制品。

（4）甜椒　又称灯笼椒、菜椒、青椒，为茄科辣椒属一个变种，一年生或多年生草本植物，如图 6-48 所示。

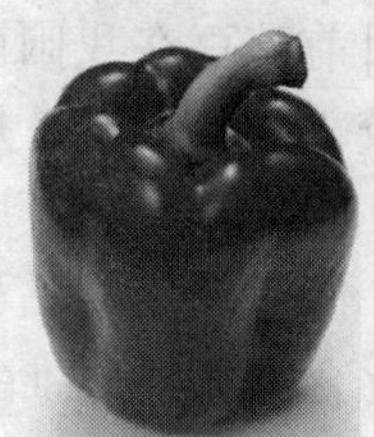
图 6-48　甜椒

甜椒在我国各地普遍栽培，四季都有供应，品质以外皮紧实，表面有光泽，肉厚质细，脆嫩新鲜，味甜不辣，无虫咬、腐烂现象者为佳。甜椒有紫色、白色、黄色、橙色、红色、绿色等多种颜色，是非常适合生吃的蔬菜，含丰富维生素 C 和维生素 B 及胡萝卜素，越红的甜椒营养越多。甜椒做菜，适于炒、拌、熘、酿等吃法，由于甜椒颜色丰富，还被广泛用于配菜。此外，甜椒还可腌制、泡制等。

3．瓜类蔬菜

（1）黄瓜　又称胡瓜、玉瓜，为葫芦科甜瓜属中幼果带刺的栽培种，一年生攀缘性草本植物，如图 6-49 所示。

图 6-49　黄瓜

黄瓜在我国各地均有栽培，为主要的温室产品之一，四季均有上市，尤以夏秋季产量最多。黄瓜富含多种糖分、维生素 C、钙、铁、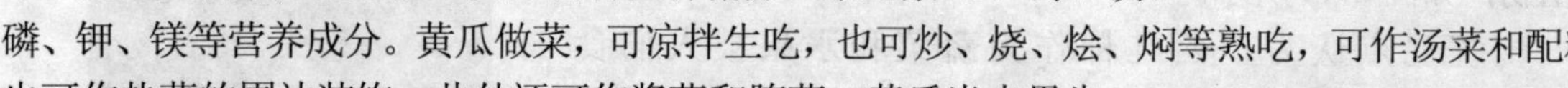磷、钾、镁等营养成分。黄瓜做菜，可凉拌生吃，也可炒、烧、烩、焖等熟吃，可作汤菜和配料，也可作热菜的围边装饰，此外还可作酱菜和腌菜。黄瓜当水果生吃，不宜过多，不宜和辣椒、菠菜、西红柿同食。

（2）冬瓜　又称白冬瓜、枕瓜等，为葫芦科冬瓜属中的栽培种，一年生攀缘性草本植物，如图 6-50 所示。

图 6-50　冬瓜

冬瓜产自我国南部及印度，我国南北各地均有栽培，主要供应季节为夏秋季。冬瓜含有一定量的维生素 C，而不含脂肪，是减肥健身的佳蔬。冬瓜中含矿物质钠较少，是心血管疾病患者的理想食品。冬瓜的品质，除早采的嫩瓜要求鲜嫩以外，一般晚采的老冬瓜则要求：发育充分，老熟，肉质结实，肉厚，心室小；皮色青绿，带白霜，形状端正，表皮无斑点和外伤，皮不软、不腐烂。冬瓜不宜生食，适于烧、扒、烩、煮、蒸或做汤。冬瓜可用于蜜饯的加工，也可用做食品雕刻的原料。

（3）南瓜　又称番瓜、倭瓜等，为葫芦科南瓜属中叶片具白斑、果柄五棱形的栽培种，一年生蔓性草本植物，如图 6-51 所示。

图 6-51　南瓜

南瓜起源于中南美洲，现在世界各地均有栽培，我国普遍种植，夏秋季大量上市。南瓜含有多种维生素，尤其胡萝卜素含量为最为丰富，居瓜类蔬菜之冠。南瓜适于炒、煮、烧、蒸等烹法，也可作为糕点的馅心，亦可代替粮食作主食，是重要的食品雕刻的原料。

（4）笋瓜　又称印度南瓜、玉瓜、北瓜等，为葫芦科南瓜属中的栽培种，一年生蔓性草本植物，如图 6-52 所示。笋瓜起源于南美洲的玻利维亚、智利及阿根廷等国，我国由印度引入，目前全国南北各地普遍栽种，6 月成熟上市。其果实多为椭圆

图 6-52　笋瓜

形，也有圆形、近纺锤形等形状，果面平滑。笋瓜做菜，通常以炒食为主，也可烧、蒸、煮等，还可作为馅料和食品雕刻的原料。

（5）西葫芦　又称美洲南瓜、白瓜、茭瓜，为葫芦科南瓜属中叶片较少白斑、果柄五棱形的栽培种，一年生蔓性草本植物，如图 6-53 所示。

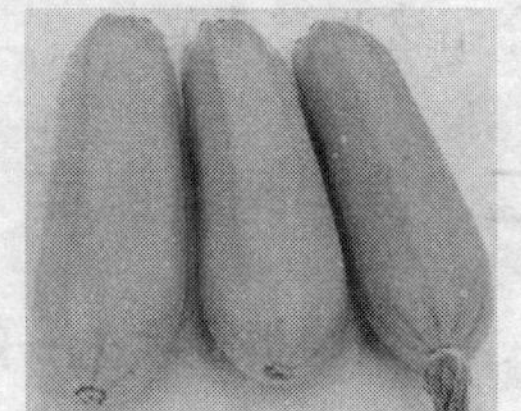

图 6-53　西葫芦

西葫芦原产于北美洲南部，目前全国各地均有栽种，春、夏季大量上市。果实形状有圆筒形、椭圆形和长圆柱形等多种。嫩瓜皮色有白色、白绿、金黄、深绿、墨绿或白绿相间；老熟瓜的皮色有白色、乳白色、黄色、橘红或黄绿相间。西葫芦含有较多维生素 C、葡萄糖等营养物质，尤其是钙的含量极高。西葫芦不宜生吃，适于炒等烹调方法，可作多种菜肴的配料，也可作糕点的馅心料，烹调时不宜煮得太烂，以免营养损失。

（6）丝瓜　又称布瓜、绵瓜、蛮瓜等，为葫芦科丝瓜属中的两个栽培种，一年生攀缘性草本植物，如图 6-54 所示。

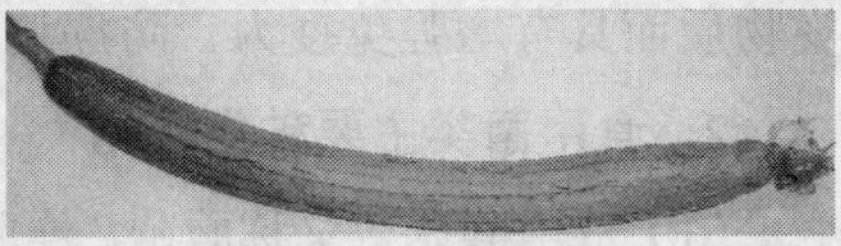

图 6-54　丝瓜

丝瓜原产于印度尼西亚，目前我国大部分地区都有栽培，是夏季的主要蔬菜之一。供蔬菜用的丝瓜主要有两种，即普通丝瓜和有棱丝瓜。前者大江南北均有栽培，后者主要在华南栽培。品质以鲜嫩、结实和光亮，皮色为嫩绿或淡绿色者，果肉顶端比较饱满，无臃肿感为佳。

丝瓜富含胡萝卜素和矿物质铁，还含有皂甙、丝瓜苦味质、瓜氨酸等，有清火解热之功效。丝瓜作菜，适于炒、烧、烩、煮等，亦可用于汤菜的制作，丝瓜焯水后还可凉拌，不宜生拌。烹制丝瓜时应注意尽量保持清淡，不宜加酱油和酱料。此外，丝瓜还是多种菜肴的配料，有配色等作用。

（7）苦瓜　又称凉瓜，锦荔枝，为葫芦科苦瓜属中的栽培种，一年生攀缘性草本植物，如图 6-55 所示。

图 6-55　苦瓜

苦瓜原产于亚洲热带地区，目前我国各地均有分布，以南方栽培较多。夏季大量上市。苦瓜果实呈纺锤形或圆筒形，表面有许多不规则凸起的瘤状物。嫩果为浓绿色或绿白色；成熟时为橙黄色，果肉开裂，种子外由鲜红色肉质组织包裹。苦瓜含有多种维生素、矿物质以及粗纤维，其中维生素 C 尤为丰富，中医认为，苦瓜有清暑涤热、明目、解毒的功效。苦瓜具有特殊的苦味，但成菜时不会把苦味传给别的食材，所以苦瓜又有“君子菜”的雅称。苦瓜不要一次吃得过多，熟食时，适于炒、烧、煎、煸等烹法，多作其他原料的配料。如果不习惯苦瓜的苦味，食用前可切开稍加盐腌，也可切开后用开水焯一下，能减轻苦味。

第七节　孢子植物类蔬菜

一、孢子植物类蔬菜概述

孢子植物类蔬菜包括食用地衣类、食用蕨类、食用菌类和食用藻类，这类蔬菜的营养价值很高，在烹饪中运用很广。其中的许多品种如银耳和猴头菇一直被人们作为珍品和滋补品，具有极高的经济价值。孢子植物类蔬菜中以食用菌类、食用藻类品种最多、分布最广，本节主要介绍这两类蔬菜。

二、食用菌类蔬菜

1．食用菌类蔬菜的一般特征

食用菌是可供食用的蕈菌。蕈菌是指能形成大型的肉质（或胶质）子实体或菌核组织的高等真菌的类总称。目前，我国已知的食用菌有 350 多种，已经人工栽培的有 20 种左右。

食用菌类蔬菜中各种维生素和矿物质的含量较丰富，蛋白质含量约占干重的 20%～40%。绝大多数食用菌具有特殊的鲜香风味，如香菇、侧耳、鸡油菌等。某些品种因含特殊的多糖类物质而具有增强免疫力、防癌抗癌的功效，如香菇、猴头菇等。

2．食用菌类主要种类介绍

（1）双孢蘑菇　又称蘑菇、洋蘑菇、白蘑菇等，为蘑菇科蘑菇属的一种伞菌，是世界性栽培和消费的菇类，现大量人工栽培，如图 6-56 所示。

图 6-56　双孢蘑菇

中国双孢蘑菇栽培最多的有福建、山东、河南、浙江等省。品质以菇形完整、菌伞不开、质地干爽、结实肥厚、有清香味者为佳。蘑菇是高蛋白食品，它还含有人体所需的全部氨基酸以及丰富的钙、磷、铁等矿物质。药理学认为，蘑菇对病毒性疾病有一定的免疫作用，从其子实体内提取的一种异蛋白，有一定抗癌作用。蘑菇可鲜食或加工成罐头食用，适于烩、炒、熘、烧等，也可制汤菜和馅心。

（2）香菇　又称香菌、香蕈等，为白蘑科香菇属中典型木腐性伞菌，有“菌中皇后”的美誉，如图 6-57 所示。

图 6-57　香菇

香菇栽培始源于中国，至今已有 800 年以上的历史，目前世界许多地区均有栽培。我国种植较多，其栽培地分布在我国浙江、福建、广东、安徽、江西、湖南、湖北、四川、贵州、陕西等地区，多以干品应市。品质以味香浓、面平滑、肉厚实、大小均匀、菌褶紧密细白、柄短而粗壮、面带有白霜者为佳。

香菇营养价值较高，它含有 18 种氨基酸和多种矿物质，对缺铁性贫血、糖尿病、高血压都有良好的食疗作用。近年发现，香菇还能阻扰癌细胞的生长，有防癌、抗癌作用。香菇在烹饪中运用较广，适于炝、炒、卤、拌、炖、烧、炸、煎等多种烹法。香菇可作主料，也可作配料，还可用于馅心的制作，有时还有配色的作用。

（3）草菇　又称包脚菇、兰花菇、麻菇，为光柄菇科包脚菇属的一种，主要以未开的菌苞供食用，如图 6-58 所示。

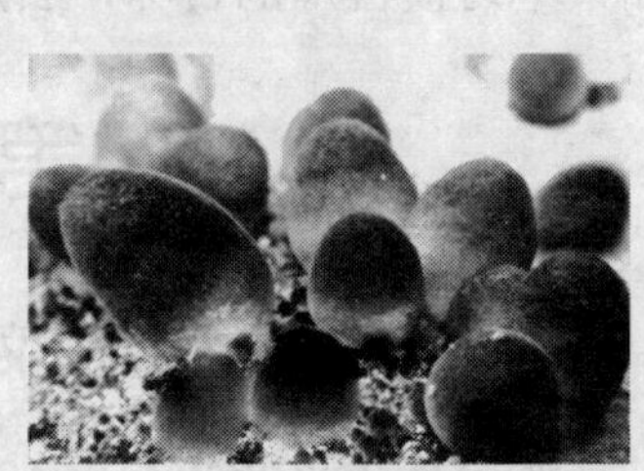
图 6-58　草菇

草菇起源于广东韶关，300 年前我国已开始人工栽培，是一种重要的热带亚热带菇类，是世界上第三大栽培食用菌。我国草菇产量居世界之首，主要分布于华南地区。

草菇的品质以色泽明亮、菇身粗壮均匀、质嫩肉厚、菌伞未开、清香无异味者为佳。草菇营养丰富，味道鲜美。每 100g 鲜菇含 207.7mg 维生素 C，2.6g 糖分，2.68g 粗蛋白，2.24g 脂肪，草菇蛋白质含 18 种氨基酸。此外，草菇还含有磷、钾、钙等多种矿物质元素。鲜草菇食用前应去掉菌柄下部的泥根，在菌盖上划一十字形刀口，便于入味。烹调时，适于炒、烧、烩、焖、煮、卤、蒸等。干草菇用前须用水泡发。

（4）平菇　又称侧耳、北风菌，隶属于真菌门担子菌纲伞菌目白蘑科侧耳属，是世界上人工栽培的主要类群，如图 6-59 所示。

图 6-59　平菇

平菇子实体丛生或叠生，菌盖呈贝壳形，近半圆形至长形，菌肉白色，皮下带灰色，菌柄侧生。平菇最早由欧洲开始人工栽培，目前我国已广泛栽培，按子实体的色泽，平菇可分为深色种（黑色种）、浅色种、乳白色种和白色种四大品种类型。品质以色白、肉嫩肥厚、质地柔脆腴滑、具有一定鲜香气味者为佳。

平菇含丰富的营养物质，每 100g 平菇中含蛋白质 20～23g，而且氨基酸成分种类齐全，矿物质含量十分丰富，具有降血压的功效，对消化道疾病有一定的疗效。平菇多以鲜品供食用，也可干制或制成罐头，适于烧、拌、炒、卤等烹调方法，还可制汤及馅心。

（5）金针菇　又称朴菇、毛柄金钱菌、构菌，为白蘑科小火焰菌属的一种，如图 6-60 所示。

图 6-60　金针菇

我国广泛栽培金针菇，主要分布于黑龙江、吉林、内蒙古、河北、山西、江苏、浙江等地。品质以色泽明亮、菌体粗细均匀、菌盖紧密、质地脆嫩、菌柄不老、无泥沙、无杂质、无霉变者为佳。

金针菇所含人体必需氨基酸成分较全，其中赖氨酸和精氨酸含量尤其丰富，且含锌量比较高，对增强智力尤其是对儿童的身高和智力发育有良好的作用，人称增智菇。金针菇多加工成罐头，也可鲜食，通常凉拌作冷菜，也可烩、炒、涮等，还可作多种原料的配料。

（6）口蘑　又称白蘑，为白蘑科白蘑属中的野生食用菌，以其伞状肉质的子实体供食用，有“草原明珠”之称，如图 6-61 所示。其子实体呈伞状，白色。菌盖宽 5～17cm，半球形至平展，白色，光滑，初期边缘内卷。菌褶白色，稠密，弯生不等长。菌柄粗壮，白色，长 3.5～7cm，粗 1.5～4.6cm，内实，基部稍膨大。担孢子呈白色，光滑，椭圆形。

图 6-61　口蘑

口蘑主要产于内蒙古草原和河北坝上等地，因其集散地在张家口，故统称口蘑。品质以个体均匀、体轻肉厚、菌伞边缘完整紧卷、菌柄短壮、无泥沙、无杂质、香味浓郁者为佳。

鲜口蘑含有较多的蛋白质、脂肪、糖、钾、磷、钙和维生素等物质，是优质的食用菌。

口蘑适于炒、熘、焖、蒸、炖、烩、扒、烧等烹法，也可做汤或作馅心。

（7）木耳　又称黑木耳、黑菜、云耳、川耳等，属木耳科木耳属。其子实体呈半透明的胶质状，成圆盘形，耳形不规则，直径3～12cm。新鲜时软，干后成角质，边缘有皱褶，如图6-62所示。木耳口感细嫩，风味特殊，是一种营养丰富的著名食用菌。

图6-62　木耳

木耳主要产于我国东北、华中和西南各省，通常加工成干制品应市，常年均有供应。品质以颜色乌黑光润、片大均匀、体轻干燥、半透明、无杂质、涨发性好、有清香味者为佳。黑木耳矿物质含量较高，尤以铁的含量特别丰富，为各种食品含铁之冠。中医认为黑木耳对冠心病和心脑血管病患者有保健治疗作用。但是，新鲜木耳中含有一种名叫“卟啉”的特殊物质，由于它的存在，人食用鲜木耳经阳光照射后会发生植物日光性皮炎，引起皮肤骚痒、红肿等症状，因此鲜木耳不宜食用，须经阳光曝晒处理分解掉大部分卟啉物质后方可作为烹饪原料。黑木耳以做辅料为主，食用方法很多，荤素皆宜，炒菜、烩菜、做汤等辅以木耳，味道异常鲜美。

（8）银耳　银耳属银耳科银耳属植物，又称白木耳、雪耳、银耳子等，有“菌中之冠”的美称，如图6-63所示。银耳性平，味甘、淡，无毒，夏秋季生于阔叶树腐木上，分布于中国浙江、福建、江苏、江西、安徽等十几个省份。目前国内人工栽培使用的树木为椴木、麻栎、青刚栎、米槠等一百多种。

图6-63　银耳

银耳品质以色泽黄白、朵大肉厚、气味清香、底板小、涨发率高、胶质重者为佳。银耳含有蛋白质、脂肪、糖、钙、铁、磷、维生素 B_1、维生素 B_2、维生素D及胡萝卜素等成分，并富含胶质，其蛋白质中氨基酸有17种之多，是一种滋补保健品。银耳性平无毒，既有补脾开胃的功效，又有益气清肠的作用，还可以滋阴润肺。另外，银耳还能增强人体免疫力以及增强肿瘤患者对放疗、化疗的耐受力。

（9）猴头菌　又称猴头、猴头菇、猴头蘑，属齿菌科猴头菌属。其子实体为肉质块状，基部狭窄，色白，干烧后呈淡黄或淡褐色，如图6-64所示。

图6-64　猴头菌

猴头菌生于多种阔叶树的枯木上。我国主要产于东北、华北、西南等地，现在开始大规模人工栽培。猴头菌肉质脆嫩，味淡清香，是珍贵的烹饪原料。用于烹制菜肴，可作主料，亦可作配料，可素吃，也可荤吃，适于炒、炖、烧、扒、烩等烹调方法。

三、食用藻类蔬菜

1．食用藻类蔬菜的一般特征

食用藻类的营养成分主要为糖类，占35%～60%，大多为具特殊黏性的多糖类，一般难以消化，但具一定的医疗作用。食用藻类还含有蛋白质、丰富的胡萝卜素、一定量的B

族维生素以及钾、钠、钙、镁、铁等无机盐，尤其含有的丰富的碘，是人体摄取碘的重要来源。

2．食用藻类蔬菜主要种类介绍

（1）紫菜　紫菜广泛分布于我国的辽东半岛、山东半岛以及浙江、福建沿海。品质以色黑紫有光泽、表面光滑滋润、片薄质嫩、大小均匀、干燥味香、无泥沙、无杂质者为佳。紫菜富含钙、磷、碘、胡萝卜素及多种氨基酸等，对人体健康有益，是一种很好的营养食品。紫菜可凉拌、炒食、制馅、炸丸子、脆爆，作为配菜或主菜与鸡蛋、肉类、冬菇、豌豆尖和胡萝卜等搭配做菜。

（2）海带　别名昆布、江白菜，是褐藻的一种，生长在海底的岩石上，形状像带子，含有大量的碘质，可用来提制碘、钾等。中医入药时叫昆布，有“碱性食物之冠”一称。我国主要产于山东半岛和辽东半岛及浙江、福建沿海，夏季收割上市。质厚实、形状宽长、身干燥、色浓黑褐或深绿、边缘无碎裂或黄化现象的，才是优质海带。海带含有多种有机物及矿物质、维生素等，其中碘、钙含量特别丰富。养殖海带一般含碘3‰～5‰，多则可达7‰～10‰。

海带是一种味道可口的食品，既可凉拌，又可做汤。但食用前，应当先洗净之后，再浸泡，然后将浸泡的水和海带一起下锅做汤食用。这样可避免溶于水中的甘露醇和某些维生素被丢弃不用，从而保存了海带中的有效成分。

技能训练（选做）

训练一　木耳真伪的感官鉴别

（1）目的：通过鉴别木耳的真伪，学会通过感官评价法鉴别真伪蔬菜。

（2）材料：正常木耳、掺假木耳、水、烧杯、镊子。

（3）方法：正常木耳与掺假木耳的鉴别方法可参照表6-1进行。

表6-1　木耳感官鉴别表

鉴别内容	类　别	感官性状
外观色泽	正常木耳	褐色或黑色，平滑，柔软短毛，组织纹理清晰，干品呈松散状
	掺假木耳	内外颜色均灰暗，质地酥，易潮解，组织纹理不清晰，干品结团
手　感	正常木耳	用手抓木耳放手掌心掂量，木耳体轻柔和
	掺假木耳	手感发沉，数量明显减少
口　味	正常木耳	用舌轻舔，没有异味
	掺假木耳	舌舔有异味说明掺假，掺糖发甜、掺盐发咸、掺矾发涩、掺卤发苦、挂锅底灰有油烟味，掺沙则硌牙
泡　发	正常木耳	涨发性强，色泽淡，肉质肥厚，弹性强，表面有湿润的黏液，品尝有独特的香味
	掺假木耳	涨发性弱，肉质软而无力，弹性差，有糟烂现象

训练二　不同等级黄花菜的感官鉴别

（1）目的：通过鉴别不同等级的黄花菜，学会通过感官评价法鉴别蔬菜原料的质量。

（2）材料：黄花菜（优质、次质和劣质三种）、水、烧杯、镊子。

（3）方法：对照表 6-2 对不同等级的黄花菜进行鉴别。

表 6-2　不同等级黄花菜的特征

等　级	特　征
优质	颜色金黄，有光泽，气味清香，无青条（即色青黄或暗绿），花虚软，花条长且粗壮，均匀完整，干燥无霉烂和虫蛀，无异味，无杂质，开花菜不超过 10%
次质	色泽深黄而略带微红，但无青条、油条，花条略短而细，稍欠均匀，干燥无霉烂虫蛀，无异味，无蒂柄杂质，开花菜不超过 10%
劣质	色萎黄带褐，无光泽，有青条或油条，有杂质或虫蛀，有烟熏味或霉味，开花菜多，占 10%以上

拓展知识

植物学分类法

该种划分方法是根据植物的形态特征，依据植物的亲缘关系，按照科、属、种、变种来分类。我国主要蔬菜的植物学分类如下。

1．藻类植物门

红藻类：紫菜、石花菜等。

褐藻类：海带、裙带菜、鹿角菜等。

蓝藻类：发菜、螺旋藻等。

绿藻类：石莼、小球藻等。

2．真菌门

担子菌：蘑菇、香菇、草菇等。

子囊菌：羊肚菌等。

3．种子植物门

（1）双子叶植物

番杏科：番杏等。

蓼科：食用大黄等。

黎科：根用甜菜、叶用甜菜、菠菜等。

落葵科：红花落葵、白花落葵等。

苋科：苋菜等。

睡莲科：莲藕、芡实等。

十字花科：萝卜、芜菁、芥蓝、甘蓝类（结球甘蓝、抱子甘蓝、花椰菜、青花菜、球茎甘蓝）、小白菜、大白菜、芥菜类（皱叶芥、大叶芥、包心芥菜、雪里蕻、大头菜、榨菜）、辣根、豆瓣菜、荠菜等。

豆科：豆薯、菜豆、红花菜豆、绿豆、葛、莱豆、小莱豆、豌豆、蚕豆、豇豆、大豆、扁豆、刀豆、矮刀豆、黎豆、苜蓿等。

楝科：香椿等。

锦葵科：黄秋葵、冬寒菜等。

菱科：菱等。

伞形科：芹菜、水芹菜、芫荽、胡萝卜、茴香、美国防风、香芹菜等。

旋花科：蕹菜、甘薯等。

唇形科：草石蚕等。

茄科：马铃薯、茄子、番茄、辣椒、枸杞、酸浆等。

葫芦科：黄瓜、西葫芦、西瓜、冬瓜、瓠瓜、丝瓜、苦瓜、佛手瓜等。

菊科：莴苣（莴笋、直筒莴苣、皱叶莴苣、结球莴苣）、茼蒿、菊芋、苦苣、牛蒡、朝鲜蓟、婆罗门参、菊花脑等。

（2）单子叶植物

禾本科：竹笋（毛竹笋、刚竹笋、绿竹笋、淡竹笋等）、甜玉米、茭白等。

泽泻科：慈姑等。

莎草科：荸荠等。

天南星科：芋艿、魔芋等。

香蒲科：蒲菜等。

百合科：金针菜、芦笋、卷丹百合、兰州百合、洋葱、韭菜、大蒜、大葱、薤等。

薯蓣科：山药、木薯、黄独等。

襄荷科：姜、襄荷等。

习　题

一、名词解释

苔类　叶菜类植物　蕈菌

二、判断题

（1）蔬菜中的碳水化合物主要有淀粉、纤维素、半纤维素、果胶及可溶性糖等。（　）

（2）藕和姜是鳞茎类蔬菜。（　）

（3）萝卜和胡萝卜是肉质块根类蔬菜。（　）

（4）地下茎类蔬菜主要有球茎、根状茎、块茎和鳞茎四类。（　）

（5）叶菜类蔬菜按照其栽培特点分为普通叶菜、结球叶菜和香辛叶菜三种类型。（　）

（6）根菜类蔬菜按照根大小不同可分为肉质直根和肉质块根两种类型。（　）

（7）蕈菌是指能形成大型的肉质子实体或菌核组织的高等真菌的类总称。（　）

三、简述题

（1）什么是蔬菜？按照食用部位蔬菜可分为哪几类？举例说明。
（2）试述蔬菜的营养特点。
（3）蔬菜在烹饪中有哪些方面的作用？
（4）肉质直根和肉质块根两种类型蔬菜有哪些区别？各有何形态特征？
（5）地下茎类蔬菜包括哪几类？各类的特点如何？
（6）为什么食用鲜竹笋、菠菜、茭白时要先焯水处理？
（7）如何处理新鲜黄花菜？

第七章　果　品　类

学习目标

（1）了解果品的结构、分类、营养特性和烹饪特点。

（2）熟悉常见果品类烹饪原料的种类。

（3）掌握果品烹饪原料的分布、产出时间及在烹饪中的应用。

（4）了解水果的品质检验和保藏技术。

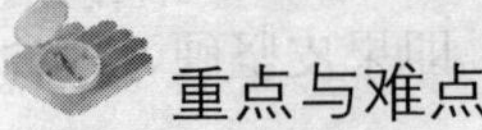

重点与难点

果品的结构与分类、果品类原料的化学组成、果品的烹饪应用。

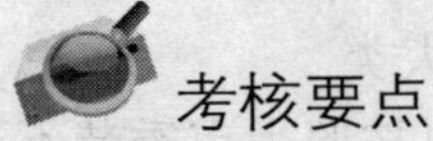

考核要点

果品的结构、分类、营养特性和烹饪特点。

第一节　果品类原料概况

一、果品的结构与分类

果品类原料是烹饪原料中很重要的一类，它是烹饪菜品有益的点缀和补充。认识果品类原料的结构、分类和营养特性对菜品的烹饪和创新都十分重要。果品是指高等植物所产的可直接生食的果实或可制熟食用的种子的统称。它包括鲜果、干果和果品制品。果品来源于高等植物的繁殖器官果实，它们分别以果皮、种子或果实中的其他部位供食用。果品类原料的地域性和季节性较强，尤以夏秋两季种类最多。我国的果类分属 37 科 300 种，品种近 10000 余种。果实的结构比较简单，外为果皮，可分为三层：外果皮、中果皮和内果皮。果皮中包含着一至多枚种子。本书主要从生物学和商品学的角度对已知的果品类原料进行分类。

1．生物学分类

（1）根据果实的形成特点分类　分为真果和假果以及单果、聚合果和复果。真果是指果实仅由子房发育而来的果实。多数果实都属于真果，如桃、葡萄、柑橘、香蕉等。假果是指某些果实除子房外尚有其他部分如花被或花托等参与形成，如梨、苹果、石榴、向日葵、瓜类等。单果是指单花单雌蕊发育成的果实，多数果实均为单果。若单朵花中有许多聚生在花托上的离生雌蕊，以后每一个雌蕊发育成的小果都聚生在花托上，则称为聚合果，如草莓、莲蓬等。若果实是由一个花序发育而成的，则称为复果，如桑葚、菠萝、无花果等。

（2）根据果皮是否肉质化分类　分为肉果和干果两大类。

1）肉果：果皮肉质化的果实，供食用的果实大部分为肉果。依果皮变化的情况不同，又分为浆果、核果和仁果。

① 浆果：果皮除外面几层细胞外，其余部分都肉质化并充满汁液，内含多枚种子，如葡萄、柿子。其中，瓜类特称为瓠果，肉质部分包括果皮和胎座，为假果。柑橘类特称为柑果，其外果皮呈革质，具油囊。

② 核果：内果皮全由石细胞组成，包在种子之外，形成果核。供食用的部分是发达的中果皮，最外层的皮即为外果皮，如桃、梅、李、杏、樱桃等。

③ 仁果：为假果，由子房和花托愈合在一起发育而成，供食用的部分是花托部分，如苹果、梨。

2）干果：果实成熟时，果皮呈干燥状态的果实。干果主要为坚果，即果皮坚硬、内含一枚种子的果实，如板栗、榛子等，以种子供食。

2．商品学分类

按商业经营的特点，可将果品分为鲜果、干果、瓜果及加工制品四大类。

1）鲜果：又称水果，是果品中最多最重要的一类。在商品流通中可以按照上市季节不同分为伏果和秋果。伏果是夏季采收的果实，如桃、李、杏、樱桃、西瓜和伏苹果等；秋果是在晚秋或初冬采收的果实，如梨、秋苹果、柿子、鲜枣、甜橘等。

2）干果：指自然干燥的干果和将鲜果经过人工干燥而得的果干，如核桃、板栗、松子、榛子，以及红枣、乌枣、柿饼、葡萄干、山楂干和香蕉干等。干果还包括坚果类和鲜果的干制品。在果品经营中还把杏仁、瓜子等也列入干果之内。

3）瓜果：包括葫芦科及以果皮或瓜瓤为食的甜瓜、西瓜等。

4）加工制品：指鲜果经过加工后的再制品，如果酱、蜜饯等。

二、果品类原料的主要化学组成

果品类原料营养价值丰富与其化学组成密切相关。水分在鲜果中约占 70%～90%，干果中水分的含量较低。果品中蛋白质含量一般为 0.5%～1%，有机酸 0.2%～3.0%，脂肪一般 0.3%以下，碳水化合物 10%～12%，矿物质 0.4%左右，此外还含有维生素 C、维生素 A、维生素 B 等营养成分。

1．水分

水分含量与鲜果的外部感官特征关系密切。果品类原料中含水量越多，则越新鲜，肉质也越嫩；含水量越少，肉质越老。但是含水量越多的果品类原料在保管条件差的情况下，越容易萎蔫或腐烂变质。

2．糖

各种果实的含糖量大致在 10%～15%之间，葡萄、大枣等果品类原料的含糖量可达到 20%

以上；随着果实的成熟，含糖量逐渐增加，当果实充分成熟时，含糖量也达到最高值。果品类原料中所含的糖分主要是葡萄糖、蔗糖和果糖。果品中，碳水化合物以果糖、葡萄糖、蔗糖等单糖和双糖较多；淀粉在某些干果如板栗、莲子、白果中较为丰富。果品是维生素和无机盐的重要来源。维生素以维生素 C、维生素 A 原为多，并含有维生素 B_1、维生素 B_2 等。例如，鲜枣、猕猴桃、柠檬、杏、山楂等含丰富的维生素 C，枇杷、芒果、杏、李子等维生素 A 原较多。无机盐以钙、磷、铁、钾、镁等为主，某些干果还含有较多的锌、铜等无机盐类。此外，果品中还含有丰富的果胶质、纤维素和半纤维素等。

3. 有机酸

有机酸是果实中酸味的主要来源，也是影响果实风味的一个重要成分，它的含量仅次于糖，其含量多少与不同的品种或同一品种的不同成熟期有直接关系。果品类原料中所含的有机酸主要有苹果酸、柠檬酸、酒石酸三种，统称为酒酸。酒石酸酸度最大，其次是苹果酸，再次是柠檬酸，大多数果实中都含有苹果酸，但柑橘类果实则只含有柠檬酸，葡萄中则以酒石酸为主。果实中总酸含量约在 0.1%～0.5%，柠檬酸含量最高达到 5%～6%。果实酸味的强弱，不仅与总酸含量有关，还取决于果实中酸碱度的高低，新鲜果实的酸含量，一般在 4%～5%，由于果实细胞汁液中所含蛋白质、氨基酸等物质，对酸碱值有一定的缓冲能力，所以果实一经加热，会使蛋白质凝固，失去缓冲能力，引起酸度上升，因而酸味增强，甜味降低。果实中有机酸的含量在果实成熟过程中是随果实的生长而增长的，接近成熟时逐渐减少。

4. 淀粉

成熟的果实中，一般不含有淀粉或含有极少量的淀粉，未成熟的果实中含有大量的淀粉。晚熟品种的苹果中，在采收时尚含有淀粉，在储藏过程中，淀粉逐渐转化成单糖，其甜味也加大。所以说，果实的成熟度可以从果实中含有淀粉量的多少来鉴别。

5. 纤维素

纤维素是构成果实的细胞壁和输导组织的重要成分，它不溶于水。在果实的表皮细胞中，纤维素又与木质素、果胶等结合成为复合纤维素，对果实起到保护作用。果品类原料中所含纤维素的多与少、精与粗直接影响果品类原料的口感，果品类原料中所含的纤维素越多越粗，在食用时越感到粗老。纤维素可以促进人体胃肠的蠕动，刺激消化腺分泌消化液，对人体的消化起到一定的间接作用，对一些消化道的疾病起到预防作用。

6. 维生素

果品类原料当中所含的维生素是比较丰富的，主要有维生素 C（大枣和山楂中含维生素 C 的量比较多）和胡萝卜素。

7. 糖苷

糖苷是糖与醇、醛、酚、单宁酸、含硫或含氮化合物等构成的脂态化合物。果实中含有各种苷，大多数都有苦味，有的含有剧毒。苦杏仁苷在酶的作用下可分解成苯甲醛，散发出果实特有的芳香，同时也产生氢氰酸，所以食用过多的苦杏仁，会发生食物中毒。

8. 色素

果品中主要含有两大类色素，一类是水溶性的，如花青色素、花黄色素；另一类是非水溶性色素，如叶绿素和类胡萝卜素。

9．芳香油

水果清香宜人，其香味来源于水果本身含有的各种不同芳香物质，即芳香油。它们主要存在于果皮中，而果肉中含量较少，其主要化学成分是醇、醛、酯、酸、酚、烯、烷等。果实中所含的芳香物质，决定果实的香味，香味能刺激食欲，有助人体对其他物质的吸收；有的芳香油还具有杀菌能力。果品类原料中芳香油的含量随其成熟度的增加而增加，这也是鉴别水果成熟度的标志之一。

10．无机盐

果实中含有很多的无机盐，如钙、磷、铁、镁、钾、钠等。果实中橄榄含钙最高，草莓、香蕉含磷较高，樱桃中含铁量较高。

三、果品的烹饪应用

绝大多数果品可以不经烹饪加工直接食用，或作为餐前开胃菜，或运用于餐后。此外，果品也是烹调中的一类重要原料。

1．制作菜肴

果品广泛应用于菜肴的制作，既可作为菜肴的主料，也可以作配料，有时候还可以作调味料使用。

由于大多数果品类原料都呈现甜酸、酸甜或纯甜味，而且带有独特的芳香气味，所以是甜菜的主要原料。甜味淡的鲜果或自身无咸味的干果（果仁）除制作甜菜外，还制成咸品菜肴，而且味型多样。一般甜菜品常采用拔丝、挂霜、软炸、蜜汁、鲜熘和酿蒸等方法制成。果品除作主料外，也是广泛使用的配料之一，可以和多种动物性原料、植物性原料相配成菜。鲜果的香甜、干果的软糯或香酥可赋予菜品特有的风味，使之不仅有良好的色、香、味、形，而且营养物质搭配合理，使菜肴具有更高的营养价值。菜品有炒仙桃仁丝瓜、板栗烧菜心、板栗烧鸡、奇妙桃仁鱼卷、松仁烧香菇、石榴熘鸡丁等。

在使用果品入馔时需注意：鲜果酸甜味突出、含水量大、维生素 C 丰富、色泽鲜艳，所以多用于甜味菜肴的制作，并应采用快速成菜法以保水、保色、保护维生素。

2．用做配形料和配色料

果品类原料色泽丰富而形态各异，本着自然、美观、实用的原则，可就原料本身的色和型来创造菜肴的特色。所以果品常用于花式菜中，既可用于花色冷盘造型和配色以及热菜的点缀、圈边等，还用于造型别致、风味独特的罐式菜、盅式菜和水果拼盘，如梨罐、橘罐、西瓜盅等都是广泛应用的菜式。

3．制作糕点、小吃

糕点、小吃等面点制品的花色、品种多样化，主要源于所使用的配料多样化。干果、果干及果脯、蜜饯常用于其中，一般混合用或作馅心，如莲蓉酥、五仁月饼、葡萄干面包、红枣糕、枣泥卷、八宝饭、粽子、芝麻汤圆和松糕等。它们不仅提供了果品的香甜或酥香的味感，而且也起到了丰富色泽的作用。有的果品还有滋补调养的功效，故常用于制作食疗的保健粥。

4. 用做食品雕刻料

许多果品（特别是鲜果），由于有脆硬的质地和鲜艳的色泽，经常用于食品雕刻，如西瓜、甜瓜、火龙果、菠萝等。

第二节　鲜　果　类

一、鲜果类概述

1. 鲜果的概念及结构特点

鲜果就是通常所说的水果，即植物学分类中的肉果。其果实由果皮和种子两部分组成。果皮可分为外果皮、中果皮、内果皮三层。果皮肉质化、多汁、柔软或脆嫩，为供食的主要部分。果皮的质地、色泽以及各层发达的程度，因植物种类不同而有所不同。

2. 鲜果的营养和卫生、风味特点

（1）营养特点　鲜果中含有大量的水分、碳水化合物、维生素、矿物质，而蛋白质、脂肪的含量则相对较低。鲜果中还含有丰富的有机酸、芳香油、天然色素，这些物质对增进食欲、促进消化有一定作用。

（2）卫生、风味特点　鲜果中尤其是未成熟的果实中单宁物质含量较多，由于单宁物质遇铁会变黑或经酶促氧化发生褐变，从而使某些水果的感官特征受到影响。另外，有些水果不可一次性食用过多，如柿子空腹食用或多食容易形成胃柿石；荔枝一次性大量食用或短时间内连续食用，会引发低血糖等。

3. 鲜果的烹饪运用特点

烹饪中，由于鲜果多具有口味甜酸、口感多样的特点，较适于制作甜菜或酸甜、咸甜味型的菜肴，如拔丝苹果、软炸香蕉、哈密瓜爆鲜贝、芒果鸡条、猕猴桃炒鸡柳等。由于鲜果中含有大量的水分、丰富的维生素 C，高温加热易损失，所以宜采用鲜食、挂糊煎炸或其他快速加热的方法，以减少维生素的损失并保护其质地。

二、常见的鲜果

1. 仁果类

仁果类的果实由果皮、果肉和子房构成，内生长有种仁，故称为仁果。仁果的食用部分为中果皮、果肉，主要有苹果、梨、山楂等。

（1）苹果　苹果为蔷薇科乔木，果实呈圆形，果皮为红、黄、青绿等色，果肉脆嫩，甜酸适口，为世界重要果品之一，分为中国苹果和西洋苹果两大类。我国苹果栽培历史悠久，著名的品种有红富士、金帅、国光等，西洋苹果有青蛇、红蛇。烹制中用于酿、拔丝等方法制作甜菜，如拔丝苹果、酿苹果，或制作甜点、甜羹。

（2）梨　梨为蔷薇科梨属乔木，秋季佳果，分为中国梨和西洋梨两大类。中国梨原产于我国，根据品种来源和地理分布又分为秋子梨系列、白梨系列、沙梨系列；西洋梨原产于欧洲中部、东南部以及小亚细亚等地，又可分为冬季梨和夏季梨。烹饪中可供制作多种甜、咸菜式，如八宝酿梨、梨汁粥等。

（3）山楂　山楂又称为红果、山里红，为蔷薇科乔木，是我国著名的果品，有3000多年栽培历史。其适应性强，病虫害少，多用嫁接繁殖，秋季和春季都可以栽植，为我国特产果品之一。山楂果实近球形，果皮红色，具有淡褐色斑作用。果实营养丰富，含有碳水化合物、蛋白质、脂肪、有机酸、钙、铁、磷及多种维生素，比柑橘、苹果等多种果实主要营养成分含量高，特别是维生素C含量较高，仅次于枣、猕猴桃，是苹果的1.7倍和柑橘的2～3倍。山楂还含有大量的红色素、果胶质和多种药用成分，所含维生素C和黄酮类成分有抗癌作用。

（4）枇杷　枇杷又称为卢橘，为蔷薇科小乔木，初夏佳果。其果呈球形或椭圆形，颜色为橙黄或淡黄色，原产于我国湖北西部与四川东部一带，福建、浙江、江苏等地栽培最多，如图7-1所示。枇杷分为红沙、白沙两类，著名品种有大红袍、洛阳青等。枇杷果味柔软多汁，甜酸适口。烹饪中用于制作甜、咸菜式，如珊瑚枇杷、枇杷羹、枇杷拌鸡等。

（5）木瓜　木瓜又称为花木瓜，蔷薇科灌木或小乔木，秋季成熟，如图7-2所示。我国陕西、山东及长江以南有栽培。可生食，也可经蒸煮或制成蜜饯后食用，也常干燥后切片泡酒。果肉中富含木瓜蛋白酶，可将果肉或果汁用于肉类的嫩化处理，或提取蛋白酶后制造嫩肉剂、蛋白酶制剂。

图7-1　枇杷

图7-2　木瓜

2．核果类

核果类果实是由外果皮、中果皮、内果皮和种子构成。果实是由子房发育而成的，外果皮较薄，中果皮肥厚，为食用部分。内果皮硬化形成木质硬壳，内包种子，故称核果。主要品种有桃、李、杏、樱桃等。

（1）李　李又称为李子，蔷薇科乔木，为我国特产，分布广泛。核果呈卵球形，绿色、黄色、红色、紫黑色等，果皮有光泽，外有蜡粉，如图7-3所示。名品如桂花李、醉李、南华李、桃形李等。李子可供鲜食，也可制作蜜饯、李干，烹饪中可作为甜菜的用料。

（2）桃　桃又称为桃实，为蔷薇科小乔木，我国特产，属夏季鲜果。核果近球形，表面有茸毛，以华北、华东等地栽培最多。水蜜桃肉质柔软，香气浓郁，汁多味甜；白花桃肉质脆嫩，酸甜适口。烹饪中供制作各类甜、咸菜式，如蜜汁鲜桃、水晶桃、香桃鸡球等。

（3）杏　杏又称为杏实、甜梅，蔷薇科乔木，我国特产。初夏鲜果，主产于长江以北。果呈圆形，果皮多为金黄色，带有红晕和斑点，如图 7-4 所示。果肉暗黄色，味酸甜，多汁，具独特香味。名品如河北大香白杏、山西沙金红等。除鲜食外，可制杏脯、杏干、杏酱等。烹饪中可作为杏酪等甜菜的用料。其种仁可作为干果食用。

图 7-3　李

图 7-4　杏

（4）枣　枣又称为红枣、大枣，鼠李科乔木，原产我国。河北、山东、河南、陕西等地栽培较多。核果呈长圆形，鲜嫩时为黄色、绿白色，成熟后为紫红色。名品如金丝小枣、无核枣、义乌大枣等，新品种如梨枣。鲜枣质地爽脆，味甜，维生素 C 含量十分丰富。除鲜食外，常加工成干制品，如干枣、蜜枣、醉枣等。枣是烹饪中常用的原料，可制各种甜、咸菜肴，可作为饭粥、糕饼配料，可加工成枣泥馅心。代表菜点有红枣煨猪蹄、蜜制大枣、枣泥油糕等。

（5）樱桃　樱桃又称为莺桃、含桃、中国樱桃、车厘子等，为蔷薇科灌木或小乔木，原产我国，为初夏佳果。核果小，为球形，鲜红色，果肉柔嫩多汁，味甜而带酸，果柄长，如图 7-5 所示。此外，还有欧洲樱桃，分为原产于亚洲西部及黑海沿岸的甜樱桃和原产于亚洲西部、欧洲东南部的酸樱桃。烹饪中可制作甜、咸菜式，如樱桃白雪鸡、樱桃虾等，也常用于菜肴、面点、饮品的装饰和点缀。

图 7-5　樱桃

（6）杨梅　杨梅又称为树梅、朱红，杨梅科乔木，原产我国。初夏鲜果，分布于我国长江以南各地，主产浙江、福建。核果呈球形，紫黑色、暗红色、白色或淡红色，果味甜酸可口，如图 7-6 所示。杨梅主要供生食，也可加工成蜜饯、果酱等制品。烹饪中用于制作甜菜，如杨梅丸子、杨梅羹等。

（7）芒果　芒果又称为杧果、檬果，漆树科乔木，原产亚洲南部，我国广东、广西、福建、云南等地栽培较多。果呈肾形或椭圆形，淡绿色或淡黄色；果肉为暗黄色至橙色，汁多味甜、香气独特、质地细腻，如图 7-7 所示。芒果主要供鲜食，或制成蜜饯、果干、果汁及腌渍品，烹饪中可作为甜菜的用料。

图 7-6　杨梅

图 7-7　芒果

（8）荔枝　荔枝为无患子科乔木，我国南部特产夏季鲜果之一，广东、广西、福建、云南等地栽培最多。果实呈心脏形或圆形，果皮具多数鳞斑状突起，鲜红、紫红、青绿或青白色，如图 7-8 所示。供食部分为肉质化的假种皮，半透明凝脂状，多汁，味甘美，有芳香。除鲜食、干制、加工外，烹饪中可供制作咸、甜菜式，如荔枝熘凤脯、水晶荔枝、荔枝西米羹等。荔枝不宜多食，否则可引发低血糖。

（9）龙眼　龙眼又称为桂圆、龙目，为无患子科乔木，我国南部特产鲜果之一，广东、广西产量较高。果实呈球形，壳质薄，淡黄色或褐色，表面粗糙，如图 7-9 所示。供食部分为肉质化的假种皮，白色、透明、多汁、味甜，供鲜食，或制成果酱、果膏。经干制可制成桂圆干或桂圆肉。用于烹饪中，主要供制作甜羹或作为药膳的用料，如桂圆八宝粥。

图 7-8　荔枝

图 7-9　龙眼

3．浆果类

浆果类果实形状较小，果实由一个或多个心皮的子房发育而成，因果肉成熟后柔软多汁，故称浆果。浆果是依据果肉为浆状这一特点而命名的，没有统一的构造特征。主要品种有柿子、猕猴桃、香蕉、葡萄等。

（1）柿子　柿子为柿树科乔木，原产我国。秋季鲜果，各地广泛栽培。果实呈圆形或方形，橙红色或金黄色。除甜柿外，通常都须进行脱涩。脱涩后，果味甜美。除鲜食外，可加工成柿饼、柿糕等，还可发酵制醋、酿酒。烹饪中可用于面点的制作，如西北小吃柿子饼。由于鲜柿含较多的单宁，所以不宜空腹食用，也不宜一次食用过多。

（2）猕猴桃　猕猴桃又称为杨桃、藤梨、茅梨、奇异果等，为猕猴桃科藤本植物，原产我国。引种到新西兰之后，培育出许多优良品种，我国重新引进了优良品种。夏秋季鲜果，果实为卵形至近球形；未成熟时果皮密被绒毛，成熟后无毛，呈黄褐绿色；果肉呈青玉色或

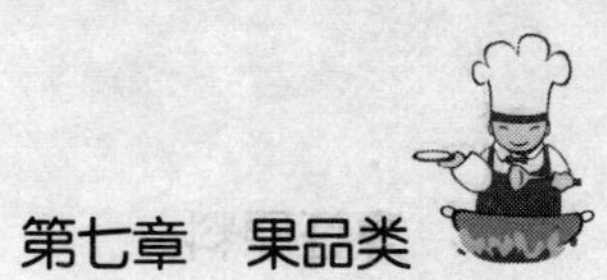

粉红色，柔软多汁，酸甜可口，维生素C含量高。名品有海澳德、秦美等。烹饪中可作为熘炒类菜式的配料，如猕猴桃炒肉丝。

（3）香蕉　香蕉又称为蕉实、梅花蕉等，为芭蕉科草本植物，原产我国南部、印度、马来半岛。果皮未成熟时呈绿色，成熟后为黄色，果肉为黄色，香甜细糯。鲜果采摘后，需经过后熟或人工催熟，方可食用。常分为矮脚蕉、甘蕉和大蕉三类。矮脚蕉、甘蕉味佳，常供生食，名品如龙牙蕉、香牙蕉、粉蕉；大蕉富含淀粉，常代粮代蔬烹调食用。香蕉常用于烹制甜菜，如拔丝香蕉、熘蜜汁香蕉、软炸香蕉，偶见咸味菜式，如醋熘香蕉。

（4）葡萄　葡萄又称为蒲桃、草龙珠等，葡萄科藤本，原产于欧洲、亚洲西部和非洲北部，我国主产于西北、华北等地。浆果椭圆和圆形，果皮与果肉不易分离，色黑、红、紫、黄或绿，大多具有独特的香气。果味酸甜或纯甜，果肉柔软多汁。名品如巨峰、藤捻、无核白、玫瑰香等。除鲜食外，可干制、酿酒、制醋。烹饪中鲜葡萄可作为甜菜用料，如拔丝葡萄、酒酿葡萄羹。葡萄干可作为面点、甜饭的配料或装饰用料。

（5）番木瓜　番木瓜又称为万寿果、番瓜、本瓜等，为番木瓜科小乔木，原产热带美洲，我国广东、广西、福建、云南等地栽培较多。名品如岭南木瓜。浆果肉质，呈长椭圆形至近球形，长可达30cm，成熟时黄色或淡绿色；果肉厚，肉质细嫩柔滑，酥香清甜。可作为水果鲜食，也可作为蔬菜入烹，适宜于炖、煮汤、酿料后蒸等烹制方法，或制甜菜，如木瓜炖排骨、木瓜鱼翅煲、木瓜鲜奶羹等。果肉中富含木瓜蛋白酶，可用于肉类原料的嫩化处理。

（6）番石榴　番石榴又称为番桃、鸡屎果、缅桃等，桃金娘科灌木或小乔木，原产美洲，我国南方有栽培，夏季成熟，如图7-10所示。果实供生食，也可腌渍、制果酱等。烹饪中可作为甜菜的用料。

（7）石榴　石榴又称为丹若等，石榴科灌木或小乔木，原产亚洲中部，我国广为栽培，秋季成熟。浆果近球形，果皮厚，种子多枚，具肉质化外种皮，为食用部分，如图7-11所示。名品如安徽怀远水晶石榴、陕西临潼大红蛋石榴、粉红石榴等。石榴主要供鲜食，也可制果汁。

图7-10　番石榴

图7-11　石榴

（8）西番莲　西番莲又称为鸡蛋果、洋石榴、热情果，西番莲科藤本植物，原产巴西，如图7-12所示。我国福建、广东、台湾等地有栽培。西番莲主要用于制作饮料，也可鲜食，或作为蔬菜用于菜肴的制作。果核可用于榨油。

图 7-12　西番莲

（9）榴莲　榴莲又称为韶子，木棉科乔木，原产马来西亚、菲律宾、缅甸等地，近年来我国广东、海南等省有栽培，成熟期为 11 月至次年 2 月和 6～8 月，如图 7-13 所示。成熟果实供鲜食或加工，也可与肉类炖汤或加虾做成虾酱；未熟果实可作蔬菜，煮食或炖食；种子富含淀粉，可供炒食。

（10）人心果　人心果又称为赤铁果、芝果，山榄科乔木，原产热带美洲，我国广东、海南地区有栽培，如图 7-14 所示。鲜果供生食，也用于榨汁制饮料。

图 7-13　榴莲

图 7-14　人心果

（11）杨桃　杨桃又称为羊桃、五敛子、阳桃等，酢浆草科乔木，我国华南地区有栽培，秋冬季成熟，如图 7-15 所示。除鲜食外，可加工罐头、果脯、果酱等；可用于烹饪制作，如冰糖杨桃、杨桃炒鸡丁、木须杨桃等。酸杨桃可用盐腌或加糖蒸制作为菜肴。

（12）山竹　山竹为金丝桃科乔木，原产于印度尼西亚和马来西亚。我国有进口。果实大小如柿，呈深紫色，如图 7-16 所示。山竹主要供鲜食。

图 7-15　杨桃

图 7-16　山竹

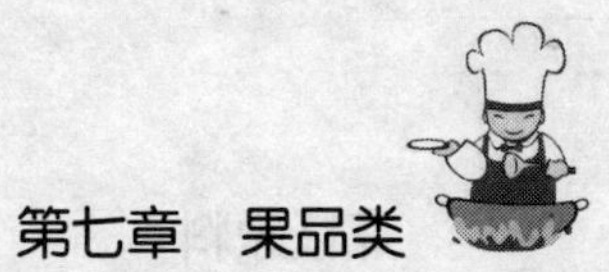

4．柑果类

柑橘类果实又称柑果或橙果，由外果皮、中果皮、内果皮、种子构造而成。内果皮的内侧生长许多肉质化的囊状物，称为沙囊，富含浆液，是主要食用部分。主要品种有柑橘、柠檬、柚子等。

图 7-17　宽皮橘

（1）宽皮橘　宽皮橘为芸香科灌木或小乔木，原产于我国。果实呈扁圆形，红色或橙黄色，果味酸甜不等，如图 7-17 所示。宽皮橘包括柑和橘，柑的果皮海绵层较厚，剥皮稍难，果瓣结合较紧密；橘的海绵层薄，剥皮容易，果瓣结合较疏松。柑和橘均在秋冬季上市。柑的主要品种有温州蜜柑、椪柑、蕉柑等。橘的主要品种有金橘、红橘、蜜橘。烹饪中用于甜菜的制作，如橘羹西米等。

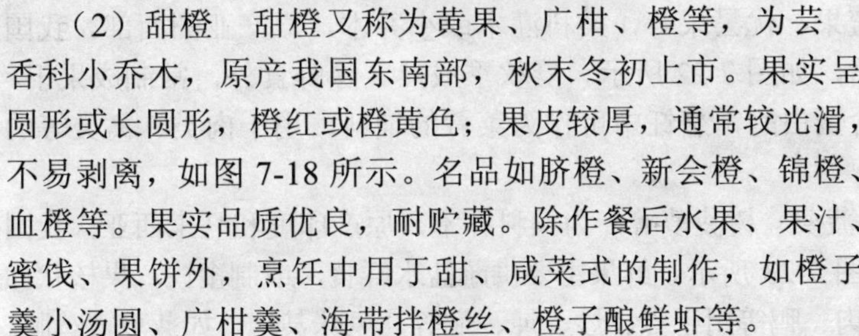

图 7-18　甜橙

（2）甜橙　甜橙又称为黄果、广柑、橙等，为芸香科小乔木，原产我国东南部，秋末冬初上市。果实呈圆形或长圆形，橙红或橙黄色；果皮较厚，通常较光滑，不易剥离，如图 7-18 所示。名品如脐橙、新会橙、锦橙、血橙等。果实品质优良，耐贮藏。除作餐后水果、果汁、蜜饯、果饼外，烹饪中用于甜、咸菜式的制作，如橙子羹小汤圆、广柑羹、海带拌橙丝、橙子酿鲜虾等。

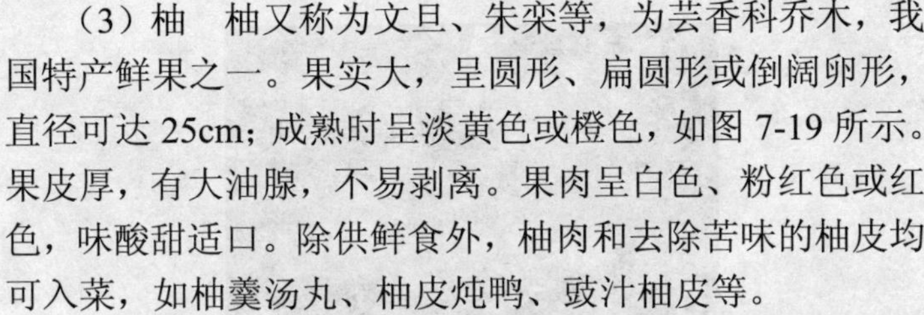

图 7-19　柚

（3）柚　柚又称为文旦、朱栾等，为芸香科乔木，我国特产鲜果之一。果实大，呈圆形、扁圆形或倒阔卵形，直径可达 25cm；成熟时呈淡黄色或橙色，如图 7-19 所示。果皮厚，有大油腺，不易剥离。果肉呈白色、粉红色或红色，味酸甜适口。除供鲜食外，柚肉和去除苦味的柚皮均可入菜，如柚羹汤丸、柚皮炖鸭、豉汁柚皮等。

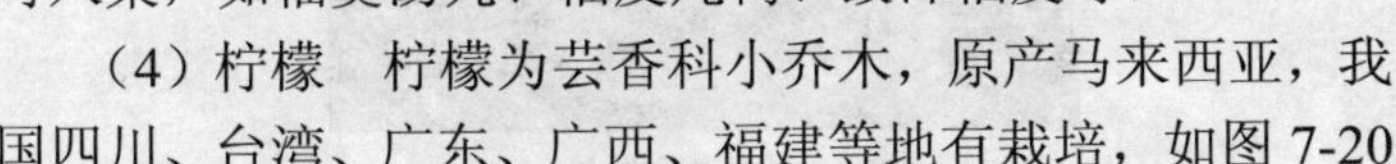

（4）柠檬　柠檬为芸香科小乔木，原产马来西亚，我国四川、台湾、广东、广西、福建等地有栽培，如图 7-20 所示。果汁极酸。柠檬不供鲜食，一般切薄片加食糖腌渍后冲水作饮料，或榨柠檬汁用于调配饮料。烹饪中可将柠檬汁作为酸味调味料。

（5）葡萄柚　葡萄柚又称为朱栾、金山柚、美洲柚，芸香科乔木，原产于西印度群岛。我国四川、广东、浙江等地有少量栽培，如图 7-21 所示。根据果肉颜色的不同分为白肉类（果肉呈灰白色至黄白色，供食品加工）和红肉类（果肉及皮膜呈粉红色或红色，供鲜食或榨汁）。

图 7-20　柠檬

图 7-21　葡萄柚

5．聚合果、复果类

复果类果实是由整个花序组成，肉质的花序轴及苞片、花托、子房等可供食用。主要品种有菠萝、草莓等。

（1）菠萝　菠萝又称为凤梨、黄梨、波罗，为凤梨科草本植物，热带四大名果之一，原产于巴西，我国栽培于台湾、广东、广西等地。果实呈球果状，果肉爽嫩多汁，甘酸适口，香味浓郁。鲜食时，应用淡盐水浸泡，以去除皂素。烹饪中可制作多种咸、甜菜式，如糯米酿菠萝、菠萝烧排骨、菠萝烤鸭等。此外，由于果肉中含蛋白酶，所以，菠萝汁还可用于肉的嫩化处理。

（2）草莓　蔷薇科草莓属草本植物，原产南美洲，我国各地普遍栽培，为春季鲜果。果实呈心形，为红色、粉红色或白色。果实柔嫩多汁，味甜酸。名品有丰香草莓、凤梨草莓、麝香草莓等。除鲜食外，烹饪中可作为甜菜用料或制作水果拼盘。

（3）无花果　无花果又称为蜜果、优昙果等，桑科灌木或小乔木，原产亚洲西部。我国长江以南及山东、新疆等地有栽培，如图 7-22 所示。夏秋季成熟。除鲜食外，常制成果干、果酱、蜜饯等。未成熟果实中富含蛋白酶，烹饪中可作为菜肴的辅料，用于肉类、禽类等的嫩化处理。

（4）菠萝蜜　菠萝蜜又称为木菠萝、树菠萝等，为桑科乔木，原产印度和马来西亚。我国广东、广西、云南等地有栽培，如图 7-23 所示。鲜果主要供蘸盐水鲜食，或制蜜饯。果核状如鸡蛋，富含淀粉，烹饪中单用或配肉、鸭等用于煮、炒、炖、焖等，风味甚佳，如菠萝蜜鸡脯。

图 7-22　无花果

图 7-23　菠萝蜜

6．瓜果类

瓜果类又称瓠果。这类果实是由花托、外果皮、中果皮、内果皮、胎座、种子构成。甜瓜可食部分为中果皮和内果皮；西瓜可食部分还包括胎座。主要品种有西瓜、白兰瓜、甜瓜等。

（1）西瓜　西瓜为葫芦科，原产非洲，夏季优良果品。果实呈圆形或椭圆形，皮色呈浓绿、绿白、绿夹蛇纹或黄色。果肉呈深红、淡红、黄或白色，多汁而味甜。烹饪中，常选形好色优的西瓜制作西瓜盅或镂刻成西瓜灯，或制成甜、咸面酱。此外，西瓜皮脆嫩爽口，也是良好的入烹原料，可供炒、炝、煮或制馅。

（2）甜瓜　甜瓜又称为香瓜，葫芦科，原产于热带，我国广为栽培，为夏季优良果品。瓠果呈球形或椭圆形；果皮为黄色、白色、绿色或杂有各种斑纹；果肉为绿、白、红或橙黄色，肉质脆或绵软，味甜，具独特芳香。著名的新疆哈密瓜，即为甜瓜变种的一个品种。甜瓜主要供鲜食，也可作为烹饪原料制作甜、咸菜品，如香瓜排翅盅、香瓜拌蜇头等。

第三节　干　果　类

干果类果品中主要有坚果，坚果类果实是以种仁（子叶）供食用，果实是由子房发育而成的，果实特征为外包木质或革质硬壳，成熟时干燥而不裂开，故又称壳果。主要品种有核桃、栗子、松子等。

一、常见的干果

1．白果

白果为银杏科银杏的种子，我国特产。种子呈核果状，椭圆形或倒卵形，外种皮肉质，中种皮骨质，内种皮膜质，以种仁供食。因种仁中含有毒素，不可生食，需经烤、炒、炖、煮后热食，但过量食用亦会中毒。经熟制后的种仁色泽碧绿，口感香糯。烹饪中可制成多种甜、咸菜式或作为药膳用料、糕点配料，如蜜汁白果、白果鸡丁、白果炖鸡等。

2．莲子

莲子为睡莲科莲的坚果，干、鲜均可食用，如图 7-24 所示。鲜品清利爽口，可生食，或作菜肴的配料，如鲜莲鸡丁、鲜莲鸭羹等。干品因加工方法的不同，分为红莲和白莲，主要用于制作甜菜，如冰糖莲子、莲子果羹、干蒸莲子等，也可制作扒莲蓉鹌鹑、莲蓬鸡等鲜味菜肴。制成莲蓉后可作糕点馅料及甜咸菜品的配料，如莲蓉月饼、莲蓉蛋糕等。民间常以之与桂圆等炖服。

3．松子

松子为松科植物白皮松、红松、华山松等的松果内的种子，以红松子质量最佳，如图 7-25 所示。松子含脂量可高达 15%，具有松脂香，风味独特。炒熟后可当做消闲食品、糕点馅料，如开口松子、松仁黑麻月饼等；烹饪中可制作多种甜、咸菜肴，如松仁玉米、松子酥鸭、网油松子鲤鱼等。

图 7-24　莲子

图 7-25　松子

4．核桃

核桃又称为胡桃，为胡桃科胡桃的果实，我国主产于北方和西南地区。核果呈球形，外果皮肉质，内果皮木质而坚硬，有皱脊。以种子供食，可鲜食、制作炒货、作为糕点馅料等。烹饪中，桃仁是常用原料之一，清香的鲜桃仁可烹制各种时菜，如桃仁炒鸡丁、奶汤鲜桃仁、

鸡粥桃仁等；干香爽口的干桃仁适宜制作冷碟菜品、馅心、多种甜咸菜式，如核桃酪、琥珀桃仁、怪味桃仁、桃仁炒鸡花等。

5．山核桃

山核桃又称为小核桃，是胡桃科山核桃的果实，原产我国，分布于浙江、安徽等地，果实秋季成熟，如图 7-26 所示。新鲜种仁有涩味，水煮脱涩后味香美。山核桃主要供加工，一般用盐水浸渍后经炒熟作干果食用，如奶油小核桃。

6．榛子

榛子为桦木科榛的果实，我国特产，主产于东北地区。小坚果近球形，外托有钟状或叶状总苞，如图 7-27 所示。种子含油量可达 45%～60%。种仁炒后可直接食用，或作糕点、糖果的配料，或制作榛子乳、榛子脂、榛子乳脂等高级营养食品，经烹饪可制成炒榛子酱。

图 7-26　山核桃

图 7-27　榛子

7．板栗

板栗为山毛榉科栗的果实，我国原产干果之一，主产于北方地区。果壳呈球形，密背针刺，内藏两或三个坚果。名品有魁栗、良乡栗等。板栗的种子富含淀粉，可生食或煮、蒸、炒食，如糖炒板栗；可用其粉制成糕点，如栗羊羹、北京仿膳的小窝窝头等；可烧、焖、炸、煮等，制作多种甜咸菜式，如板栗烧鸡、栗子红焖羊肉、西米栗子、桂花鲜栗羹等。

8．腰果

腰果又称为鸡腰果，为漆树科腰果果实，原产非洲、巴西、印度等国。我国广东、海南等地引种栽培，如图 7-28 所示。腰果的果实由两部分组成，果蒂上具有膨大的肉质花托，称假果或果梨，长 3～7cm，红色或黄色，柔软多汁，味甜酸，具香味，可作水果鲜食或加工；果蒂上方为肾形的腰果，由果壳、种皮和种仁三部分组成，富含蛋白质和脂肪，可作糕点、糖果的配料等；入馔使用与花生相似，可炒、炸、煎，如腰果西芹、腰果鲜贝。

图 7-28　腰果

9．杏仁

杏仁又称为杏扁，为蔷薇科杏的果仁，如图 7-29 所示。扁形，浅棕色，含丰富的淀粉、脂肪与蛋白质。按味感的不同，分为甜杏仁、苦杏仁两类。甜杏仁可供食用，或作为食品工业的优良原料；或用于制作糕点馅料、腌制酱菜；或入馔制作多种杏仁味的甜、咸菜式，如杏仁奶露、杏仁豆腐、杏仁酪、杏仁鸡卷等。苦杏仁因含有毒的苦杏仁甙，只有焙炒脱毒后方可入药使用。

图 7-29　杏仁

同属另种还有巴丹杏，又称为扁桃、八达杏，原产于亚洲西部，欧洲栽培较多，我国新疆、甘肃、陕西有少量栽培。巴丹杏取种仁食用，也分苦巴丹杏和甜巴丹杏两类，其成分及食用方法类似于杏仁。

10．花生

花生又称为落花生、长寿果，为豆科草本植物落花生果实，原产于巴西，我国广为栽培。种子（花生仁）呈长圆形，种皮淡红、红等色，富含蛋白质、脂肪等营养素。花生的运用极为广泛，可制成多种炒货、花生糖、花生酥等；可加工花生蛋白乳、花生蛋白粉等营养食品；可用于腌渍，制作酱菜；可烹调入馔，制作佐餐小菜、面点馅心或甜咸菜肴，如扁豆花生羹、盐水花生、花生米虾饼、糖粘花仁、宫保鸡丁等。

11．椰子

椰子为棕榈科椰的果实，原产马来西亚。我国海南岛、雷州半岛等地有栽培。核果圆形或椭圆形，成熟时褐色；外果皮较薄，中果皮为厚纤维层，内果皮为坚硬的骨质，如图 7-30 所示。胚乳（即椰肉）呈白色，富含脂肪，质地脆滑，有类似于花生和核桃的混合香味；胚乳内部的汁液（即椰汁）可作饮料，口感清甜。椰肉可鲜食或加工成椰丝、椰茸、椰糖、椰油，是糖果、糕点的高级配料；也可作为浆肴原料，制成多种甜、咸菜式，如冰糖雪耳椰子盅、原盅椰子炖鸡、椰汁咖喱鸡等。

12．开心果

开心果，又名无名子，为漆树科落叶小乔木无名木的果实，如图 7-31 所示。开心果以开心解郁的功效而得名，是现在人们生活中十分常见的休闲干果。它主要产于叙利亚、伊拉克、伊朗、前苏联西南部和南欧，我国仅在新疆等边远地区有栽培。开心果果仁含有维生素 E 等成分，有抗衰老的作用，能增强体质。古代波斯国国王视之为“仙果”。开心果果仁是高营养的食品，每 100g 果仁含维生素 A20μg，叶酸 59μg，含铁 3mg，含磷 440mg，含钾 970mg，含钠 270mg，含钙 120mg，同时还含有烟酸、泛酸、矿物质等。种仁含油率高达 45.1%。由于开心果中含有丰富的油脂，因此有润肠通便的作用，有助于机体排毒。

图 7-30　椰子

图 7-31　开心果

二、干果的营养价值

干果中蕴藏有丰富的不饱和脂肪酸 a-亚麻酸，它是孕期必需的脂肪酸，可为胎儿脑发育提供充足的“建筑材料”。核桃富含健脑成分磷脂，可作为首选零食，生吃或加入适量盐水煮熟吃，也可以与薏仁、栗子等一起煮粥吃。花生蛋白质含量高达 30%，营养可与鸡蛋、牛奶、瘦肉媲美，且易被人体吸收，可与黄豆一起炖食，或与莲子一起放在粥里或是米饭里，但不可油炸。瓜子中的葵花子、南瓜子和西瓜子富含不饱和脂肪酸，炒熟或煮熟后食用。松子以维生素 A、维生素 E 与人体必需脂肪酸含量丰富著称，生吃或做成美味的松仁玉米皆可。榛子可以单吃，也可压碎拌入冰激凌或是麦片里食用。此外其他干果也均具有较高的营养价值，这里不再一一列举。

第四节　果品制品

一、果品制品概述

1. 果品制品的概念

果品制品是指以鲜果为原料经过干制、用糖煮制或腌渍而得的制品。其中加入高浓度的糖制成的制品，由于糖多甜味重，故称之为“糖制果品”，如果脯、蜜饯和果酱等。

2. 果品制品的分类

按照加工方法的不同，果品制品可以分为下列几类。

（1）果干类　果干是指将鲜果经过脱水干燥而制得的制品，如山楂干、葡萄干、香蕉干、柿饼、槟丝、杏干和龙眼干等。脱去水分有利于鲜果保色、保味和使用。

（2）果脯、蜜饯类　果脯、蜜饯是将鲜果经糖煮或者糖渍后制成的制品。一般较干燥的为果脯，较湿润的为蜜饯，如苹果脯、杏脯、橘饼、冬瓜条、蜜饯樱桃等。

（3）果酱类　果酱是将鲜果破碎或榨汁和糖一起熬制而成的酱状制品。由于加工工艺的要求不同，其形式有浓稠的果酱、较浓稠的果泥、凝胶状的果冻和较干燥的果丹皮等。

（4）果汁类　果汁是提取鲜果的汁液制成的液体状加工品。一般采用压榨法和浸出法提取，可保持原浓度或进行浓缩，无论在风味还是营养上都十分接近鲜果。

（5）水果罐头类　水果罐头是将鲜果去皮、去核、切块、热烫处理后，浸泡于糖水中，再装罐、密封、杀菌的制品。水果罐头便于贮藏和运输。

二、果品制品的主要种类

1. 葡糖干

葡萄干为葡萄科植物葡萄果实的干制品。

（1）分类　根据品种和产地不同，葡萄干可以分为白葡萄干和红葡萄干两类。白葡萄干无核，色泽绿白，粒小而有透明感，肉质细腻，味甜美；红葡萄干无核或有核，皮紫色或红色，粒大而有透明感，肉质次之，味酸甜。葡萄干主要产于新疆，多悬挂于四面通风的干燥屋内阴干而成。

(2)营养及保健　每100g葡萄干含糖类81.4g，蛋白质2.2g，钙32mg，磷33mg，铁5.5mg，还含有多种维生素及有机酸。葡萄干具有生津止渴、健脾开胃、养肝补血的功效。

(3) 烹饪运用　葡萄干在烹饪中应用较为广泛，常整体作糕点配料，或剁成蓉泥作甜点的馅心，也是甜菜品中常用的配料和花色炒饭的配料。在这些运用中，葡萄干均起到了配色、提味和增香甜的作用。

2．山楂糕

山楂糕是采用成熟度适宜的鲜山楂或干山楂片配以白砂糖加工成的山楂制品。

(1) 质量标准　山楂糕的质量以块状完整、表面油润、无明显斑点、组织软润有弹性、无明显粗糙感、半透明状、色泽一致、甜酸适度、有原果风味、无异味者为佳。

(2) 烹饪运用　山楂糕可制作甜菜拔丝山楂糕，也可以用来制作冷菜。

3．红丝、绿丝

红丝、绿丝是“苏蜜”的特产，采用香抛皮（即青抛片）作原料，经过刨丝后配以白砂糖精制而成，成品色泽鲜艳。红丝、绿丝常拼在一起使用，故简称红绿丝。

(1) 质量标准　红绿丝的质量以丝条完整、外表干燥、无块状、糖液渗透均匀、组织饱满、无粗纤维、红丝浅红色、绿丝浅绿色、具有甜味和香味者为佳。

(2) 烹饪运用　红绿丝是制作各种糕点和月饼的原料，可作甜馅，也可以用于八宝饭的制作，此外还是菜点配色的原料。

4．枣干

枣干为大枣的干制品，我国南北各地均有栽培，以河南、河北、山东、陕西、甘肃和山西等地盛产。

(1) 形态特征　核果呈长圆形，鲜品时为黄色或黄中带紫红色或全部紫红色，含丰富的糖类和维生素C。

(2) 质量标准　鲜枣去核或不去核，通过不同的方法可加工成红枣、乌枣、蜜枣和牙枣等果干。红枣果皮色红鲜艳，蜜枣果皮色黄亮而有透明感，乌枣果皮色乌紫光亮。枣一般以果干粒大核小、肉厚皮薄、口味香甜质软糯者为佳。

(3) 烹饪运用　枣除可直接食用外，常用于制作甜咸味不同的菜肴，名菜有红枣煨肘、红枣炖甲鱼等具有滋补功效的菜品。枣除整用外，还可制作枣泥、枣糕等风味糕点和小吃，如网油枣泥卷、慈姑枣泥饼、桃仁枣泥等。

第五节　水果的品质检验和保藏

一、果品类原料的品质鉴别

果品的品质检验主要是对其成熟度、糖酸度、新鲜度以及有无机械损伤、生理病害、病虫害等方面加以评定。水果的成熟度可通过水果本身固有的色泽、风味、香味、质地、营养素含量等多方面反映出来。水果的糖酸度反映出固有的口味。一般认为，纯甜或甜酸适口的水果，品质优良；若口味过酸或带有涩味，则表明品质较差，或成熟度不够。水果的新鲜度是反映品质的重要的感官标准，可通过形态、色泽、水分含量、重量、质地等方面的变化反映出来。例如，优质的苹果形态饱满，色泽鲜艳有光泽，多汁，重量与大小相称，软硬度适中。此外，优质的水果应具有完整无损的果皮，不应有碰伤、压伤、划伤等表象存在，不应有虫蛀、“黑心”、褐斑、霉斑等生理病害或病虫害现象发生。

具体来说，鲜果品的感官鉴别方法主要是目测、鼻嗅和口尝。其中目测包括三方面的内容：一是看果品的成熟度和是否具有该品种应有的色泽及形态特征；二是看果形是否端正，个头大小是否基本一致；三是看果品表面是否清洁新鲜，有无病虫害和机械损伤等。鼻嗅则是辨别果品是否带有本品种所特有的芳香味，有时候果品的变质可以通过其气味的不良改变直接鉴别出来。口尝不但能感知果品的滋味是否正常，还能感觉到果肉的质地是否良好，它也是很重要的一个感官指标。

干果品与鲜果相比，由于经过了干制，水分含量大大降低，但其感官鉴别的原则与指标基本上和鲜果大同小异，这里不再赘述。

二、各类果品的鉴别方法

1．鉴别苹果的质量

（1）一类苹果　主要有红香蕉（又叫红元帅）、红金星、红冠、红星等。

表面色泽：色泽均匀而鲜艳，表面洁净光亮，红者艳如珊瑚、玛瑙，青者黄里透出微红。

气味与滋味：具有各自品种固有的清香味，肉质香甜鲜脆，味美可口。

外观形态：个头以中上等大小且均匀一致为佳，无病虫害，无外伤。

（2）二类苹果　主要有青香蕉、黄元帅（又叫金帅）等。

表面色泽：青香蕉的色泽是青色透出微黄，黄元帅色泽为金黄色。

气味与滋味：青香蕉表现为清香鲜甜，滋味以清心解渴的舒适感为主；黄元帅气味醇香扑鼻，滋味酸甜适度，果肉细腻而多汁，香润可口，给人以新鲜开胃的感觉。

外观形态：个头以中等大均匀一致为佳，无虫害，无外伤，无锈斑。

（3）三类苹果　主要有国光、红玉、翠玉、鸡冠、可口香、绿青大等。

表面色泽：这类苹果色泽不一，但具有光泽，洁净。

气味与滋味：具有本品种的香气，国光滋味酸甜稍淡，吃起来清脆，而红玉及鸡冠，颜色相似，苹果酸度较大。

外观形态：个头以中上等大小且均匀一致为佳，无虫害，无锈斑，无外伤。

（4）四类苹果　主要有倭锦、新英、秋花皮、秋金香等。

表面色泽：这类苹果色泽鲜红，有光泽，洁净。

气味与滋味：具有本品种的香气，但这类苹果纤维量高，质量较粗糙，甜度和酸度低，口味差。

外观形态：一般果形较大。

2．鉴别梨的质量

（1）良质梨　果实新鲜饱满，果形端正，因各品种不同而呈青、黄、月白等颜色，成熟适度（八成熟），肉质细，质地脆而鲜嫩，石细胞少，汁多，味甜或酸甜（因品种而异），无霉烂、冻伤、病灾害和机械伤。大型果（莱阳梨、雪花梨）果实横径 65～90mm，中型果（鸭梨、长把梨）果实横径 60mm 以上，小型果（秋白梨）果实横径 55mm 以上，并且各品种的优质梨果个大小都比较均匀适中，带有果柄。

（2）次质或劣质梨　果型不端正，有相当数量的畸形果，无果柄，果实大小不均匀且果个偏小，表面粗糙不洁，刺、划、碰、压伤痕较多，有病斑或虫咬伤口，树磨，水锈或干疤已占果面 1/3 至 1/2，果肉粗而质地差，石细胞大而多，汁液少，味道淡薄或过酸，有的还会存在苦、涩等滋味，特别劣质的梨还可嗅到腐烂异味。

3．鉴别柑橘的质量

柑橘类果品中经济价值较高的有柑、橘、甜橙、柚、柠檬、金橘等。以下仅就这六类柑橘的感官特点分别作介绍。

（1）柑　其感官特点是外观果形较橘子大，且近似于球形，皮为橙黄色，皮质粗厚，表面凹凸不平而且不易剥开，瓤汁多而味甜，核为白色，种仁为绿色。

（2）橘　其感官特点是，果型小而较扁，皮呈米红色或橙黄色，皮质细薄，较平滑且无坚硬感，瓣与皮容易剥离，果心不实，滋味酸甜，核尖而细。

（3）甜橙　甜橙又名广柑，其感官特点是果形中等，呈圆形成长圆形，皮稍厚而光滑润泽，皮与果肉结合较紧，难以剥离，果心无实，核与种均呈白色（这一点和皮的光滑程度是外部区别甜橙与柑的主要依据），果肉汁多，瓤瓣界限不分明，味酸甜适口，耐储藏。在我国以红江橙为上品。

（4）柚　柚又名文旦，其感官特点是果形较大，呈不规则圆球或梨形，似葫芦状，皮质粗糙而肥厚（可达 1cm），皮与肉难以分离，成熟时多为黄色或橙色，肉质有白色和粉红色两种，核大而多，汁液少，味酸甜，有时也会稍带苦味，极耐储藏。在我国以沙田柚为上品。

（5）柠檬　其感官特点是个头中等，果形椭圆，两端均突起而稍尖，似橄榄球状。皮肉难以剥离，成熟者皮色鲜黄，具有浓郁的香气，汁液较酸，主要供冲调饮料时调味用，也可用来提取芳香油和柠檬酸。

（6）金橘　其感官特点是形体小，稍呈椭圆，果实个头与核桃相仿，肉质紧密，外皮不易剥离，一般都带皮食用，核少或无核，颜色由表到里均为橙黄或金黄色，味酸甜，口感细脆，脉络极少，带有柑橘类特有的清香味。

4．鉴别香蕉的质量

（1）良质香蕉

良质香蕉梳柄完整，无缺口和脱落现象。

果个：体形大而均匀，每千克在 25 只以下。

果色：色泽新鲜、光亮。果皮呈鲜黄或青黄色。

果面：果面光滑，无病斑，无虫疤，无霉菌，无创伤。果皮易剥离，果肉稍硬不摊浆。

口感：果肉柔软糯滑，香甜适口，不涩口，无怪味，不软烂。

（2）次质香蕉

果形：果实细窄而不丰满，果形一般，单只蕉体直而细，无托柄，蕉梳上脱。

果个：果个小而不均，每千克都在 25 只以上。

果色：色泽青暗，果皮呈青绿色或发黑。

果面：果皮不光洁、不整齐，有病虫害或机械伤口，有霉斑。果皮极易剥离，果肉软呈腐烂状，成熟度不够的果皮不易剥离。

口感：果肉硬挺或软烂，涩味重，无香味。

手感：用手捏蕉体，可感到果实肉硬或软陷。

（3）劣质香蕉　果实畸形，蕉只脱梳，单只蕉体短小而细瘦，形体大小不均，果皮霉烂，手捏时果皮下陷，果肉软烂或腐烂，稀松外流。无香味，有怪异味和腐臭味。

5．香蕉与芭蕉的区别

香蕉和芭蕉同属于芭蕉科芭蕉属，是一个家族中两个品种，可从外形、色泽和滋味上区别。

（1）外形　香蕉外形弯曲呈月牙状，果柄短，果皮上有 5～6 个棱；芭蕉的两端较细，中间较粗，一面略平，另一面略弯，呈圆缺状，其果柄较长，果皮上有三个棱。

（2）色泽　香蕉未成熟时为青绿色，成熟后转为黄色，并带有褐色斑点，俗称梅花点，果肉呈黄白色，横断面近似圆形；芭蕉果皮呈灰黄色，成熟后无梅花点，果肉呈乳白色，横断面为扁圆形。

（3）滋味　香蕉香味浓郁，味道甜美；芭蕉的味道虽甜，但回味带酸，其食用价值低于香蕉。

6．鉴别菠萝的质量

目前世界上的菠萝品种可归纳为皇后种、卡因种、西班牙种、爪哇种和杂交种五大类。其中以美国的无刺卡因为最佳。感官鉴别菠萝品质的优劣可以依据下列特点进行。

（1）外观形态　果呈圆柱形或两头稍尖的卵圆形，果实大小均匀适中，果形端正，芽眼（果目）数量少者为佳。成熟度好的菠萝外表皮呈淡黄色或亮黄色，两端略带青绿色，上顶的冠芽呈青褐色。生菠萝则外皮色泽铁青或略有褐色，过度成熟的菠萝通体金黄。

（2）果肉组织　切开后，可见良质菠萝的果目浅而小，内部呈淡黄色，组织致密，果肉厚而果芯细小；劣质菠萝果目深而多，有的果目可深达菠萝芯，内部组织空隙大，果肉薄而果芯粗大；成熟度差的菠萝表现为果肉脆硬且呈白色。用手轻轻按压菠萝体，坚硬而无弹性的是生菠萝，挺括而微软的是成熟度好的，过陷甚至凹陷者为成熟过度的菠萝。

（3）嗅闻香味　成熟度好的菠萝外皮上稍能闻到香味，果肉则香气馥郁。生菠萝无香气或香气极为淡薄。

（4）品尝口味　良质菠萝软硬适度，酸甜适口，果芯小而纤维少，汁多味美。劣质菠萝果肉脆硬，有粗纤维感或者软烂，可食部分少，汁液、甜味和香气均少，有较浓重的酸味。

7．鉴别柚子的质量

鉴别柚子，可以从以下几个方面去挑选。

（1）外形　要挑选扁圆形、颈短的柚子为好。颈长的柚子，囊肉小，显得皮多。沙田柚的底部，有着淡褐色的金线圈，这个圈的条纹越明显，则品质越好。

（2）皮色　表皮细洁，表面柚细胞呈半透明状态，甚至淡黄或橙黄的，说明柚子的成熟度好，汁多味甜。

（3）重量　同样大小的柚子，要挑选分量重的为好。用力按压时，不易按下的，说明囊内紧实，质量好。如果个体大而分量轻的，则皮厚肉少。

8．鉴别甘蔗的质量

（1）外观形态　良质甘蔗茎杆粗硬光滑，端正而挺直，富有光泽，表面呈紫色，挂有白霜，表面无虫蛀孔洞。劣质或霉变甘蔗常常表面色泽不鲜，外观不佳，节与节之间或小节上可见虫蛀痕迹。

（2）果肉组织　良质甘蔗剥开后可见果肉洁白，质地紧密，纤维细小，富含蔗汁。劣质甘蔗纤维粗硬，汁液少，有的木质化严重或结构疏松。霉变甘蔗纵剖后，剖面呈灰黑色、棕黄色或浅黄色，轻微者在纵向的纤维中可见杂有粗细不一的红褐色条纹。

（3）气味、滋味　良质甘蔗汁多而甜，口感水大渣少，有清爽气息。霉变甘蔗往往有酸霉味及酒糟味。

9．鉴别荔枝的质量

（1）目测　果皮新鲜、红润，果柄鲜活不萎，果肉饱满透明的，则是上品。若果皮呈黑褐色或黑色，但汁液未外渗的，则是快变质的荔枝。如果果肉松软，液汁外渗的，说明已经变质腐烂了。

（2）手触　用手微按果实，感到果质有弹性的，则是上品，如果感到松软，说明已经变质。

（3）品尝　肉质滑润软糯，汁多味甜，香气浓郁，核小者为上品；肉质薄，汁少味不甚甜，香气平淡的则质量低劣。

（4）闻气味　闻之有甜香味的为上品，闻之有酒味的，则说明已经变质了。

10．鉴别葡萄的质量

（1）表面色泽　新鲜的葡萄果梗青鲜，果肉呈灰白色，玫瑰香葡萄果皮呈紫红色，牛奶葡萄果皮向阳面呈锈色，龙眼葡萄果皮呈琥珀色。不新鲜的葡萄果梗霉锈，果粉残缺，果皮呈青棕色或灰黑色，果面润湿。

（2）果粒形态　新鲜并且成熟适度的葡萄，果粒饱满，大小均匀，青子和瘪子较少。反之不新鲜者果粒不整齐，有较多青子和瘪子混杂，葡萄成熟度不足，品质差。

（3）果穗观察　新鲜的葡萄用手轻轻提起时，果粒牢固，落子较少。若果粒纷纷脱落，则表明不够新鲜。

（4）气味、滋味　品质好的葡萄，果浆多而浓，味甜，且有玫瑰香或草莓香；品质差的葡萄，果汁少或者汁多而味淡，无香气，具有明显的酸味。

11．鉴别葡萄干的质量

（1）良质葡萄干　质地柔软，肉厚，干燥，味甜，含糖分多，可表现为青绿到苍褐色的一系列颜色。

（2）劣质葡萄干　质地模糊，含有大量泥沙等杂质，霉烂，虫蛀，有异味。

12．鉴别山楂的质量

（1）良质山楂　果形整齐端正，无畸形，果实个大而均匀，果皮呈鲜艳的红色，有光泽，不皱缩，没有干疤虫眼和外伤，具有清新的酸甜滋味。

（2）次质山楂　果形基本端正，果实个小而不匀，皮色发青、发暗、无光泽，表面皱缩，有虫眼、干疤或破皮，肉质干硬或散软，味淡而不酸。

（3）劣质山楂　果实个头参差不齐、畸形、严重干缩或腐烂，虫果多，破口大，果面不完整，果肉风干或变软，品质下降，有异味。

13．鉴别西瓜的质量

（1）良质西瓜

果形：基本端正，具有本品种的基本形状和特征，无畸形果。

果个：中等偏大，整齐均匀。

果面：表面光亮，条纹清晰，无机械伤，无病虫害和干疤，蜡粉已褪去，果柄上茸毛脱落，脐部凹陷。

质地：果肉结构松紧适度，呈均匀一致的鲜红色（也有橙黄色果肉的品种）。

风味：有清香的滋味，无异味。

口感：汁多籽少，无粗纤维，好瓜有“起沙”的感觉，香甜适度。

（2）次质西瓜　果形稍差或有畸形果，个头大小不整齐，相差悬殊，果色发污发暗，花纹不清晰，有干疤、轻度虫眼或磕伤，籽粒和粗纤维多，汁液少，缺少香甜味，虽清香但味淡薄。

（3）劣质西瓜　瓜体不整，瓜皮渐蔫，花纹不明，瓜面破损，手拍有“啪啪”声或“嗒嗒”声，瓜瓤呈粉色，口感极差，有腐烂臭味或其他异味。

14．鉴别哈密瓜的质量

（1）外观形态　果形为椭圆形或橄榄形，色泽鲜艳者为成熟度好的瓜。

（2）嗅瓜香味　一般从瓜皮外即可闻到瓜香的证明成熟度适中，无香味或香味淡薄的则成熟度差。

（3）瓜身硬度　用手轻轻按压瓜身，瓜身坚硬而微软的成熟度适中，太硬的则可能不熟，太软的则成熟过度。

（4）瓜瓤色泽　瓜瓤为浅绿色时发脆，颜色金黄的口感绵软，白色瓤的柔软而多汁。

15．鉴别板栗的质量

（1）良质板栗　果粒个大、均匀、饱满、充实，手捏时不塌瘪，表面为红、褐、黑褐色或赭石色，成熟而有光泽，无虫蛀、风干、裂嘴、霉烂、破损等现象。一般购买时总体指标掌握为每千克 200 粒以下，虫蛀、风干、裂嘴、霉烂四项不超过 5%。

（2）次质板栗　果粒小而不饱满，成熟度差，手捏时表皮可略塌瘪，果皮色泽暗淡无光。一般购买时总体指标掌握在每千克 200 粒以上，虫蛀、风干、裂嘴、霉烂四项不超过 30%。

（3）劣质板栗　果壳有虫蛀口、瘪印，皮色变黑，生有霉斑，果肉干瘪或软烂变质。

16．鉴别桂圆的质量

（1）良质桂圆　大小均匀，壳干硬而洁净，肉质厚软，枝小，味道甜，煎后汤液清口不黏。

（2）次质桂圆　大小不均匀，外壳干瘦，肉质较薄，核大，有虫蛀现象。

（3）劣质桂圆　肉质霉烂，呈糊状，虫蛀严重或干燥无肉质。

17. 鉴别核桃的质量

（1）良质核桃 外壳薄而洁净，果肉丰满，肉质洁白。

（2）次质核桃 外壳较厚，果肉干瘪，有虫蛀现象。

（3）劣质核桃 外壳坚硬，干瘪无肉，果肉有哈喇味或生有蛀虫。

18. 棉仁核桃与夹仁核桃的区别

棉仁核桃与夹仁核桃可从以下几方面鉴别。

（1）外形 棉仁核桃多呈圆形，外壳为黄白色，壳上的皱纹少而浅，壳面较光；夹仁核桃多呈长圆形，外壳为黄褐色，壳上的皱纹多而深，壳面麻点多。

（2）摇声 取几个核桃放在手心中转动，当听到的撞击声清脆，壳内的桃仁能转动的，则是棉仁核桃；若听到的撞击声发闷，壳内的桃仁不晃动的，则是夹仁核桃。

（3）分量 棉仁核桃分量轻，夹仁核桃分量重。

19. 鉴别瓜子的质量

（1）良质瓜子 粒片或籽粒较大，均匀整齐，无秕粒，干燥洁净。

（2）次质瓜子 粒片或籽粒大小不均匀，有少数秕粒，质地潮软，有少量虫蛀现象。

（3）劣质瓜子 有严重的霉变或虫蛀，有异味。

总之，果品原料的感官鉴别与食用主要应遵循以下原则。

① 一般优良品质的果品应具有表皮色泽光亮、洁净，成熟度适宜，肉质鲜嫩，清脆，具有本品固有的清香味，已成熟的果品应具有水分饱满和其固有的一切特征，可以供食用和销售。感官鉴别为良质的干果品也可不受限制地供人食用或上市销售。

② 次质果品一般都表皮较平，不够光泽丰满，肉质鲜嫩程度较差，清香味较淡，可略有烂斑小点或有少量的虫蛀现象，去除腐烂斑点和虫蛀部分，仍可供食用及销售，但必须限期售完。次质干果品亦可供给食用和销售。

③ 劣质的果品，无论干鲜，几乎都具有严重的腐烂、虫蛀、发苦等现象，不可供食用及销售，应该毁弃。

三、果品类原料的保藏

由于包装保鲜技术不过关，许多果农在收获果品后因包装保鲜不理想而损失惨重，好产品卖不了好价钱，甚至亏本。现介绍几种果品贮藏方法。

1. 低温保藏法

低温是保藏水果的主要方法，低温可以减弱水果的呼吸作用，降低水分的蒸发，延缓其成熟过程，维持果品的最低生理活动，抑制微生物的生长繁殖，因此在保藏水果时，如苹果、梨、桃、李等水果，应储藏在 0℃左右为宜。但是如果环境温度低于适宜温度，就会使水果受到冻伤，所以说保持适宜的温度是保藏水果的至关重要的条件。

2. 窖藏法

此法既能利用稳定的土温，又可适当换入外界冷空气降温，灵活性较大。地窖里的温度，冬季一般能维持 0℃左右，春秋季节也能保持较低的温度。

3．库储藏法

此法是最理想保藏水果的方法。它可根据水果的种类，对温度、湿度的不同要求进行人工控制、调节，从而达到保藏水果的目的。库储藏法分为常温储藏法和冷库储藏法。

（1）常温贮存

1）常温贮存的技术操作要点。不论果农就地贮藏果品还是果商于果摊上销售果品，都离不开常温贮藏。常温贮藏的场所离不开树下、窑洞、一般平房。其温度主要是自然温度，但温度也可调节。例如平房，在 9～11 月份可白天紧闭门窗，防止热空气进入贮果场所；夜间大开门窗，让凉空气进入贮果场所。在 12 月至次年 3 月，可昼夜紧闭门窗，只在中午至下午两点透气。在 4～5 月的管理同 9～11 月份。

2）常温贮存的优点。贮藏场所设备简单，费用低，使用方便，群众易接受。保鲜的果品出库后颜色美观，经得起常温气候的考验。

3）常温贮存的缺点。果品所需的温度难于控制，好果率没有冷库高，贮藏果品品种少。

（2）冷库贮存

1）冷库贮存的技术操作要点。冷库贮存果品是以机械制冷来调节贮存的温度。机械制冷的工作原理是借助制冷剂在不断循环的气—液态互变过程中，把贮藏库中的热量传递到库外而使库内温度降低，并不断移去库内热源所产生的热而维持恒定的库温。常用制冷剂有三类：①低压制冷剂，②高压制冷剂，③中压制冷剂。果品冷藏一般采用中压制冷剂，制冷温度为 0℃左右。

2）冷库贮存的优点。冷库贮存果品确实是贮存技术上的大飞跃，解决了果品多时贮存、缺少时销售的矛盾，缓解了果品市场的供应能力，丰富了人民的生活，增加了果农的收入。

3）冷库贮存的缺点。利用冷库贮存果品费用昂贵，提高了果品的附加值。经验表明，冷库中的果品出库后颜色变淡，果味不浓，经不起出售时的常温考验。

此外，还可以采用埋藏法、通风法等方法。

在保藏果品类原料时还要根据不同果品类原料的特点进行分别处理。例如，干果本身比较干燥，在储存保管时应注意防潮、防虫蛀、防出油；果干类的脱水比较充分，采用不同的干燥方法（日晒、熏或烘烤等方法）容易保存，在储存保管时，应注意防尘、防潮、防虫蛀、防鼠咬等；果脯、蜜饯由于用糖来熬煮过，一般不会变质，但时间也不宜过久，否则会出现干缩、返潮、出现霉陈味等现象，一旦出现，用糖重新熬煮即可。

在保藏果品时，切忌库内存放碱、油、酒以及化学原料物质，以免刺激果品变黄变味。

不论采用哪种储藏方法保管果品，都应按类存放、严格挑选、合格码放，并应定期加强检查，发现问题，及时处理，以确保果品类原料安全储存。

技能训练（选做）

训练　糖水水果罐头的制作

（1）目的：要求掌握糖水水果罐头的加工工艺，理解防止水果褐变的机理与操作，对糖水果丁的加工技术有所了解。

（2）原理：将水果原料经预处理后密封在容器中，通过杀菌工艺达到商业无菌的状态，在维持密闭和真空的条件下，得以在室温下长期保存。采用热烫和糖水抽空的方法，抑制酶促褐变。

（3）设备：夹层锅、手持糖量计、不锈钢水果刀、台秤、天平、抽空罐、不锈钢盆、温度计、烧杯、汤勺、漏勺、手套、纱布、不锈钢锅、电磁炉等。

（4）原辅材料：硬质梨、砂糖、柠檬酸、食盐、四旋瓶。

（5）工艺流程：选料→清洗→去皮、切分、去心→烫漂（抽空）→（糖液配制）装罐→排气→密封→杀菌→冷却→成品。

（6）操作要点：

① 原料的选择；②去皮、切分、去心；③烫漂；④抽空；⑤糖液配制，$Y(\%)=(W_3Z-W_1X)/W_2\times100$[$W_1$表示每罐装入果肉量（g）；$W_2$表示每罐装入糖水量（g）；$W_3$表示每罐净重（g）；$X$表示装罐前果肉可溶性固形物含量（%）；$Y$表示装罐用糖水浓度（%）；$Z$表示开罐时糖液浓度（%）]⑥空罐准备；⑦装罐；⑧排气；⑨杀菌。

（7）问题与讨论：

1）糖水水果加工中变色的主要因素有哪些？变色机理是什么？怎样防止变色？

2）热烫和抽空操作对于果块的质量有何影响？

3）糖水果丁和果酱生产工艺同传统的糖水水果罐头相比有哪些异同？

拓展知识

水果拼盘制作要诀

水果拼盘与食雕一样，是一门技术，需要经过正规的学习与训练方能掌握。

一、选料

从水果的色泽、形状、口味、营养价值、外观完美度等多方面对水果进行选择。选择的几种水果组合在一起，搭配应协调。最重要的一点是水果本身应是熟的、新鲜的、卫生的。同时注意制作拼盘的水果不能太熟，否则会影响加工和摆放。

二、构思

制作水果拼盘的目的是使简单的个体水果通过形状、色彩等几方面艺术性地结合为一个整体，以色彩和美观取胜，从而刺激客人的感官，增进其食欲。水果拼盘虽比不上冷拼和食品雕刻那样复杂，但也不能随便应付，制作前应充分考虑到宴会的主题，并进一步为其命名。

三、色彩搭配

水果的色、香、味是我们所无法改变的，若改变了，可能也失去其本身的意义。但我们可以根据想象将各种颜色的水果艺术地搭配成一个整体，通过艳丽的色彩搭配引起食欲。水果颜色的搭配一般有对比色搭配、相近色搭配、多色搭配三种。红配绿、黑配白便是标准的对比色搭配；红、黄、橙可算是相近色搭配；红、绿、紫、黑、白可算是丰富的多色搭配。

四、艺术造型与器皿选择

根据选定水果的色彩和形状来进一步确定其整盘的造型。整盘水果的造型要有器皿来辅助，不同的艺术造型要选择不同形状、规格的器皿，如长形的水果造型便不能选择圆盘来盛放。另外还要考虑到盘边的水果花边装饰，也应符合整体美并能衬托主体造型。至于器皿质地的选择，可根据饮食场所的档次或果盘的价格来确定。酒吧常用的果盘为玻璃制品，高档些的还有水晶制品、金银制品。

五、刀功

刀功方面应以简单易做、方便出品为原则。一般用西餐法式厨刀和宝龄刀即可。下面介绍一下水果拼盘常见的刀法。

（1）打皮　用小刀削去原料的外表皮，一般是指不能食用的部分。大部分水果洗净后皮可食用的就不用削皮。有些水果去皮后暴露在空气中，会迅速发生色泽变褐或变红，因此，去皮后应迅速浸入柠檬水中护色。

（2）横刀　按刀口与原料生长的自然纹路相垂直的方向施刀，可切块、切片。

（3）纵刀　按刀口与原料生长的自然纹路相同的方向施刀，可切块、切片。

（4）斜刀　按刀口与原料生长的自然纹路成一夹角的方向施刀，可切块、切片。

（5）剥　用刀将不能食用的部分剥开，如柑、橘等。

（6）锯齿刀　用切刀在原料上每直刀一刀，接着就斜刀一刀，两对刀口的方向成一夹角，刀口成对相交，使刀口相交处的部分脱离而呈锯齿形。

（7）勺挖　用西瓜勺挖成球形状，多用于瓜类。

（8）挤挖　用刀挖去水果不能食用的部分，如果核仁等。

六、出品

出品应做到现做现出品，拼盘造型尽量迅速，防止营养、水分流失，尤其要保证水果的整洁卫生，同时配置相应的食用工具及适量餐巾纸。

习　题

一、名词解释

果脯　蜜饯　果酱　干果

二、判断题

（1）果品类烹饪原料指烹饪中利用高等植物的果实来烹制食品。（　　）

（2）果品制品的贮藏与果品不同。（　　）

（3）所有的水果都含有芳香物质。（　　）

（4）果品的酸度取决于水果中总酸的含量，与水果新鲜程度无关。（　　）

（5）果品类烹饪原料在烹饪中只能作为配料。（　　）

（6）杏仁不属于果品。（　　）

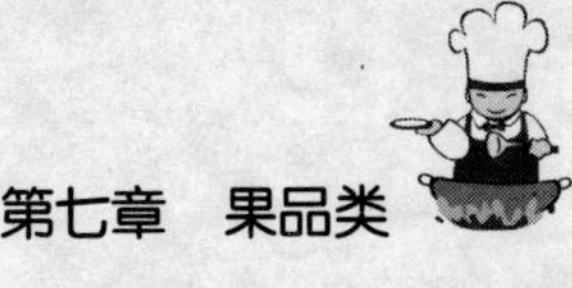

（7）果品的鉴定主要指果品的形状、外观及是否有病虫害。（　　）

（8）果品的色泽和花纹与水果品质没有关系。（　　）

（9）水果的机械损伤会降低水果的质量。（　　）

（10）果品的感官鉴定主要包括目测、鼻嗅和品尝。（　　）

三、简答题

（1）如何根据组织结构特点对果实进行分类？

（2）简述果品的分类及果品的主要营养成分。

（3）简述常见的鲜果在烹饪中的运用。

（4）果品质量的主要感官指标有哪些？

第八章　畜　类

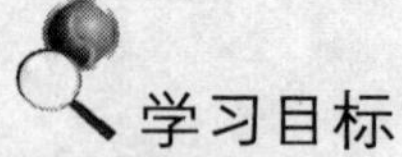

学习目标

（1）了解畜类原料的基本概念。
（2）掌握畜类原料及其副产品。
（3）掌握畜肉产品、乳制品。
（4）了解畜类原料的品质检验和保藏。

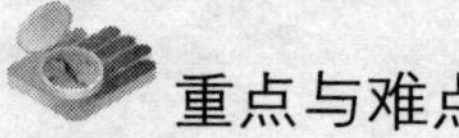

重点与难点

畜类原料、畜肉产品、乳制品。

考核要点

畜类原料、畜肉产品的分类和制品概况。

第一节　畜类原料概况

畜类原料是动物界中能满足人们营养需求和口感要求的，同时其食用不违反国家相关动物保护法的兽类。兽类全身被毛，胎生，哺育；兽类的毛发不被食用。人们将它们中经过人工驯养的兽类称做畜类，畜类动物体温恒定，在动物学中称为恒温动物，如猪、牛、羊、兔、马等。

畜类动物原料种类繁多，大小差异大，肉品的烹饪性质也不相同。畜类的乳汁是营养十分全面而且容易被人体吸收的烹饪原料。畜类原料也是人们日常食物中蛋白质、脂肪、维生素及无机盐的重要来源。

一、畜肉的物理性质和化学成分

1．肉的概念

（1）广义的概念　肉在食品学中一般指动物躯体中可供食用的部分。

（2）狭义的概念　在肉类工业中，肉往往是指经屠宰后去皮（大牲畜）、毛、头、蹄及内脏后的胴体。

肉的组织中包括肌肉、脂肪、骨骼、韧带、血管、淋巴等组织，并以肌肉组织和结缔组织为主。肉的质量高低主要以肌肉组织的含量多少为主要标准。肉品的感官及主要物理性质包括颜色、气味、硬度、保水性及嫩度等，它们代表着肉的动物种属特性，是人们用以识别肉质量和选用烹调方法的重要依据。肉的主要化学成分有蛋白质、脂肪、水分、矿物质等。

2．肉的物理性质

（1）肉的颜色　肉的颜色依肌肉与脂肪组织的颜色来决定，它因动物的种类、性别、年龄、肥度、经济用途、宰前状态而异，也和放血、冷却、结冻、融冻等加工情况有关，又以肉里发生的各种生化过程如发酵、自体分解、腐败等为转移。

（2）肉的气味　肉的气味是肉品质量的重要指标之一，是影响成品风味的重要因素。它决定于肉中所存在的特殊挥发性脂肪酸。成熟适当的肉具有特殊芳香气味（在 18～20℃于 4 天后发生，在 0℃则需 22 天），这种芳香气味决定于在酶的影响下出现在肉中某些挥发性而易于溶解的芳香物质，如醚类和醛类。肉宰杀后保存的温度高，易招致肉的气味不良，如陈败味、硫化氢臭味及氨气臭味等。

（3）肉的硬度　肉的硬度指肉对压力有一定的抗性。肉的硬度依照动物的种类、品种、年龄、性别与经济用途等而不同。公牛肉及公马肉硬实、粗糙，切面呈颗粒状。阉割牛肉结实、柔细、油润，切面呈细粒状、大理石纹样。母牛肉不很结实，切面呈细粒状。猪肉柔软、细致，四肢肉结实，切面呈细密的颗粒状及大理石纹样。一般牛肉比兔肉结实，食用牛肉比乳牛肉结实，老牛肉比仔牛肉结实，公畜肉比母畜肉结实，且肌纤维也粗。

（4）肉的弹性　肉的弹性指肉在加压力时缩小，去压时复原的能力。用手指按压肌肉，若指压形成的凹陷能迅速变平，表明肉有弹性，其新鲜程度或品质较佳。

新鲜肉在低温保存时，肉中组织蛋白和细菌酶的分解作用均被阻滞，可使禽肉维持其硬度和弹性的时间较长些。在高温下，组织蛋白酶和细菌的酶活动，可使肌肉组织发生变化，弹性易于消失，硬度也会降低，变得松弛和没有弹性，说明肉的品质已经不好了。病猪肉往往也是变得松软，失去弹性。冻结后的肉，就失去了弹力性，此种情况亦见于开始腐败的肉。

（5）肉的韧度和嫩度　韧度指肉在被咀嚼时具有高度持续性的抵抗力。肉的品质如果强韧、不易咀嚼，消费者往往会难以接受。嫩度是指肉入口咀嚼时对破碎的抵抗力，常指煮熟肉的品质柔软、多汁和易于被嚼烂。韧度和嫩度的处理是畜肉生产过程中的重要环节之一。

（6）肉的保水性　肌肉蛋白质在动物宰杀后变性的最重要表现就是丧失保水性能。肉的保水性能对于肉的嫩度与多汁性和肉在烧煮时的失重有影响。肉的保水性是指肉在加工和烹饪过程中，原料肉本身水分的保持能力。这种特性对肉品加工的质量有很大影响。因为在肉制品加工与烹饪制作过程中，每个加工环节都和保水性能有着密切的关系。例如，肉的解冻、盐汁腌制时如何减少肉汁的流失，调制肉馅时，加入一定量的水如何被肉馅更好吸收，烹饪时如何防止水的透出分离。加工后的制品，保持原有水分或适当增加水分，可使肉制品的质量较高，不仅口感好、多汁，而且由于提高出品率，能获得较高的经济效益。

3．肉的化学成分

畜肉的化学成分基本相同，主要包括蛋白质、脂肪、矿物质（灰分）、水浸出物及少量维生素等。动物肌肉和器官中的各种化学成分，不仅与摄入者能获得的营养有关系，对肉的保存、菜品制作及肉品本身的质量也有影响。肉的种类、品种、年龄、肥度等不同，其化学成分也有差异，见表 8-1。

表 8-1　常见畜肉的平均化学成分（%）

	蛋白质	脂肪	灰分	水分
肥猪肉	14.54	37.34	0.72	47.04
瘦猪肉	20.08	6.63	1.10	72.05
肥牛肉	18.30	21.40	0.97	56.74
中等肥度牛肉	20.58	5.33	1.20	72.52
肥水牛肉	18.88	7.41	1.33	72.31
瘦水牛肉	19.86	0.82	0.53	78.86
肥羊肉	16.36	21.07	0.93	51.19
中等肥度羊肉	21.00	10.00	1.70	66.80
瘦马肉	21.71	2.55	1.00	74.27
骆驼肉	20.75	2.21	0.90	76.14
鹿肉	19.80	1.90	1.01	77.13
兔肉	22.10	1.90	1.50	73.40

二、畜肉的结构与畜胴体分割

1．肉的组织结构

（1）结缔组织

1）疏松结缔组织广泛分布于皮下、真皮内、各器官之外、肌内膜及肌束之间的内外肌束膜等部位，填满动物体中器官之间的空隙，各器官借以彼此附着，并能自由运动。疏松结缔组织含胶原纤维和弹性纤维较多，网状纤维较少。

2）致密结缔组织分布于真皮、肌腱、韧带及某些器官的被膜等处，在体内起支持、连接和保护的作用。致密结缔组织的组成成分以胶原纤维为主，含少量的弹性纤维，细胞成分较少。

（2）脂肪组织　脂肪组织为含有较多脂肪细胞的结缔组织，分布在许多器官周围，如肾、肠以及皮下、肌纤维之间，具有贮存脂肪、保持体温和缓冲机械压力的功能。

脂肪组织按照在动物体中的分布，一般可分为两类，即储备脂肪和肌间脂肪。

1）储备脂肪是分布于皮下、肾周围、肠周围、腹腔内等易剥离部分的脂肪，烹饪行业中称之为肥肉、板油、网油。

2）肌间脂肪夹杂于肌纤维之间，随动物的肥育而蓄积，难以手工剥离。由于肌间脂肪的存在，肌肉的横断面呈大理石纹状，并可防止水分在加热过程中的蒸发，使肉的质地、风味细嫩而鲜美。另外，当肌束膜、肌外膜中有脂肪蓄积时，则结缔组织失去弹性，肌束易分离、易咀嚼，肉的嫩度提高。

（3）骨组织　骨组织为脊椎动物所特有，由特殊的骨细胞和细胞间质组成，间质中含有大量的骨盐，是一种极坚硬的结缔组织。除骨盐外，间质中还含有糖蛋白质复合物、骨胶纤维或胶原纤维及少量的脂类、肽类等，其中胶原纤维约占有机细胞间质的90%。骨组织是动物体内钙质的贮存场所，动物体内的钙约有99%以骨盐形式沉着在骨组织内，所以，骨组织与钙、磷的代谢密切相关。由于以上的组成特点，骨组织在烹饪应用中，用于熬制骨头汤、奶汤、清汤等，工业上可用于生产明胶。

（4）软骨组织 软骨为脊椎动物所特有的胚胎性骨骼组织，由软骨细胞、纤维和基质组成。基质的主要化学成分为水、胶原蛋白、软骨黏蛋白、软骨硬蛋白等。软骨组织坚韧且具弹性，分布于肋软骨、鼻、气管、耳廓、椎间盘、腱与骨连接处，在机体内起着支持和保护的作用。在所有脊椎动物的胚胎期，其骨骼大部分是由软骨构成的，随着动物的生长，逐步为硬骨所取代，但软骨鱼类除外，它们终生保留软骨构造。

（5）肌肉组织

1）骨骼肌。骨骼肌是动物体的主要肌肉，对脊椎动物而言，可达体重的 40%左右。组成横纹肌的肌纤维长短不一，细胞质中含有细长的肌原纤维，其上有明暗相间的横纹，故称为横纹肌。横纹肌常分布于四肢、体壁、横膈、舌、食道上段及眼周围等部位，大多数附着于骨骼上，并接受运动神经的支配，所以，又称为骨骼肌、体肌或随意肌。除肌纤维外，横纹肌中还有少量的结缔组织、脂肪组织、肌腱、血管、神经、淋巴或腺体等，按一定的组织规律而构成。横纹肌是烹饪加工的主要部分，由于其呈肉块状，如“疙瘩肉”，便于烹调时任意切成片、丁、丝、条、块等形态。但由于结缔组织即肌束膜、肌腱的存在，若需快速烹调，则应在初加工过程中，剔除白色的结缔组织。

2）平滑肌。平滑肌存在于消化、呼吸、泌尿、生殖及循环等系统的管壁；皮肤的束毛肌、眼的瞳孔开大肌及括约肌等也是平滑肌。组成平滑肌的肌纤维呈长梭形，肌原纤维上无横纹，常重叠成层或成束，有时则分散在结缔组织中，肌束膜薄而不明显。在管状器官壁上的平滑肌通常排列成两层，环肌层收缩时管道缩细，舒张时变粗；纵肌层收缩时管道变短，舒张时伸长。由于组成平滑肌的肌纤维之间有结缔组织的伸入，从而使得肉质具有脆韧性。烹饪利用上，可采用炒、卤、熘、煮、蒸等方法，如红烧大肠、九转大肠；也可采用汆、涮、爆的快速加热法，烹制脆嫩的菜肴，如火爆鸭肠等。此外，人们还常利用肠、膀胱等的韧性来加工香肠、香肚。

3）心肌。心肌是组成心脏的肌肉组织，由于它不随动物的意志而收缩或舒张，又称为不随意肌。心肌纤维为有横纹的短柱状结构，肌束膜薄而不明显，但组成心室和心房的肌纤维有所不同。心室的肌纤维粗而长，且有分支，彼此连接成网状；心房的肌纤维则较短且无分支。由于组织结构的特点，心肌的质地通常较细嫩，适于快速烹调法，如炒、爆，以体现其脆嫩的质感，如爆羊心、鲜藕炒心花；也常采用卤、拌、酱等较长时间的烹调法，体现其绵软的口感，如卤五香猪心、酱猪心、猪心拌瓜片等。

2．畜胴体分割

畜肉的分割主要根据人们对肉烹制的要求，如老、嫩、肥、瘦程度等来进行分割。不同的地区，常用的烹调方法有所不同，对胴体部位的要求也有差异，所以分割的方法也不相同。

（1）猪肉的商业分割法 商业上是将猪的半片胴体分割为三大块不同部位并分为一号肉、二号肉、三号肉等。

(2)牛胴体的分割法　在我国只有大型的屠宰厂对牛肉进行标准的分割，并实行宰后处理，以提高肉的质量。牛胴体分割法是将标准的牛胴体二分体分成臀腿肉、腹部肉、腰部肉、胸部肉、肋部肉、肩部肉和前后腿肉七个部分，在此基础上又分割成十三块不同的零售肉块：里脊、外脊、眼肉、上脑、胸肉、嫩肩肉、臀肉、大米龙、小米龙、膝圆、腰肉、腱子肉、腹肉。

(3) 羊胴体的分割　在我国，食用羊的方法南北存在着较大的差异，有整烹的，也有用分割后的羊肉制作菜肴的。羊肉在烹调中用途较多。依其部位不同，选用不同的烹调方法，可以制作出风格各异的菜肴。一般将羊胴体分割为六部分。羔羊要依据胴体的大小和当地习惯来分割。

第二节　畜类原料

一、畜类品种的形成与发展

畜类品种是在人类进行畜类生产的过程中逐步形成的。在人类迁移和畜类饲养实践过程中，畜类饲养的数量随着饲养技术的改善而逐渐增多，分布也越来越广。由于各地社会经济和自然生态条件的差异以及交通不便等因素造成地理位置上的隔离，使得向各地迁移的畜类小群体在一定时间后出现体型外貌和适应性等方面的差异。这些差异既有基因突变造成的差异，也有自然选择和人工选择造成的差异。这样就开始出现了畜类品种的雏形，人类以不同的名称称呼这些各具特色的不同产地的畜类群体，以示区分，这就是最初的畜类品种。

1. 社会发展历程的经济体影响

社会经济条件对品种形成与发展有重大影响，是影响品种形成与发展的首要因素，它比自然生态条件更具有主导性作用。生产力不同、社会需求不同是形成不同用途培育品种的主要因素。例如，在工业革命之前的社会经济中，由于农业、军事的需要，养马业受到特别的重视，根据用途培育了许多骑乘型、役用型品种。我国的蒙古马和国外的阿拉伯马就是那个时期的产物。在机械工业充分发展以后，随着乳酪制造业和毛纺业的发展，促进了荷斯坦牛和美利奴羊等品种的形成。城市和工业化中心的发展，对乳、肉、蛋、绒、裘、革的需求越来越大，人类又定向培育出乳用、肉用、蛋用、毛用、绒用、裘皮用以及兼用型的畜类品种。

长期以来，我国自给自足为主的小农经济，促进我国形成了不少猪、牛、羊等地方品种，有些品种具有突出的优点，如江浙太湖猪的高繁殖性能等；同样，由于欧洲的工业化出现最早，城市数量多、规模大、人口集中，因而对肉的需求量大，对肉的品质要求也高，从而促进了肉用品种的培育，因此，世界上著名的猪、牛、羊、禽等肉用品种几乎都来自欧洲。例如，在18～19世纪的一百多年中，仅英国就培育出10个牛品种、20个猪品种、6个马品种和 30 个羊品种，这些品种对世界畜类品种的培育和发展产生了重大影响。近年由于市场对瘦肉需求的不断增加，使得瘦肉型猪品种得到快速发展，如杜洛克、长白猪和大白猪是当今世界最流行的三大瘦肉型猪品种，分布遍及全球。由于饲养国家不同，它们又被分为美（美国）系、丹（丹麦）系、英（英国）系、法（法国）系、加（加拿大）系等。

2. 自然生态环境的影响

自然生态条件对畜类品种的形成起到辅助调节的作用。影响畜类品种形成的自然环境因素包括温度、湿度、雨量、地形地势、光照、海拔、土质、水质、空气、植被类型、食物结构等。例如，在干燥炎热的地区只能形成轻型马品种（如阿拉伯马），而气候湿润且饲料丰富的地区才能育成重挽马品种（如俄罗斯重挽马、比利时重挽马、法国泼雪龙马和阿尔登马等）。又如，温带的黄牛、热带的瘤牛、青藏高原的牦牛、河湖湿热地区的水牛等，也是在当地自然生态条件下育成的，具有明显的地域适应性，如果人为地强行改变其生活环境，会使其因不适应新环境而患病或死亡。因此，每个品种都被打上了其产地的自然条件标记，表现出与其原产地生态条件密切适应的特征。若某一畜类品种在长期适应特定自然环境的过程中，随之发生了生理性和机能性的变化，而这种变化在经过一段时间后可能会固定下来，使得这一畜类品种无论在内部机能或者外部特征上都有别于原来的品种，久而久之就可能形成新的品系或品种。

（1）温度、湿度、雨量　气候因素不仅对畜类的体格大小和体型有明显的直接影响，而且还可通过对植物的数量、质量和生长季节的影响间接影响畜类品种特征。例如，同一种动物在温暖地区生活的群体，其体型较小；在寒冷地区生活的群体，其体型较大。因为恒温动物主要是通过皮肤散热，其保温能力受到皮肤面积与躯干体积之比值的影响。对同一种动物而言，其体型越大，这个比值越小，却越有利于保温；其体型越小，这个比值越大，便越有利于散热。

（2）光照时间和强度　该因素对畜类品种特征也有一定的影响。阳光强度（特别是紫外线的强度）直接影响品种皮肤色素分布、皮肤厚度以及被毛的长度与颜色。光照通过视觉和其他神经系统作用于动物的脑垂体，影响生殖激素和生长激素的分泌，从而导致畜类的生殖机能与生长发育受到干扰。例如，鸡的增重、产蛋量等与光照的长短有密切的关系，生产中常利用控制光照时间来提高其生产性能；马的发情季节是在白昼逐渐变长的春季，绵羊的发情配种季节多在白昼逐渐变短的秋季。

（3）地形地势　地形地势直接影响畜类品种的体格和体型。地势开阔的平原地区的动物体格较大、四肢较长、角伸展较宽；而地势起伏的山地、丘陵地区则相反，随着地势起伏的加大，动物体格变小、四肢变短、角伸展变窄。例如，瑞士的山地气候和地形，促使西门塔尔牛形成了宽深的胸部、结实的骨骼和后肢较直的肢势；平原条件下形成的荷斯坦牛，骨细皮薄，背线平直。又如，高原草地形成的藏猪、藏羊、牦牛，体型一般较小，生产性能偏低。不仅如此，海拔高度还会影响畜类呼吸系统和循环系统的机能，如高原品种的呼吸器官很发达，血液中的血红蛋白含量显著高于低地品种。若把高原品种引入平原地区或平原品种引入高原地区，都会使该品种因为不适应环境而致病死亡。秦川牛引入西藏拉萨后会丧失繁殖能力，同样，把生活在海拔 3000m 以上地域的青藏牦牛引到海拔 1500m 的兰州，它们也很难正常生活，而引到湖南洞庭湖地区，当年便全部死亡。

二、畜类的体型和外貌特征

目前，人类已经驯化或驯养的动物种类共有 40 多个，在这些驯化的动物中，又有许多经自然和人工选择而形成的数以千计的畜类品种。目前畜类生产中较常用而且实用的分类方法主要有三种，即按品种的体型外貌特征、品种的培育程度和品种的经济用途来分类。

按体型大小可将畜类分为小型、中型、大型三种。例如，家兔有小型品种（成年体重2.5kg以下）、中型品种（成年体重3～5kg）、大型品种（成年体重5kg以上）；马有小型马或矮马（中国云南的矮马和阿根廷的微型马）、中型马（蒙古马）、重型马（重挽马）。按尾的长短或大小分，绵羊有大尾品种（大尾寒羊）、小尾品种（小尾寒羊）以及脂尾品种（乌珠穆沁羊）等。按毛色分类，猪有黑、白、花斑、红等品种。某些绵羊品种的黑头、喜马拉雅兔的八点黑等也都是典型的品种特征。按角的有无分类，可将牛、绵羊分为有角品种和无角品种。绵羊还有公羊有角、母羊无角等品种。按骆驼的峰数分类，有单峰驼和双峰驼。

三、畜类的培育程度

1. 原始品种

原始品种一般都是较古老的品种，是驯化以后，在长期放牧或饲养管理粗放的条件下，未经严格、系统的人工选择而形成的品种。例如，蒙古牛、天祝牦牛、藏羊、哈萨克羊、民猪等都属于这类品种。原始品种通常按其原产地或自身特征命名，其共同特点如下。

（1）晚熟，体格相对较小。

（2）体型结构协调，生长发育慢，生产水平低但较全面。

（3）体质粗糙，耐粗耐劳，有很强的适应自然的能力，抗病力强。

对当地自然条件具有很强适应性的原始品种，是培育能适应当地自然条件而又高产的新品种所必需的原始材料。有些原始品种也就是地方品种，这类品种一般只生活于一定的地理区域和气候环境内，所以又称其为土著品种或土种。在地方品种中，有不少是原始品种经过系统选育而成的，其培育程度较高，生产性能也较好。例如，金华猪、湖羊、伊犁马、关中驴、秦川牛等，这些地方品种也称为地方良种。

2. 人工驯化品种

人工驯化品种是在遗传育种理论和技术指导下，经过较系统的人工选择过程而育成的品种。例如，各种专门化的肉牛、奶牛，肉羊，瘦肉型猪都属于这类品种，其生产性能和育种价值都较高。人工驯化品种大多具有下述特点。

（1）分布广泛，往往超出原产地范围，如荷斯坦牛、长白猪等已遍布全球。

（2）生产性能水平高，而且比较专门化。

（3）育种价值高，与其他品种杂交时，能起到改良作用。

（4）对饲养管理条件和育种技术要求较高。

（5）适应性、抗病力和抗逆性均比原始品种差。

（6）体型较大，早熟，能在较短时期内达到成熟。

（7）品种结构复杂。一般来说，原始品种的结构只有地方类型，而培育品种因人工选择，除地方类型和育种场类型外，还有许多品系和类群。

四、畜类的经济类型

由于现代培育品种多为定向培育而成，故常用此法进行分类，一般分为专用品种和兼用品种。专用品种又称专门化品种，这类品种经人类长期选择和培育，品种的某些特征获得了显著发展或某些组织器官产生了突出的变化，从而形成了专门的生产力。兼用品种也称综合品种，即兼有两种以上生产力方向的品种。例如，牛分为乳用、肉用、乳肉兼用、肉乳兼用、役用等，马分为乘用、驮用、挽用、竞技用、乳用、肉用和兼用品种，绵羊分为肉用、羔皮用、裘皮用、毛用（细毛、半细毛、粗毛、长毛、短毛）以及侧重点不同的各种兼用品种，山羊分为肉用、毛皮用、乳用、绒用和兼用品种，猪分为脂肪型、鲜肉型、瘦肉型和兼用型等。

五、畜类原料的主要种类及烹饪用料

1．猪

（1）品种及肉质特点　按商品用途不同可将其分成三大类：瘦肉型猪，其瘦肉率高于60%，肥膘厚低于3.5cm；脂肪型猪，其瘦肉率低于40%，肥膘厚高于4.5cm；肉脂兼用型猪，其瘦肉率在40%～60%之间，肥膘厚度在3.5～4.5cm之间。目前又按产区不同将其分为华北型、华南型、华中型、西南型和高原型等猪种。

猪的肌肉纤维细而柔软，肉质细嫩，肉色较淡，猪瘦肉含蛋白质约20%，并富含B族维生素；结缔组织少而柔软；脂肪组织蓄积多，肥膘厚，而且肌间脂肪也较其他畜肉多，猪脂肪熔点较低，风味良好，且易消化吸收；猪肉本身无腥膻味，持水率较高。所以，猪肉适用的烹调范围广，而且烹调后滋味较好，质地细嫩，气味醇香。猪肉味甘咸性平，具有滋阴润燥的功能。

（2）烹饪用料　猪肉是菜肴主料的常用原料，刀工形式多样，可与任何原料搭配成菜；烹调方法多样，可制作众多菜肴、小吃和主食。

（3）猪的种类　我国猪的品种很多，较有名的有四川荣昌猪、浙江金华猪、湖南宁乡猪、苏南太湖猪、苏北淮猪、广东梅花猪、甘肃的土种猪、河北的北京猪等。这些猪在国内均有较大的饲养量，猪肉的质量也较好，其特点是皮较薄、肉质较嫩、头蹄小。此外，我国还有一些从国外传入的猪，如大白猪、巴克夏猪、丹麦仑德累斯猪。这些猪的特点是早熟、生长快、头蹄小、出肉率高，其中以丹麦仑德累斯猪较好。

1）大白猪。大白猪也称大约克夏，原产于英国北部的约克郡及其邻近地区，迄今已有220多年的培育历史。1780～1830年开始品种改良，以当地猪种为母本，引入中国的广东猪种与莱斯特猪杂交育成，1852年正式确定为新品种，命名约克夏猪。约克夏猪可分大、中、小三型，目前世界上分布最广的是大约克夏猪，因其体型大，毛色全白，又称大白猪。大白猪体型大，结构匀称，背腰多微弓，四肢较高。被毛全白，少数额角皮上有小暗斑，颜面微凹，如图8-1所示。大白猪具有适应性好、增重快、饲料报酬高、胴体瘦肉率高、产仔数较多、母猪泌乳性能良好等特性。许多国家从英国引进大白猪后，培育成适合本国生产实际情况的新品系，如加系大白猪、法系大白猪、美系大白猪等。大白猪在全球猪种中占有重要

图8-1　大白猪

的地位，是世界著名腌肉型猪，在杂交生产中既可用做父本，也可用做母本，在欧洲被誉为“全能品种”。

2）长白猪。长白猪又称兰德瑞斯，原产于丹麦，是目前世界上分布很广的著名瘦肉型猪品种。长白猪的培育始于1887年，在此之前，丹麦本地猪属于脂肪型猪并出口德国，1887年底后，德国禁止从丹麦进口猪肉和活猪，丹麦猪肉转向英国市场。于是，丹麦开始引进大约克夏猪与当地日德兰土种猪杂交，经长期选育，1908年建立丹麦兰德瑞斯猪改良中心，1952年基本达到选育目标，1961年正式成为丹麦全国唯一的推广品种。长白猪外貌清秀，体躯丰满、呈流线，背腰特长，腰线平直而不松弛，臀部肌肉发达，全身白色，如图8-2所示。长白猪具有增重快、饲料报酬高、胴体瘦肉率高等优点，但对饲养条件要求较高。此外，长白猪体质较弱，抗逆性较差，肉质欠佳。20世纪20年代，许多国家相继从丹麦引进长白猪，结合本国自然和社会经济条件进行长期选育，培育出适合本国的长白猪新品系，如德系长白猪、英系长白猪、加系长白猪、法系长白猪等。

图8-2　长白猪

图8-3　杜洛克猪

3）杜洛克猪。杜洛克猪原产于美国东部和美国主要出产玉米的地带，见图8-3所示。其主要亲本是新泽西州的泽西红、纽约州的杜洛克和康涅狄克州的红毛巴克夏。1872年开始，人们将这三类猪建立统一的品种标准，1883年成立统一的育种协会，并将泽西红和杜洛克正式合并为杜洛克—泽西猪，简称杜洛克猪。杜洛克猪体型大，体躯深广，四肢粗壮，颜面微凹，耳中等大，耳尖下垂，毛色呈棕红色，从金黄到暗棕色深浅不一，樱桃红色最受欢迎。杜洛克猪生长快，饲料报酬高，胴体瘦肉率高，抗逆性较强，肉质较好。早期杜洛克猪是一个皮厚、骨粗、体高、成熟晚的脂肪型品种，20世纪50年代后，转向肉用型方向发展，并逐渐达到目前的品种标准，成为世界著名的瘦肉型猪种之一。

4）汉普夏猪。汉普夏猪原产于美国肯塔基州的布奥尼地区，是由薄皮猪和白肩猪或黑背猪杂交选育而成的。早在19世纪30年代，英国苏格兰的汉普夏州饲养的白肩猪输入美国后，和当地薄皮猪杂交使皮肤变薄。1893年肯塔基州成立了美国薄皮猪协会，称其为薄皮猪。1904年统一命名为汉普夏猪，1939年又成立汉普夏种猪协会。早期汉普夏猪属于脂肪型猪种，20世纪50年代才逐渐转向瘦肉型方向发展，成为世界著名的瘦肉型猪种之一，广泛分布于世界各地。汉普夏猪体型大，体躯较长，背腰呈弓形，臀部肌肉发达，被毛黑色，在肩和前肢有一条白带围绕，故又称银带猪，如图8-4所示。汉普夏猪具有瘦肉率高、眼肌面积大、胴体品

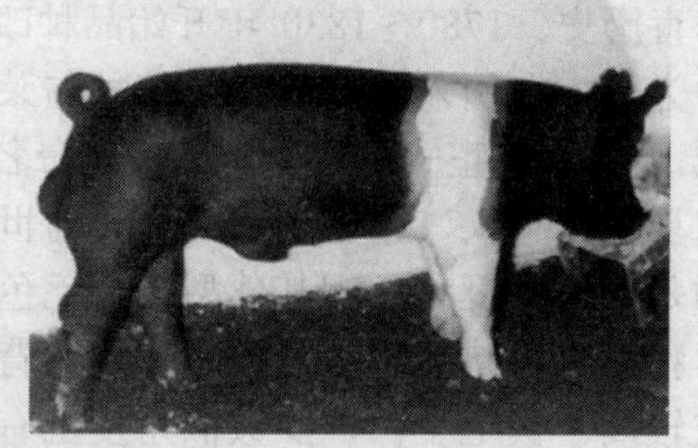
图8-4　汉普夏猪

质好、体质强健等优点，但繁殖力不高，生长性能一般，肉质欠佳，具有特殊的酸肉效应。

5）皮特兰猪。皮特兰猪原产于比利时的布拉邦特地区皮特兰村，1919～1920 年利用当地一种黑白斑土种猪与法国的贝叶猪杂交改良，后又导入英国泰姆沃斯猪或巴克夏猪的血液，该品种育成历史较短，1950 年作为品种登记，1955 年首次引入法国北部地区，1960 年出口德国，逐渐被欧洲各国公认，是最近十几年来欧洲较为流行的猪种。皮特兰猪体躯短，呈方形，被毛灰白，夹有黑色斑块和少量红毛，如图 8-5 所示。皮特兰猪背膘薄，眼肌面积大，肩部和臀部肌肉特别发达，胴体瘦肉率极高，生长发育相对较慢。

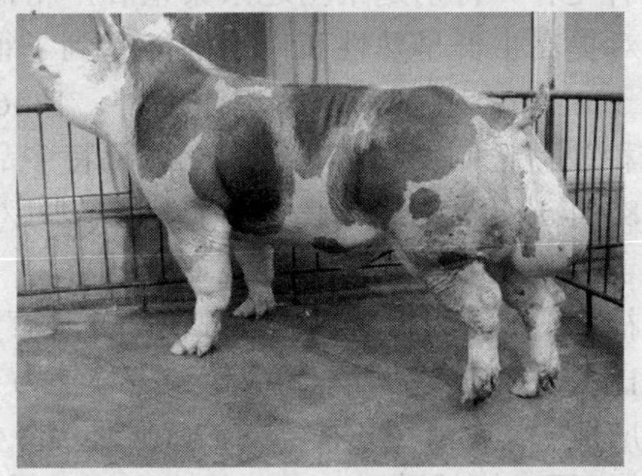

图 8-5　皮特兰猪

6）斯格猪。斯格猪原产于比利时，是专门化品系杂交育成的瘦肉型猪，是用比利时长白猪、英系长白猪、荷兰长白猪、法系长白猪、德系长白猪及丹麦长白猪合成的。该品种早在 20 世纪 80 年代初期引入我国，目前主要分布在湖北、江苏、广西、广东、福建、贵州、北京、辽宁和黑龙江等地。斯格猪外貌相似于长白猪，其后腿和臀部十分发达，四肢比长白猪粗短，嘴筒亦比长白猪短，如图 8-6 所示。斯格猪繁殖性能良好，特点是生长发育快、饲料报酬高、产仔率高、瘦肉率高、适应性强、肌肉脂肪含量较高（3%）、肉质好，但容易产生应激综合征。

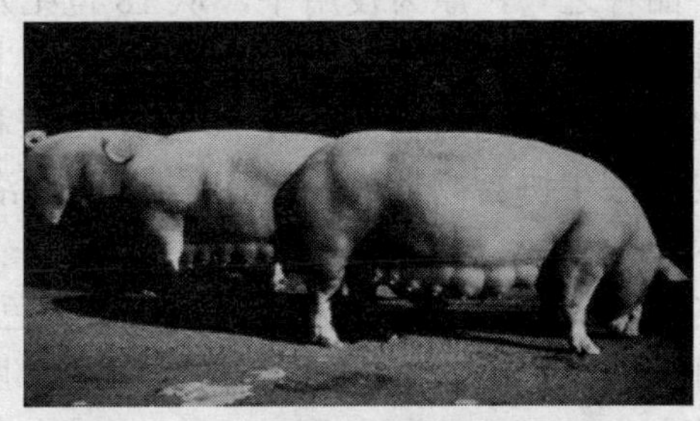

图 8-6　斯格猪

2. 牛

（1）品种及肉质特点　从品种上看，黄牛、奶牛的肉质优于牦牛，牦牛优于水牛；从用途上看，肉用牛优于乳用牛，乳用牛优于役用牛。按用途不同，可将牛分为役用牛、肉用牛、乳用牛及兼用型牛；按种类分有黄牛、水牛、牦牛和奶牛等。

（2）烹饪用料　牛肉结缔组织多而坚硬，肌肉纤维粗而长，一经加热烹调，蛋白质变形收缩，失水严重，老韧不化渣，不易烧烂，有一定的膻味。但由于牛肉肌肉组织比例大，蛋白质含量高，营养丰富，有特殊的香味，仍然不失为良好的肉用原料。例如，干煸牛肉丝、红烧牛肉、蚝油牛肉、水煮牛肉、灯影牛肉等菜品就是非常有特色的。

烹饪中牛肉常作为菜品的主料，也是有特色的配料，川菜名菜“麻婆豆腐”特色的形成就依赖于牛肉的加入。

（3）牛的种类

1）肉用牛。

① 海福特牛。海福特牛原产于英国西部威尔士地区的海福特县及邻近诸县，属中小

型早熟肉牛品种。海福特牛是在威尔士地方土种牛的基础上选育而成的，从 18 世纪中叶开始进行系统的育种工作，特别是采用近亲繁殖和严格淘汰的方法，对提高牛群早熟性和肉用性能起到了很大的作用，于 1790 年育成海福特肉牛品种。1846 年建立了纯种牛登记制度，1876 年成立海福特牛品种协会，1883 年开始实行“封闭式”良种登记，对该品种牛性能的稳定和提高起到了良好作用。

图 8-7　海福特牛

海福特牛被毛为橙黄色或黄红色，并具有“五白”特征，即头、颈、腹下、四肢下部及尾帚为白色，如图 8-7 所示。成年公牛体重为 850～1100kg，成年母牛为 600～750kg。海福特牛适应性广泛，能在各种不同的气候环境条件下放牧，在世界多数国家均有饲养，尤其在美国、墨西哥、加拿大、南美、澳大利亚、新西兰、俄罗斯、南非饲养较多。

② 夏洛莱牛。夏洛莱牛原产于法国中西部到东南部的夏洛莱和涅夫勒地区，是著名的大型肉牛品种之一，原为役用牛，从 18 世纪开始系统选育，主要通过本品种严格选育而成。1864 年建立良种登记制度，1887 年成立夏洛莱牛品种协会。1920 年正式育成肉用品种，并作为专门化肉牛品种先后输往世界 50 多个国家和地区，1964 年，全世界 22 个国家联合成立了国际夏洛莱牛协会。1986 年，仅法国的夏洛莱牛就超过 300 万头，现有 70 多个国家或地区饲养。

夏洛莱牛体躯高大强壮，全身毛色为乳白色或白色。体躯呈圆桶形，全身肌肉极发达，背、腰、臀部肌肉块明显，常形成“双肌”特征，如图 8-8 所示。成年公牛体重为 1100～1200kg，成年母牛为 700～800kg。夏洛莱牛以体型大、生长速度快、瘦肉多、饲料报酬高而著称，但在繁殖性能方面存在难产率高（13.7%）的缺陷。

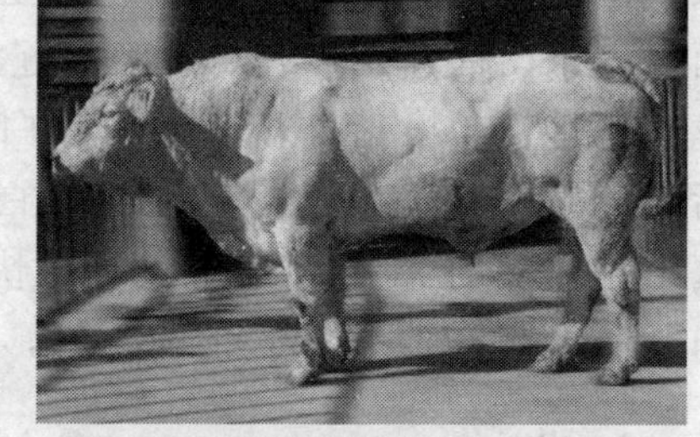
图 8-8　夏洛莱牛

③ 利木赞牛。利木赞牛原产于法国中部利木赞高原，分布在上维埃纳、克勒兹和科留兹等地。原为大型役肉兼用牛，从 1850 年开始培育，主要经本品种选育而成。1886 年建立良种登记制度，1900 年后向瘦肉型方向转化，1924 年宣布育成专门化肉用品种。法国现有近 100 万头，在分布广度和数量方面仅次于夏洛莱牛，是法国第二个重要肉牛品种，已引向全球 50 多个国家。

利木赞牛毛色为黄红色或红黄色，腹下、四肢内侧、眼睑、鼻周、会阴等部位色较浅，为白色或草白色。体型中等偏大，肌肉丰满，前肢及后肢肌肉块尤其突出，如图 8-9 所示。成年公牛体重为 950～1200kg，成年母牛为 600～800kg。利木赞牛耐粗饲，适应性强，生长快，肉用性能好，肉品质好，瘦肉率高，肉嫩、味道好。

图 8-9　利木赞牛

④ 安格斯牛。安格斯牛原产于英国的阿伯丁、安格斯和金卡丁等郡，全称阿伯丁—安格斯

牛，是英国最古老的小型肉牛品种。安格斯牛的有计划育种工作始于18世纪，重点对早熟性、肉质、屠宰率、饲料报酬和犊牛成活率等方面进行选育。自19世纪开始向世界各地输出，经过一些国家的不断选育，又培育出了红色安格斯牛，在加拿大、美国有成群的红色安格斯牛，澳大利亚用安格斯牛与短角牛杂交育成墨瑞灰牛。

图 8-10 安格斯牛

安格斯牛体格低矮，紧凑结实，为早熟体型。毛色以黑色居多，也有红色，如图 8-10 所示。成年公牛体重为 800～900kg，成年母牛为 500～600kg。安格斯牛具有极强的适应性和良好的增重性能，早熟易肥，胴体品质和产肉性能俱佳，是肉牛杂交体系中较理想的母系。

⑤ 契安尼娜牛。契安尼娜牛原产于意大利中西部的契安尼娜山谷，是目前世界上体型最大的肉牛品种。19 世纪初由当地古老役用品种培育而成，1927 年向专门化肉用方向选育，1931年建立良种登记制度，契安尼娜牛现主要分布于意大利中西部的广阔地域。

图 8-11 契安尼娜牛

契安尼娜牛被毛白色，尾帚黑色，除腹部外，皮肤上均有黑色斑。体躯长，体格大，结构良好，如图 8-11 所示。成年公牛体重为 1500～1800kg，成年母牛为 800～900kg。契安尼娜牛生长强度大，一般日增重达 1000g 以上。牛肉量多、品质好、大理石纹明显，适应性好，繁殖力强，很少难产。

2）乳牛。

① 荷斯坦牛。荷斯坦牛原产于荷兰北部的北荷兰省和西弗里生省，其后分布到荷兰全国以及德国的荷斯坦省。该牛种引入美国后，曾成立两个奶牛协会，即美国荷斯坦育种协会和美国荷兰弗里生牛登记协会。1885 年这两个协会合并成美国荷斯坦—弗里生协会。荷斯坦牛在各国经过长期的风土驯化和系统繁育，或与当地牛杂交，育成了各具特征的荷斯坦牛，并冠以该国的名称，如新西兰荷斯坦牛、美国荷斯坦牛、中国荷斯坦牛等，如图 8-12 所示。

② 娟姗牛。娟姗牛原产于英吉利海峡南端的娟姗岛。岛上气候温和，年平均气温 10℃左右，其自然环境条件适于养奶牛，加之当地农民的选育和良好的饲养条件，从而育成了性情温驯、体型较小、高乳脂率的乳用牛品种。该牛种早在 18 世纪就以乳脂率高和乳房形状好而闻名于世，1866 年建立良种登记制度，至今在原产地仍为纯种繁殖。

娟姗牛体型小，细致紧凑，后躯较前躯发达，呈楔形，毛色有灰褐、浅褐及深褐色，以浅褐色为最多，如图 8-13 所示。成年公牛体重为 650～750kg，母牛为 340～450kg，年平均产奶量为 3500～4000kg。其最大特点是乳质浓厚，乳脂率平均为 5.5%～6.0%，并以耐热性和抗病力强而著称。

图 8-12　荷斯坦牛

图 8-13　娟姗牛

3）水牛。

① 摩拉水牛。摩拉水牛原产于印度的雅么纳、合里亚纳州，是世界著名的乳用水牛品种。该品种几乎遍布印度西北部的大小城市和乡村，饲养量占全国水牛总数的 47%，用以生产鲜奶和奶油，至今已引入印度尼西亚和东南亚各国。摩拉水牛体型较大，如图 8-14 所示。成年公牛体重 450～800kg，母牛 350～700kg，泌乳期产奶量为 1400～2000kg，乳脂率 7.0%。

② 尼里—拉维水牛。尼里—拉维水牛原产于巴基斯坦的萨特里基和拉菲河流域一带，是世界著名的乳用水牛品种，如图 8-15 所示。巴基斯坦各邦均饲养该品种，约占全国水牛总数的 70%。尼里—拉维水牛成年公牛体重 800kg，母牛 600kg；305 天泌乳期产奶量 2000～2700kg，乳脂率 6.9%；经适度育肥后，屠宰率 50%～55%。

图 8-14　摩拉水牛

图 8-15　尼里—拉维水牛

4）瘤牛。

① 婆罗门牛。婆罗门牛由美国引用印度瘤牛而育成的一个适应热带、亚热带和炎热干旱地带的肉用瘤牛品种，是世界上利用最多、分布最广的瘤牛品种。婆罗门牛体格中等偏大，全身肌肉发达，毛色多为深浅不同的银灰色，也有少数红、棕、黑色个体，如图 8-16 所示。成年公牛体重 800～1000kg，母牛 500～650kg，经育肥后屠宰率达 60%～65%。该品种具有耐热抗寒、抗病力强、寿命长、母性强、泌乳力高、难产率低、耐粗饲及杂种优势明显等特点。

图 8-16　婆罗门牛

② 辛地红牛。辛地红牛原产于巴基斯坦的辛地省，是典型的热带乳役兼用瘤牛品种，如图 8-17 所示。目前，该品种在巴基斯坦和印度饲养很普遍，已被引入亚洲、非洲和美洲的不少国家。辛地红牛成年公牛体重 450～550kg，母牛 300～400kg；成年母牛产奶量 1560kg，乳脂率 4.9%～5.0%。

图 8-17　辛地红牛

3．羊

（1）品种及肉质特点　羊主要有绵羊和山羊两种类群。经过育肥的绵羊，有适当的肌间脂肪，呈纯白色，质坚脆，膻味轻，品质优良。山羊不论肌肉和脂肪膻味都较重，品质不及绵羊。阉割后的羊称羯羊，其肉质肥美，优于一般的绵羊和山羊。

（2）烹饪用料　在烹调运用时，羊的后腿肉和背脊肉是用途最广泛的部位，适于炸、烤、爆、炒和涮等，可制作出炸五香羊肉片、烤羊肉串、大葱爆羊肉、酱爆羊肉、羊方藏鱼的名肴，成菜都讲究细嫩；羊的前腿、肋条、胸脯肉质较次，适于烧、焖、扒、炖、卤等，如红烧羊肉、扒茄汁羊肉条、酱五香羊肉，成菜讲究熟软。由于羊肉膻味重，烹调中更注重对香辛料的使用，也常用洋葱、胡萝卜、萝卜、西红柿、香菜等合烹去膻，还可用焯水或加酸、加碱处理去膻。

（3）羊的种类

1）绵羊。

① 澳洲美利奴羊。澳洲美利奴羊产于澳大利亚，从 1797 年开始，由英国及南非引进的西班牙美利奴、德国萨克逊美利奴、法国和美国的兰布列品种杂交育成，是世界上最著名的细毛羊品种，如图 8-18 所示。

② 罗姆尼羊。罗姆尼羊原产于英国东南部的肯特郡，属毛肉兼用半细毛羊。除英国以外，新西兰、阿根廷、澳大利亚、俄罗斯、加拿大和美国等国均有饲养，而新西兰是目前世界上饲养数量最多的国家。罗姆尼羊体质结实，骨骼坚强，结构匀称，公母羊均无角，体躯深广，背腰平直，后躯丰满，肉用体型较好，四肢稍短，全身被毛白色，如图 8-19 所示。

图 8-18　澳洲美利奴羊

图 8-19　罗姆尼羊

③ 萨福克羊。萨福克羊原产于英国，用南丘羊与黑头有角的诺福克绵羊杂交，于 1859 年培育而成。萨福克羊体格较大，骨骼坚强，背腰和臀部长宽而平，肌肉丰满，后躯发育良好，头长无角，脸和四肢为黑色，如图 8-20 所示。

④ 无角陶赛特羊。无角陶赛特羊是澳大利亚和新西兰用有角陶赛特与考力代羊或雷兰羊杂交，然后回交保持有角陶赛特羊的特点，属肉用型品种，如图 8-21 所示。该品种具有生长发育快、易育肥、肌肉发育良好、瘦肉多的特点，在新西兰常作为生产反季节羊肉的专门化品种。

图 8-20　萨福克羊

图 8-21　无角陶赛特羊

⑤ 夏洛莱羊。夏洛莱羊原产于法国中部夏洛莱丘陵地带，以肉为主，该品种在美国、瑞士、德国等国均有饲养，具有繁殖率高、肉用性能好等特点，如图 8-22 所示。

图 8-22　夏洛莱羊

2）山羊。

① 萨能山羊。萨能山羊原产于瑞士伯尔尼州的萨能山谷，是世界上最著名的奶山羊品种，如图 8-23 所示。现已广泛分布世界各地，具有适应性强、早熟、长寿、繁殖力强、泌乳性能好等特点。

② 安哥拉山羊。安哥拉山羊起源于非洲东北部的小亚细亚半岛，现土耳其安纳托利高原中部和东南部干旱地区，并以中部地区安哥拉为中心，是生产具有波光色泽的优质毛料的古老培育品种，如图 8-24 所示。安哥拉山羊现主要分布在土耳其，在南非、俄罗斯、阿根廷、美国、澳大利亚等国均有饲养。

图 8-23 萨能山羊

图 8-24 安哥拉山羊

③ 努比亚山羊。努比亚山羊原产于非洲东北部的埃及、苏丹及邻近的埃塞俄比亚、利比亚、阿尔及利亚等地，该羊适应温暖干旱气候，在美国、印度、英国、东欧及南非等国都有分布，具有性情温驯、繁殖力强等特点。努比亚山羊被毛以红棕色和黑色为主，同时还有灰、白、褐、红等色。努比亚山羊腿高、体长，头短略呈三角形，耳宽大下垂，体躯较短，乳房发育良好，如图 8-25 所示。

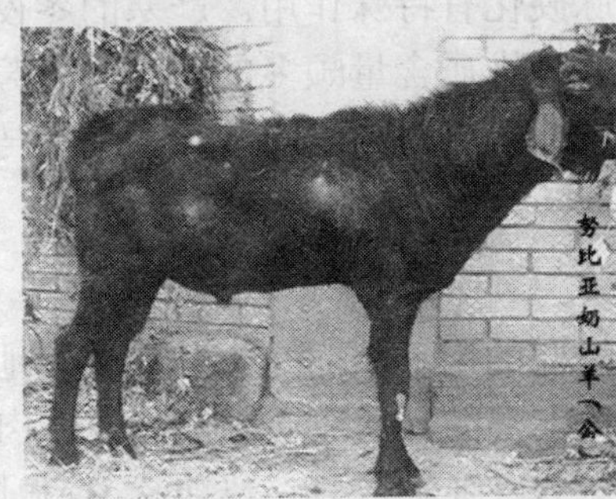

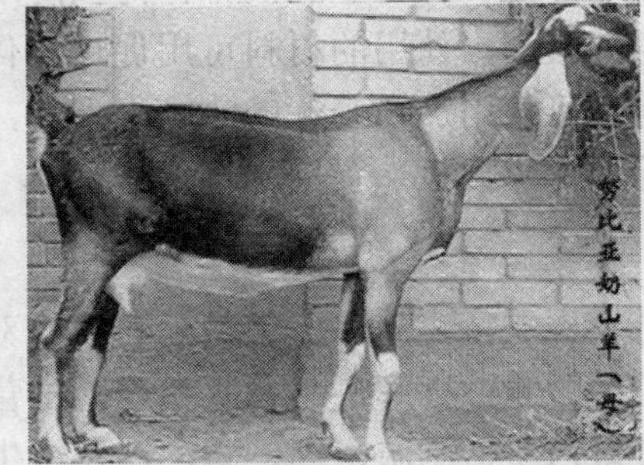

图 8-25 努比亚山羊

④ 波尔山羊。波尔山羊原产于南非，该品种主要来自霍屯督山羊，自 20 世纪 20 年代起开始培育，1959 年成立波尔山羊品种协会，目前有长毛型、无角型、普通型和改良型四个类型。波尔山羊头大壮实，颈粗壮，肌肉饱满，胸宽而深，肋骨开张良好，腰丰满，臀部肌肉发达；体躯白色，头、颈、耳红色；皮肤柔软松弛，胸及颈部有较多褶皱，母羊乳房发育良好，如图 8-26 所示。

图 8-26 波尔山羊

4．家兔

（1）品种及肉质特点　兔的品种很多，用于烹饪的主要是肉用兔和皮肉兼用兔。兔瘦肉比例高，微带草腥气味，肌肉色浅呈粉红色，肉质柔软，风味清淡，在烹制加工过程中，极易被调味料或其他鲜美原料赋味，又称百味肉。

（2）烹饪用料　生长期在一年以内的兔，肉质细腻柔嫩，多用于煎、炸、拌、炒、蒸类的菜品；生长期一年以上的兔肉质较老，多用于烧、焖、卤、炖和煮制的菜品。用兔肉整体制作的菜品有缠丝兔、红板兔等；以切块制作的有粉蒸兔肉、黄焖兔肉等；以丝、片、丁成

菜的有鲜熘兔丝、茄汁兔丁、花仁拌兔丁、小煎兔等。

（3）兔的种类　全世界的纯种兔品种大约有45种，再细分可分为三大类，就是食用兔、毛用兔和宠物兔。从体型上分，又可分为大型兔、中型兔和小型兔；大型兔的体重大约在3～7kg，中型兔的体重大约在2～3kg，小型兔的体重大约在2kg以下。另外，兔子根据耳朵来分可以分为硬耳兔和软耳兔；根据被毛来分，还可以分为长毛兔和短毛兔。

5．马

（1）品种及肉质特点　马在我国已有5000多年的食用史，只是马肉在煮或炒时会有泡沫产生，且会发出恶臭。由于马的数目并不多，因此算不上是普遍的肉类，然而马肉的品质比鸡肉或牛肉，含有更高的蛋白质。明代李时珍在《本草纲目》中曾记载："食马肉中毒者，饮芦菔汁，食杏仁可解。"

（2）烹饪用料　马肉含有丰富蛋白质、维生素及钙、磷、铁、镁、锌、硒等矿物质，具有恢复肝脏机能及防止贫血、促进血液循环、预防动脉硬化、增强人体免疫力的效果；马肉脂肪的质量优于牛、羊、猪的脂肪，马肉脂肪近似于植物油，其含有的不饱和脂肪酸可溶解掉胆固醇，使其不能在血管壁上沉积，对预防动脉硬化有特殊作用。严寒的冬夜里，食用马肉火锅可使身体暖和，使用的材料可用促进消化、纤维质含量颇多的蘑菇、牛蒡及具有独特香味的茼蒿等，可使用加入姜汁的味噌来调味，如此即可将马肉的腥味去除。马肉宜以清水漂洗干净、除尽血水后煮熟食用，不宜炒食。

6．骆驼

（1）品种及肉质特点　骆驼肉是驼科动物双峰驼的肉。骆驼是生长在沙漠地区的动物，其驼峰是骆驼的营养贮存库，与背肌相连，由营养丰富的胶质脂肪组成，驼峰肉是很好吃的肉食，它含有蛋白质、脂肪、钙、磷、铁及维生素A、维生素B_1、维生素B_2和烟酸等成分，在中国传统菜谱中是难得的珍肴。驼掌，即蹄掌心，肥大厚实，含有丰富的蛋白，肉质细嫩而有弹性。骆驼脂为双峰驼肉峰内的胶汁脂肪，又称峰子油，性味甘温，无毒，具有润燥、祛风、活血、消肿的功效，适宜顽痹不仁之风疾者食用。

（2）烹饪用料　以骆驼为原料的烹饪方法主要有煮、熏、烤三种，其中以烧烤最为多见。

第三节　畜类副产品

畜类副产品是指畜类宰杀经分割后的动物内脏、蹄、爪、血液等。有的地方将畜类副产品称为下水。我国对畜类副产品在烹饪上应用比较多，在西方国家一般不用于食品。畜类副产品原料性能差异大，有些品种异味较重，粗加工较为复杂。常用的主要有猪、牛、羊副产品。

1．肝

肝脏由实质和间质两部分组成，是一团柔软多汁的呈微红棕色的组织，并且表面被覆浆膜。常用的肝有猪肝和牛肝。猪肝分尾叶、右外侧叶、方叶、左内叶和左外侧叶五叶，边缘薄，质地坚实，重约2kg。牛肝分三叶，从外部形态观察难以区分，重约3～6kg。牛肝结缔组织较猪肝少，但异味较猪肝大。用肝脏制作菜肴，应选用新鲜、色呈微红棕色或紫色、表面光泽较好者。

2．肾

肾是动物尿液形成的器官，畜类的肾俗称腰子，在动物体内成对存在，位于腹腔背腰椎的腹侧。肾周围包有脂肪。肾由皮质和髓质两部分组成，一般不分叶，但牛肾分叶。肾脏内血管丰富，质地嫩，髓质部由于尿臊味较重，一般不食用。新鲜肾脏呈浅红色，表面有一层薄膜，有光泽，柔润且富有弹性。做菜前应注意漂洗，除去异味。

3．心

心呈倒圆锥形，为中空的肌质器官。心的上部大，为心基，分左右心房各一个，并有进出心的血管；下部小，为心尖，分左右心室各一个。心的上部有心耳和脂肪，一般切除不食用，心的下部肌肉较上部厚实，整个心肌含肌间脂肪少，且纤维短。新鲜的心组织坚实、富有弹性，挤压有鲜红色的血块排出。常用的畜类心脏有猪心、牛心和羊心。不同动物的心，都具有该种动物特有的滋味。

4．胃

胃有单胃和复胃之分。牛、羊的胃为复胃，猪则为单胃，民间称之为肚子。牛、羊的胃分瘤胃、网胃、瓣胃、皱胃四个室。网胃因其内壁花纹像蜂窝，故在烹饪行业中将网胃称为蜂窝肚。瘤胃壁由黏膜、肌层和浆膜三层构成。黏膜呈棕黑色或棕黄色，表面有无数密集的乳头状的突触点，肌层很发达，内层为环行肌，外层为纵行肌。浆膜无特殊构造。由于黏膜表面有密集的乳头状的突触点，行业中将瘤胃称为毛肚。瓣胃壁的结构与瘤胃、网胃相似，只是黏膜形成百余片瓣叶，俗称百叶或百叶肚。皱胃结构与单胃相似。由于牛、羊胃的形态结构较单胃复杂，在烹调处理的方法上也多种多样。例如，百叶常用凉拌、涮的方法食用，而毛肚主要采用卤制的方法。胃的肌肉较发达，易脱水，加热后韧性大，故一般采用长时间加热的方法制作菜肴，如卤、煨就是常用的方法之一。猪的胃壁由里到外可分为黏膜、黏膜下组织、肌层、浆膜四层。肌层分别由纵行、环行和斜行三层平滑肌所组成。环行肌在幽门处形成幽门括约肌，其肌层较厚，行业上俗称肚尖、肚头、肚仁。新鲜的猪肚有弹性，有光泽，色浅黄，黏液多，质地坚实；若白中带青，无弹性和光泽，黏液少，肉质松软则表明此猪肚不够新鲜。

5．肠

肠分小肠和大肠。小肠包括十二指肠、空肠和回肠三段，是畜类动物食物消化和吸收的主要器官。大肠包括盲肠、结肠和直肠三段。小肠一般用来制作肠衣，大肠在烹饪上应用广泛。由于肠是动物消化食物、形成粪便的器官，在粗加工、清洗方面要注意除去异味。新鲜猪肠呈乳白色，质稍软，具有韧性，有黏液，不带粪便及污物。肠一般不适宜用短时间加热的方法制作菜肴，常在卤制或蒸制后，再结合其他的烹调方法制作菜肴，如脆皮大肠等。

6．舌

舌分舌尖、舌体和舌根三部分，主要由横向联合纹肌构成，表面覆以黏膜。猪舌为最常见品种。舌的黏膜较厚，角质化程度高，异味较重，烹饪初加工时应先放入沸水中，烫至发白，并趁热刮去后，方能应用。舌根的后端附有舌骨的部分肌群，根背侧有舌扁桃体及相关淋巴器官，初加工时应注意将舌扁桃体和淋巴去除。

7. 肺

用做烹饪原料的主要是猪肺。品质新鲜的猪肺呈粉红色，较均匀，光洁富有弹性；变质的肺色灰绿，带异臭味，无弹性，无光泽，不可食用。

8. 其他副产品

其他副产品包括蹄、尾、脑、公畜的外生殖器（牛鞭、羊鞭等）、新鲜蹄筋等。

第四节 畜肉制品

我国对畜类肉品的加工历史可追溯到周代，千百年来，劳动人民在对畜肉的加工方面积累了丰富的经验和独到的技术。我国肉制品的种类很多，按加工方法不同，可分为腌腊制品、脱水制品、灌肠制品及其他制品。

一、腌腊制品

腌腊制品主要是利用食盐的渗透压作用，使鲜肉中的水分部分析出，而盐分则渗入鲜肉组织中加工而成。因此，腌腊制品紧缩，具有抑制微生物繁殖及防腐的作用。

1. 腌制的方法

（1）干腌法　干腌法是用食盐（多用粗料海盐）和硝（硝酸盐、亚硝酸盐）直接在肉的表面搓擦腌制的方法。有的还用糖和其他调味品以增加肉制品的风味。它的优点是方法简便、容易保藏、蛋白质损失较少，缺点是咸度有时不均匀、色泽不好、肉质较硬。我国的火腿与一般咸肉多用干腌法。

（2）湿腌法　湿腌法是按一定的比例用盐、硝混合物和辅料及水配制成盐溶液，将肉浸渍在溶液中腌制的方法。湿腌法的优点是咸度均匀、能保存较多的水分、色泽鲜艳、肉质柔软，缺点是肉中的蛋白质损失较多、耐贮性较干腌法稍差，我国广东腊肉多用此法。

2. 腌腊制品的品种

（1）咸肉　咸肉具有加工简单、费用低、便于运输和储藏的特点，是最古老又普遍采用腌制方法加工的猪肉腌腊品种。新鲜咸肉，盐水呈暗红色、透明，皮有泡沫和絮状物，盐溶液呈酸性，切剖肉块后肌肉纹理较清楚，色泽均匀，渗出液呈酸性。不新鲜的咸肉，盐溶液混浊，呈弱碱性，切剖肉块后肌间组织松弛，切面色泽不均，并多呈灰色或褐色，散发腐败之味，渗出液呈中性或碱性。

（2）腊肉　腊肉与咸肉一样，首先要经过腌制过程，然后进一步熏制。我国腌制腊肉的地域比较广阔，尤以南方各地生产腊猪肉为多，如四川腊肉、湖南腊肉、广东腊肉等，以广东腊肉最为著名。

（3）火腿　火腿属于腌肉制品的一种，是我国有悠久历史的最负盛名的特产品之一。其中以金华火腿最著名，被称为南腿；江苏如皋腌制的火腿称北腿；以云南腾越和榕峰为中心所产的火腿称云腿。

二、脱水制品

脱水制品是肉类原料经过一定方法脱水调味等加工而成的制品。肉类原料脱出水分，即可长期保存，而且体积小、重量轻，便于携带和运输，在饮食业中，也是重要的烹饪原料。肉类脱水干制一般有自然干燥、人工干燥、低温冷冻和升华干燥等方法。干制后水分含量能减少到7.5%以下。我国常见的脱水干制品有肉松、肉干和肉脯等。

1．肉松

肉松是我国著名的特色肉制品之一。它是将猪瘦肉（无皮无骨无肥膘）加工成小块形状，先经煮熟（期间要加入调味品），后按肌肉纹理撕碎，进行焙烤、脱水、搓揉而成。它耐储藏、体积小、重量轻、口味香鲜软绵、富有营养。我国各地均有肉松生产，比较著名的有福建肉松、太仓肉松、四川肉松等。肉松以色泽金黄、蓬松柔软、有弹性、香味纯正浓厚、肉松丝条匀净、无肉筋和结块、食后无渣滓为好。

2．肉干

肉干是猪、牛等肌肉经煮熟加入各种辅料烘干而成的一类肉类制品，全国各地均有生产。由于所用的辅料不同，口味也不一，形状多为立方厘米的块状和长条状，加工一般要经过初煮、切块、复煮、烘烤等工序。

3．肉脯

肉脯是以猪、牛肉类为原料脱水加工的肌肉薄片，全国各地有不少地方生产。其加工需经选料整理、切片、配料、摊筛、烘干、烤制等工序。我国著名的品种有江苏靖江肉脯。

三、灌肠制品

在许多国家，香肠制作的历史都极为悠远。灌肠最早见于欧洲，距今已有二三千年历史，后逐渐传到世界各地。为适应当地口味，各国都形成了具有本国风味特色的制品。据考证，我国香肠的历史至少也有1000年以上，早在南北朝时期（公元420—589年）就有了有关腊肠配方的记载。

灌肠制品的种类繁多，加工方法各异，在我国的肉类加工行业中，普遍流行着香肠和灌肠的分类方法，即将传统的中国香肠（以广东腊肠为代表）认定为香肠，把近代由国外传入我国的香肠称为灌肠。香肠按照加工工艺，分为以下几种。

1．生鲜香肠（又名生香肠）

这类肠原料肉主要是新鲜猪肉，原料肉绞碎后加入调料与香辛料，充填入肠衣内，不加硝酸盐和亚硝酸盐腌制；未经煮熟和腌制，未食用时通常在0～4℃条件下贮藏，保质期大约可达 2～4 天，食用前需要熟制，因此称为生鲜香肠。这类产品包括图林根鲜猪肉肠、基尔巴萨香肠、博克香肠等。

2．熟香肠

用经腌制或未经腌制的肉块，经搅碎、调味、充填入肠衣中，再进行水煮，有时稍微烟熏，即成香肠成品。这种肠最为普通，占整个灌肠生产的一大部分。欧洲一般以畜禽的肝、肺、舌、头肉等作为原料。因为这些原料很易受细菌污染，因而制作过程中必须先加热，与其他调味料混合后灌入肠衣，再作进一步烟熏、蒸煮处理。其中典型的产品有肝肠、血肠和舌肠。

3．发酵香肠

发酵香肠是发酵肉制品中产量最大的一类产品，是发酵肉制品的代表。它以绞碎的肉（通常是猪肉或牛肉）为主要原料，添加动物脂肪、盐、糖、香辛料等（有时还要加微生物发酵剂）混合后灌进肠衣，经过微生物发酵和成熟干燥（或不经过成熟干燥）而制成的具有稳定的微生物特性和典型发酵香味的肉制品。主要产品有萨拉米香肠、干阿尔香肠、斯克拉肯香肠等。

4．烟熏香肠

烟熏香肠是以各种畜禽肉为原料，经切碎、腌制、绞碎后加入调料与香辛料，充填入肠衣内，经烟熏、加热（也可不加热，为生香肠）制成的一类香肠。烟熏香肠是目前肉制品加工厂生产量最多的一类产品。这类产品以法兰克福香肠、维也纳香肠、哈尔滨香肠等为代表。

四、其他畜肉制品

除上所述的畜肉制品外，我国还有一些传统的或现代的畜肉类加工制品。主要种类有酱卤制品、熏烤制品和罐装肉制品。

1．酱卤制品

酱卤制品是我国传统的一大类肉制品。其主要特点是，成品都是熟的，可以直接食用，产品酥润，有的带有卤汁。全国各地均有生产，亦有不少著名品种，如苏州的酱汁肉、无锡的酱制排骨、北京月盛斋的酱牛肉、河南道口烧鸡等。

2．熏烤制品

熏烤制品亦是我国传统的肉制品，是利用某些燃料没有完全燃烧的烟气熏制而成。其产品的质感、滋味、香气等感官性质均有明显的特点，在饮食业生产亦很普遍。熏制方式对肉既有加热作用，又有脱水干燥的作用，成品有特殊的烟熏制品风味，色泽较好，能增进食欲。尤其通过烹制以后，产品对空气中的氧化作用更加稳定，因而更耐保藏。我国著名的熏烤制品有上海熏腿（西式火腿）、广东烤肉、叉烧等。

3．罐装肉制品

罐装肉制品是指利用密封原理防止微生物的侵入和氧化作用，运用现代技术加工的产品，可按照烹饪的各种方法加工，口味多样，保鲜程度强，便于保藏和食用，是一种很有发展前途的肉制品生产方法。全国各地食品工业均有生产，品种很多，如午餐肉、红烧猪肉、姜味肉丁、五香猪排等。

第五节　畜类的乳及乳制品

一、乳的概念

乳是哺乳动物乳腺分泌的一种白色稍带黄色的不透明的微有甜味的液体。乳中含有初生机体所需要的易消化的物质。在泌乳期中，由于生理和其他因素的影响，乳的成分会发生一些变化。在乳制品生产上分为初乳、常乳、末乳。初乳是产犊后一周内的乳。初乳干物质和球蛋白含量较高，酸度也较高，一般不作烹饪原料使用。末乳是母畜类干奶前两周所分泌的乳汁，因其味苦咸，同时伴有油脂氧化味，因此也不食用。用来制作菜肴和饮用的为常乳。我国不同的地区饮用的主要乳种有牛乳、山羊乳、绵羊乳和马乳。

1．乳品的营养成分

不同乳的营养构成与消化吸收率各有差异，同时也受动物种类、年龄、泌乳期的不同时期、饲料、气候等因素的影响，我国最为常见的是牛乳。牛乳的组成中含有人体生长发育所必需的一切营养物质。尤其重要的是，牛乳的各种成分几乎能全部被人体消化吸收。

2．乳的理化性质

（1）乳的色泽　新鲜的乳是一种青白色、白色或稍带黄色的不透明液体。

（2）乳的气味和滋味　乳中存在有挥发性脂肪酸及其他挥发性物质，所以牛乳带有特殊的香味。加温可以使香味更为强烈。

（3）乳的比重　正常的乳（牛乳）在15℃时的平均比重为1.030～1.032。

（4）乳的脂肪含量　乳的脂肪含量和比重与乳的固形物含量之间有一定的关系。

（5）总固形物　总固形物是指在105℃下干燥至恒重时乳汁中不能挥发的物质，其中包括乳脂肪、蛋白质、乳糖及无机盐等。

（6）酸度　牛乳的酸度是牛乳质量的一项重要指标。

二、乳制品

乳制品是以乳为原料经过加工制成的各种食品，是人们喜爱的风味食品，在烹调中亦有很多的食用方法，是西餐西点烹制过程中必不可少的辅助原料之一，常见的有奶粉、炼乳、鲜奶油、酸奶油、黄油、起司、酸牛奶等。

1．奶粉

奶粉是将鲜奶经脱水处理而制成的，有全脂奶粉与脱脂奶粉两种，目前常见的多为全脂奶粉。奶粉一般是用喷雾法或滚筒法加工而成的。不论哪种方法，都是将乳经巴氏消毒，进行浓缩、干燥而成。

正常的奶粉应为淡黄色，带有微甜、细腻适口的滋味。含水量不得超过 5%，超过这个比例奶粉就会受潮而结块，严重者还会发霉。为防止吸湿，其包装必须严密，而且要置于干燥处。西餐烹调中多用奶粉制品。

2．炼乳

炼乳就是乳的浓缩制品，炼乳有甜炼乳和淡炼乳两种。甜炼乳就是向牛奶中加入 15%～16%的蔗糖，经巴氏消毒，用减压真空法进行浓缩，使原料乳缩至原体积的 40%左右即成。淡炼乳，也叫蒸发乳或浓缩乳，其加工方法与甜炼乳相同，只是将奶浓缩，去掉 40%～50%的水分，再经杀菌、冷却（不加糖）即成。

炼乳多以罐头形式存放，食用时加水冲淡与鲜奶相似，对营养的影响不大，其脂肪还比鲜奶更易消化吸收。在鲜奶供应不足时，炼乳可取而代之，尤以制作糕点用处最多。

3．黄油

黄油也叫固体奶油，是鲜奶经分离、压炼而制成的固体油脂。但它不是纯脂肪，只是去掉了大部分水分经冷却而成的制品，常温下为固体，色呈淡黄。黄油是西餐中不可缺少的原料之一，可直接涂抹在面包上进食，熔化后成液体，可烹制热菜，亦可放入汤汁内作为调味品，浇淋在炸、烤菜品的浮面，以增色添味。

4．酸乳

酸乳是用鲜乳经煮沸杀菌消毒后放入适量乳酸菌，置于 40℃～43℃的室内，解成乳酸和乙醇等产物，再冷却至室温后冷藏。

5．鲜奶油

鲜奶油是从鲜奶中经加工分离出来，存放于 5℃冷却而成的，其主要成分是乳脂肪及水分。鲜奶油在西餐烹调中起到至关重要的作用：它可以直接食用，亦可制作冷菜；在鲜奶油中加入糖抽打成膨松体，可制成油木斯（是宴会上的名点心）；用膨松甜奶油来点缀糕点，能起到添彩增味的效果。

6．酸奶油

酸奶油是由鲜奶油经乳酸菌发酵后再经搅拌均匀而成的，色泽乳黄，为膏状体，味道醇香而微有酸味。因为经过发酵而产生了乳酸菌，故很容易被人体消化吸收，在西餐烹调中用途较广泛，用于荤菜、素菜的辅料都别具一格，是某些奶油少司中调浓增味的决定性原料之一，还能起到补充主料缺乏的养分如赖氨酸、色氨酸的作用。

第六节 畜类的品质检验

畜类的品质关系烹饪成品的质量，进而与人的身体健康密切相关。烹饪工作者必须掌握畜类原料品质检验及科学贮存的方法。品质检验是烹饪工作者决定选用何种烹饪方法、制作突出原料特点菜肴的前提。

一、猪肉的品质检验

猪肉纤维细致柔嫩，并且肌细胞当中含水量适中，结缔组织与牛、羊等畜类相比要少，且韧性也较弱，脂间脂肪的积蓄量比其他畜类肉多，使猪肉的风味不同于其他畜类。猪的脂肪色白，带有猪肉特有的香味。

1．鲜猪肉

生猪经过屠宰加工后从外观上看有一层微干或微湿润的外膜，富有光泽，呈淡红色，切断面稍湿，不黏手，肉汁透明。次之的猪肉表面有一层风干或潮湿的外膜，呈暗灰色，无光泽，切断面的色泽比新鲜的肉色暗，有黏性，肉汁混浊。变质猪肉表面极度干燥或黏手，呈灰色或淡绿色，发黏并有霉变的现象。切断面也呈暗灰或淡绿色，很黏，肉汁严重混浊。如果切断猪肉后用手指按压的凹陷能立即恢复，说明肉质比较新鲜；肉柔软、弹性小、用指尖按压凹陷后不能完全复原的次之；腐败变质猪肉则由于自身被严重分解，肌肉组织失去原有的弹性。变质猪肉不论是表层还是深层均有腐臭气味。良好的猪肉断面脂肪呈白色，具有光泽，柔软而富有弹性。相反，脂肪呈灰色、无光泽、容易黏手、有时略带油脂酸败味和哈喇味的次之。变质猪肉脂肪有黏液，带霉变呈淡绿色，柔软，具有油脂酸败气味。

2．冻猪肉

良好冻猪肉色红、均匀，且具有光泽，脂肪洁白，无霉点。变质冻猪肉肌肉色泽暗红、无光泽，脂肪呈黄色或灰绿色，有霉斑或霉点明显。良好的冻猪肉肉质坚密，手触有坚实感，肉质软化或松弛的次之。变质的冻猪肉肉质明显松弛。好的冻猪肉应无臭味和异味。稍有臭味和异味的次之。变质冻猪肉有严重的氨味、酸味或臭味，加热后更明显。

3．其他

在市场上出售的猪肉中有很多是不符合标准的猪肉，如注水肉、病猪肉和种猪肉等。猪肉注水过多时，水会从瘦肉上往下滴，肌肉缺乏光泽，手触弹性差，也无黏性。若是冻肉，肌肉间有残留的碎冰。解冰后营养流失严重，肉品质也会下降。

二、鲜牛、羊、兔肉品质检验

（1）色泽　鲜牛、羊、兔肌肉呈均匀的红色，具有光泽。经养肥后的牛肉，瘦肉呈大理石花纹。脂肪洁白或呈乳黄色，肌肉色泽稍转暗，切面尚有光泽，但无脂肪光泽的次之。肌肉色泽呈暗红，无光泽，脂肪发青直至呈绿色的为变质肉。

（2）气味　新鲜牛、羊、兔肉具有该种动物特有的气味，如膻味或土腥味等。稍有氨味或酸味的次之。有腐臭味的则是变质肉。

（3）黏度　新鲜的牛、羊、兔肉表面微干或有风干膜，触摸时不黏手。次鲜肉表面干燥或黏手，新的切面湿润。表面极度干燥或发黏，新切面也黏手的肉为变质肉。

（4）弹性　新鲜肉手指按压后的凹陷能立即恢复。次鲜肉不能完全恢复且较慢。完全不能恢复并留有明显痕迹的肉则是变质肉。

（5）煮沸后的肉汤　新鲜肉汤汁透明澄清，脂肪团聚于表面，具有该种动物特有的香味。次鲜肉汤汁略显混浊，脂肪呈小滴浮于表面，香味差或无香味。变质肉汤混浊，有黄色或白色絮状物，浮于表面的脂肪极少，有明显的腐臭气味。

技能训练（选做）

训练　肉的感官评定

（1）**目的**：掌握肉的感官检查及评定方法和标准。

（2）**器材**：检肉刀1把、手术刀1把、外科剪刀1把、镊子1把、温度计1支、100ml量筒1个、表面皿1个、酒精灯1个、石棉网1个。

（3）**方法和步骤**：

1）用视觉在自然光线下，观察肉的表面及脂肪的色泽，有无污染附着物，用刀顺肌纤维方向切开，观察断面的颜色。

2）在常温下嗅其气味。

3）用食指按压肉表面，触感其硬度，观察指压凹陷恢复情况、表面干湿情况及是否发黏。

4）称取切碎肉样20g，放在烧杯中加水100ml，盖上表面皿置于电炉上加热至50～60℃，取下表面皿，嗅其气味，然后将肉样煮沸，静置，观察肉汤的透明度及表面的脂肪滴情况。

（4）**评定标准**：按国家标准评定，见下表。

鲜猪肉的卫生标准（GB2722—1981）

	一级鲜度	二级鲜度
色泽	肌肉有色泽，红色均匀，脂肪洁白	肌肉色稍暗，脂肪缺乏光泽
黏度	外表微干或微湿润	外表干燥或黏手
弹性	指压后凹陷立即恢复	恢复慢，且不完全
气味	正常	稍有氨味或酸味
煮沸肉汤	透明、澄清，脂肪团聚于表面，有香味	稍有混浊，脂肪呈小滴状，无鲜味

冻猪肉的卫生标准（GB2707-1981）

	一级鲜度	二级鲜度
色泽	肌肉有光泽，红色均匀，脂肪洁白，无霉点	肌肉色稍暗红，缺乏光泽，脂肪微黄或有少量霉点
组织状态	肉质紧密，有坚实感	肉质软化，松弛
黏度	外表及切面微湿润，不黏手	外表湿润，微黏手；切面有渗出液，不黏手
气味	无异味	稍有氨味或酸味

（5）**分析与讨论**：鲜猪肉和冻猪肉的卫生标准有哪些特点？区别在哪里？

拓展知识

美味的驴肉火烧

驴肉火烧是一种小吃，发源于河北古城保定（又有说河间），广泛流传于冀中平原，其中以保定北部徐水县的漕河地区历史最为悠久。火烧为一种面食，趁热用刀劈开，加入热腾腾的熟驴肉，是最正宗的吃法。

从营养学和食品学的角度看，驴肉比牛肉、猪肉口感好、营养高。驴肉中氨基酸构成十分全面，8 种人体必需氨基酸和 10 种非必需氨基酸的含量都十分丰富。色氨酸是作为识别肉中蛋白质是否全面的重要物质，也是评定肉品质量的重要指标。驴肉中色氨基酸的含量为 300～314mg/100g，远大于猪肉（270mg/100g）和牛肉（219mg/100g），因此，驴肉的品质要优于猪肉和牛肉。驴肉中赖氨酸和蛋氨酸含量分别为 1481～1825mg/100g 和 270～490mg/100g，与猪肉、牛肉相近。驴肉谷氨酸的含量高于天门冬氨酸。两种鲜味氨基酸的总量，驴肉高于马肉。从鲜味氨基酸在氨基酸总量中所占比例来看，驴肉为 27.33%，马肉约为 25.34%，猪肉在 24%～26%之间。这也是人人称驴肉鲜美可口的重要原因所在。

驴肉是一种典型的低脂肪、高蛋白的食品，其 100g 所含蛋白质高达 18.6g，远远高于猪、牛、羊肉的蛋白质含量，而脂肪含量仅为 0.7g，且钙、磷、铁含量也相对较高。俗话说“天上龙肉，地下驴肉”，可见驴肉的地位。“驴肉火烧”所用驴肉的选择极为严格，而其中更以驴脸部的肉最为细嫩和讲究，经过精细的加工而成的驴肉，配以刚刚出炉的、脆软的火烧，吃起来回味无穷。

习　题

一、名词解释

畜肉　嫩度　野畜

二、判断题

（1）肉的组织中包括肌肉、脂肪、骨骼、韧带、血管、淋巴等组织，并以肌肉组织和结缔组织为主。（　）

（2）肉的硬度指肉对压力有一定的抗性。肉的硬度依照动物的种类、品种、年龄、性别与经济用途等而不同。（　）

（3）脂肪组织为含有较多脂肪细胞的结缔组织，分布在许多器官周围，如肾、肠以及皮下、肌纤维之间。（　）

（4）猪肉注水过多时，水会从瘦肉上往下滴，肌肉缺乏光泽，表面有水淋淋的亮光。手触弹性差，也无黏性。（　）

（5）阉割后的羊称羯羊，其肉质肥美，优于一般的绵羊和山羊。（　）

（6）种猪肉皮厚而硬、毛孔粗，皮肤与脂肪间无明显的界限。公猪肉色苍白，皮下脂肪又厚又硬。（　）

（7）熏烤制品亦是我国传统的肉制品，是利用某些燃料没有完全燃烧的烟气熏制而成。其产品的质感、滋味、香气等感官性质均有明显的特点，在饮食业生产亦很普遍。（　）

三、简述题

（1）烹饪原料中畜肉具有哪些物理化学性质？

（2）试举例说明畜类分为哪几类。

（3）畜肉制品的典型加工工艺流程是什么？

第九章 禽 类

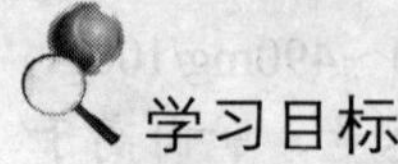

学习目标

（1）了解禽类原料制品。

（2）掌握禽类制品的检测方法。

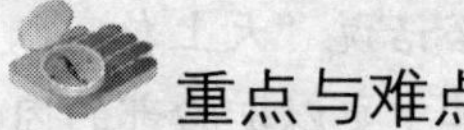

重点与难点

掌握禽类原料的种类和特点。

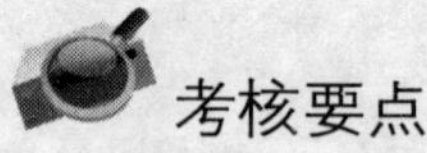

考核要点

各种常用禽类原料的烹饪方法。

第一节 禽类原料概况

禽类泛指提供肉食的鸟类以及用其肉作原料加工的食品。禽分家禽与野禽两种。家禽是经过人类驯养、选育的鸟类，野禽是通过狩猎得到的鸟类，禽制品通常是指家禽制品。在中国，家禽主要有鸡、鸭、鹅；在美国和加拿大，火鸡仅次于肉用仔鸡，占第二位。大部分畜禽类原料是以肉的形式出现在烹饪原料中，肉品质量的好坏与选择直接影响菜肴的质量。

畜禽动物肉由于宰杀的种类、品种、性别等因素的不同而有很大的差异，烹饪时应根据肉的种类及状况选用烹饪方法。

1. 肌肉组织

肌肉组织主要由肌细胞组成，具有收缩的特性。畜禽肉的肌肉组织分为骨骼肌、心肌和平滑肌。骨骼肌附着于骨骼上，但有些也附着于韧带、筋膜，从而间接附着于骨骼。骨骼肌又称为随意肌，是烹饪中用得最多得肌肉组织。畜禽体上肌肉大小各不相同。构成肌肉的基本单位是肌纤维，肌纤维聚集即成肌肉块。肌肉中的结缔组织膜起支撑的作用。禽肉肌纤维比畜肉细，相对嫩度要好些，出肉率要高些。禽肉的营养价值高，肉质细嫩多汁，适合于大规模生产，在肉类中的地位逐年提高。

2. 脂肪组织

脂肪组织由脂肪细胞成群地或单个地借助疏松结缔组织联合在一起。脂肪细胞是脂肪组织的构造单位。

脂肪组织决定了肉品质的好坏，具有较高的食用价值。脂肪对菜肴的风味具有很大的影响。脂肪在肉中含量，决定于动物的种类、品种、年龄。脂肪主要积蓄在皮下、腹腔和肾脏周围，烹饪时应注意脂肪沉积的情况，方便较好地加以运用。

正常情况下，猪、羊、水牛、鸭的脂肪呈白色，鸡、马、黄牛脂肪呈黄色。

3．结缔组织

结缔组织在畜类的体内分布最广，起到支持和连接作用，使肌肉保持弹性和硬度。结缔组织由纤维和无定形基质构成。胶原纤维是以许多胶原纤维聚集的形式存在的，并分散于基质内，呈白色，主要由胶原蛋白组成。胶原纤维性状极为柔软，牵引力较强。弹性纤维与胶原纤维形成网状结构，其成分为弹性蛋白，耐酸、碱及加热力强。网状纤维分布于疏松结缔组织与其他组织交界处，其他化学性质与胶原纤维相似。

机体中结缔组织含量与年龄、部位有关。年龄大、役用家禽的肉，结缔组织就多，腹部比背、腰多。肉中结缔组织含量可以直接影响到肉的品质。

4．骨骼组织

骨骼组织对动物形态的形成起着重要的作用。通常人们可通过骨骼的数目、形态与结构，辨认动物的种别。

骨按形态可将其分为管状骨、扁平骨。骨膜紧贴于关节面以外的骨面上。骨质是骨的主要成分，分为密质和松质。骨髓分黄骨髓和红骨髓，黄骨髓主要是脂类。

骨骼的化学成分中，水分约占 40%～50%，胶原蛋白约占 20%～25%，矿物质占 15%，其他成分占 10%。不同种类的动物骨骼在成分含量上还有差异。

禽类可食部分的蛋白质含量远比猪肉高，鸡肉中的必需氨基酸含量也高于瘦猪肉。禽脂肪熔点低（33～34℃），易于消化，作为重要的必需脂肪酸的亚油酸约占脂肪含量的 20%，禽肉中还含有 90～400g 的维生素 E。

第二节 家 禽

一、家禽概述

家禽是指在长期的人工饲养条件下驯化而成的，能生存繁衍且有经济价值的鸟类，如鸡、鸭、鹅、鹌鹑、家鸽、火鸡等。家禽常按用途分类。

1．肉用型

肉用型家禽以产肉为主，体型较大，肌肉发达，躯体宽而身短，外形丰满，性成熟晚，如九斤黄、狼山鸡。

2．蛋用型

蛋用型家禽以产蛋为主，体型较小，活泼好动，如来航鸡、仙居鸡。

3．肉蛋兼用型

肉蛋兼用型家禽体型介于肉用型和蛋用型之间，如浦东鸡、寿光鸡。

二、家禽的分类

1．鸡

鸡是我国最主要的家禽。我国是世界上最早驯养鸡的国家，目前全世界鸡的品种约有400多个，按品系可分为150种，其中饲养较多的有50多种，按照主要用途可分为蛋用、肉用、肉蛋兼用等类型。鸡肉富含蛋白质、脂肪、钙、磷、铁等营养成分，常被作为滋补品。鸡血和鸡内脏具有较高的营养价值。鸡肉结缔组织少，肉质细嫩，易被人体消化吸收。当然，不同部位的肉质略有差异。

在烹饪中，鸡的应用很广泛，鸡可整料烹制，也可割成不同的部位使用；可作冷菜、羹汤，也可作火锅等，适用于多种烹调方法。此外，鸡的肫、心、肝、血、肾、油等经加工后也都是较好的烹饪原料。

（1）九斤黄　九斤黄原产山东，又称山东鸡、交趾鸡，为肉用鸡。此鸡体躯大，羽毛有黑、黄、灰和麻酱色等几种，以黄色为居多，生长快，易育肥，肉质鲜美、柔软，脂肪含量高，如图9-1所示。现在长江中下游一带饲养较为普遍。

（2）来航鸡　来航鸡原产意大利，是世界上著名的蛋用鸡品种。羽毛有白、黑、黄色等，以白色居多，如图9-2所示。该鸡年产蛋量在220枚以上，最好的能产360枚，蛋重50g左右，蛋壳主要为白色。

图9-1　九斤黄

图9-2　来航鸡

（3）寿光鸡　寿光鸡为肉蛋兼用鸡，原产山东寿光。羽毛有黑、褐色等，以黑色居多，如图9-3所示。体型较大，肉质肥美，分布较广。该鸡生产的蛋体比较大，年产蛋量140～150枚，蛋重约75g。

图9-3　寿光鸡

（4）浦东鸡　浦东鸡为肉蛋兼用鸡，原产于上海川沙、奉贤、南汇一带。公鸡背上的羽毛为红、黄色，腹下黑红色，尾羽较黑，母鸡羽毛尖，呈浅棕色，其他部分均为淡黄色，如图 9-4 所示。该鸡躯体高大，肉质肥美，肌肉丰满，成熟较迟，年产蛋量约 140 枚，蛋重约 60g。

图 9-4　浦东鸡

（5）泰和鸡　泰和鸡为药食兼用鸡，又称乌骨鸡，驰名中外，原产于江西泰和县武山地区。该鸡身躯短小，羽毛洁白，乌皮、乌肉，是良好的药膳原料。蛋壳淡褐色，年产蛋量约 80 枚，蛋重 50g。

2．鸭

鸭又称家凫，属鸭科河鸭属，分布于世界各地。我国是世界上最早把野鸭驯化成家鸭的国家之一。家鸭可分为肉用型鸭、蛋用型鸭和肉蛋兼用型鸭。鸭肉含有丰富蛋白质、碳水化合物、脂肪、多种维生素以及矿物质等营养素。鸭肉可除咳嗽、水肿等症；鸭血解血淤、血热作疼；鸭头可治惊悸和血虚引起的头疼。另外，鸭性凉寒，故虚寒性的脘腹疼痛、腹泻等症的病人不宜食用。

鸭肉肉质细嫩，皮薄香鲜，肥而不腻，在烹饪中广泛应用，以整只烹制居多，在宴席中多作大件使用，适宜烧、烤、蒸、扒、煮、焖、煨等烹调方法。将鸭切成小块，可采用熘、爆、烹、炒等烹饪方法制作。鸭既可作主料也可作配料。此外，鸭的头、颈、掌、翅、皮、肫、肝、心等辅料皆是烹调的上好原料。

（1）北京鸭　北京鸭是肉用鸭，又称填鸭，原产于北京北部玉泉山一带。北京鸭全身羽毛呈白色，并且多数带乳白色光彩，肌肉纤维较为细致，含丰富的脂肪并且在肉间和肌皮下均匀分布，有助于肉质风味的提高，因此是中国名菜“北京烤鸭”的专用原料。北京鸭从孵出到应用一般只需三个月，体重可达 4kg。

（2）绍鸭　绍鸭是优良的蛋用鸭，原产于浙江绍兴、萧山一带，是麻鸭中首屈一指的代表。绍鸭体小身狭，臀大，颈细长，中部有一白环，如图 9-5 所示。每只鸭年产蛋量 240～300 枚，蛋重 50～60g。

图 9-5　绍鸭

（3）娄门鸭　娄门鸭是优良的肉蛋兼用鸭，又称苏州大鸭，原产于苏州娄门地区。公鸭头顶和翅呈绿色并带乌金色光泽，体躯呈长方形，头大喙阔，肉质细嫩。年产蛋量为 100～150 枚，蛋重 70g 以上。

（4）建昌鸭　建昌鸭为肉蛋兼用鸭，原产于四川凉山，如图 9-6 所示。它生长快，体型较大，产肉量多，肝肥大，肉肥不腻，香味浓郁。

图 9-6　建昌鸭

（5）高邮鸭　高邮鸭为肉蛋兼用鸭，原产于江苏高邮、宝应、兴化一带，现产于安徽中部巢湖周围各县，如图 9-7 所示。该鸭体型大，蛋型大，壳呈白色，生产瘦肉率高，为南京板鸭的主要原料。此外，高邮鸭还以产双黄蛋著称，年产蛋量 160～200 枚，重约 80g。

图 9-7　高邮鸭

（6）白洋淀鸭　白洋淀鸭为肉蛋兼用鸭，原产于河北的白洋淀地区，如图 9-8 所示。该鸭体型大，且肉质鲜嫩，肝肥大，每只鸭肝重达 400g 左右，最大的可达 500g 以上，是珍贵的烹饪原料。

图 9-8　白洋淀鸭

（7）番鸭　番鸭是世界著名的肉用鸭，又称瘤头鸭、洋鸭、麝鸭，原产于中美和南美洲热带地区，现在福建、广东等省已大量繁殖。番鸭头部两侧及脸上均长有赤色肉瘤，体质强健，肉厚细嫩且味美油多。

3．鹅

鹅又称家雁，属鸭科雁属。其外形硕大，颈粗短，躯平，头部没有肉瘤。中国鹅源于鸿雁，颈长，躯体呈斜方形，喙颈部上端有肉瘤，生长快，肉质鲜美，寿命与其他家禽相比较长。中国的优良鹅种产量位居世界首位，品类很多，按用途可分肉用型、蛋用型、肉蛋兼用型；按体型分为大、中、小型，但以中、小型居多。例如，大型鹅有狮头鹅，中型鹅有溆浦鹅，小型鹅有中国鹅。

鹅肉含有蛋白质、脂肪、维生素、矿物质和氨基酸，有益气补虚的作用。除鹅肉外，鹅掌能补虚，鹅血能解药毒、治噎膈反胃、抗肿瘤。

鹅肉与鸡、鸭肉相比，质粗、有腥味；与家畜相比，结缔组织少，肉纤维较细，具有较多的鲜味。

在烹饪中，鹅常以整只烹制，既可制作筵席常用菜，又可制作高难度工艺脱骨菜。嫩鹅还可以加工成小件形态，适宜于烤、炸、烧、扒、熏、炖、焖、煨等多种烹调方法，制成咸鲜、咸甜、酱香、烟香、五香、腊香、葱油、姜汁、红油等多种口味。除鹅肉外，鹅舌、鹅头、鹅翅也是上好的烹饪原料。

图 9-9　狮头鹅

（1）狮头鹅　狮头鹅为肉用型鹅，原产于广东潮汕饶平县。该鹅羽毛呈灰褐色、灰白色，头大眼小，公鹅脸部有肉瘤，并随着年龄而增大，略似狮头，如图 9-9 所示。狮头鹅生长快，成熟较早，肉质肥美。其体重居全国鹅种之最。一般 70 日龄的公鹅体重达 6kg，成年公鹅体重 15kg，母鹅 9kg，年产蛋 25～30 枚，蛋重约 200g。

（2）溆浦鹅　溆浦鹅为肉用鹅，主产于湖南溆浦县，是中国最大的白鹅种，有“全国白鹅之冠”的美称，体重可达 10kg，如图 9-10 所示。

图 9-10　溆浦鹅

（3）奉化鹅　奉化鹅主产于浙江奉化地区，生长迅速，环境适应性强，体形高大，羽毛呈白色，臀部丰满，胸肋发达，肉鲜味美，两个月可由出壳雏鹅长成成年鹅，成年公鹅体重一般达 7～8kg，母鹅 6～7kg。

（4）象山白鹅　象山白鹅主产于浙江象山县，体形较大，毛呈纯白色，肉质嫩，脂肪分布均匀，是我国主要出口产品之一。

（5）中国鹅　中国鹅原产于中国东北，以产蛋量高著称，世界各地均有饲养，我国主产于安徽。鹅头大，前额有一大肉瘤，胸部发达，颈长，如图 9-11 所示。中国鹅按毛色可分为白鹅与灰鹅，以白鹅居多。一般公鹅体重 6kg，母鹅体重 5kg，年产蛋 60～70 枚，蛋重 160g。

图 9-11　中国鹅

（6）太湖鹅　太湖鹅为肉蛋兼用鹅，主产于江苏苏州、无锡等地，羽毛纯白色，喙、蹠、蹼均呈亮红色。太湖鹅体态高昂，体质强健，肉质优良，产蛋率较高，是苏州名菜糟鹅的主要原料。按照育鹅期的早晚，可分为早春鹅、清明鹅、端午鹅、夏鹅等。

（7）清远鹅　清远鹅又称乌棕鹅，主产于广东清远县，如图 9-12 所示。该鹅大部分羽毛呈乌棕色，肉质肥美，是广东制作烧鹅的原料。

（8）伊犁鹅　伊犁鹅主产于新疆伊犁哈萨克自治州，20 世纪 80 年代初才闻名，全身羽毛灰色、褐色，无肉瘤，翅尾长，肉质嫩美，如图 9-13 所示。

图 9-12　清远鹅

图 9-13　伊犁鹅

4．鹌鹑

鹌鹑，又称赤鹑、红面鹌鹑，属雉科鹌鹑属。其体型近似雏鸡，头小尾秃，分为野生、家养两种。我国食用鹌鹑历史悠久，成年鹌鹑体长 15cm 左右，体重 200g，肉质肥嫩，与其他家禽相比更为鲜美可口，营养丰富，是家禽中具有特殊风味的品种。鹌鹑肉含有的营养成分及其组合比较完善，富含蛋白质和维生素 A、维生素 B、维生素 C，有利于人体的消化吸收，是婴儿、孕妇的理想食品。它体态丰满，肉质细嫩，有很高的药用价值，肌纤维短，被誉为“动物人参”。鹌鹑入馔，多以整只烹制为佳；鹌鹑脯细嫩香鲜，可批片、切丝烹调；腿筋多，常切成条、块、丁；还可以取鹑肉剁末斩茸应用；其内脏也是上好的烹饪原料。鹌鹑鲜品适宜于多种烹调方法。

（1）日本鹌鹑　日本鹌鹑为蛋用型家禽，主产于亚洲东部。其体型较小，成年公鹑体重 110g，母鹑 130g。一般 6 周龄时性成熟，年产蛋 250～300 枚，蛋重约 10.5g，蛋壳有色斑。

（2）朝鲜鹌鹑　朝鲜鹌鹑是蛋用型品种，其体型比日本鹌鹑大，成年公鹑体重 125g，母鹑 150g 左右，如图 9-14 所示。一般 40 日龄时性成熟，年产蛋 270 枚，蛋重 15g，蛋壳有斑点。我国 20 世纪 70 年代引进饲养，并培育出新品系。

图 9-14　朝鲜鹌鹑

（3）法国巨型肉用鹌鹑　该鹌鹑为法国迪法克公司育成的著名肉用型鹌鹑，适应性强，胸肌较发达，骨细肉质厚，肉质鲜嫩。一般 6 周龄时鹌鹑体重 240g，4 月龄时体重达到 350g。

5．家鸽

家鸽属鸠鸽科鸽属，起源于原鸽，是人类最早驯化的鸟类之一。家鸽体呈纺锤形，羽毛紧凑，有灰、白等色，颈部有金属光泽。经长期人工选育，家鸽品种极多，按用途可分为肉鸽、观赏鸽和信鸽。烹调应用以肉鸽为主。肉鸽的主要品种有以下几种。

（1）石岐鸽　石岐鸽原产于广东中山市石岐镇，体形小，骨软，肉鲜嫩，如图 9-15 所示。石岐鸽年产乳鸽 7～9 对，成年公鸽体重达 0.7kg，母鸽体重达 0.6kg，乳鸽体重达 0.5kg。

（2）王鸽　王鸽是世界著名肉鸽，育成于美国，体形矮胖，嘴短鼻瘤小，头盖骨圆且向前隆起，尾短且翘，性情较温顺，如图 9-16 所示。中国自 1977 年开始引进银王鸽和白王鸽两个品种，银王鸽生产性能好。

图 9-15　石岐鸽

图 9-16　王鸽

（3）法国地鸽　法国地鸽不善飞行，个体大，躯体较丰满，体重大约有 1kg 左右，最重可达 1.25kg，而且繁殖能力强，肉质肥美，如图 9-17 所示。其体态丰满，滋味浓鲜，芳香可口，肥嫩骨软，肉滑味鲜美，属于高档原料。鸽脯细嫩，可切丝、片、丁。法国地鸽营养丰富，所含蛋白质、脂肪、微量元素和维生素比较均衡，易于消化吸收。该鸽在烹调中应用广泛，常以整只烹制，适宜于炸、炖、烤、烧等多种烹调方法。

图 9-17　法国地鸽

6．火鸡

火鸡又称七面鸡，属火鸡科吐绶鸡属，原产于北美洲，被当地印第安人饲养驯化为家禽。定海是我国唯一盛产火鸡的地区。到 20 世纪 80 年代，火鸡被人们熟悉，并且不断推广食用。火鸡躯体高大，腿肌和胸肌发达，背部宽长，颈部和头部没有羽毛。火鸡肉厚，出肉率高达 80%，瘦肉居多，胸肌呈白色，肉质肥嫩。火鸡按用途可分为肉用型火鸡、蛋用型火鸡、肉蛋兼用型火鸡。火鸡是一种低脂肪、高蛋白、维生素丰富、胆固醇含量少的肉食佳品。

火鸡常用于西餐，火鸡菜是美国感恩节必备的美味佳肴。火鸡肉适宜多种刀工成形，适于炸、熘、爆、炒等烹调方法，可制作多种口味的菜肴。

（1）青铜色火鸡　青铜色火鸡原产于美洲，属大型火鸡。该鸡体型大、胸宽，羽毛有青铜色光泽，蛋壳呈浅褐带深褐色斑点。一般青铜色火鸡饲养 6 个月即可出售，成年公火鸡体重约 16kg，母火鸡体重约 9kg。27 周龄时性成熟，年产蛋量约 60 枚，蛋重约 70g。

（2）荷兰白色火鸡　荷兰白色火鸡原产于荷兰，属中型火鸡，全身羽毛呈白色，喙、胫、趾呈粉红色。6 周龄时公火鸡体重一般是 7kg，母火鸡一般是 4.5kg。成年公火鸡体重约 14kg，母火鸡体重 8kg。25 周龄时性成熟，年产蛋 70～80 枚，蛋重约 70g。

（3）贝蒂纳火鸡　贝蒂纳火鸡是由法国贝蒂纳公司育成的小型火鸡，适于我国农户饲养，抗病力较强，耐粗粮，对饲养条件要求较低，但在育雏期时必须进行严格的科学管理，条件要求高。贝蒂纳火鸡肉品质好，成年母火鸡体重 4.5kg，成年公火鸡体重 9kg。30 周龄时性成熟，年平均产蛋量为 90 枚，蛋重 75g。商品火鸡 16～20 周龄时上市，一般平均体重约 4.5～5.5kg。

第三节 野 禽

野禽指野生的鸟类。野禽种类繁多，风味独特。由于生态环境的改变以及人类的乱捕乱猎，野生鸟类资源逐渐减少，因此，能作为烹饪原料的野禽并不多。野禽一般在野外生活，善飞翔，取食广，因此，它的肌肉较发达，肉质细嫩，味道鲜美。常用的野禽有野鸡、野鸭等。

1. 禾花雀

禾花雀又称铁雀、寒雀，属雀科动物。该鸟分布于全国各地，广东沿海一带为候鸟，在大部分地区为旅鸟，主产于广东南海一带，多在秋季时捕获，如图 9-18 所示。它体长 15cm，骨松脆而肉鲜嫩肥美。禾花雀捕后即投入水中闷杀，以保持肥美。经去毛、内脏后洗净，适用于炸、焗、烤、烧、炒、卤等烹调方法，吃时宜加柠檬汁，既可去肉腥味，又利于改善它的肉质。禾花雀营养丰富，其肉含有丰富的蛋白质等营养成分，且组合比较均衡，易于人体消化吸收。

图 9-18 禾花雀

2. 野鸡

野鸡又称雉、雉鸡，属雉科动物，在中国主要产于黄河以南的华东及中南地区，以谷类、浆果为食。野鸡在冬季肉质肥美，为时令的山珍。野鸡含有丰富的蛋白质、磷以及维生素和矿物质，且脂肪含量少，滋补力强，药膳效果好，是上好的烹饪原料。其肉质细嫩，肥而不腻，胸肌发达，味道鲜美。野鸡入馔，由来已久。现在烹调中，除整鸡烹制外，还可批片、切丝、切丁，适用于炸、爆、烹、煎、贴、炖、煨、煮等多种烹调方法。

3. 野鸭

野鸭又称山鸭、水鸭，属鸭科动物，其体形一般比家鸭小，如图 9-19 所示。野鸭是一种迁徙性候鸟，一般是春夏季节在北方繁殖，秋冬季节在南方越冬。华北的白洋淀和长江中下游环境僻静的湖区较为常见。它品种繁多，具代表性的有赤麻鸭、翘鼻鸭、针尾鸭、绿翅鸭等。每年在冬末初春时大量捕获，是我国重要的经济水禽。

野鸭体内富含的蛋白质、无机盐、碳水化合物和多种维生素，具有补中益气、消食和胃、利水解毒之功效。其体形肥大，肌肉结实，肉味香鲜，是上等野味。在烹饪加工时应注意三点：一是烫皮拔毛时要保持鸭身的完整；二是要多用绍酒、白糖和花椒等调料，以去除水腥味，并挥发特有的芳香；三是务求鸭肉酥烂爽口，易于脱骨剔刺。野鸭整只烹制，适用于酱、焖等烹调方法；分件后，也可用炒、爆、煮等法烹制成菜，用途较广。

图 9-19 野鸭

4．斑鸠

斑鸠又称雉鸠，属鸠鸽科动物。其体形似鸽，大小及羽毛色彩因种类而异，如图 9-20 所示。山斑鸠和珠项斑鸠在我国分布较广。斑鸠冬季飞迁南方及长江中下游越冬，春季时肉质肥美。

图 9-20　斑鸠

斑鸠营养丰富，自古入药，其蛋白质含量比家禽高，脂肪含量低于家禽，有很好的消化吸收率。斑鸠的品质以肉质细嫩、鲜香味美者为佳。斑鸠是各菜系野味的常用烹饪原料，适宜于炒、炸、烧、炖等烹调方法。

5．鹧鸪

鹧鸪又称越鸡、花鸡，属雉科动物。其外形与母鸡相似，头如鹌鹑，一般体长 30cm 左右，羽毛大多黑白相杂，其中背上和胸腹部的眼状斑较为显著。鹧鸪生活在丘陵地带，我国主要产于广东、广西、福建、云南等地，民间有“山食鹧鸪肉，海食马鲛龙”的谚语。其肉质含高蛋白，低脂肪，营养全面且组合均衡。鹧鸪骨细肉厚，内脏小，出肉率高，肉质细嫩，肉味肥美，是我国南方人最爱吃的一种野禽，在烹饪中适用于烧、炖等烹调方法。

6．石鸡

石鸡又称嘎嘎鸡、红腿鸡，属雉科动物，在我国主要分布于华北、西北地区，一般生活在丘陵的岩坡和沙坡上及干燥的低山山谷内。石鸡体长约 34cm，公石鸡比母石鸡体型大，喙和脚呈亮红色，两翼上有黑纹。石鸡以秋冬季节肉质较肥，因此秋冬季为捕获季节。

石鸡肉质细嫩色白，味道鲜美，在烹调中，适宜于烧、爆、卤、炒、烤、煨等多种烹调方法，可与飞龙鸟媲美。

第四节　禽　制　品

按传统分类方法，禽制品仅指经过酱卤、腌腊等方法加工的中国传统风味禽制品，因其大多数是以全净膛的整禽加工，故又可称为整禽制品。从广义而言，禽制品也包括屠宰以及分割加工后的鲜冻禽产品和去除骨以后禽肉加工的禽肉制品。

鲜冻禽产品分分割禽和整只光禽。整只光禽除按照净膛程度分类以外，还按年龄、质量划分等级。以往商业生产的主要品种是蛋用型淘汰鸡，现在主要是烤用肉仔鸡。美国的肉鸡生产已超过家禽生产总量的 90%。目前不净膛家禽的使用正在减少，而分割禽（按

禽体的自然部位解体）的比例却在上升。欧洲和北美各国常利用分部位的禽肉，经蒸煮、煎炸等烹饪方法，制作成一道道热菜。整禽制品主要是指有中国传统风味肉制品，且风味浓郁。禽肉制品除肉松、鸡精、鸭松等有较久历史外，火鸡制品近几年也在美国等地兴起。家禽的商业性屠宰加工都在禽类加工厂中的机械化流水作业线上进行。为了提高禽肉质量和耐储藏性，禽制品加工必须做到以下几点。

（1）屠宰前要使家禽充分休息。

（2）一定要彻底宰杀放血。

（3）处理好浸烫温度与冷却等工作。

（4）必须按卫生标准对胴体进行检验。

（5）宰后快速冷却。

（6）包装及分割间的温度应≤11℃。

（7）禽体不能浸泡冷却。

（8）冷却禽的贮藏温度为-2～0℃。

（9）冻结禽的贮藏温度为-18℃。

禽制品有多种传统的加工方法，因整禽制品种类区别选用。

1．腌禽制品

腌禽制品是用食盐、亚硝酸盐等腌制剂和某些香辛料对禽体加以干腌、湿腌或干湿混合腌制后所得的制品。作为禽制品的一种保藏手段，腌制方法是以前常用的一种加工方法，用以抑制细菌生长，增强防腐能力，使肌肉呈现鲜亮红色。现在冷冻方法已成为主要的保藏方法，腌制仅作为改善产品风味的一种加工工艺。腌禽制品属生制品，食前须经加热。著名的产品有南京板鸭、盐水鸭（鹅）等。

2．腊禽制品

腊禽制品是将经过腌制的禽制品，再悬挂在日光下晾晒或在烘房内烘焙、烟熏所得的产品，也是一种生禽制品，有较长的保藏时间和特殊的腊香味。产品有腊鸡、腊鹌鹑等。

3．干禽制品

干禽制品的加工一般是先进行干腌，然后再经晾吹等干燥处理。产品的含水量一般在11%以下，水分活度一般小于0.75，以抑制细菌和霉菌的生长。产品有成都风鸡、元宝鸡等。用同样的方法还可制作风干鸡和风干鹅。

4．酱卤禽制品

酱卤禽制品是将禽体在酱油、糖、酒等调味料和香辛料配制的酱卤中煮烧，直至汁液全部蒸发为止制成的一种禽制品，它是市场销售量较大的一种熟禽制品，有德州扒鸡、道口烧鸡、清真卤煮鸡。

5．熏禽制品

熏禽制品是为了获得一种烟熏味，一般在卤煮后再经烟熏或者先烟熏再加以卤煮而成的产品，如沟帮子熏鸡等。

6. 烧烤禽制品

烧烤禽制品的制作方法是将禽体在无水条件下进行热加工。热源可用煤、木炭、电或煤气，可直接置于火苗上方或利用热辐射，温度一般在 200℃以上。经过烧烤以后，产品表面产生一种焦化物，风味特殊。最著名的产品有北京烤鸭、广东烧鸭等。欧美最有名的烤禽为烤火鸡和烤鹅。

7. 糟禽制品

糟禽制品是将白煮的禽体用曲酒调味制成，如苏州糟鹅。

8. 醉禽制品

醉禽制品是用黄酒浸渍白煮的禽体，如浙江醉鸡。

糟醉制品较难保藏，生产受到一定限制。

第五节 禽蛋及制品

由于蛋的种类不同，其大小、颜色及外形存在差异。有的品种壳厚，有的壳较薄，但结构基本相同。蛋的结构分为三部分，即蛋壳、蛋黄和蛋清。按重量计，一般蛋壳约占全蛋 10%，蛋清约占 70%，蛋黄约占 20%。蛋的大小主要取决于饲料成分、禽类的品种和饲养条件，但蛋的大小对蛋的营养成分无影响。

1. 蛋的组成

（1）蛋壳　蛋壳由外蛋壳膜、内蛋壳膜、石灰质蛋壳和蛋白膜组成。外蛋壳膜是一种透明、可溶性的黏蛋白，分布在蛋壳的外层。外蛋壳膜能阻止微生物的侵入和蛋体内水分的蒸发，具有保护作用。蛋壳主要成分是碳酸钙，质脆、不耐碰撞，可承受较大的均衡静压。禽类的品种决定蛋壳的颜色，一般蛋壳色深、色素较多，蛋壳较厚；颜色浅、色素少，蛋壳较薄。蛋壳在强光下可以透光。因此，可采用灯光透视法鉴定蛋的质量。蛋壳上分布着许多的气孔，可供胚胎呼吸时气体进出，蛋内的水分也可通过气孔蒸发，而使蛋的重量变轻。微生物也可通过气孔进入蛋内。气孔是造成蛋在保管贮藏中质量降低和损耗、腐败的主要因素。蛋壳上的气孔分布数量大多数在大头，小头部位的蛋壳稍厚。内蛋壳膜和蛋白膜均是具有弹性的网状薄膜，主要由角质蛋白组成，细菌不能直接通过，所以可以阻止微生物通过。

蛋生下后，温度逐渐下降，蛋的内容物也收缩，并且在气孔分布较多的大头部位、蛋白膜和蛋壳之间形成气室。其水分向蛋壳外蒸发，气室的空间逐渐变大。蛋存放得越久，气室就越大。

（2）蛋清　蛋清主要由蛋白质组成，按形态分为两种，即稀蛋清和浓蛋清。整个蛋清靠外层分布的是稀薄蛋清，中层为浓厚蛋清，蛋黄外围分布的是稀薄蛋清。浓厚蛋清中含有能溶解微生物细胞壁的溶菌酶，有抗菌的能力。随着时间的延长，蛋清浓度会逐渐变稀。在低温的条件下，变稀的过程则比较缓慢，反之在高温条件下变稀的过程则较迅速。浓厚蛋清含量的多少也是判别蛋质量好坏的标志。

（3）蛋黄　蛋黄由蛋黄膜、系带、蛋黄的内容物和胚胎组成。它位于蛋的中心，为黄色，呈圆球状，是浓稠不透明的黏性体，外部含有一层很薄的蛋白质膜，可防止蛋黄与蛋白混合。

蛋黄膜的韧性随着时间的延长而逐渐松弛直到破裂，这时蛋黄、蛋清混淆而成为“散黄蛋”。系带附着于蛋黄的两端，分别连接在蛋的大头与小头的浓厚蛋清中，它具有使蛋黄固定在蛋的中心位置的作用。它的成分与浓厚蛋清基本相同。随着存放时间的延长，系带也会变稀而降低固定蛋黄位置的作用，使蛋黄发生位移。蛋黄表面的小白圆点叫胚胎，比重略小于蛋黄，一般附着在蛋黄上方。

2．蛋的营养成分

蛋的营养成分极为丰富，含有丰富的蛋白质、脂肪、维生素及无机盐。蛋类的营养物质容易为人体所吸收，是营养配餐中的常用原料。

（1）蛋白质　蛋中含有的蛋白质，主要是蛋黄中的卵黄磷蛋白和蛋清中的卵白蛋白质。它们都属于完全蛋白，易被人体所消化吸收。卵黄磷蛋白的吸收率近 100%，卵白蛋白质的吸收率为 98%。

（2）脂肪　蛋黄中含有大量的脂肪。在蛋黄的组成中，除卵黄磷蛋白外，其主要成分为卵磷脂等。这些成分都是人脑及神经组织发育生长所必需的物质。

（3）维生素　蛋黄中含丰富的维生素 E 及维生素 B_1。蛋清中含维生素 P 和维生素 B 较多。所以，鲜蛋是一种含维生素较丰富的动物性烹饪原料，并且对人体有一定的疗养作用。

（4）无机盐　蛋的内容物中含磷和铁元素，主要分布在蛋黄中，蛋含钙较少。

（5）糖类　蛋中含糖量较少，主要以葡萄糖为主，另外还含有极少量的乳糖。蛋清中含糖 0.8%，蛋黄中含糖 0.5%左右。

3．蛋的理化特性

（1）比重　蛋的比重因其在贮存过程中，随着蛋体内水分的挥发、蛋清的分解而逐渐下降。鲜鸡蛋的比重在 1.07～1.09 之间。一般陈蛋在 1.03～1.07 之间。所以，通过测定蛋的比重可以鉴定蛋的新鲜程度，但烹饪行业一般不采用此方法。另外，蛋黄的比重比蛋清轻。若贮存的时间过长，系带失去作用时，蛋黄浮在蛋的上面，容易形成贴皮蛋。

（2）凝固点和冰点　鲜鸡蛋清的凝固温度为 63℃，蛋黄为 72℃。烹饪“溏心蛋”的制作就是利用此原理，即在煎蛋时控制温度，使蛋清凝固而蛋黄则成半流体状态。若将蛋黄与蛋清混合，凝固的温度为 77℃。如果温度长时间在 65℃时，则蛋黄凝固而蛋清呈半流动状态。此时蛋清的口感很嫩。另外，蛋在碱性环境条件下，因蛋体内蛋白质受到碱的作用也可以凝固。松花蛋的制作就是利用此原理。

蛋的冷藏温度不能低于—1℃，否则会因蛋液冰结使蛋破裂。

（3）乳化性　蛋黄中的磷脂具有较强的乳化能力，是天然乳化剂中效率最高的乳化剂之一，蛋清也具有乳化性，但比蛋黄的乳化力要弱许多。油酥糊、色拉酱等都是运用蛋的乳化性能来制作的。

（4）黏度与发泡性　蛋的发泡性与各部分黏度是不同的，鲜蛋的黏度和发泡性能较好。新鲜鸡蛋蛋黄的黏度为 110～250，蛋清为 3.15～10.5。

蛋清在强烈的搅拌下，能产生大量的气泡且稳定存在。当蛋清的 pH 接近 4.8 时，蛋清的发泡性能最佳。在烹饪上，常添加柠檬汁以提高蛋清的发泡性能。

（5）蛋内渗透压　由于蛋黄和蛋清之间的化学成分不同，特别是蛋黄中含有较多的钾、钠和氯离子，导致蛋黄内外渗透压不同，相互之间的盐类和水分会透过蛋黄膜不断渗透。蛋黄中的盐类渗入到蛋清中来，而蛋清的水分又渗透到蛋黄中去。若贮存期过久，蛋黄吸水量增加，就会形成散黄蛋。人们常利用蛋具有的渗透特性，在蛋制品加工过程中通过食盐、碱、酒糟来制作盐蛋、皮蛋和槽蛋。

4．禽蛋制品

（1）咸鸭蛋　咸鸭蛋的蛋壳呈青色，外观圆润光滑，又叫“青果”。咸鸭蛋在我国历史悠久，深受老百姓喜爱和青睐。该产品的特点是蛋心为红色，营养丰富。它含有丰富的脂肪、蛋白质以及人体所需的各种氨基酸，还含有钙、磷、铁等多种矿物质元素和人体必需的各种微量元素及维生素，而且容易被人体所消化吸收。优质的咸鸭蛋咸度适中，味道鲜美，老少皆宜。

咸鸭蛋又称腌鸭蛋，是城乡民众爱吃的食物，但其腌制方法大有讲究，腌制方法适当，风味更好。

1）黄沙腌蛋法。备黄沙 500g、水适量、精油 50g、精盐 100g。腌制时，先将黄沙倒入盆中，加入精盐、水和精油，搅拌成糊状，再将洗净晾干的鲜鸭蛋逐个放入粘泥沙，待鸭蛋均匀粘上泥沙后取出，放入食品袋，3 周后即可取出洗去泥沙煮食。若无黄沙，可用其他泥沙代替，如果沙的黏性不好，可加少量黏土。

2）饱和食盐水腌制法。水和盐的用量按鸭蛋的量来定。腌制时先将食盐溶解于烧开的水中，达到饱和状态。待盐水冷却后倒入坛中，并将洗净晾干的鸭蛋，逐个放进盐水中，坛口密封，置通风处，25 天左右即可开坛取蛋煮食。此法腌制的咸鸭蛋，蛋黄出油多，味道特别香。

3）面糊腌制法。取面粉适量，用热水调成糊状，加入少量白酒和少许五香粉并拌匀，再把洗净晾干的鸭蛋逐个粘裹面糊，然后滚上一层食盐，放入坛中，并且坛口密封。食盐与面糊融合在一起，让盐分渗入蛋体内，25 天后即可取出煮食。

4）白酒浸制法。按每 5kg 鸭蛋和 60°、白酒 1kg、精盐 0.5kg 备料。浸腌时，先将晾干的鸭蛋放在白酒中逐个浸蘸一下，滚上精盐，放入容器内，密封放置在干燥通风处，约 30 天即可取出煮食。

5）辣味咸蛋的腌制。备辣酱、精盐各一碗，洗净的新鲜鸭蛋若干个，腌制时用清水洗净瓷罐，并用开水烫刷后擦干，在辣酱中将鸭蛋逐个均匀蘸一下，再在精盐中滚一遍，然后轻放进瓷罐里，最上层撒少许精盐，加盖并用牛皮纸严格密封，放置在阴凉通风处，30～40 天后即可开罐煮食。

6）辣咸酒味蛋的腌制。取稠辣酱、白酒，按质量为 1:2 的比例调拌均匀，把洗净晾干的鸭蛋放入均匀滚蘸后，再在精盐中滚一遍，然后放入瓷罐内，严密封口，腌制 70 天即成。这种腌鸭蛋呈辣红色，酒香四溢，咸中微辣，味美宜人。

7）五香咸鸭蛋的腌制。取花椒、生姜、精盐、桂皮、茴香，用等量水煮沸 20 分钟，倒入一瓷坛内，将洗净的鸭蛋泡入，封严坛口，40 天后即可煮食。此法腌制的鸭蛋香味浓郁，微咸可口。

与普通鸭蛋相比，咸鸭蛋中部分蛋白质被分解为氨基酸，由于盐腌，使蛋内盐分增加，蛋内无机盐也随之增加。由于生蛋黄中的脂肪与蛋白质结合在一起，看不出含有油脂，腌制时间久了，蛋白质会发生变性，并与脂肪分离，脂肪聚集在一起就成了蛋黄油，蛋黄中带有红黄色卵黄素及胡萝卜素，溶于蛋黄油呈红黄色，增加了咸蛋的感官性状，咸鸭蛋出油标志着鸭蛋腌好。此外，咸鸭蛋中钙质、铁质等无机盐含量丰富，含钙量、含铁量高，因此是夏日补充钙、铁的好食物。

（2）咸鸡蛋　咸鸡蛋又叫腌鸡蛋，是城乡民众爱吃的食物，鸡蛋腌制得法，风味会更好，做法与上述咸鸭蛋制法相同。

（3）咸鹅蛋　鹅蛋中含有丰富的营养成分：多种蛋白质易于被人体消化吸收；其脂肪绝大部分集中在蛋黄内，含有较多的磷脂，其中约一半是卵磷脂，对人的脑及神经组织的发育有重大作用；矿物质主要含于蛋黄内，磷、铁和钙含量较多，也容易被人体吸收利用；维生素也很丰富，蛋黄中有丰富的维生素 A、维生素 D、维生素 E，蛋白中的维生素以核黄素和烟酸居多，这些维生素也是人体所必需的维生素。

咸鹅蛋的腌制方法：辣酱、白酒，按质量为 1:2 的比例调拌均匀，把洗净晾干的鹅蛋逐个放入均匀滚蘸后，再在精盐中滚一遍，然后放入瓷罐内，严密封口，腌制 70 天即成。这种腌鹅蛋呈辣红色，酒香四溢，咸中微辣，味美宜人。

在家禽中，鹅是以长寿著称的。其年产蛋量约 90 只，个别的甚至能年产 147 只。鹅蛋的营养成分：水分占 60%，蛋白质 14%，脂肪 11%。和鸡蛋、鸭蛋相比，鹅蛋的发热量最高。

（4）松花蛋　又称皮蛋、汴蛋、灰包蛋（制作的时候，外面有一层灰包着）等，口感鲜滑爽口，色香味均有独到之处，是我国一种传统的风味蛋制品，不仅为国内广大消费者所喜爱，在国际市场上也享有盛名。经过特殊的加工方式后，松花蛋会变得光亮，上面还有花纹，有一种特殊的香气扑鼻而来。成品松花蛋，蛋白呈半透明的褐色凝固体，蛋壳易剥不粘连，蛋白表面有松枝状花纹，有的具有溏心，蛋黄呈深绿色凝固状。切开后蛋块色彩斑斓。食之清凉爽口，香而不腻，味道鲜美。

松花蛋不但是美味佳肴，而且还有药用价值。皮蛋性凉，可治眼疼、高血压、牙疼、耳鸣眩晕等疾病。

第六节　禽肉品质检验

人们都喜欢食用保持原有风味和品质的禽肉制品，变质的食品不好吃且有害健康，甚至会危及性命。为了更有效地防止食品腐败，就必须有完善可靠的食品保藏技术。本节将介绍禽肉的品质检验。

一、鸡肉

1. 鲜鸡肉

色泽：鸡肉切面有光泽，品种不同鸡肉颜色也不同。

气味：具有鸡肉的正常气味。

弹性：肉质富有弹性，手指按在鸡肉上，然后立刻松手，肌肉组织表面能立刻恢复原样。

2．变质鸡

色泽：肉色变暗，肌肉切面无光泽。

气味：体表及体内均有异味。

弹性：肉质没有弹性，手指按在鸡肉上，然后立刻松手，肌肉组织表面不能立刻恢复原样，甚至留有痕迹。

二、鸭肉

1．鲜鸭肉

色泽：肉切面有光泽，表面有层微微干燥的外膜。

气味：有肉类清淡的自然芳香味。

弹性：肉质富有弹性，指压后不留指印。

2．变质鸭

色泽：肉色发暗，无光泽；切面呈绿色或暗灰色。

气味：体表及体内均有异味。

弹性：肉质没有弹性，表面有极度干燥的外膜层或者很潮湿，指压后留指印。

三、鹅肉

1．鲜鹅肉

色泽：表面有一层微干或微湿的外膜，切面有光泽且稍湿。

气味：有鲜肉的自然芳香气味，有一股新鲜的味道。

弹性：肉质地结实，富有弹性，用手指按压后，凹陷会立刻消失。

2．变质鹅

色泽：表面有一层极度干燥的外膜，切面颜色发暗，无光泽。

气味：体表以及体内均有异味，甚至有臭味。

弹性：肌肉组织被分解，没有原有的弹性，用手指按压后，凹陷不能复原。

技能训练（选做）

训练一　真假土鸡蛋的鉴别

土鸡蛋指的是农家散养的土鸡所生的蛋。

土鸡蛋不含任何人工合成抗生素、激素、色素，与普通鸡蛋相比蛋白含量多，蛋白质含量提高 5%～6%，胆固醇降低 19.8%，脂肪降低 3%，质嫩无腥味，口感香鲜。

（1）土鸡蛋蛋壳更为细腻。

（2）饲料鸡蛋的蛋黄全部是红色而土鸡蛋则有红有黄。

（3）饲料鸡蛋蛋白清稀，蛋黄较小；土鸡蛋蛋白稠密清亮，黏性大。

训练二　注水鸡、鸭的鉴别方法

（1）拍肌肉：注水鸡及注水鸭的肉质都有弹性。

（2）看翅膀：翻起鸡鸭的翅膀仔细地察看，若发现上面有红针点，周围呈乌黑色，就证明已经注了水。

（3）掐皮层：在鸡鸭的皮层下，用手指一掐，明显地感到打滑，一定是注过水的。

（4）抠胸腔：只要用手指在上面稍微一抠，注过水的鸡鸭肉网膜一破，水便会流淌出来。

（5）用手摸：皮下注过水的鸡鸭高低不平，摸起来好像长有肿块。

（6）拿纸试：就是用一张干燥易燃的薄纸，贴在已去毛的鸡鸭背上，稍加压力片刻，然后取下用火点燃，不燃的为注水的鸡鸭。

拓展知识

鸭、鸡、鹅肉的养生保健作用

鸭是人们喜食用的禽肉佳品，其性味甘、咸、平、微寒，入胃、肾经。鸭肉具有补虚清热、滋阴养胃、除湿解毒、利水消肿之功效，适用于虚劳骨蒸、咳嗽吐血和脾虚湿热等症。现代营养研究证实，鸭肉含蛋白质、脂肪、钙、铁、碳水化合物、维生素、烟酸等营养成分。凡体内有湿热、虚火过重的人都适合吃鸭肉。特别是久病潮热，食欲不振，咽燥口干，脾虚水肿，便秘少尿，自汗盗汗，遗精早泄及女子月经不调、赤白带下等患者更为适宜。

鸡肉的肉质细嫩，滋味鲜美，适合多种烹调方法。鸡肉富有营养，以鸡胸脯肉为例，每 100g 含蛋白质 19g、碳水化合物 2.5g、脂肪 7g，还含有丰富的维生素、钙、钠、钾、镁、铁等矿物质以及核黄素、硫胺素、烟酸等。

鸡肉的蛋白质消化率高，很容易被人体吸收利用，因此有增强体力、强壮身体的功效。鸡肉还含有对人体生长发育有重要作用的磷脂类，是中国膳食结构中磷脂的主要来源。中医学认为，鸡肉味甘性温，有健脾胃、补虚填精、活血脉、强筋骨等功效，对畏寒怕冷、营养不良、月经不调、贫血虚弱者有很好的食疗作用。

尤其值得一提的是，鸡的品种虽然很多，但作为滋阴美容的食品，以乌鸡为佳。乌鸡入肾经，具有养血乌发、温中益气、滋润皮肤等作用，对于虚劳面瘦、水肿消渴、产后虚弱以及其他妇科症者，可以将乌鸡作为食疗滋补的佳品。

鹅肉有“世界绿色食品之王”的美誉，是理想的高蛋白、低脂肪、低胆固醇的营养健康食品。鹅肉富含维生素 A、B 族维生素、烟酸、钙、钾、磷、钠等十多种微量元素，且富含人体生长发育所必需的多种氨基酸，其组成接近人体所需氨基酸的比例。

鹅肉不仅脂肪含量低，而且品质好，不饱和脂肪酸的含量高，特别是亚麻酸含量均超过其他肉类，对人体健康有利。鹅肉质地柔软，容易被人体消化吸收。

习 题

一、名词解释

家禽 野禽

二、判断题

（1）禽类泛指提供肉食的鸟类以及用其肉作原料加工的食品。 （ ）

（2）禽制品通常是指家禽制品。 （ ）

（3）肌肉组织主要由肌细胞组成，具有收缩的特性。 （ ）

（4）肉主要由肌肉组织、结缔组织、脂肪组织和骨骼组织四大部分组成。 （ ）

（5）脂肪组织是脂肪细胞成群地联合在一起。脂肪细胞是脂肪组织的构造单位。（ ）

（6）骨按形态可将其分为管状骨、扁平骨。 （ ）

（7）家禽是指在人工饲养的条件下驯化而成的，能生存繁衍且有经济价值的鸟类。（ ）

（8）家鸭可分为肉用型鸭、蛋用型鸭。 （ ）

（9）野禽指野生的鸟类。野禽种类繁多，风味独特。 （ ）

（10）禽制品仅指经过酱卤、腌腊等方法加工的中国传统风味禽制品。 （ ）

三、简答题

（1）简述家禽的种类。

（2）简述野禽的种类。

（3）禽蛋的营养成分有哪些？

（4）简述禽类的品质检验和保藏。

第十章 两栖爬行类

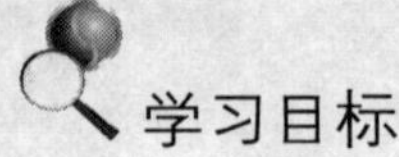

学习目标

（1）掌握两栖类和爬行类原料的外形特征、常见种类、产地。
（2）掌握蛙类、龟鳖、蛇类原料的组织结构和烹饪应用特点。

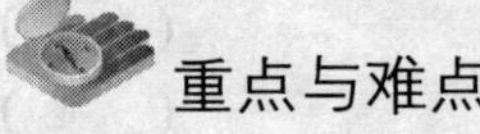

重点与难点

蛙、龟鳖、蛇的组织结构特点和烹饪运用特点。

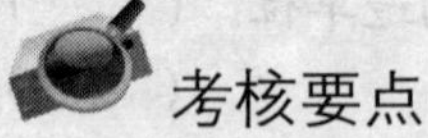

考核要点

蛙类、龟鳖、蛇类原料的烹饪方法。

第一节 两栖类原料

两栖爬行类动物是脊椎动物中两栖类动物和爬行类动物的合称。自然界中两栖爬行类的动物很多，但用于烹饪中的却相对较少，而这些原料多数具有独特的风味。在烹饪运用中，应根据原料各自的特点，采用适当的烹调方法制作，使之符合菜肴的要求。

一、两栖类原料概述

两栖类动物属于脊椎动物亚门两栖纲，是由水生向陆生过渡的一个类群，通常是水陆两栖的。两栖类动物的组织结构与其生活习性是相适应的，主要特征是：身体分为头、躯干、四肢三部分；皮肤裸露而湿润，透气性强；皮肤腺丰富，用肺和皮肤呼吸；体温不恒定。部分种类从幼体发育到成体过程中有变态过程。

两栖类动物中蛙类的肌肉是呈纵行或斜行的长肌肉群，躯干肌肉为长条形或 V 形，腹部肌肉薄而分层，四肢肌肉发达，尤以后肢肌肉特别发达。两栖类动物的肌肉组织呈色白且肌纤维明显，结缔组织含量少、不明显，脂肪组织含量低，因而成为受人喜爱的烹饪原料。

两栖类动物根据其外形可分为无足类、有尾类和无尾类。无足类在烹饪中运用的种类不多，有尾类中可运用的主要是大鲵，无尾类中可运用的包括中国林蛙、棘胸蛙、棘腹蛙、虎纹蛙、引进种牛蛙等。由于大鲵（娃娃鱼）属国家二类重点保护动物，严禁捕猎，本书不收录，书中介绍的都为无尾类。无尾类是两栖动物中种类最多、分布最广的一类，它们的体型宽广而粗壮，成体无尾而有发达的四肢，后肢强大，体外受精，发育要经过变态。

二、两栖类原料主要种类介绍

1．牛蛙

牛蛙是我国从古巴引进的品种，又称喧蛙、食用蛙，为两栖纲无尾目蛙科动物。该蛙体大粗壮，长约 18～20cm，最大体重可达 2kg 以上，四肢粗壮，前肢短，无蹼；后肢很长，趾间全蹼。其肤色随生活环境而多变，通常背部绿色或绿棕色，带有暗灰色细纹，如图 10-1 所示。雄蛙咽喉部有金黄色，雌蛙有淡黑色斑点。

图 10-1 牛蛙

牛蛙体大肉肥，是世界上体型较大的蛙类。牛蛙肉蛋白质含量高，脂肪少，质嫩味香，属于高蛋白、低脂肪、低胆固醇的高级滋补食品。烹饪上适于烧、炒、炖、煨、炸、爆、煮等烹调方法。常见菜式有泡椒牛蛙、干煸牛蛙、红烧牛蛙、干炸牛蛙腿。

2．哈士蟆和哈士蟆油

哈士蟆又称雪哈，动物学名称为中国林蛙。此蛙体长 5～8cm，体色随季节而有变化，通常背部呈土灰色，散布黄色及红色斑点，鼓膜处有一黑色三角形斑，如图 10-2 所示。雄蛙腹面乳白色，雌蛙一般为棕红色，散有深色斑点。

图 10-2 哈士蟆

中国林蛙主产于黑龙江、吉林、辽宁和内蒙古等地，一般生活于阴暗潮湿的阔叶林中。每年四五月初配对产卵，产卵后在土壤中生殖休眠 15 天左右，然后上山活动，9 月上旬开始陆续下山入河冬眠，每年秋冬季捕捉上市。此时蛙体肥重，肉质细嫩。

哈士蟆的鲜品、干品均可入烹。哈士蟆肉嫩味美，民间将其与熊掌、猴头蘑、飞龙一起称为“东北四大山珍”，成为宴席上的珍品。在烹饪中可用于烧、炖、蒸、煨、炸。

哈士蟆油是雌性哈士蟆输卵管的干制品，又称田鸡油、蛤蟆油，是我国名贵的中药材，在国内外市场上享有较高声誉，具有补肾益精、养阴润肺、补虚等功能，用于体虚气弱、神经衰弱、病后失调、精神不足、心悸失眠、盗汗不止、痨嗽咳血。哈士蟆的生长期一般为五到七年，第三年蛙的哈士蟆油质量最好。

哈士蟆油鲜品为乳白色，干品呈不规则块状，黄白色，油润，具有脂肪样光泽、手摸有滑腻感，遇水可膨胀 10～15 倍，微有腥味，以吉林、黑龙江产为最好。哈士蟆油的鲜品、干品均可入烹，烹制菜肴如冰糖蛤蟆油、清汤哈士蟆油等，兼可作药膳食用。

3．棘胸蛙

棘胸蛙又称石鳞、石蛤蟆、石鸡、石蹦，分布于云南、贵州、安徽、江苏、湖北、浙江、福建、两广等地区。棘胸蛙为庐山三石（石鸡、石鱼、石耳）之一，形似一般的青蛙但比青蛙粗壮肥大得多，体长超过 8cm，皮肤粗糙，如图 10-3 所示。雄蛙胸部有疣刺，腿粗壮。其肉质细嫩，滋味鲜甜，可与仔鸡媲美，故有石鸡之称。烹调中适于炸、熘、炖、炒等方法，尤以软炸味最美，如软炸石鸡、香油石鳞腿、清蒸石鸡等。

图 10-3　棘胸蛙

棘胸蛙是产地人们非常喜欢吃的美味，每年五六月份几乎每家每户都准备照明工具，选择闷热的夜晚沿溪捕捉。此蛙在晚间见了火光有凝视不动之态，故易于捕获。

同一属的另外两种蛙：棘腹蛙，又称石蛙、梆梆鱼，体重可达 250～500g；双团棘胸蛙，又称石蹦。二者均可食用。

第二节　爬行类原料

一、爬行类原料概述

爬行类动物是真正的陆栖脊椎动物，隶属于脊椎动物亚门爬行纲。爬行纲动物的特征是身体分为头、颈、躯干、四肢、尾五部分，皮肤干燥，体被角质鳞片，龟鳖类在背腹面覆盖有大型的角质板。爬行动物体内受精，产羊膜卵，多数卵生，少数卵胎生，体温不恒定，有的种类有休眠的习性。

爬行类动物肌肉组织的肌纤维比两栖类动物粗糙；结缔组织较多，胶质重；脂肪主要集中在腹腔内，肌间较少。蛇类的肌肉色泽洁白，肌纤维细嫩而柔软。

爬行类可作为烹饪原料的主要是蛇类、龟类和鳖类。其中龟鳖类行动缓慢、肌肉系统不发达，可食用的种类较少。蛇类则相对种类较多，有的种类虽然有毒，但肉味却非常鲜美，如金环蛇、银环蛇等，还有一定的药用价值。爬行类动物中可作为烹饪原料的种类大多数属高档原料，在烹饪中运用较广。

本书所收集的爬行类动物主要分为龟鳖类和蛇类。

二、爬行类原料主要种类介绍

1．龟鳖类

（1）龟　龟为爬行纲龟鳖目龟科动物的总称。其特征为：背腹皆具硬甲，在侧面联合形成完整的龟壳，背甲上具有三条纵走的棱嵴，颈部可缩入壳内。我国作为食用原料的龟有乌龟（如图 10-4 所示）、黄喉水龟（如图 10-5 所示）、黄绿闭壳龟及平胸龟等。乌龟身体为长椭圆形，背甲稍隆起，有 3 条纵棱，脊棱明显。乌龟头顶黑橄榄色，前部皮肤光滑，后部为细鳞；腹甲平坦；颈部、四肢及裸露皮肤部分为灰黑色或黑橄榄色。乌龟主要分布于长江流域及山东、河北、河南、陕西、甘肃、云南和两广地区；多群居，栖息于川泽湖池中，生命力强，数月断食可不死，全年均可捕捉，秋冬季为多。

图 10-4　乌龟

图 10-5　黄喉水龟

龟肉质较老但肉味鲜美，适于烧、焖、煨、蒸等长时间加热的烹调方法，如瓦罐龟肉汤、汽锅金龟等。龟还具有很高的药用价值，中医认为龟肉性平味甘，能滋阴补血、止血，可治久咳咯血、血痢、筋骨疼痛。金龟的腹甲称龟板，是起补益作用的中药材，常配以沙参、虫草等中药材制作药膳，如龟羊汤、龟苓膏等。

（2）鳖　鳖为爬行纲龟鳖目鳖科动物的总称。常用的为中华鳖，又称甲鱼、水鱼、团鱼、王八。其特征是鳖体圆扁、吻突尖长，体表甲板外覆有革质皮，头颈均能缩入甲内。背甲可达长 24cm、宽 16cm，通常呈橄榄色，如图 10-6 所示。背腹甲由结缔组织相连形成厚实的裙边。腹部乳白色，趾间具蹼，能爬行游泳。

图 10-6　中华鳖

鳖在全国均有分布，淡水产，以六七月最多、最肥。鳖的营养价值较高，中医认为其性平味甘，能滋阴凉血，平肝息风，可用于治疗肝肾阴虚、头晕眼花、遗精等症，民间常用做滋补食品。鳖的裙边富含胶质，色泽玉白，软嫩滑爽，适口性好，为“八珍之一”，可干制，用于上等筵席的制作。鳖肉还有较好的净血作用，常食者可降低血胆固醇，对高血压、冠心病患者有益。鳖甲也可作为药材使用，有滋阴清热、软坚散结的功效。

鳖是高蛋白、低脂肪、营养丰富的高级滋补食品，肉质细嫩，味厚鲜美，烹调中适于烧、炖、蒸、扒、烩、煮、炒、焖等多种方法，可整烹或拆肉，如红烧甲鱼、清蒸甲鱼、“霸王别姬”等。

烹制甲鱼时必须注意，死甲鱼不能食用。因为甲鱼死后，其内脏极易腐败变质，肉中的组氨酸转变为有毒的组胺，对人体有害。配菜时应注意甲鱼不宜与桃子、苋菜、鸡蛋、猪肉、兔肉、薄荷、芹菜、鸭蛋、鸭肉、芥末、鸡肉、黄鳝、蟹一同食用。

2．蛇类

蛇是无足的爬虫类冷血动物的总称，属爬行纲蛇目。蛇类是爬行动物中种类最多的一类，全世界大约有 3000 种，其中毒蛇有 600 多种。我国蛇类 216 种，毒蛇 65 种，主要生活在长江以南诸省的荒野草地、山川森林、海岛湖泊等地，以鱼、蛙、鼠、鸟及鸟卵、蜥蜴和其他动物为食。

蛇的主要特征是：体型细长，体表被有角质鳞片，四肢退化，无胸骨。蛇体分为头、躯干、尾三部分。蛇的头部有一对鼻孔和眼，眼睛视觉不发达，舌细长而深分叉，无外耳及鼓膜。下颌通过方骨与脑颅相接，左右下颌骨之间以韧带相连，故口可张得很大，吞食比自己

头大几倍的食物。

蛇作为烹饪原料，在南方运用较多，尤以广州最多。蛇的肉、皮、胆、肝、肠、血等均可食用。蛇肉洁白细嫩，味道鲜美，适于烩、炒、焖、煎、炸、扒、蒸、炖、烧、涮等方法，如“三蛇龙虎会”。通常把金环蛇、眼镜蛇和灰鼠蛇合称为三蛇，再加上三索锦蛇和尖吻蝮（五步蛇）称为五蛇，用于制蛇馔。蛇在初加工过程中一般要先剥去皮，也可不剥皮而刮去鳞片。加工过程中，蛇肉不可浸水，否则肉会变得老韧，达不到细嫩的效果。烹调时若用炒的方法，须注意用热锅冷油，否则蛇肉易致散碎。吃蛇的最佳季节是秋冬季，此时蛇最肥美，故民间有“秋风起、三蛇肥”之说。

可食用的蛇类动物主要包括三索锦蛇、黑眉锦蛇、灰鼠蛇、乌梢蛇、滑鼠蛇、竹叶青等。

（1）三索锦蛇　三索锦蛇又称三索线、广蛇，为蛇目游蛇科动物。三索锦蛇长 1.5～1.8m，背面黄褐色，有两条宽的黑色纵带，两侧各有两条狭的黑色纵带。腹面淡棕色，为无毒蛇，如图 10-7 所示。其肉可食，又可浸制五蛇酒供药用，胆可入药。三索锦蛇栖息于平原和山地，主要分布在广西、广东、福建、贵州、云南等省区，以蛙、蜥蜴、鸟、鼠为食。

（2）黑眉锦蛇　黑眉锦蛇又称菜花蛇、花广蛇、黄长虫、家蛇，为游蛇科动物。黑眉锦蛇体长 1.5m，头和体背呈黄绿色或棕灰色；眼后有一条明显的黑纹，也是该蛇命名的主要依据；体背的前、中段有黑色梯形或蝶状斑纹，略似秤星，故又名秤星蛇；由体背中段往后斑纹渐趋隐失，但有四条清晰的黑色纵带直达尾端，中央数行背鳞具弱棱，如图 10-8 所示。黑眉锦蛇无毒，肉可食，又可供药用，是制备药蛇酒和五蛇胆的原料之一，分布于华北、华中和华南各省区。

图 10-7　三索锦蛇

图 10-8　黑眉锦蛇

（3）灰鼠蛇　灰鼠蛇又称过树龙、灰背蛇，为游蛇科动物，是一种无毒蛇。灰鼠蛇长 1～2m，眼大而圆。背面棕褐色或橄榄灰色，躯干后部和尾背鳞片边缘黑褐色，整体略显网纹；上唇和背面灰褐色，体中、后部每一背鳞中央有黑褐色纵线，前后缀连成黑褐色纵纹；腹面淡黄色，如图 10-9 所示，是我国主要食用蛇之一。

图 10-9 灰鼠蛇

灰鼠蛇无毒，与金环蛇、眼镜蛇合称三蛇。三蛇是中国南方著名的食用蛇类，为三蛇酒、三蛇胆酒和三蛇胆的原料。灰鼠蛇肉具有祛风除湿、舒筋活络的功效，主治风湿性关节炎、麻痹、瘫痪等症。其胆制成蛇胆酒、蛇胆陈皮、蛇胆川贝等中成药，具有消痰止咳作用。灰鼠蛇是我国重要的经济蛇类之一，分布于西南和华南的山地和平原地区。

（4）乌梢蛇　乌梢蛇又称乌风蛇，为游蛇科的一种无毒蛇。其长可达 2m，背部绿褐色或黑褐色，背部正中有一条黄色的纵纹；体侧各有两条黑色纵纹，后端灰黑色，如图 10-10 所示。中医称之为乌蛇，主治风湿痛、皮肤疥癣等症。其肉可食，分布于江苏、安徽、浙江、湖南和贵州等地。

（5）眼镜蛇 眼镜蛇又称犁头蝮、饭铲头、膨颈蛇、五毒蛇，为眼镜蛇科动物。眼镜蛇长 1m 多，一般状态下颈部背面有一对白边黑心的眼镜状斑纹，激怒时前半身竖起，颈部膨扁，并发出呼呼的声音。躯干部黑褐色，有黄白色环纹 15 个，如图 10-11 所示。眼镜蛇有剧毒，但肉可食。眼镜蛇与灰鼠蛇、金环蛇浸制的三蛇酒可供药用。

图 10-10 乌梢蛇

图 10-11 眼镜蛇

（6）金环蛇 金环蛇又称金甲带、金脚带、黄节蛇，为眼镜蛇科的一种毒蛇。金环蛇一般长 1m 左右，大者可达 1.8m。头颈部背面为黑色，有“人”型黄纹斜达颈侧，整体有黑色与黄色相间的环纹围绕全身，如图 10-12 所示。其肉可食，可浸制三蛇酒供药用。蛇胆也可供药用。金环蛇分布于云南、广东、广西和福建的平原、山地、湿地及池边地带。

（7）滑鼠蛇 滑鼠蛇又称草锦蛇，为游蛇科的一种无毒蛇。滑鼠蛇体长 2m 多，背面黄褐色，体后部有不规则的黑色横纹，横斑至尾部形成网纹；腹面前段红棕色，后部淡黄色；头部黑褐色，唇鳞淡灰色，如图 10-13 所示。其肉可食，又可与三索锦蛇、金环蛇、眼镜蛇、灰鼠蛇浸制五蛇酒供药用。滑鼠蛇分布于四川、湖南、湖北、江西、贵州、云南和两广地区。

图 10-12 金环蛇

图 10-13 滑鼠蛇

技能训练（选做）

训练 牛蛙和蟾蜍的鉴别

（1）目的：通过观察牛蛙和蟾蜍的体态特征，学会鉴别牛蛙和蟾蜍。

（2）材料：牛蛙、蟾蜍、镊子。

（3）方法：通过对牛蛙和蟾蜍外表体态特征的观察，区别牛蛙与蟾蜍，具体鉴别指标如表 10-1 所示。

表 10-1 牛蛙和蟾蜍的体态特征对比表

部 位	牛 蛙	蟾 蜍
皮肤	背部略粗糙 有细微的肤棱	全身皮肤极粗糙 全身密布大小不等的疣状突起
背部和腹面	背部绿色或棕绿色 腹面呈白色	背面暗褐色 腹面乳黄色
毒腺	无	有
前趾	短，趾间无蹼	长，趾间无蹼
后趾	长，趾间有蹼	短，趾间有蹼
声囊	有	无

拓展知识

甲鱼药膳

甲鱼的功效很多，据《本草纲目》记载：鳖肉可治久痢、虚劳、脚气等病；鳖甲主治骨蒸劳热、阴虚风动、肝脾肿大、肝硬化等病症；鳖血外敷可治颜面神经麻痹、小儿疳积潮热，兑酒可治妇女血痨；鳖卵能治久泻久痢；鳖胆汁有治痔瘘等功效；鳖头干制入药称鳖首，可治脱肛、漏疮等。但腹满厌食、大便溏泻、脾胃虚寒者不宜吃甲鱼；有水肿、胸腔或腹腔积液、高脂蛋白症也不应多吃甲鱼；儿童及孕妇当慎。下面介绍四款甲鱼药膳。

（1）滋阴益气药膳——枸杞沙苑甲鱼汤　甲鱼 1 只约 500g，去头及内脏，切块，枸杞子、沙苑子各 50g，洗净用纱布包好，共煮至甲鱼肉烂，去中药加调料，吃肉喝汤。

好处：用于气阴两虚、肝肾不足，表现为气短乏力、腰膝酸软、手足心热、白细胞下降等。

（2）补血养阴药膳——当归党参甲鱼汤　甲鱼 1 只约 500g，去头及内脏，切块。用纱布包当归 50g、党参 50g，与甲鱼共煮至肉烂，去中药加盐及调料即可。

好处：用于慢性病贫血、免疫功能低下、口干咽燥、消瘦乏力等症。

（3）养阴止汗药膳——黄芪甲鱼汤　浮小麦 100g、生黄芪 50g，泡 6 小时后用纱布包严，甲鱼 1 只去头及内脏切块后，与中药共煮至肉烂，去中药加盐及味精，吃肉喝汤。调料中不用花椒、辣椒、大料、桂皮等辛温发散之品。

好处：用于阴虚内热、盗汗、五心烦热。

（4）凉血止血药膳——鲜藕甲鱼汤　鲜藕约 500g 切片煮水，纱布袋装仙鹤草、白茅根各

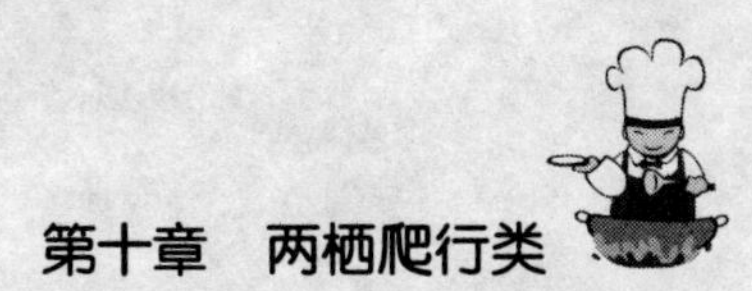

100g，与鲜藕共煮约半小时后捞出，加入甲鱼1只，文火慢煮至肉烂，加盐及味精适量，吃肉喝汤。

好处：用于血热妄行引起的月经过多、鼻血、咯血及消化道出血等症。

习　题

一、名词解释

两栖类动物　爬行类动物　三蛇

二、判断题

（1）两栖类动物属于脊椎动物亚门两栖纲，通常是水陆两栖的。（　　）

（2）两栖类动物根据其外形可分为无足类、有尾类和无尾类。（　　）

（3）牛蛙可捕食农业害虫，是我国最常见的蛙类。（　　）

（4）爬行类是真正的陆栖脊椎动物，隶属于脊椎动物亚门爬行纲。（　　）

（5）鳖是高蛋白、高脂肪、营养丰富的高级滋补食品。（　　）

（6）蛇的主要特征是：体型细长，体表被有角质鳞片，四肢退化，有胸骨。（　　）

三、简述题

（1）两栖类动物的组织结构具有哪些特点？

（2）两栖类动物中常作为烹饪原料的种类主要有哪些？

（3）哈士蟆和哈士蟆油各是什么？分别可制作哪些菜肴？

（4）爬行类动物的形态和结构具有哪些特点？

（5）烹制甲鱼有什么注意事项？

（6）在蛇类中常作为烹饪原料运用的主要有哪些？

（7）对蛇类的烹调和初加工应注意哪些问题？

第十一章　鱼　　类

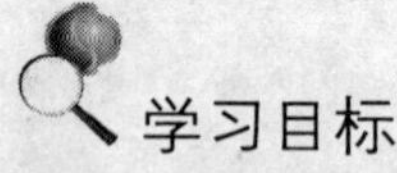

学习目标

掌握海产鱼、淡水鱼的生理特性。

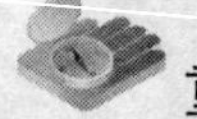

重点与难点

了解鱼的种类、鱼的结构、鱼的品质知识。

考核要求

学会鱼类产品的制作过程。

第一节　鱼类概况

鱼类肉质鲜嫩、营养丰富，是提供动物性蛋白质的重要来源，是一种较为理想的食品原料。

目前全世界生存的鱼类约有23000多种。我国有咸水鱼类约3020种，淡水鱼约870种，共约4000种。鱼的分类基本单位是“种”。某些经济鱼类，还可分类到种族（或称种群）。种族是由许多鱼的个体组成，具有相同的形态及生理生态特征，还具有相同的产卵习性。

目前分类的依据是鱼的形态结构，一般是依据鱼体上固定的性状，如鳃耙、侧线鳞、脊椎骨、背鳍和臀鳍条数目；也可依据鱼体各部位的可量性状分类，如体长、头长，体长与身高等各项的比值；还可按口的位置进行分类。

1．生物学分类

鱼类在生物学上属于脊索动物门脊椎动物亚门，根据骨骼的性质，鱼类可以分为软骨鱼纲和硬骨鱼纲。

（1）软骨鱼纲　此类鱼的内骨骼由软骨组成，外骨骼表现为盾鳞，鳃间隔发达；雄性有交配器，雌性体内受精，卵生或卵胎生。软骨鱼纲在我国各水域分布的约有237种，为咸水鱼。软骨鱼纲可分为板鳃亚纲和全头亚纲。

1）板鳃亚纲。此类鱼的头骨为舌接型，体被盾鳞，具两对鳃裂，无鳃盖。本亚纲可分为两个总目。

① 侧孔总目，如鲨鱼。该类鱼头侧扁，体呈纺锤形，眼和鳃裂侧位，有利齿。本总目可

分为六鳃鲨目、虎鲨目、鼠鲨目、角鲨目等品种。

② 下孔总目，如鳐鱼或虹鱼。该类鱼头平扁，体呈平扁形，鳃裂腹位，胸蟾与体侧相连，背鳍如有均远在尾上。本总目可分为锯鳐目、鳐形目等品种。

2）全头亚纲。本亚纲形态特征和板鳃亚纲相似，腭方软骨与头颅骨完全愈合；外被膜质假鳃盖，仅有一鳃孔通外方；体光滑无鳞。

（2）硬骨鱼纲　此类鱼的内骨骼基本为硬骨，外骨骼为骨鳞和硬鳞，也有少数无鳞；鳃间隔退化，鳃裂外有骨质鳃盖；大多数无脚；大多数体外受精；肠内多数不具螺旋瓣。

硬骨鱼纲在我国水域分布约有 3000 多种，其中包括淡水鱼和咸水鱼。根据特征，硬骨鱼纲可分为总鳍亚纲、肺鱼亚纲和辐鳍亚纲。常用的鱼类原料基本上是辐鳍亚纲。本纲鳞片为骨鳞，少数为硬鳞或无鳞，主要类群和代表种类如下：

鲱形目：分为鲱科、鳀科、遮目鱼科等品种。

鲑形目：分为银鱼科、茴鱼科、胡瓜鱼科、香鱼科、狗鱼科、鲑鱼科等品种。

鳗鲡目：分为鲤鲡科、海鳗科等品种。

鲤形目：分为胭脂鱼科、鲤科、鳅科等品种。

鲻形目：仅有鲻科等品种。

鲶形目：分为鲶科、胡子鲶科、海蛇科、鲿科、鳙科等品种。

鳕形目：为海产鱼的鳕鱼科等品种。

鳢形目：分为鳢科、塘鳢科等品种。

合鳃目：仅有合鳃科等品种。

鲈形目：常见的为知科、石首鱼科、鳎科、带鱼科、鲷科、鲭科、鲅科、杜文鱼科等品种。

鲽形目：有鲆科、蝶科、鲳科、舌鳎科等品种。

灯笼鱼目：有狗母鱼科等品种。

魣形目：分为魣科、白魣科等品种。

鲀形目：有革鲀科、鲀科等品种。

2．商品学分类

根据鱼的生长环境和习性，可将鱼分为淡水鱼、咸水鱼。

第二节　鱼的结构

一、概述

鱼类与其他脊椎动物比较，具有以下特征：终生生活在水中，以鳍游泳；体被有鳞片，少数无鳞；具有颅骨和上下颌；鱼眼一般长在头的两侧，少数位置有变化；多数鱼用鳃呼吸，个别用皮肤、鳔、伪鳃、肺等器官呼吸。

1．鱼类的外部形态

鱼的体轴分为头尾轴、背腹轴和左右轴。根据体轴的不同，鱼类的体型可分为四种：

①纺锤形，如马鲤鱼；②侧扁形，如银鲳鱼；③平扁形，如犁头鳐；④棍棒形，如黄鳝。

鱼类的外部器官有眼、须、鳍、皮肤、鳞。这些器官与内部器官密切相连。

（1）鱼类的头部器官　从吻端到鳃盖骨后缘，称头部。鱼类头部有吻、口、须、眼、鼻和鳃等器官。

（2）鱼类躯干部和尾部　从鳃盖骨后缘到肛门部位，称躯干。从肛门到尾鳍基部，称尾部。这些部分的附属器官有鳍、鳞、侧线。鳍是鱼游泳时保持身体平衡的器官，有胸鳍、背鳍、腹鳍、臀和尾。大多数鱼类有鳞，鳞实际是一种皮骨；少数无鳞片，但体被表面有黏液腺。二者具有保护肌体作用。鱼类的鳞片可分盾鳞、硬鳞、骨鳞。在鱼体两侧长有一条或数条带孔的鳞，称侧线鳞。

2．鱼类的内部结构

（1）鱼类的肌肉　鱼肌肉组织呈细长纤维状，根据肌肉纤维细胞构造或形态不同可分为骨骼肌、心脏肌、平滑肌。

鱼体肌肉可分为头部肌肉和躯干部肌肉。

1）头部肌肉。头部肌肉构造复杂，有鳃盖肌、眼肌、咽肌等。

2）躯干部肌肉。躯干部肌肉由体侧肌、背肌、腹纵肌组成。

（2）鱼类的骨骼　按性质不同，鱼类的骨骼可分为软骨和硬骨。按部位不同，骨骼可分为中轴骨、附肢骨等。大多数鱼的骨骼相对称。

（3）鱼类的鳔　鳔是硬骨鱼类的特征，生长位置在体腔内，具有控制鱼体升降的作用；某些鱼类的鳔具有特殊的呼吸作用。鳔的形状以圆锥形居多，还有卵圆形、马蹄形和心脏形等。有些鱼的鳔很大，延伸体腔全部；有些带鳔管，如鲱形目硬骨鱼类；多数鱼的鳔已退化，如鲈形目等高等硬骨鱼类。

3．鱼类的主要成分

（1）蛋白质　鱼体中的蛋白质主要是肌肉蛋白质，含量在15%～22%，含有8种人体必需氨基酸。由于鱼肌纤维较短，肌浆蛋白和肌球蛋白之间联系疏松，水分含量较多，因此肉质细嫩，利于人体消化吸收。

（2）脂肪　鱼类中脂肪含量一般在1%～3%。鱼脂肪由不饱和脂肪酸组成，利于人体消化吸收。

（3）碳水化合物　鱼的品种产地不同，所含的碳水化合物也会有差异。鱼类的碳水化合物主要是糖原和黏多糖。糖原贮存在肝脏及肌肉中，黏多糖与蛋白质结合成黏蛋白，贮存在结缔组织中。

（4）维生素　鱼肉中富含维生素 B_1、维生素 B_2、维生素 B_6 以及烟酸、泛酸、生物素等。

（5）矿物质　鱼肉中除含钾、钠、钙、镁外，还有对人体重要的铜、铁、硫等元素，特别是含有丰富的碘。

（6）水分　鱼肉含有水分一般在70%～80%之间。由于鱼肉含水量高，肉质柔软，在加热过程鱼肉中失水率较低（20%），使成熟后的鱼肉具有了软嫩的特点。

4．鱼的烹饪应用

鱼作为食物能提供的营养物质的种类和数量及其在满足人体营养需要上的作用称为鱼

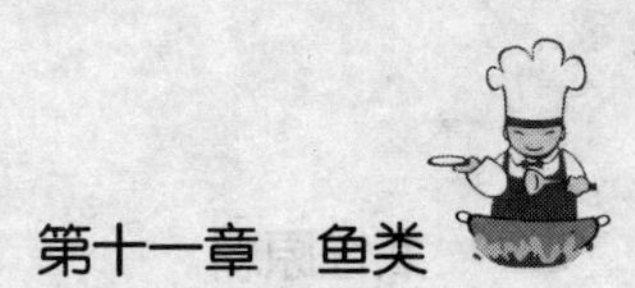

的营养价值。鱼的肌肉及可食部分含碳水化合物、蛋白质及脂肪、多种维生素和矿物质，对人类调节和改善食物结构、提供人体健康所必需的营养素有重要作用。因此鱼类是营养平衡性很好的天然食品。

鱼是烹饪中应用最广的原料，既适合鲜食，也适合晒干食和腌食；既可单独成菜，也可搭配成菜；既可作为家常、大众化烹饪原料，也可作为中高档烹饪原料。

（1）整理加工　鱼肉在烹调中运用最多，但某些大型鱼的副产品经过整理加工，就能成为烹饪的高档原料，如黄唇鱼、鲨鱼、鳐鱼的皮，经整理加工能成为鱼翅、鱼皮、鱼肚、明骨等高档原料；经腌渍的大麻哈鱼的子能成为高档美食——黑鱼子或红鱼子。

（2）刀技处理　形体小的鱼多在鱼体表面剞上花刀，而形体大的鱼可分割成片、条、丝、丁、段、块等形状，丰富菜肴品种。

（3）烹制方法　根据鱼体形状，选择不同的烹调方法来进行制作，以突出原料的特点和保持形态最佳的效果，如活鱼或含脂量较高的鱼可采用蒸、炖的方法。

1）咸干鱼加工。咸干鱼加工是将鱼加以盐渍（又称为腌渍），并干制去除鱼体中部分水分以延长贮存时间的加工方法。

2）冻制品加工。冻制品加工是将鲜鱼经原料处理而成的初级加工鱼品放入冻结装置进行速冻，也有将鱼加工成鱼片进行速冻。

3）熟食品加工。熟食品加工而成的产品主要是熏鱼，又称爆鱼，是以淡水鱼为原料的加工制品，工艺与配料均比较简单，色、香、味俱全，可直接食用。

4）罐头食品加工。罐头食品加工是以鱼类为原料，利用制作罐头食品的方法，提高鱼类的食用价值。鱼类罐头根据加工工艺的不同可分为清蒸、油浸。清蒸称为原汁，可保持原料鱼特有的风味和色泽；油浸对油料汁的配制较注重。

（4）调味方法　由于鱼有腥味，在调味时应选用有抑制性的调料来去除腥味，从而突出原料本身的鲜味和口味。

（5）边角余料的利用　边角余料既包括整理加工中的废料，也包括刀技处理中的边角废料（如鱼皮、鱼头、鱼腹、鱼尾等）。合理地对其加以应用，能使废变宝，如水晶鱼子、干锅鱼尾、蛋清鱼白等菜品。

第三节　海水鱼鲜品

1．带鱼

（1）学名　带鱼。

（2）形态特点　带鱼体长，呈扁带状，尾细，头窄长，下颚突出，牙齿尖，眼的位置高，无腹鳍，体表光滑，鱼体呈银白色，无鳞，如图 11-1 所示。

图 11-1　带鱼

（3）产地分布　带鱼产于我国沿海地带，其中东海产量最多。渤海和黄海的产地有连云港、威海、烟台、秦皇岛等。东海的产地集中在舟山、鱼山、闽东地区。南海的

产地为汕头一带。

（4）产期　渤海的渔汛分春汛和夏秋汛；东海的渔汛分春夏汛和冬汛，春夏汛在5～7月间，冬汛由11月一直延续到翌年的2月。

（5）食用价值　带鱼是我国四大海产经济鱼类之一，产量较高，广销全国各地，颇受消费者欢迎。带鱼是肉食性鱼类，脂肪多，营养丰富，食用价值高，可加工成各种罐头和盐渍品，多采用糖醋、油煎及清蒸等烹调方法。

2．黄花鱼

（1）学名　小黄鱼。

（2）体态特点　黄花鱼的外形与大黄鱼相似。其特点是体型小，体背为灰褐色，腹部为黄色，如图11-2所示。黄花鱼的鳞大，背鳍起点与侧线间有5～6个鳞片，上下唇相等；大黄鱼的鳞小，背鳍起点与侧线间有8～9个鳞片，尾柄较长，口大发圆。

图11-2　黄花鱼

（3）产地分布　黄花鱼分布在东海、黄海等地。其产地大多是黄海的烟台、吕泗、鸭绿江口、威海等渔场，渤海湾、莱州湾和辽东湾等渔场以及东海的温州、舟山等渔场。

（4）产期　黄花鱼的产期在春季。

（5）食用价值　黄花鱼是我国的四大海产经济鱼类之一，产量较大，广销全国各大城市。黄花鱼肉多，鲜嫩。黄花鱼除鲜食外还可以加工成罐头和腌制。

3．铜罗鱼

（1）学名　黄姑鱼。

（2）形态特点　铜罗鱼的体长而侧扁，头部稍尖，口圆钝。体背侧淡灰色，背鳍基部有褐色细点，鳞片细而坚实，如图11-3所示。

（3）产地分布　铜罗鱼的分布在东海、黄海、渤海一带，产量不多。

（4）产期　铜罗鱼的产期集中在5～7月间。

（5）食用价值　铜罗鱼的肉瓷实、肥厚，为蒜瓣肉，但肉味稍有酸味。铜罗鱼吃法以清炖、油炸、红烧为主。

图11-3　铜罗鱼

4．白米鱼

（1）学名　白姑鱼。

（2）形态特点　白米鱼体长而侧扁，口大，上颌与下颌等长。鳞片大而松弛，全身颜色为灰白色，鳃盖上部有一大黑点，如图11-4所示。

（3）产地分布　白米鱼分布在我国沿海。

（4）产期　白米鱼产期在5～6月、10～11月。

图11-4　白米鱼

（5）食用价值　白米鱼产量不高，但肉白、细嫩，清香可口。

5. 敏鱼

（1）学名　敏子。

（2）形态特点　敏鱼体长而侧扁，口大而钝，鳞片细小，呈暗灰褐色，腹部灰白，如图 11-5 所示。

图 11-5　敏鱼

（3）产地分布　敏鱼在我国沿海均有生产。产地在山东烟台、辽宁丹东、浙江的舟山群岛，以及福建、广东的马祖、万山群岛等。

（4）产期　北方产期为 5～6 月间，南方一般为 3～4 月。

（5）食用价值　敏鱼肉厚，脂肪多，味鲜美。吃时一般切成片或块，除鲜食外，还可加工成熏制品。

6. 叫姑鱼

（1）学名　叫姑鱼。

（2）形态特点　叫姑鱼体长，吻钝。口下位，颌下有 5 个小孔。背部淡灰色，两侧和腹部银白色，两腮后缘有大黑点，如图 11-6 所示。

图 11-6　叫姑鱼

（3）产地分布　叫姑鱼以黄海中部和渤海较多。

（4）产期　产期在 4～7 月，产量以春季较多。

（5）食用价值　叫姑鱼是小型经济鱼类，吃法以油煎、油炸、清蒸为多。

7. 镜鱼

（1）学名　鲳鱼。

（2）形态特点　镜鱼体呈菱形而侧扁，头小，口小；腹部呈白色，鳞片易脱落；无腹鳍、尾鳍，如图 11-7 所示。

图 11-7　镜鱼

（3）产地分布　镜鱼主要分布在东海、黄海。产地为浙江的舟山群岛，山东的海阳、乳山，江苏的启东。

（4）产期　镜鱼在广东及海南岛西部渔场的产期为 3～5 月；闽东渔场为 4～8 月。

（5）食用价值　镜鱼是我国名贵的海产食用鱼类之一，产量较大，经济价值和食用价值均较高。镜鱼肉肥厚、瓷实、无小刺，味鲜美，脂肪多，尤其含有丰富的蛋白质，营养价值相当高。镜鱼的吃法多为清炖、红焖。

8. 刺儿鱼

（1）学名　斑鰶。

（2）形态特点　刺儿鱼体侧扁，口小，鳃盖后上方有一黑斑；腹圆有棱鳞，腹部银白色。刺儿鱼最明显的特征是鳍条延长呈丝状，如图 11-8 所示。

图 11-8　刺儿鱼

（3）产地分布　刺儿鱼在我国各海域均有生产。

（4）产期　刺儿鱼的产期为每年 5～7 月。

（5）食用价值　刺儿鱼产量多，肉质细嫩，含脂肪量高，为沿海渔民所喜食，鲜食多采用油炸和油煎的方法。

9．新娘鱼

（1）学名　松江鲈鱼。

（2）形态特征　松江鲈鱼头及体前部宽且平扁，向后渐细且侧扁。上、下颌，犁骨和颚骨均有绒毛状细牙。头大，头背面的棘和棱被皮肤所盖。眼上侧位，眼间距较狭下凹。前鳃盖骨后缘有四棘，上棘最大，端部呈钩状，翘向后上方。鳃孔宽大。前鳃盖骨后缘游离突起似一鳃孔，故又称四鳃鲈，如图 11-9 所示。

图 11-9　新娘鱼

（3）产地分布　松江鲈鱼是中国四大淡水名鱼之一，以前在我国沿海广泛分布，但松江府的最为有名。

（4）产期　松江鲈鱼 2 月中旬至 3 月中旬繁殖。

（5）食用价值　松江鲈鱼肉质洁白，肥嫩鲜美，刺少，无腥，营养价值极高，且能补五脏、益肝肾、益筋骨，多食宜人。

第四节　淡　水　鱼

1．鲶鱼

（1）学名　鲶、鲶巴郎、泥鱼。

（2）形态特点　鲶鱼头大，体长呈圆筒形，尾部侧扁，腹部圆，眼小，胸、腹鳍各一对，腹部灰白，胸、腹鳍略带灰黄，如图 11-10 所示。

图 11-10　鲶鱼

（3）食用价值　鲶鱼含有丰富营养，肉质细嫩、美味、肉香浓郁，易消化、刺少、开胃，特别适合儿童和老人。鲶鱼有许多种做法，其中水煮鲶鱼、大蒜烧鲶鱼、麻辣鲶鱼、滋补鲶鱼头等很受欢迎：麻辣口味的大蒜烧鲶鱼，香辣诱人；水煮鲶鱼不是很辣，但肉质细腻鲜美；也可以之为原料制作一个滋补火锅，以党参、花旗参、沙参、淮山、大枣、薏苡仁、枸杞等作调料，既有滋补效果又美味可口。

2．鲫鱼

（1）学名 鲋鱼。

（2）形态特点 鲫鱼一般体长20厘米，呈流线型，无须，鳃丝细长，鳞片大，体侧扁而高，侧线微弯。腹部圆，体较厚。吻钝。胸鳍末端可达腹鳍起点。背鳍长，外像较平直。尾鳍深叉形。一般体背面灰黑色，各鳍条灰白色，见图11-11。

图11-11 鲫鱼

（3）食用价值 鲫鱼是饮食中常见的佳肴，营养价值很高，因为鲫鱼含动物蛋白和不饱和脂肪酸，常吃鲫鱼能健身、减少肥胖、有助于降血压和降血脂，使人延年益寿。中医认为鲫鱼能温中下气、补虚、利水消肿，清烧能治胃肠道出血，外用还有解毒消炎的作用，尤其是治疗产后乳少更有独到之处。

3．狗鱼

（1）学名 黑斑狗鱼。

（2）形态特点 狗鱼是在北半球寒带到温带里广为分布的淡水鱼，下颌突出，口像鸭嘴大而扁平，如图11-12所示。狗鱼是淡水鱼中生性最粗暴的肉食鱼，会袭击蛙、鼠或野鸭等。因为其寿命长，偶尔可发现巨大型的个体。

图11-12 狗鱼

（3）食用价值 狗鱼肉质脂肪含量高、细嫩而较面。

4．草鱼

（1）学名 鲩鱼。

（2）形态特点 草鱼体长，躯干部呈圆筒形，尾部侧扁，腹部圆，眼小，胸、腹鳍各一对，腹部灰白，体呈茶黄色，胸、腹鳍略带灰黄，如图11-13所示。草鱼是我国四大养殖鱼种之一，淡水鱼。草鱼肉性味甘、温、无毒，有暖胃和中之功效。草鱼胆有祛痰及轻度镇咳和明显降压作用。

（3）产地分布 草鱼以长江流域各省产量较多。

（4）产期 人工养殖的草鱼全年均有生产。

（5）食用价值 草鱼刺少肉多，除鲜食外，可加工成熏制品和盐干制品以及罐头食品等。草鱼的食用方法有红烧、溜鱼片等。

图11-13 草鱼

5．青鱼

（1）学名　青鱼。

（2）形态特点　青鱼是我国特有的鱼种，也是四大养殖鱼种之一。青鱼体长，呈圆筒形，尾部侧扁；头部尖，稍平扁，眼间距呈弧形；胸、腹鳍各一对，如图 11-14 所示。

图 11-14　青鱼

（3）产地分布　青鱼分布在长江以南平原地区。

（4）产期　青鱼的繁殖季节为每年的 5～7 月。

（5）食用价值　青鱼刺少肉厚，味道肥美，含有丰富的蛋白质、维生素、脂肪等营养成分，经济价值很高。食用青鱼，可以采用烧、炖、焖、溜、熏等多种方法。

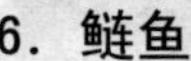

6．鲢鱼

（1）学名　鲢鱼。

（2）形态特点　鲢鱼腹部窄，体侧扁；头较大，吻钝圆；鳃膜两边彼此相连，鳃耙细密；有胸鳍、腹鳍各一对，鳞片细小，各鳍为灰白色，腹部银白色，如图 11-15 所示。鲢鱼也是我国四大养殖鱼种之一。

图 11-15　鲢鱼

（3）产地分布　鲢鱼多分布于长江、珠江、湘江、黑龙江流域。

（4）食用价值　鲢鱼刺少，肉质细嫩，脂肪含量高，味道肥美。

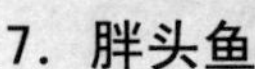

7．胖头鱼

（1）学名　鳙鱼。

（2）形态特点　胖头鱼体侧扁、较高，腹部在腹鳍基部之前较圆，有腹棱，头很大，眼小，有胸鳍、腹鳍各一对，如图 11-16 所示。

图 11-16　胖头鱼

（3）产地分布　胖头鱼生活在长江流域下游地区。

（4）食用价值　胖头鱼肉多刺少，肉质细嫩而较面，脂肪含量高，头肥满，脂肪和胶质含量高，味道肥美。

8．白鱼

（1）学名　白鱼。

（2）形态特点　白鱼体狭长，颇侧扁，平直，有腹棱，胸鳍、腹鳍各一对，如图 11-17 所示。

（3）产地分布　白鱼产于嫩江。

图 11-17　白鱼

（4）产期　白鱼在春夏季捕捉。

（5）食用价值　白鱼肉细嫩，味美，蛋白质和脂肪含量高，可熏制、清蒸、红烧，还可以加工干制品、腌制品。

9．鳇鱼

（1）学名　佗氏鳇鱼。

（2）形态特点　鳇鱼呈圆锥形，头长而尖，具骨板，口下位，眼小，背鳍位置靠近尾部，尾鳍歪形。体表面有尖而微弯的小刺，其他部分粗糙无鳞，体背部颜色呈青黑色，两侧为黄色，腹部为灰白色，如图 11-18 所示。

图 11-18 鳇鱼

（3）产地分布　鳇鱼产于黑龙江。

（4）产期　鳇鱼的打捞季节为秋季。

（5）食用价值　鳇鱼个体大，肉厚，味香，营养价值和经济价值均很高。鳇鱼的吃法很多，可采用红焖、红烧、清炖、清蒸、溜鱼片等多种方法，其味均很香美。

10．鲟鱼

（1）学名　鲟鱼。

（2）形态特点　鲟鱼是世界上现有鱼类中体形大、最古老的一种鱼类，迄今已有 2 亿多年的历史，人们称之为“水中活化石”。鲟鱼的背面呈灰褐色，两侧的硬鳞大；触须的前方突起，横排并列；尾鳍下叶较大，如图 11-19 所示。

图 11-19　鲟鱼

（3）产地分布　鲟鱼产于黑龙江。

（4）产期　黑龙江的鲟鱼产期为 7～9 月。

（5）食用价值　鲟鱼属于低脂肪、高蛋白质肉类，含有比其他鱼类高 3～5 倍的不饱和脂肪酸和

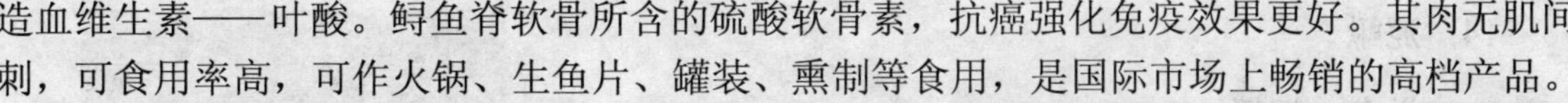

造血维生素——叶酸。鲟鱼脊软骨所含的硫酸软骨素，抗癌强化免疫效果更好。其肉无肌间刺，可食用率高，可作火锅、生鱼片、罐装、熏制等食用，是国际市场上畅销的高档产品。

11．鳖花鱼

（1）学名　鳜鱼。

（2）形态特点　鳖花鱼体侧扁、背前部隆起，头大、口阔、略倾斜，胸鳍、腹鳍各 1 对，背鳍相连接，尾鳍呈圆形，体色呈棕黄，腹部灰白色，各鳍上有褐色斑点，如图 11-20 所示。

图 11-20　憋花鱼

（3）产地分布　鳖花鱼的分布极广，为长江中游

各省和东北的黑龙江省。

（4）产期　鳖花鱼一年四季里均产。

（5）食用价值　鳖花鱼肉刺少、细白、紧实、味鲜美。鳖花鱼的吃法很多，清炖、红烧、糖醋、浇汁均可。

12．边花鱼

（1）学名　鳊鱼。

（2）形态特点　边花鱼体侧扁，呈菱形，头小，无触须，腹部有一硬棱；背鳍前方有一硬刺，臀鳍很长，体被圆鳞，呈青灰色，带有浅绿色光泽，腹部为白色，如图 11-21 所示。

图 11-21　边花鱼

（3）产地分布　边花鱼在我国各地江河、湖泊均有出产。

（4）产期　鳊鱼的产期在 5～7 月。

（5）食用价值　边花鱼肉质细嫩，营养丰富，味道鲜美。

13．黑鱼

（1）学名　乌鱼、黑鱼、生鱼、财鱼。

（2）形态特点　黑鱼体长，前部呈圆筒状，后部侧扁。口大，下颌向前突出，上、下颌有细小牙齿。头大而扁平，头上覆盖鳞片。头侧有两条纵行黑色条纹，眼小，位于头侧前上方。臀鳍、背鳍各 1 个，均甚长，达尾鳍基部，尾鳍呈圆形。胸、腹鳍各 1 对，胸鳍圆形，腹鳍极小。体侧有许多不规则的横行黑色斑条。体被有较小圆鳞，体呈灰褐色，腹部较浅，头及背部较暗，如图 11-22 所示。

图 11-22　黑鱼

（3）产地分布　黑鱼分布极广，以东北产量最多。

（4）产期　黑鱼一年四季均产。

（5）食用价值　黑鱼肉厚，细白，味肥美，营养丰富。

14．泥鳅

（1）学名　泥鳅。

（2）形态特点　泥鳅细长，呈圆筒形，尾部侧扁。头尖、光滑无鳞，口小、眼小，尾鳍呈圆形，体被有细小圆鳞，埋于皮下。体呈灰黑色，头部、体表面和各鳍有黑色斑点，如图 11-23 所示。

图 11-23　泥鳅

（3）产地分布　泥鳅分布极广。

（4）产期　泥鳅一年四季均有生产。

（5）食用价值　泥鳅个体小，肉质细嫩，蛋白质含量很高。

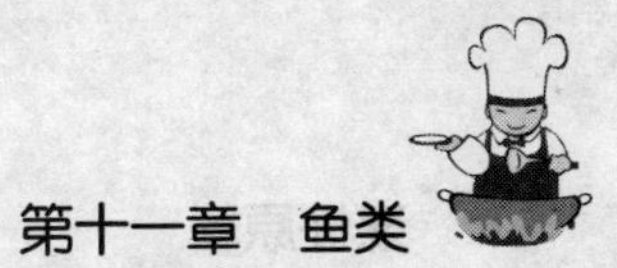

15．竹竿鱼

（1）形态特点 竹竿鱼体细长而圆，头长而尖，背鳍和腹鳍相对，体被细小圆鳞。体呈青黄色，腹部黄白色，背鳍、尾鳍为青灰色，如图 11-24 所示。

（2）产地分布 竹竿鱼产于全国各地江河，以长江流域地区出产较多。

（3）产期 竹竿鱼常年均有生产。

（4）食用价值 竹竿鱼体大、刺少、肉多，营养丰富。

16．鳝鱼

（1）学名 黄鳝。

（2）形态特点 鳝鱼体细长，圆柱形，尾部尖细，头粗、眼小。胸鳍、腹鳍均不发达。体表面光滑无鳞，体背呈青褐色，腹部黄褐色，如图 11-25 所示。

（3）产地分布 鳝鱼在全国各地均有生产，以长江流域产量最多。

（4）产期 鳝鱼一年四季均产。

（5）食用价值 鳝鱼肉嫩，味道鲜美；除食用外，也可药用。

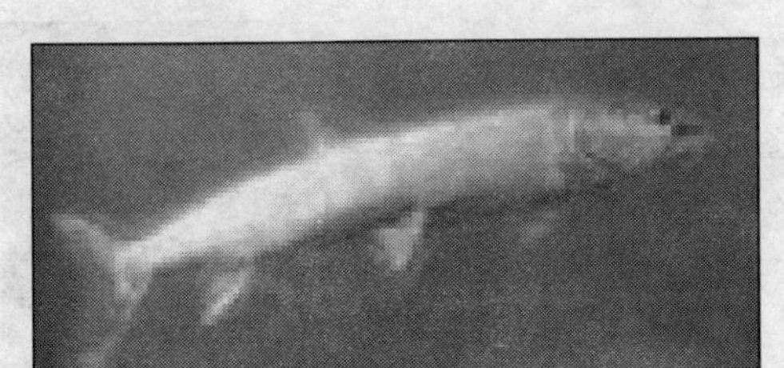

图 11-24 竹竿鱼

图 11-25 鳝鱼

第五节 海 产 鱼

1．加吉鱼

（1）学名 鲷鱼。

（2）形态特点 加吉鱼呈椭圆形，侧扁。头大，口小。背鳍连续，体被硬鳞，全身红色，尾鳍边缘呈黑色，如图 11-26 所示。

（3）产地分布 加吉鱼分布在我国各海，其中以黄海、渤海产量为多。

（4）食用价值 加吉鱼肉质紧密，无腥味，味道鲜美，是一种名贵的经济鱼类，深受消费者欢迎。食用加吉鱼，多用红烧，清蒸，清炖。

图 11-26 加吉鱼

2．鲑鱼

（1）学名 大麻哈鱼。

（2）形态特点　鲑鱼上下嘴边无牙，体型细长如潜水艇状；鱼鳞细小，身上的斑点为白色、灰色和鲜红色；腹部的鳍、翅及尾部下沿都有一条白色的条纹边，如图 11-27 所示。

（3）产地分布　鲑鱼的主要生活区是太平洋和大西洋的北部，是一种洄游鱼。

（4）产期　在自然环境下，鲑鱼在秋季产卵。鲑鱼是一种溯河洄游鱼类，它在淡水江河上游的溪河中产卵，产后再回到海洋生长。幼鱼在淡水中生活，然后下海，在海中生活一年或数年，直到性成熟时再回到出生地产卵。

图 11-27　鲑鱼

（5）食用价值　鲑鱼是一种以味道鲜美而出名的鱼。肉呈淡红色，厚而少刺，营养极为丰富。鲜食可作鱼片、鱼段、鱼丸子、焖鱼块等，也可盐渍、熏制，别具风味。

3．大黄鱼

（1）学名　大黄鱼。

（2）形态特点　大黄鱼体长椭圆，尾柄细长，头大而钝圆。体背部颜色为灰黄，腹部金黄色，如图 11-28 所示。

（3）产地分布　大黄鱼的分布极广，以浙江舟山群岛的沈家门、温州，福建为产地。

（4）产期　江浙和福建沿海的春汛为 4～6 月，秋汛为 9 月。

（5）食用价值　大黄鱼肉多、刺少、味美，吃法有红烧、清炖、浇汁、红焖等，具有很高的经济价值和食用价值。

图 11-28　大黄鱼

4．鲈鱼

（1）学名　鲈鱼。

（2）形态特点　鲈鱼体侧扁，口大。鳞片不易脱落，体色灰白，体侧及背鳍基部有黑斑点，如图 11-29 所示。

（3）产地分布　鲈鱼在我国南北各海均产。

（4）产期　全年均产。

（5）食用价值　鲈鱼的肉质鲜美。鲈鱼能补五脏，益筋骨。鲈鱼的鳃、肉都可入药。其肉性味甘、温，有健脾益气之功效。

5．象鱼

（1）学名　Arapaima Gigas。

（2）形态特点　象鱼鳞片很大，身体鳞片边缘会由尾部开始逐渐变为鲜红色，如图 11-30 所示。

（3）产地分布　象鱼分布在亚马逊河流域，通常栖息在较宽深的河流中。

（4）产期　每年四五月为其主要的产卵期。象鱼会在沙质河床筑巢，巢宽约 50cm，深约 15cm。雄鱼会保护卵及刚孵化的幼鱼，幼鱼可随时受到保护，而雌鱼则不会离开雄鱼太远。

（5）食用价值　象鱼为当地重要的食用鱼，常采用风干或盐渍的方法进行加工。

图 11-29　鲈鱼

图 11-30　象鱼

第六节　鱼　制　品

1．干鲍鱼

（1）产品特点　鲍鱼属腹足类，单壳，生活于浅海，腹足吸附在岩礁上，只有一个贝壳。

（2）产品质量　干鲍鱼的质量等级主要以其产地、种类及个头的大小来划分。从鲍鱼的个头来讲，顶级干鲍鱼为 2～4 头/500g，特级 6～8 头/500g，一级 10～12 头/500g。干鲍鱼椭圆形，肉紫红色，间杂有黄色，表面有白霜，如图 11-31 所示。以个头大小均匀、肉质厚实、表面洁净、体干坚硬、无异味。

（3）产地　在沿海均有出产。

（4）食用方法　干鲍鱼先用冷水浸泡 4 小时，然后放入 60℃左右的热水中浸泡 4 小时，再换清水放入锅内微火煮，待煮开后，立即捞出置入凉水盆中。

鲍鱼片的泡发，一般有以下两种：

1）先用温水将鲍鱼片泡半天，并用刷子刷去污垢，洗至变白，然后将鲍鱼放在砂锅内，加入鸡肉，或用鸡骨也可，再加葱、清水和黄酒，用微火焖上 4 小时左右，即可发好。

2）用清水发。把鲍鱼片放入锅中，加适量清水，置炉中煮上 10 至 24 小时，见加热发透即可。

水发干鲍鱼时需要注意的事项：①鲍鱼浸泡和清洗干净后，用砂锅和砂煲发制；②砂锅和砂煲底部垫上竹箅子；③煨煲鲍鱼时用小火；④鲍鱼的浸泡和煨、煲的时间应足够；⑤顶汤影响到鲍鱼发制的成败。制作顶汤时，一是要将原料的血水氽净，二是熬制要够时间，三是要将汤汁过滤干净。

图 11-31　干鲍鱼

2．墨鱼干

（1）制作方法

1）选料：墨鱼干燥过程中干度均匀。

2）剖割：手握鱼背，鱼腹向上，稍捏紧，使腹部突起，并顺手用横刀割断嘴和食道连接处。刀口要平直，左右对称，第一刀割到腺孔附近要留一点距离。

3）除内脏：要从尾端开始，向头部撕开，撕到鳃部附近，随手用指甲剥去附着在肌肉上的鳃和肝脏。

4）洗涤：墨鱼放在鱼篓里，放置海水中转筐浸洗。

5）出晒：洗净墨鱼应平铺在竹帘上沥水，翻晒时将肉腕和头颈拉直，如图 11-32 所示。

图 11-32　墨鱼干

6）整型：出晒的第二天开始初步整型。

7）发花：墨鱼晒至七成干时，收藏在筐内，堆放于仓库中。

8）包装：墨鱼干晒干时应趁热包装成散装入库密封。

（2）产地　广西北海。

（3）食用方法　小墨鱼直接用水浸泡即可；大墨鱼可用碱水浸泡，时间长短依墨鱼大小决定，浸泡至肉质柔软，表面光滑即可。发好之后，取出墨鱼骨备用，与墨鱼肉一起炖汤亦可。

3．鱿鱼干

（1）制作过程

1）原料选择：选择新鲜不变质鱿鱼体，并迅速处理，用海水洗净体表污物。

2）剖割：根据捕捞方法和鱼体鲜度差异，采用挑割法和剖腹法两种。

① 挑割法。左手紧握鱼背，鱼头向人身方向，鱼腹朝上使腹腔突起，右手持刀，刀口尖部自突起的腹腔内伸入至鱼尾末端约 1～2cm 处，刀尖锋即向上顶挑一刀，挑割时刀尾尖部应紧贴腹腔内肉面。

② 剖割法。将鱿鱼头部向外，鱼腹朝上置于木垫或鱼台上，左手手心向上，右手持刀，刀口向下朝腹腔中心向鱼尾方向把肉面剖开。

3）头部剖割：剖割时，刀口对准颈端从水管中心向头和肉腕中央剖切，以利干燥。挑割法是把刀口拉后往头部方向剖割；剖割法是把刀口推向头部剖割。

4）摘除内脏：将剖割好的鱼体放于木板上，抓下全部内脏。

5）洗涤：将去除内脏的鱼体置于海水中洗涤。

6）干燥：有吊晒法和帘晒法两种。

① 吊晒法：鱼头向下，用绳子把竹签绑挂在竹架上吊晒，次日平放于晒具上继续晒，晒至足干即可收藏。

② 帘晒法：平铺于竹帘上，先晒鱼背，利于沥水，后翻晒腹肉。

7）包装与贮藏：成品干后可分级包装。背长 20cm 以上的为一级品，14～20cm 的为二级品，8～14cm 的为三级品。

（2）产品质量　选购时，先以味道来判断。鱼干体形完整、光滑洁净、口感清爽的为最好，如图 11-33 所示。

（3）食用方法

1）油发鱿鱼：每 500g 干鱿鱼用香油 15g、碱少许，同时放入水内，泡至胀软为止。

2）熟碱水发鱿鱼：取纯碱 500g、石灰 200g、沸水 4.5kg，混合后再加 4.5kg 冷水搅匀，至水冷却后放入鱿鱼。将冷水浸泡 3 小时的干鱿鱼捞出，放入熟碱溶液中再泡 3 小时。

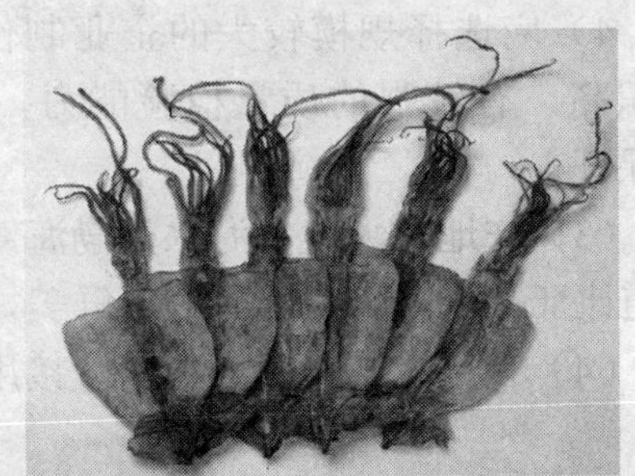

图 11-33　鱿鱼干

3）生碱水发鱿鱼：将 500g 纯碱与 10kg 冷水掺和，搅成 5%的纯碱溶液，泡发过程与熟碱法相同。

4．烤鱼片

（1）制作方法

1）原料处理：选用个体大、鲜度好的鱼作原料，先以清水冲洗干净，然后在流水中将两片鱼肉沿脊骨两侧一刀剖下，尽量减少脊骨上鱼肉，剖面要求平整。

2）漂洗：将剖下的鱼片在清水中洗净后放在水槽中进行漂洗约半小时。

3）盐渍渗透：将漂洗干净的鱼片捞出沥干，把称好的调味料倒入鱼片中，并小心搅拌均匀，放置渗透数小时，期间每 15 分钟用手搅拌一次。如夏季室内温度太高时，应在室内放冰块降温。

4）摆片：将经过渗透的鱼片摆在尼龙网片上，一般情况下两片鱼片拼成一片，要求无明显拼缝，平整，呈树叶状。

5）烘干：用特制的小车，将摆上鱼片的尼龙网片放置稳妥，并且推入烘道中烘干。温度应控制在 40℃，最高不超过 45℃。温度太高会影响鱼片的质量。烘干过程中经常察看鱼片的干湿程度，一般用感官方法判定。要求含水量在 21%左右，烘干结束后应测定水分是否符合质量标准。

6）揭片：将烘干的鱼片从网片上揭下。注意尽可能保持鱼片的完整，避免影响鱼片质量和规格。此时鱼片称为生片，应暂时放置在防潮的容器里。长期贮存生片应包装好后在冷库中存放，一般不要超过半年时间。

7）烘烤：生片在清水中浸润片刻，然后放置 5～10 分钟，再放入链式烤箱内烘烤（一般用液化气烤箱），这样烤出来的鱼片熟，味香可口。

8）轧片和整形：烘烤出来的鱼片鱼肉组织紧密，须用碾片机压松，使鱼肉组织的纤维呈棉絮状。经碾压后的熟片放在整形机内整形，使熟片平整、美观、成形、便于包装。

9）包装：将熟片用托盘天平准确称量，装入聚乙烯袋中，热合封口。包装应在清洁卫生、通风良好的车间内进行，操作工人必须符合国家规定的卫生要求。

（2）产品质量

1）烤鱼片的保质期一般为 6 个月。

2）购买时应注意标签中的配料表。

3）注意产品外观。好的烤鱼片产品一般呈黄白色，色泽均匀，鱼片平整，片形完好，组织纤维非常明显，如图 11-34 所示。

4）应选择规模较大的企业制作的鱼片。大企业管理水平较高，生产设备先进，质量意识高，有较强的质量检验能力，从原材料到成品质量均能受到较好控制，产品质量有所保证。

（3）产地　大连的海水处渤海湾的冷深水区，海水温度也比较低，四季分明，海产品的味道比亚热带海水区的海鲜更鲜美，肉质口感更好，营养价值更高。

（4）食用方法　一般可以直接用。

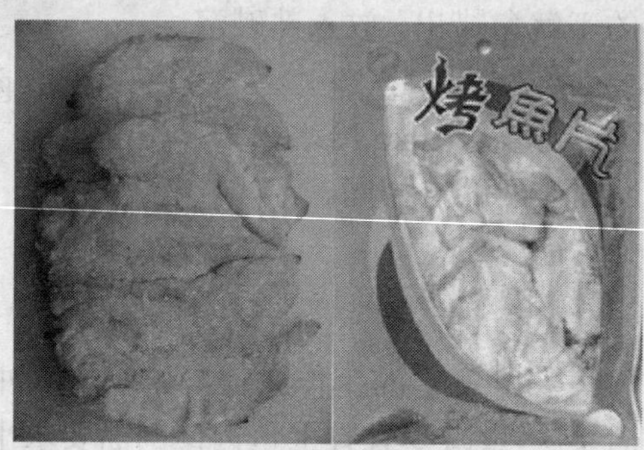

图 11-34　烤鱼片

5．烤香鱼

（1）产品特点　咀嚼起来不软不硬，原汁原味，慢慢咀嚼可以体会到香鱼特有的鲜香口味和柔韧性。

（2）制作方法

1）将香鱼用铁叉固定成 S 形，表面撒点盐。

2）把烤箱加热至 300℃，鱼放入烤 12 分钟左右取出放置盘中，旁边摆一片柠檬即可上桌。

（3）产品质量　烤香鱼片是以冰鲜或冷冻的海水鱼类为原料，经加工而成的即时食品，含有丰富的钙、磷、铁等元素及多种维生素，是高蛋白、低脂肪的营养食品，如图 11-35 所示，常吃有利于保持身材。

图 11-35　烤香鱼

（4）产地　沿海地区。

（5）食用方法　开袋即食，可作冷菜。

6．鱿鱼丝

（1）产品特点　鱿鱼丝是将片状鱿鱼加工蒸熟后，用手工的方法撕成丝状制成的，如图 11-36 所示，需要烘干，进行特别加工。鱿鱼丝味道纯正，香甜可口，老少皆宜。

（2）产品质量　鱿鱼丝是经过严格的加工工艺精心制作而成的，口味适中、味道鲜美且营养丰富，是现代人喜爱的休闲食品。

图 11-36　鱿鱼丝

鱿鱼富含磷、钙、铁元素，利于造血和骨骼发育，能有效治疗贫血；除富含蛋白质和人体所需的氨基酸外，鱿鱼还含有大量的牛磺酸，可抑制血液中的胆固醇含量，恢复视力，缓解疲劳，改善肝脏功能；所含多肽和硒有抗射线、抗病毒作用。中医认为，鱿鱼有补虚润肤、滋阴养胃的功能。鱿鱼之类的水产品性质寒凉，脾胃虚寒的人应少吃；鱿鱼含胆固醇较多，故高胆固醇血症、高血脂、动脉硬化等心血管病及肝病患者应慎食；鱿鱼是发物，患有湿疹等疾病的人忌食。

（3）产地　鱿鱼丝主产于沿海城市。

（4）食用方法　直接食用即可。

7．丁香鱼干

（1）产品特点　海蜒鱼干又称丁香鱼干。海蜒鱼干有细桂、粗桂之分。海蜒鱼干的质量以体形完整不碎，大小均匀，盐度适中，干度足为佳，如图11-37所示。

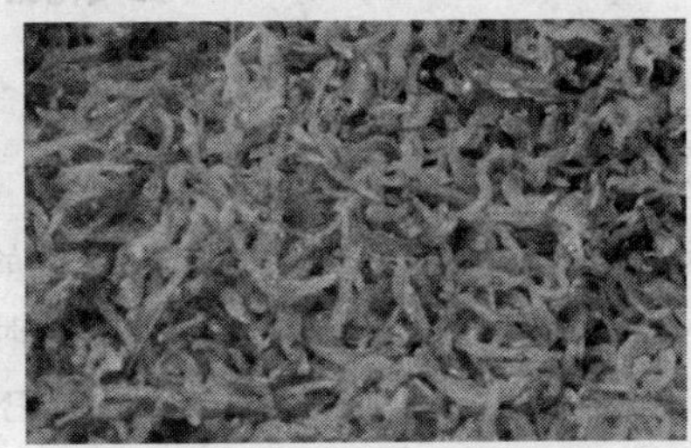

图 11-37　丁香鱼干

（2）产地　海蜒鱼干在辽宁省、山东省、浙江省、福建省沿海均有出产。

（3）食用方法　海蜒鱼食法很简便，多用于制作汤类，味道鲜美。

第七节　鱼类的品质检验及保藏

一、鱼类品质的感官检验

1．活鱼品质的感官检验

活鱼只限于淡水鱼。活鱼活泼好游动，对外界刺激有敏锐的反应，喜欢在鱼池底部、中间游动的鱼品质最佳。

2．鲜鱼品质的感官检验

鲜鱼是指死后不久的活鱼，体硬不打弯，眼睛明亮，鳃盖紧合，体两侧有光泽，肉质紧密富有弹性者为佳。

3．冻鱼品质的感官检验

冻鱼质量好坏与冷冻时鱼的质量有密切关系。冷冻带鱼体银白发亮，腹部金黄者为品质佳。

二、鱼类品质的保藏

鱼死后要经历三个时期，即死后僵硬、自溶作用和腐败分解。温度对这三个时期的影响最重要。引起冷水鱼腐败变质的细菌主要是嗜冷性细菌，最适温度为17℃，如低于最适温度，微生物的生长即被抑制。

目前广泛采用的鱼类保鲜方法是冰藏，即冰鲜。利用碎冰降温，可以有效地抑制多种微生物的生长和繁殖，从而达到保鲜的目的。冰藏鱼的保鲜期为 1～2 周，此种保鲜方法可使鲜鱼最接近活鱼的营养特性。

冰藏保鲜的具体操作：清洗→分洗→撒冰→放置在隔热的容器中。

技能训练（选做）

训练一　新鲜鱼的鉴别

鱼，尤其是新鲜鱼，是脍炙人口的上等菜肴。它不但味道鲜美，而且具有丰富的营养：所含的优良蛋白质在15%～20%，同时容易被消化吸收；其脂肪是优良的不饱和脂肪酸；它还含有维生素，如维生素 A、维生素 B 等。总之，鱼的营养价值高，是人类营养的重要来源。

但是如果鱼变质或腐败了，鱼的营养价值则大大下降。如果不注意，还可能造成食物中毒，所以鱼一定要吃新鲜的。那么如何鉴别鱼的鲜度呢？鱼的鲜度一般分为三级，即新鲜、次鲜和不新鲜三级。

首先是看眼部。新鲜的鱼眼球饱满、凸出，角膜光亮透明。次鲜鱼眼球不凸出，角膜起皱、混浊。不新鲜鱼眼球下陷，角膜浑浊，眼窝被血浸润。

第二看鳃。新鲜鱼鳃色鲜红，黏液透明，清晰可见。次鲜鱼鳃色变暗红，黏液略带有酸味。不新鲜鱼鳃呈灰白色，附有污秽黏液，有臭味。

第三看体表。新鲜鱼体表有光泽，鳞片完整，有一层清洁透明的黏液，具有鱼固有的气味。次鲜鱼体表光泽差，有酸腥味，黏液增加，鳞片较易脱落。不新鲜鱼体表暗淡无光，黏液污秽，有腐败臭味。

第四看腹部。新鲜鱼腹部完整，不破裂，坚实无胀气，肛门白色凹陷、不膨胀，内脏清晰可辨。次鲜鱼腹部完整，肛门略突出，内脏清晰，膨胀不明显，稍有酸腥味。不新鲜鱼腹部不完整，膨胀，内脏模糊不清，肛门膨出，有异味。

第五看肉质。新鲜鱼肉质坚实有弹性，指压后凹陷立即消失，骨肉不分离，无异味。次鲜鱼肉质较松软，指压后凹陷立即消失，无光泽，有酸腥味。不新鲜鱼肉质软而无弹性、松弛，指压后凹陷不能恢复，骨肉分离，有腐败臭味。

训练二　污染鱼的鉴别

（1）看形体：污染较严重的鱼，皮部发黄，形状不整齐，脊髓骨弯曲甚至畸形，尾部发青。带毒的鱼眼浑浊，皮肤无光泽，有的甚至向外鼓出。

（2）看鱼鳃：鳃是鱼的呼吸器官，有毒的鱼鳃不光滑，较粗糙。

（3）闻气味：正常的鱼有明显腥味，火药味、煤油味等属不正常的气味，污染了的鱼可能会发出氨味，含酚量高的鱼鳃还可能被点燃。

训练三 野生鲫鱼的鉴别

野生鲫鱼的体色是保护色，腹部颜色一般不变，为银白色。背部颜色随周围水体颜色的变化而变化。野生鲫鱼出水时的颜色不同，主要是它们所处的水体颜色不同。当然鲫鱼又由于品种的不同，颜色也有所差异，但那只是浓与淡的问题，如白鲫的颜色就偏白一些。

野生鲫鱼头小，体形细长，多呈金黄色，头部较圆，鳃为鲜红色，鳞甲表面光滑。其口腔内的颜色为白色或淡绿色。鲫鱼背部有针尖大小的金色闪光亮点，肉身紧，烹煮后鱼肉呈淡红色。

拓展知识

鲢鱼，有温中益气、暖胃、润肌肤等功能，是温中补气的养生食品。

鲫鱼，有益气健脾、清热解毒、利水消肿、通络下乳等功能。腹水患者用鲜鲫鱼与赤小豆共煮汤服食有疗效。用鲜活鲫鱼与猪蹄同煨，连汤食用，可治产妇少乳。鲫鱼油有利于降低血液黏度，还可强化心血管功能，促进血液循环。

青鱼，有化湿利水、补气养胃、祛风除烦等功能。其所含锌、硒等微量元素有助于抗癌。

墨鱼，有补气血、清胃去热、滋肝肾等功能，是妇女的保健食品，可养血、明目、通经、安胎、利产、止血、催乳。

鲤鱼，有利尿消肿、健脾开胃、止咳平喘、安胎通乳、清热解毒等功能。鲤鱼与冬瓜、葱白煮汤服食，治肾炎水肿。鲤鱼与川贝末少许煮汤服用，治咳嗽气喘。大鲤鱼留鳞去肠杂煨熟分服之，治黄疸。用活鲤鱼、猪蹄煲汤服食治孕妇少乳。

黑鱼，有补脾利水、去瘀生新、清热祛风、补肝肾等功能。黑鱼与生姜、红枣煮食对治疗肺结核有辅助作用。黑鱼与红糖炖服可治肾炎。产妇食清蒸黑鱼可催乳补血。

带鱼，有祛风、暖胃、补虚、杀虫、泽肤、补五脏等功能，可用做慢性肝炎的辅助治疗。肝炎患者用鲜带鱼蒸熟后取上层油食之，久服可改善症状。

鳗鱼，有柔筋利骨、益气养血等功能。

草鱼，有祛风和暖胃等功能，是温中补虚养生食品。

黄鳝，入肝脾肾三经，有祛风湿、补虚损、强筋骨等功能，对血糖也有一定的调节作用。气血两虚者可用黄鳝肉丝、黄芪加水煮熟调味服食。内痔出血、子宫脱垂可将黄鳝煮食，久服有效。

泥鳅，有解渴醒酒、祛毒除痔、补中益气、消肿护肝、祛除湿邪之功能。泥鳅用油煎后，加水煮汤可治小儿盗汗。泥鳅炖豆腐可治湿热黄疸。泥鳅与大蒜猛火煮熟可治营养不良之水肿。

习 题

一、名词解释

淡水鱼 咸水鱼 鱼制品 鳔

二、判断题

（1）根据骨骼的性质，鱼类可以分为软骨鱼纲和硬骨鱼纲。（ ）

（2）鱼的体轴分为头尾轴、背腹轴。（ ）

（3）根据肌肉纤维细胞构造或形态不同可分为骨骼肌、心脏肌、平滑肌。（ ）

（4）鱼体中的蛋白质主要是肌肉蛋白质。（ ）

（5）鱼的肌肉及可食部分含碳水化合物、蛋白质及脂肪、多种维生素和矿物质。（ ）

（6）草鱼体长，躯干部呈圆筒形，尾部侧扁。（ ）

（7）边花鱼体侧扁，呈菱形，头小，无触须，腹部有一硬棱。（ ）

（8）黑鱼体长，前部略呈圆筒状，后部侧扁。口大，上、下颌有细小牙齿。（ ）

（9）鱼类的外部器官有眼、须、鳍、皮肤、鳞，且它们与内部器官密切相连。（ ）

（10）鱼类的品质检验主要是运用感官检验的方法。（ ）

三、简述题

（1）鱼的分类有哪些？

（2）简述鱼的外部形态。

（3）鱼的主要营养成分有哪些？

（4）简述鱼类的品质检验和保藏方法。

第十二章　无脊椎动物类

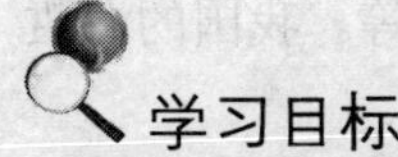
学习目标

掌握无脊椎动物类原料的种类。

重点与难点

掌握水中无脊椎动物原料的品质检测与保藏方法。

考核要点

了解水中无脊椎动物原料的发展前景。

第一节　水中无脊椎动物

无脊椎动物多数水生，大部分海产，如有孔虫、放射虫、钵水母动物等；部分生活于淡水，如水螅、一些螺类及淡水虾蟹等。蜘蛛、多足类、昆虫等绝大多数是陆生动物。无脊椎动物大多自由生活。在水生的种类中，体型小的营浮游生活；身体具外壳的或在水底爬行，或埋栖在水底泥沙中，或附着在水中外物上（如藤壶、牡蛎）。水产类烹饪原料是指水中无脊椎动物和藻类中可提供人类食用的烹饪原料。

在动物界，除脊椎动物外的190多万种动物均为无脊椎动物，无脊椎动物没有脊索、背神经管和咽鳃裂。生物学上把无脊椎动物分为 18 个门。烹饪常用的水中无脊椎动物，主要有以下几种。

1．节肢动物门

节肢动物身体的两侧呈对称，附肢和身体都分节，体被外骨骼，是动物界中最大的一门，约有 100 万余种，而且个别种类数量很大。食用价值较高的动物主要生存于海水、淡水中，如虾、蟹。

2．软体动物门

软体动物身体柔软，大多数左右对称，并具有外骨骼。软体动物均分为足、头、内脏三部分，具有完整的消化道，而且出现了呼吸与循环系统。它是动物界仅次于节肢动物的第二大门，约有 7 万多种。食用价值较高的主要生存在海水、淡水中，如螺类、贝类、头足类等。

3．棘皮动物门

棘皮类动物身体呈辐射对称，有独特的水管系统以及内骨骼，约有6000 多种，生存于海里。其中一些有较高的食用价值和经济价值，如海参、海胆等。

4．腔肠动物门

腔肠动物由表皮层和由内胚层发育的胃层组成，种类较多，约有9000 多种。具有食用价值的动物主要是海水和淡水中的少数品种，如海蜇、海葵、水螅和桃花水母等。我国的海蜇分布在南北各个海域，资源很丰富。

5．环节动物门

环节动物是真体腔的动物，有三胚层，两侧对称。身体有分节，常有附肢。本门大约有 8 000 余种动物，具有一定经济价值的有禾虫、海蚯蚓等。由于它们的食用价值不高，在本书中不作叙述。

第二节　棘皮动物类原料

棘皮动物成体多呈辐射对称，而幼体呈明显的两侧对称。该类动物整个体表都覆盖在纤毛上皮，其下是由中胚层形成的由钙化的小骨片组成的内骨骼。有的内骨骼极其微小，分散在体壁中，如海参类；有的成为一个完整的壳，如海胆类；有的骨片之间是由结缔组织、肌肉组织连接，形成关节，如海星类。此类动物骨骼突出体表，形成棘皮，故称“棘皮动物”。棘皮动物肉质柔软、营养丰富、味道鲜美，易吸收、易消化，是优质的海产品烹饪原料。经常食用的或经济价值较高的主要是海参和少量海胆。

1．海参

海参属棘皮动物，种类繁多。我国可供食用的海参有 20 多种，刺参为上品，品质最好的是威海的刺参。海参体略呈圆柱形，两端钝圆，腹面平坦且管足密集，背面有突棘，多为灰黑色或黄褐色，成参体一般长 20～40cm，如图 12-1 所示。威海沿海岩礁众多，海藻茂密，海底腐殖碎屑丰富，因此所产海参个体肥大，最大个体 317g，突棘粗大，鲜嫩可口，肉质肥厚，年产海参干品有十几吨。海参味道鲜美，营养丰富，食而不腻，是海中八珍之一，数百年来，一直是宴席上的珍品。海参营养价值很高，含有丰富的蛋白质、糖类，不含胆固醇，是理想的滋补佳品。

图 12-1　海参

2．海胆

大连紫海胆的光棘，最大的个体重量有 500g。海胆籽是营养丰富、味道鲜美、有很高经济价值的海上珍品，在国际市场上价格昂贵，因此有“黄色钻石”之称。威海以荣成东部沿海产出居多，如图 12-2 所示。

3．海蜇

海蜇属钵水母纲，是一种腔肠动物。伞部隆起呈馒头状，直径达 0.5m，最大可达 1m。胶质较坚硬，通常呈青蓝色，口腕八枚，呈许多瓣片，触手是乳白色。海蜇分布于我国南北各海中，浙江沿海产量最多，如图 12-3 所示。海蜇的寿命一般只有一年，春生冬死，生长速度快。核桃大的小海蜇从幼龄到长大只需四五个月的时间，每年第四季度为海蜇捕捞季节。海蜇体内含有很多水分，通常用盐、矾加工成蜇皮和蜇头，煮、炸、清炒、水汆、油汆皆可，切丝凉拌效果较好，口味清脆爽口，为人们青睐的水产食品。

图 12-2　海胆

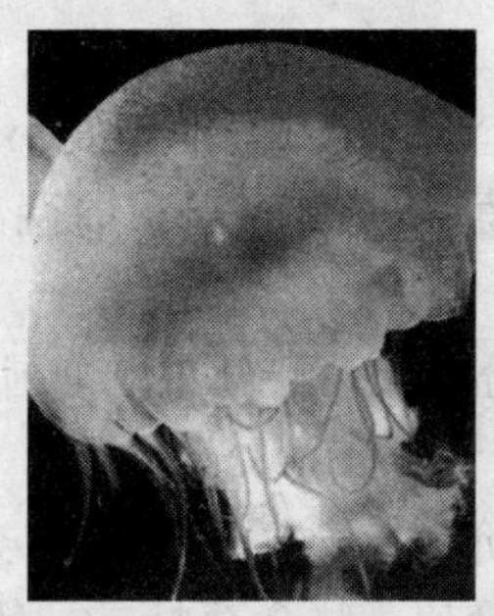

图 12-3　海蜇

第三节　节肢动物类原料

节肢动物门的动物是动物界中最大的类别，它包括 100 多万种无脊椎动物，几乎占全部动物种数的 87%。

无脊椎动物中的虾和蟹，属于节肢动物门甲壳纲的十足目。虾蟹类分布于淡水、海洋中，是甲壳类中经济价值较高的一个类群。虾和蟹的身体上均包裹着一层甲壳，其中虾的甲壳软而韧，而蟹的甲壳坚而脆。它们一生中要蜕很多次壳。

由于虾蟹类肉味鲜美，又含有较高的营养价值，是人们十分喜爱的高档水产品。虾类大多数为海产，少数生活在淡水中。虾肉富含蛋白质，鲜虾中的含量达 17%左右，虾干中的含量高达 50%以上，而且其脂肪和碳水化合物的含量较低，一般在 3%。虾中含有丰富的矿物质和维生素，虾皮中的矿物质含量较高。蟹类广泛分布于淡水和海洋中，有的种类具有很高的经济价值。

1．沼虾

（1）学名　沼虾。

（2）形态特点　沼虾体型长，头胸部粗大，腹部较小，腹部第二节的甲壳前缘覆盖在第一节的甲壳外面。步足前有螯，后带爪。第一对步足的螯很小，第二对步足粗大，后三对步足呈爪状。腹部的游泳足不发达，只能辅助爬行或游泳。身体的颜色呈青绿色，带有棕色斑

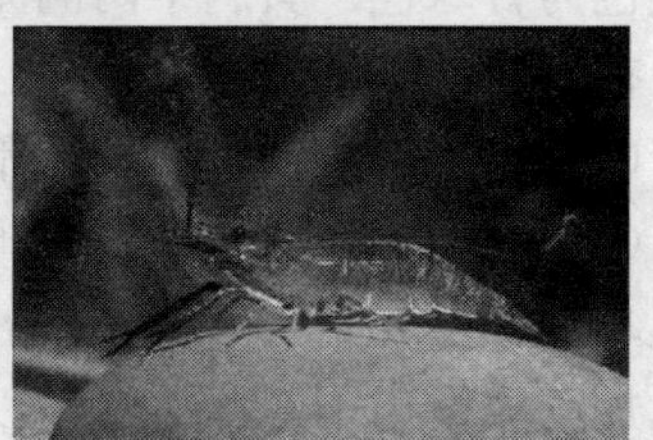

图 12-4　沼虾

纹，如图 12-4 所示。我国的沼虾种类很多，有日本沼虾、等齿沼虾、粗糙沼虾等，其中最常见的是日本沼虾。日本沼虾的雄虾，额角上缘微凸，第二对步足特别强大。

（3）产地分布　沼虾在我国各湖泊、池塘、河流中均产。

（4）产期　多在春夏两季繁殖。

（5）食用价值　沼虾肉味鲜美，营养丰富，经济价值和食用价值均很高。沼虾可以炝或以油炸炒。

2．草虾

（1）学名　米虾。

（2）形态特点　草虾体型很小，体长仅 25mm 左右，全身呈浓绿色，背面中央有纵斑，前两对步足都呈钳状，如图 12-5 所示。

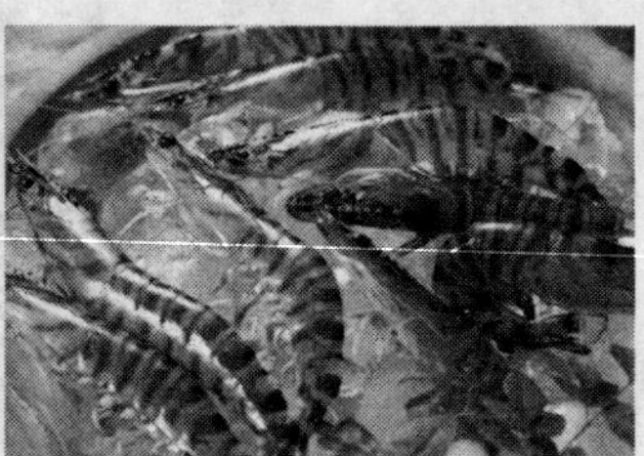

图 12-5　草虾

（3）产地分布　草虾分布于全国各地大小河流、池沼中。

（4）产期　农历五月至七月。

（5）食用价值　草虾属小型虾类，皮多肉少，但产量很大，有较高的经济价值。鲜食草虾，一般用盐水煮、油炸，也可加工成小虾米。

3．河蟹

（1）学名　中华绒螯蟹。

（2）形态特点　河蟹的背面呈墨绿色，腹面灰白色，头部和胸部在一起，组成头胸部。头胸部对称，划分胃、心、肠。额部两侧有复眼，可以自由活动。口框上缘的前面有触角，生长有许多感觉毛。腹部扁平。第一对足为螯足，掌节上有绒毛。

（3）产地分布　河蟹的分布从辽宁到福建，如鸭绿江、滦河、大清河、白河、黄河、长江、黄浦江。

（4）产期　每年秋天。

（5）食用价值　河蟹营养丰富，味道鲜美。河蟹吃法很多，最为普遍的是蒸食。南方将河蟹泡制成醉蟹食用。河蟹必须用高温蒸煮吃。

4．青蟹

（1）学名　锯缘青蟹。

（2）形态特点　青蟹分类上属甲壳纲，天然分布于温带、亚热带和热带的浅海区内，我国浙江以南的沿海地区均有分布。由于青蟹的天然产量少，在台湾、广东进行人工养殖。青蟹颜色为青绿色，头胸甲两侧无长棘，表面稍隆起。蟹足左右不对称。青蟹是肉食性甲壳动物，在天然环境中常以小牡蛎、鱼为食。

（3）产期　青蟹一年四季都有产。

（4）食用价值　青蟹是我国名贵海鲜。其肉味鲜美，营养丰富。蟹肉具有滋补强身、消肿之功能，蟹壳具有活血化瘀的作用，为产妇、老幼和体弱者滋养疗身的高档食品。蟹肉也可以加工成蟹肉干、冷冻蟹肉以及蟹肉罐头。蟹壳经加工制成的甲壳素及其衍生物，可精制成抗酸剂，也可应用于污水处理行业中。

第四节　软体动物类原料

软体动物体外大都覆盖有贝壳，因此又称之为贝类。由于大多数贝壳的肉质鲜美、营养丰富，又较易捕获，因此远在上古渔猎时期，就已被人类利用。其中不少可供食用、药用、农业用，也有一些种类有毒，能传播疾病，损坏港湾建筑及交通运输设施，对人类有害。

软体动物与人类关系密切。腹足纲、瓣鳃纲和头足纲的食用率较高。软体动物一般分为头、足、内脏。外套膜可向外分泌物质产生贝壳。腹足纲有螺旋状的贝壳，其发达的足可以作为食用部分；瓣鳃纲的贝壳为两片，以发达的闭壳肌柱为食用部分；头足纲的贝壳退化为内壳，藏于背部外套膜之下，以肌肉质的外套膜和发达的足作为食用部分。

海产软体动物按其栖息的基质和生活习性不同分为游泳生活型、浮游生活型（软体类的幼虫等）、底栖生活型。这些软体动物的肉质味道鲜美、营养丰富、易于消化吸收，是品质优良的海产烹饪原料。经济价值较高的有贝、螺、墨鱼、鱿鱼、章鱼、海石鳖等品种。

1．玉螺

（1）学名　肚脐螺、蛄虎。

（2）形态特点　玉螺外表呈球状，壳口多近似半月形，内唇滑层厚，有时呈肋状，能把脐孔遮盖住。它们的足部发达，可包被贝壳，其作用如锄，可用来挖掘泥沙，使身体埋于沙中。玉螺的触角呈三角形而扁平，眼退化，吻能伸缩，如图 12-6 所示。这种动物均是肉食性动物，以双壳类软体动物及其他动物为食。吻的腹面有穿孔腺，能溶解双壳类动物的贝壳，然后用齿舌食其肉。人们通常可在潮间看到许多动物的空壳，在顶部有一圆孔，既为玉螺所食。

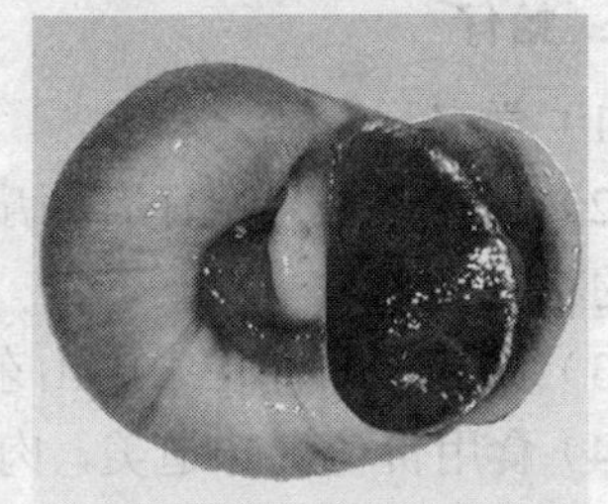

图 12-6　玉螺

（3）产地分布　分布很广泛，在热、温、寒带有其踪迹。

（4）食用价值　肉味鲜美，含有丰富的蛋白质、无机盐和维生素，具有很高的营养价值和经济价值。

2．香螺

（1）学名　微黄镰玉螺。

（2）形态特点　体型较长，整体呈长双锥形，总共有八个螺层左右，在壳顶的螺层甚小为胎壳，以下逐渐增大而以体螺层最大，体螺层长度能达壳全长的 2/3。贝壳颜色为肉色，表面有棕色、绒布状感觉的壳皮。壳质较薄、坚实，呈梨状，壳面黄褐色，壳顶部呈清灰色，如图 12-7 所示。香螺是世界上较稀有的海螺品种，属于腹足纲，香螺科。

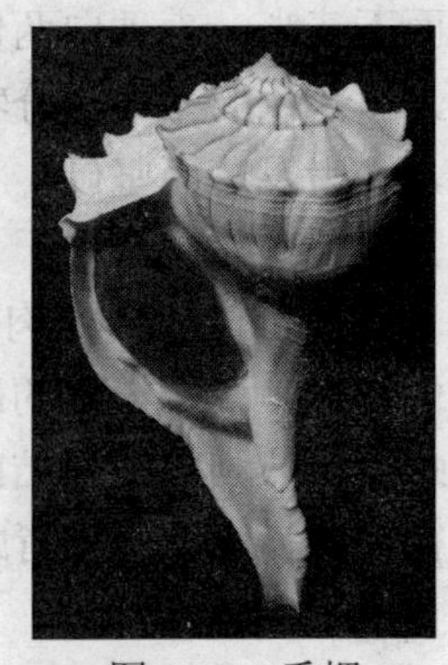

图 12-7　香螺

（3）产地分布　分布于我国台湾北部，台南市安平，宜兰县大溪，澎湖。

（4）食用价值　香螺的吃法不能用嘴去吮，只能用一根牙签，揭开上面紫色的一层薄盖，然后把牙签插进肉里一起挑出来，再放在醋酱味俱全的调料里浸一下便可以吃了。香螺肉质脆爽、芳香可口，营养丰富，富含碳水化合物与钙、磷等微量元素，对目赤、黄疸等疾病有食疗作用，为人们所青睐。

3．蛏

（1）学名 蛏子。

（2）形态特点　常见于泥沙中。壳窄长，剃刀状，长可达20cm。斧足大而活跃，能在洞穴中快速上下移动，受惊时很快缩入洞内。有的可以作短距离游泳。北美太平洋沿岸的荚蛏不栖息在固定的洞穴中，而生活在受海浪冲刷的海滩的流沙中。外有两扇壳，壳质脆而薄，茶褐色，壳面有条纹，有两条细长吸管伸出壳外，靠它排泄和吸取食物，还有一个斧足拖在下面，如图12-8所示。

图12-8　蛏

（3）产地分布　分布于我国沿海地区，浙江、福建等地有养殖。

（4）食用价值　蛏肉富含蛋白质、钙、镁、维生素A等营养元素，滋味鲜美，营养价值高，具有补虚的功能；其肉味甘咸、性寒，入心、肝、肾经，具有补阴、清热、除烦等功效；对产后虚损、湿热水肿、痢疾等有一定的治疗作用。

4．蛤仔

（1）学名　花蛤。

（2）形态特点　蛤仔有两扇不大的贝壳，近于卵圆形，表面生有同心和放射状的肋以及各色的花纹。

（3）产地分布　在中国山东的胶州湾和福建的连江、福清等地蛤仔最多。

（4）食用价值　味道美，肉质嫩，蛤仔营养价值较高，每百克可食部分含有蛋白质5.3g，脂肪4g，碳水化合物7g，钙131mg。

5．青蛤

（1）学名　环文蛤。

（2）形态特点　壳呈膨大的圆形，前端圆弧而后端近似楔形，壳的腹缘中央稍尖。前端的小月面不清晰，壳顶向两侧膨胀。外壳颜色为黄褐色，有如一紫色环，因而得名。壳上有成长轮，在紫色的外环部分特别清晰地呈网纹雕刻。壳的内侧为白色，内壳边缘带有紫色锯齿排列，铰齿发达而坚硬。

（3）产地分布　分布于日本和中国，我国台湾产量以西部河口或砂泥底质的海域居多。

（4）食用价值　青蛤肉嫩味鲜，是贝类海鲜中的上品，被誉为“天下第一鲜”。青蛤的营养价值较高，含有丰富的磷、钙、铁等矿物质元素、维生素以及氨基酸等营养成分。

青蛤有清热利湿，散结的功效，化痰，对哮喘、慢性气管炎、甲状腺肿大、淋巴结核等病也有很大的疗效。食用青蛤有润五脏、健脾胃、止消渴、增乳液、治赤目的功能。

6．蛤蜊

（1）学名　杂色蛤仔。

（2）形态特征　软体动物，长约 3cm，壳呈卵圆形，淡褐色，边缘是紫色，一般生活在浅海底，如图 12-9 所示。

（3）产地分布　分布在青岛附近，主要盛产于胶州湾内，栖息在潮间带中、下区以下的泥沙滩海底。其栖息于泥沙中的深度，一般都低于自己身体长度的 2 倍。每逢农历的初一、十五，落大潮后人们多去海滩挖掘这一海味，大量生产则用挖蛤蜊船在深水处采捕。

图 12-9　蛤蜊

（4）食用价值　蛤蜊不仅味道鲜美，而且它的营养也比较丰富，属物美价廉的海产品。它含有蛋白质、脂肪、碳水化合物、维生素、铁、钙、磷、碘、氨基酸等多种成分，是一种高蛋白、低热能，能防治中老年人慢性病的理想食品。

7．乌贼类

（1）形态特征　乌贼科的总称是乌贼类，属头足纲、乌贼目，也称墨鱼。乌贼体呈袋形，左右对称。体色略显苍白，皮下有色素细胞，因而出现色泽不同的斑点。体内墨囊发达，喷墨行为突出。乌贼的生长迅速，生命期不长，一年达性成熟，五六月间产卵于海藻及其他物体上，乌贼为肉食动物，捕食栖息水层的蟹类、双壳类及对虾。

（2）食用价值　乌贼体大肉厚，营养丰富，每 100g 肉中含蛋白质 15g，脂肪 0.7g，碳水化合物 1.7g，灰分 0.9g，以及 B 族维生素。乌贼可鲜食、可制罐，也可干制。金乌贼制成的淡干品称为墨鱼干。乌贼蛋为海味中的珍品。内壳可以治疗胃病。由墨囊制成的干粉，对抑制内出血有良好的疗效。

第五节　水中无脊椎动物原料的品质检验及保藏

一、品质检验

1．活物体

活物体指咸淡水域养殖的虾、贝、蟹、螺等。质量好的活物体活泼，游动或爬行快，贝、螺壳肌体有黏液。否则质量较差。

2．鲜物体

鲜物体指捕捞后即死的乌贼鱼、鱿鱼、章鱼、海参等。质量好的鲜物体能保持原有的形态，都有固有的色泽，富有弹性和韧性以及其特有的气味。否则质量较差。

3．冻物体

冻物体指冷冻乌贼鱼、章鱼等。解冻后的原料状态品质检验与鲜物体相同。

二、保藏技术

水中无脊椎动物原料的保藏技术主要有活养、湿地保藏、冻结或冷藏。有些原料可以通过活养的方法进行保藏，而乌贼、章鱼、鱿鱼等原料，一般可以通过冷藏或冻结的方法来进行保藏。贝、螺等原料可采用湿地保藏方法来进行养殖，以保证贝、螺的成活率，养殖时既要控制水量，又要根据咸水产品的特征，添加适当盐分。

技能训练（选做）

训练一　真假鲍鱼的鉴别

选料的关键是闻、摸、看。上等干鲍闻上去有一种天然的香气，像大海的味道。对鲍鱼独钟的人对它的香气特别敏感。鲍鱼摸上去很硬，清代袁枚曾有言："但其性时，决不能决齿，火煨三日，才折得碎。"其言不无夸张，但却能从中体会、想象到鲍鱼之硬。好的干鲍制品看起来色泽淡黄、鲜艳，肉厚，有光泽，呈半透明，气味香鲜，身干形正润而不潮，稍有白霜者为佳。干鲍鱼的质量等级，主要以其产地、种类及个头的大小来划分。选择同等级的干鲍鱼时以个头大小均匀、肉质厚实、表面洁净、体干坚硬、无异味者为佳。

由于干鲍鱼在市面上的售价不菲，因此有部分无良商贩，用一文不值的"干石鳖"冒充"干鲍鱼"出售，以此从中牟取暴利。故在选购干鲍鱼时一定要小心，以免上当。鲍鱼如其他贝类动物一样，有一个硬贝壳，但鲍鱼壳的贝壳部很小，壳口很大，边缘有9个左右的小孔。它的足部很发达，足底平。市场上出售的干鲍鱼已去壳，外形略似艇状，有一面非常光滑，即为鲍鱼的足底部分。石鳖也有发达的足部，足底也是平的，因此稍作加工即可用来冒充鲍鱼，但只要仔细辨别就会发现，石鳖因肉体较薄，晒干后会收缩弯曲，且其足的边缘很粗糙。"假鲍鱼"与"真鲍鱼"的最大区别在于，前者背部中央有8片壳板，加工晒干时虽被剥掉，仍难免留有印迹。所以，凡是背面有8道明显深印痕迹的"鲍鱼"就是假鲍鱼无疑。

除了会辨别真、假鲍鱼之外，我们还得会辨别优、劣鲍鱼。优质鲍鱼色泽呈米黄色或浅棕色，质地新鲜有光泽；外形呈椭圆形，鲍身完整，个头均匀，干度足，若在灯影下，鲍鱼中部呈红色更佳；肉质厚，鼓壮饱满，新鲜。劣质鲍鱼颜色灰暗、褐紫，无光泽，有枯干灰白残肉，鲍体表面附着一层灰白色物质；体形不完整，边缘凹凸不齐，个体大小不均或近似"马蹄形"；肉质瘦薄，外干内湿，不陷亦不鼓胀。

训练二　鱿鱼的鉴别

鲜鱿鱼呈灰白色，用手触摸非常干净，没有黏糊糊的感觉，可以从以下几方面鉴别：

看：使用甲醛泡发过的鱿鱼，外观虽然鲜亮悦目，但色泽偏红。

闻：甲醛泡过的鱿鱼，可嗅出一股刺激性的异味。

摸：甲醛浸泡过的鱿鱼，触摸起来手感较硬，质地较脆，手捏易碎。

口尝：甲醛泡发的鱿鱼，口感有些生涩，缺少鲜味。

拓展知识

蟹：海蟹无毒，性味咸寒。《本草拾遗》载：蟹脚中脑、髓，壳中黄，常于用胎盘残留，於血肿痛，产后血瘀，胎死腹中，漆烫伤，伤筋断骨等病。

龙虾：性味甘、咸、温。《中国药膳大全》载：龙虾具有温肾壮阳、健胃化痰的功效，适用于肾虚精滑、耳鸣目昏、早泄、小便频数、腰膝酸软、食欲不振、自汗盗汗、消化不良等症。

鱿鱼：有很好的滋补药用价值，尤其对产妇有较强的健身、滋补、止带、温经的作用，可治疗女性血枯经闭、赤白带下等疾病。

海蜇：性味平、咸，具有化痰、清热解毒、降压、软坚、祛风除湿、消积润肠的功效。《医林篡要》载：海蜇能滋阴化痰、去痰咳、补心益肺、行邪湿、止咳除烦，用于咳痰、痞积、哮喘、甲状腺肿、高血压、气管炎、胃溃疡、风湿性关节炎等症，并能使人皮肤白嫩细腻且抑制癌症。

贝类：味甘、性平、咸，具有调中、滋阴补肾的功效。《中国土特产大全》载：扇贝是高档的补品，有清热、化痰、平肝、补肾的功效，适用于身体虚弱、消化不良、食欲不振、营养不良、两眼昏花等症状。

章鱼：章鱼肉性寒、咸、味甘、无毒。《泉州本草》载：章鱼有益气养血、收敛生肌的功效，章鱼富含牛磺酸，能调节血压，适用于气血虚弱、高血压、低血压、动脉硬化、脑血栓、痈疽肿毒等病症。

墨鱼：墨鱼肉性味咸、平。《医林篡要》载：墨鱼具有和血清肾、补心通脉、去热保精的功效，治血虚经闭、崩漏。

鲳鱼：促进增血、养力气、消化机能、补产后虚弱、食欲不振。

海螺：性冷、味甘、无毒，具有利膈益胃、清热明目的功效，对肺热肺燥、心腹热痛、双目昏花等病症有一定的功效。

石斑鱼：补虚损、健脾胃、改善食欲不振。

银鱼：去虚、健胃、补肾、益肺、滋阴壮阳。

带鱼：增强记忆力、促进毛发生长、降低胆固醇、治急性白血病。

鳗鱼：防止老化，预防成人病、治眼疾与夜盲症。

鲈鱼：对肝、胃、肾有极好的保养作用，可安胎。

鲩鱼：平肝祛风、暖胃和中、增强体质。

鲤鱼：消肿、健脾、利尿、开胃、强化心脏功能。

鳝鱼：改良血质、补中益血、治风湿骨痛，改善贫血。

鲫鱼：解毒、补脑养胃、活血下乳、止痛目痢。

鳜鱼：健脾益胃、益气补血、治结核病。

金枪鱼：是一种驰名世界的海洋名贵鱼类，由于它在深海处活动，而且活动能力强，且不受环境污染，因此肉质嫩而鲜美，是不可多得的绿色健康美食。解冻后的金枪鱼若放入冰箱冷冻保存，鱼肉很容易变色，因此要尽快食用。

海参：具有滋阴补血、补肾益精、润燥调经、养胎利产等作用。

习　题

一、名词解释

低等动物　棘皮动物　节肢动物　软体动物

二、判断题

（1）无脊椎动物多数水生，大部分海产，如有孔虫、放射虫、钵水母动物等。（　）

（2）节肢动物身体的两侧呈对称，附肢和身体都分节，是动物界中最大的一门。（　）

（3）软体动物身体柔软，大多数左右对称，并具有外骨骼。（　）

（4）棘皮类动物身体呈辐射对称，有独特的水管系统以及内骨骼。（　）

（5）腔肠动物由表皮层和外皮层发育的胃层组成。（　）

（6）环节动物是真体腔的动物，有三胚层，两侧对称。（　）

（7）少量棘皮动物成体呈辐射对称，而幼体呈明显的两侧对称。（　）

（8）骨片之间是由结缔组织、肌肉组织连接，形成关节，如海星类。此类动物骨骼突出体表，形成棘皮，故称“棘皮动物”。（　）

（9）附肢的外骨骼具有关节，因而称节肢动物。（　）

（10）节肢动物门的动物是动物界中最大的类别，它包括100多万种无脊椎动物，几乎占全部动物种数的75%。（　）

三、简述题

（1）简述棘皮动物的食品价值。

（2）节肢动物的种类有哪些？

（3）什么是软体动物？

（4）水中无脊椎动物原料的检验和保藏方法有哪些？

第十三章　调料和食品添加剂

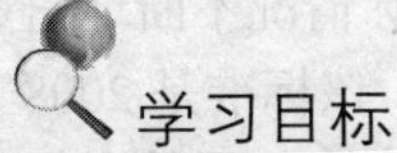

学习目标

（1）了解调料的种类和作用。

（2）了解食品添加剂的性能。

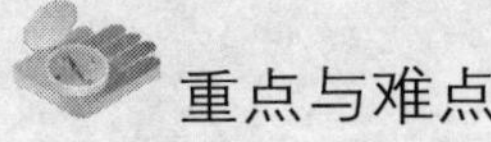

重点与难点

食品添加剂的分类及应用。

考核要点

常用添加剂的使用方法及用量。

第一节　调料和食品添加剂概况

一、调料概况

调料又称佐料，是烹饪行业及商品流通领域的一个习惯名称，泛指在烹调制作菜点过程中用量较少，但对菜点的色、香、味起重要作用的一类原料。我国的调料种类繁多，每种调料都具有独特的感官特征。调料可分为天然和人工合成的，有动物、植物和微生物等多种来源，有固态、半固态和液态等多种形态。因此对调料的分类有多种方法。有的按加工方法分，有的按形态分，有的按商品经营习惯分，本章按调料在烹饪过程中的作用分，重点讲述调味料和调香料两大类调料。

二、食品添加剂概况

1．食品添加剂的定义

食品添加剂是指在食品加工或烹调过程中为改善食品的品质、提高食品风味及为防腐和加工工艺的需要而加入食品中的少量化学合成物质或天然物质。食品添加剂按来源的不同可分为天然与化学合成两大类。天然的添加剂是利用动植物或微生物的代谢产物制成的。化学合成添加剂是通过合成反应所得到的物质制成的。我国允许使用并制定有国家标准的食品添加剂有防腐剂、抗氧化剂、漂白剂、凝固剂、乳化剂、抗结块剂以及其他食品添加剂。本章着重讨论防腐剂、抗氧化剂、漂白剂等添加剂。

2．食品添加剂的使用要求及使用标准

从食品卫生出发，食品添加剂首先应该是使用的安全性，其次才是色、香、味、形态等工艺的效果。食品添加剂的使用卫生标准在实施过程中根据生产和生活的实际情况不断地出现增补品种，目前实施的标准是GB2760—2007《食品添加剂使用卫生标准》。该标准是2008年6月1日起实施的。该标准提供了安全使用食品添加剂的定量指标，包括允许使用的食品添加剂品种、使用目的（用途）、使用范围（对象食品）以及最大使用量（或残留量），有的还注明使用方法。最大使用量以g/kg为单位。该标准的制定是以食品添加剂使用情况的实际调查与毒理学评价为依据。

第二节　调　味　料

调味料又称调味品，是对在烹调过程中用于调和食物口味原料的统称，其用量少，但使用频繁。在烹调过程中，这些呈味成分连同菜点主配料所含的呈味成分相互作用，从而形成菜点的不同的风味特色。调味料的种类很多，根据其主要的呈味特点，将调味料分成以下六大类。

一、咸味调味料

咸味是中性无机盐的一种味道，许多中性无机盐都有咸味，但除食盐外，其他中性无机盐都带有一些涩味、苦味、金属味等不良味道：咸味是基本味的主味，又是各种复合味的基础味。在烹调中常用的咸味调味品主要有食盐、酱油、酱、豆豉等。

1．食盐

食盐俗称盐巴，为咸味的主要调味料，主要呈味成分为氯化钠。我国的食盐资源非常丰富，按产地不同可分为海盐、湖盐、井盐和矿盐；按加工程度可分为粗盐、加工盐、再制盐等。我国市场上出售的精制盐（属加工盐）均为加碘的食用盐。精盐呈细结晶状，杂质较少，白色，易溶解，呈味较轻，适用于烹饪中的调味。

食盐是咸味的主要来源，除了具有提鲜、增本味的作用外，同时还具有如下作用。

（1）防腐脱水的作用。

（2）用盐腌制的原料能较长时间地储存。

（3）嫩化剂的作用。加少量的食盐可提高肉的保水性，增加菜肴的脆嫩程度。

（4）制作泥、茸、馅料时加入适量的食盐，能加大吸水量，使馅料的黏着力提高。

（5）作为传热介质可加工和烹制风味独特的菜品。

2．酱油

酱油是把植物蛋白、淀粉水解成氨基酸和糖类后经酿造而制成的深红色的汁液。酱油按加工方法分为天然发酵酱油、人工发酵酱油、化学酱油；按形态分为液体酱油、固体酱油；按色泽分为浅色酱油（生抽）、深色酱油（老抽）；还有加工酱油时加入了不同配料的风味酱油，如辣酱油、鱼露酱油、五香酱油、草菇酱油等。

酱油是烹调中仅次于食盐的咸味调味品，它能代替食盐起到确定咸味、增加鲜味的作用，对菜肴还具有去腥解腻的作用。烹调中应用酱油时，要注意菜肴的口味及色泽的特点。一般色深、汁浓、味鲜的酱油用于凉拌及需要上色的菜品，而色浅、汁清、味醇的酱油多用于加热烹调。此外酱油加热时间过久会变黑，影响菜品的色泽。

3．酱

酱是以豆、面、米为原料，利用微生物的生化作用而酿制的一种发酵调味料。根据用料的不同分为豆酱、面酱、蚕豆酱三大类。

（1）豆酱　豆酱又称大豆酱、大酱，是以黄豆或黑大豆为原料制作的一种酱类。其特点是色泽橙黄、光亮，酱香浓郁，咸淡适口。根据制酱时加水的多少有干黄酱和稀黄酱之分。烹调中豆酱常用于炸酱和鲁菜酱爆技法的菜肴。

（2）面酱　面酱又称甜面酱，是以面粉为主要的原料制成的酱类。其特点为颜色金黄，有光泽，味醇厚鲜甜，在烹调中用法同豆酱。

（3）蚕豆酱　蚕豆酱是以蚕豆为主要原料的一种酱类，因在制作过程中加入辣椒，所以又叫辣豆瓣酱。其特点是色泽红褐、有光泽，酱香味浓，咸鲜带辣，味道醇厚。著名的品牌有郫县豆瓣酱、临江寺豆瓣酱等。

酱品调味料在烹调中具有改善色泽和口味、增加菜肴酱香味的作用，可作码味、调味和蘸食使用。在热菜烹调时宜先将其炒香出色，以防菜肴的口味和色泽不佳。

4．豆豉

豆豉又称香豉，是以黄豆、黑豆为主要原料，加曲霉菌种发酵制成的一类颗粒调味品。

豆豉按加工方法可分干豆豉和水豆豉；按风味可分为咸豆豉和淡豆豉。豆豉以色泽黑亮、味香浓郁、咸淡适中、油润质干、颗粒饱满、无霉变、无异味者为佳。豆豉在烹调中起提鲜、增香的作用，多用于炒、烧、爆、蒸等烹调技法的菜肴。

二、甜味调味料

甜味调味料在烹调中的作用仅次于咸味调料，是除咸味外的唯一能独立调味的基本味。其主要调味品有食糖、饴糖、蜂蜜等。甜味调味品在烹调中除起到甜的作用外，还能起到增加鲜味，抑制辣味、苦味、涩味和酸味的作用。在某些菜点中还有着色、增色和增加光泽的作用。

1．食糖

食糖即食用糖是以甘蔗或甜菜为原料经压汁、浓缩、结晶等工序加工制成的，按外形及色泽通常分为绵白糖、砂糖、冰糖、红糖和方糖。

（1）白砂糖　白砂糖含蔗糖为99%，色泽洁白明亮，晶体呈均匀小颗粒状，水分和杂质的含量很低。白砂糖易结晶，在烹调中用于挂霜类菜品的制作效果最佳。

（2）绵白糖　绵白糖是呈粉状白糖的总称，又称细白糖。在加工时加入少量的转化糖浆，晶粒细小均匀，颜色洁白，质地绵软细腻，纯度低于白砂糖，蔗糖的含量约为98%，还原糖和水分含量均高于白砂糖，甜度高于砂糖。绵白糖因含有少量的转化糖，结晶不宜析出，在烹调中更适于制作拔丝类的菜肴。

（3）冰糖　冰糖是一种纯度较高的大结晶体蔗糖，是白砂糖的再制品。冰糖味甜且鲜，可作甜味调料，常用于甜羹类的菜肴调味之用。

（4）赤砂糖　赤砂糖又称红糖，还原糖含量高，非糖成分较多，色泽有赤红、赤褐或黄褐色等。其晶粒连接在一起，易结块、易融化，不耐储存。赤砂糖在烹调中用处较少，多为炒制澄沙馅之用。

2．方糖

方糖也是白砂糖的再制品，主要用于牛奶、咖啡等饮料。

3．饴糖

饴糖又称麦芽糖，是淀粉酶或酸水解淀粉制成的，可分硬饴糖和软饴糖两种。硬饴糖为淡黄色，软饴糖为黄褐色。饴糖在烹饪中主要用于面点小吃及烧、烤类菜肴，它可使成熟后的点心松软而不发硬，可使菜肴色泽红亮、有光泽，并着色均匀，如烤鸭、脆皮乳鸽、烤乳猪等菜肴。饴糖以颜色鲜明、浓稠味纯、洁净无杂质、无酸味者为佳。

4．蜂蜜

蜂蜜的主要成分是葡萄糖、果糖和少量的蔗糖，并含有蛋白质、有机酸等。

蜂蜜在烹饪中主要用来代替食糖调味，具有矫味、增白、起色的作用，主要用于制作面点、酿造蜜酒、制作蜜饯食品。蜂蜜具有较大的吸湿性和黏着性，烹饪时若使用过多，制品易吸水变软、相互粘连。质量以色泽黄白、透明、无酸味者为佳。

三、酸味调味料

酸味是有机酸及其酸性盐特有的味。人们日常摄取的酸有醋酸、琥珀酸、酒石酸、柠檬酸等有机酸，在烹调中使用的酸味剂主要有食醋、番茄酱、柠檬汁。酸味不能独立成味，但酸味是构成多种复合味的基本味，具有去腥解腻、刺激食欲、增加风味、帮助消化、促进钙质分解等多种作用。

1．食醋

食醋是以谷、麦为主，以谷糠、麦麸等原料为辅，经糖化、发酵、下盐、淋醋并添加香料、糖等工序制成的。其主要成分是醋酸，还含有挥发酸、氨基酸、糖等。食醋包括酿造醋和人工合成醋两大类。酿造醋有米醋、麸醋、酒醋等，以米醋质量最佳。著名的品种有山西老陈醋、镇江香醋、浙江玫瑰米醋、福建永春老醋、四川保宁醋等。人工合成醋用食用冰醋加水或食用色素配制而成，质量较差。

2．番茄酱

番茄酱中的酸味物质主要有苹果酸等有机酸。产品色泽红润，酸而回甜，清香浓郁。番茄酱是从西餐烹调中引进而来的，现在广泛用于中餐烹调，主要用于酸甜味浓的复合味型的菜品中，以突出菜肴的色泽和风味。

3．柠檬酸

柠檬酸为无色半透明结晶或白色颗粒，味极酸。在烹调中起保色、增香、添酸等作用。柠檬酸宜用水溶解后再进行调味，是食品工业制作饮料、果酱的重要原料，用量通常为0.1%～1%。

四、辣味调味料

辣味主要是由辣椒碱、椒脂碱、姜黄酮、姜辛素、钾盐及蒜素等产生的。辣味在烹调中不能单独使用，需与其他调料配合使用。辣味在烹调中有增香、解腻、压异味的作用。同时它能增加淀粉酶的活性，能刺激食欲，帮助消化。辣味调料主要有干辣椒、辣椒粉、辣椒糊、胡椒、芥末等。

1．辣椒制品

辣椒制品是指秦椒、海椒、朝天椒、羊角椒等品种的干制品及加工制品。其辣味的主要成分是辣椒素、二氢辣椒素，它能促进血液循环，增加唾液分泌及淀粉酶的活性，具有促进食欲、去腥解腻的作用。

辣椒的主要产品有辣椒干、辣椒粉。辣椒干是各种新鲜尖头辣椒的干制品，主要品种有各种朝天椒、秦椒、羊角椒等，以色泽紫红、油光晶莹、皮肉厚、身干籽少、辣中带香、无霉烂者为佳。辣椒粉又称辣椒面，是将干辣椒研磨成粉末状的调料，一般以色红、质细、籽少、香辣味浓的为好。辣椒粉是制作红油的主要原料，同时也是各种辣味小吃的调料之一。

泡辣椒是除辣椒干和辣椒粉之外的另一种辣椒制品。泡辣椒又称泡海椒、鱼辣子、鱼辣椒、泡椒，是将新鲜的尖头红辣椒加盐、酒和调香料，经腌渍而成的一种辣味调味料。泡辣椒以色红亮、滋润柔软、肉厚籽少、味道鲜美、兼带香辣、无霉变者为佳，是调制鱼香味型不可缺少的调味料之一。泡辣椒的主要产地在四川。

2．胡椒

胡椒又称大川，为胡椒科植物胡椒的果实。其主要成分为胡椒碱、胡椒脂碱、挥发油等。胡椒分为黑胡椒和白胡椒两类。黑胡椒是果实开始变红未成熟时采收晒干而成，未脱皮，果皮呈黑褐色；白胡椒是待果实全部变红成熟后采收的，经水浸去皮再晒干而成。胡椒作调味品通常是加工研磨成细粒或粉状后使用，在烹调中用胡椒调味具有提味、增鲜、和味、增香、去异味等作用。胡椒主要适用于鲜咸肉类菜肴及汤羹、面点、小吃及煨馅。

3．芥末

芥末是十字花科植物芥菜的种子干燥后研磨成的一种粉状调味料。芥末含有芥子甙、芥子碱等，经酶解后得到芥子油，具有强烈的刺鼻辛辣味，在烹调中主要起提味、刺激食欲的作用。芥末是烹饪中制作芥末味型的重要调味料，多用于凉菜的制作，如芥末三丝、芥末鸭掌等，也用于面点、小吃的制作。芥末以油性大、辣味足、有香气、无异味、无霉变者为佳。

五、鲜味调味料

鲜味调味料又称风味增强剂，呈味成分主要有核苷酸、氨基酸、酰胺、肽、有机酸等物质。鲜味在烹调中不能独立成味，必须在咸味的基础上才能发挥作用。鲜味调味料在使用时应以不压制菜品的本味为宜。其调味品主要有味精、鸡粉，此外还有加工成复合味型的提鲜调味品，如蚝油、鱼露、虾油等。

1．味精

味精又称味素、味粉，主要成分为谷氨酸的钠盐，是用小麦的面筋或淀粉，经过水解法或发酵法制成的一种粉状或结晶状的调味品。味精无嗅、无色，有特有的鲜味，易溶于水。味精的主要成分除谷氨酸钠外，还含有食盐和矿物质。味精具有强烈的鲜味，特别是在微酸的水溶液中使用能突出其鲜味。在高温下长时间加热，味精会部分失水生成焦谷氨酸钠而失去鲜味，并有轻微毒素产生，因此，烹饪中一般提倡在菜肴成熟时或出锅前加入，以便突出鲜味。另外在制作酸性或碱性偏大的菜品时不宜使用味精，因为味精在酸性条件下生成谷氨酸盐，影响风味的形成，而在碱性条件下则会生成谷氨酸二钠盐，失去鲜味。

2．蚝油

蚝油是利用鲜牡蛎加工干制时的煮汁经浓缩而制成的一种浓稠状液体的鲜味调味品。近来以鲜牡蛎肉用酶水解后，加入鲜味剂及各种添加剂制成。蚝油是广东、福建沿海一带的特产调味品，含有鲜牡蛎浸出物中的各种呈味物质，具有浓郁的鲜味。蚝油以色泽棕黑、汁稠滋润、鲜香浓郁、无杂质、无异味、微带咸味为最佳。蚝油在粤菜中应用比较广泛，在烹调中可作为鲜味调味料和调色料使用，具有提鲜、赋咸、增香、补色的作用。

3．鱼露

鱼露又称鱼酱油、水产酱油、白酱油，为酱油类的调味品，但习惯将其作为提鲜调味料使用。鱼露是利用各种小杂鱼、虾、贝及鱼加工品的废料经粉碎、腌渍、发酵、滤出的一种液体清汁。鱼露含有多种呈鲜味的氨基酸成分，味极鲜美，营养价值较高，为某些高级菜肴的名贵调味品。鱼露的应用多与酱油相同，主要用于菜肴的鲜味调料，尤其是制作海鲜类的菜肴，用其腌制各种肉类制品，别有风味特色。

4．虾油

虾油又称海虾油，是一种特殊的鲜味调味料，一般采用小型的海虾、河虾及加工虾类时的副产品，经过腌制、发酵、熬炼、澄清等工艺加工制成。虾油含有虾浸出物中的各种呈味成分。成品颜色淡黄，澄清透明，有浓重的腥鲜气味，口味鲜咸，清香淡雅。虾油在烹调中多作汤菜或炒、爆菜的鲜味调料，起提鲜和味、增香压异味的作用。

六、麻味调味料

麻味是指刺激味觉神经，使之有麻木感的一种特殊味道。麻味在烹饪中不能单独使用，需在咸味的基础上表现，并常与辣味合用。麻味调味料较少，主要的调味品就是花椒。

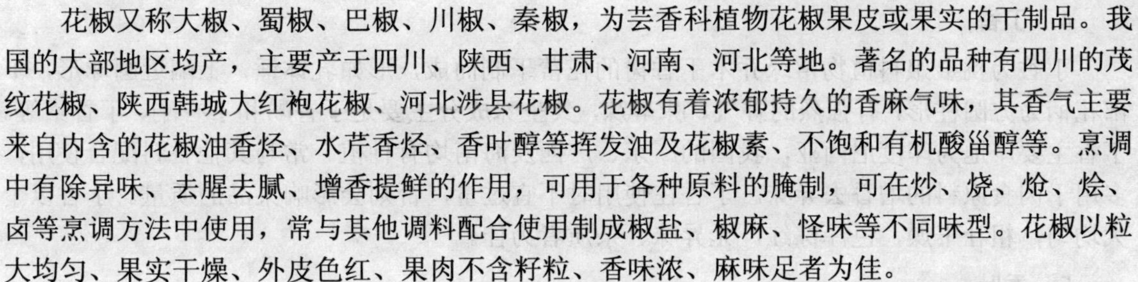

花椒又称大椒、蜀椒、巴椒、川椒、秦椒，为芸香科植物花椒果皮或果实的干制品。我国的大部地区均产，主要产于四川、陕西、甘肃、河南、河北等地。著名的品种有四川的茂纹花椒、陕西韩城大红袍花椒、河北涉县花椒。花椒有着浓郁持久的香麻气味，其香气主要来自内含的花椒油香烃、水芹香烃、香叶醇等挥发油及花椒素、不饱和有机酸甾醇等。烹调中有除异味、去腥去腻、增香提鲜的作用，可用于各种原料的腌制，可在炒、烧、炝、烩、卤等烹调方法中使用，常与其他调料配合使用制成椒盐、椒麻、怪味等不同味型。花椒以粒大均匀、果实干燥、外皮色红、果肉不含籽粒、香味浓、麻味足者为佳。

第三节　调　香　料

调香料是指具有浓厚香气，并可增加菜肴香味、去除异味的一类调料。调香料的香味主要来源于其中含有的一些挥发性成分，包括醇、酮、酯、萜、烃及其衍生物等。调香料根据香味类型的不同可分为芳香料、苦香料和酒香料三类。

一、芳香料

芳香料是香味的主要来源，广泛存在于植物的花、果、籽、皮及其制品，其含有挥发油，芳香浓郁，在烹饪中起除异味、增香味的作用。

1. 八角

八角又称大茴香、大料，为木兰科常绿乔木植物八角茴香的干燥成熟果实，外表为红棕色，光亮，富油性，气味芳香。八角主要产于我国西南及两广地区，尤以广西的八角产量高、质量好，为我国特产香料。八角在烹调中适用于酱、卤、炖、蒸等技法的菜肴，可起除腻去腥、增添香味、促进食欲的作用，还可与其他香料混合使用，是制作“五香粉”、“八大料”的原料之一。八角以个大均匀、色泽棕红、香气浓郁、果实饱满完整为佳。

2. 桂皮

桂皮为樟科植物常绿乔木肉桂的树皮，经干燥后制成的卷曲状圆形或半圆形调香料。其气味浓烈香甜，主要成分是桂皮酚、桂酯类、丁香油酚等。桂皮主要产于广西、广东、福建、四川、湖北等地。桂皮在烹调中常与其他香料配合使用，适用于卤、酱、烧、扒等菜品，起去异味、增香的作用；也是制作五香粉、咖喱粉的主要原料之一。桂皮以外表皮呈灰棕色或棕褐色、皮细、有彩纹、油性足、味甜辣、嚼之少渣者为佳。

3. 茴香

茴香又称小茴香，为伞形科植物茴香的果实，形似稻谷，细小稍弯曲，外表呈黄绿色，气味芳香，味微甜。其主要呈味物质是茴香醚、小茴香酮。茴香主要产于山西、内蒙古等地，在烹调中常与八角等其他香料配合使用，适用于腥臊味较强的动物性菜肴的制作，有去腥膻、增香气的作用。小茴香是制作五香粉的主要原料之一。

4. 丁香

丁香为桃金娘科植物常绿乔木丁香树的花蕾干制而成，形如乳钵锤，上端近圆球形，下部花柄为方圆柱形，有强烈的香气、味辛辣，其呈味成分主要是丁香酚和丁香酮、丁香素等。丁香主要产地为印度尼西亚，我国的广东、广西及海南均有种植。常与其他香料配合使用，多用于肉食原料的增香去异味。丁香在使用时不宜过量，否则会影响菜品的质量。丁香以个大均匀，粗壮干燥，色泽棕红，无异味、杂质者为佳。

5. 香叶

香叶又称月桂叶、桂叶、香桂叶，为樟科植物月桂的叶。叶呈椭圆形，边缘呈波形，顶端尖锐，薄革质，具有独特的香味。香叶原产于地中海沿岸及南欧，现我国南方地区亦有种植。香叶气味芬芳，其主要呈味成分为月桂油、月桂京、丁香油酚等，是烹调中常用的芳香调料之一，多用于卤、酱类菜肴，在食品工业可作为肉、鱼类罐头的调香剂，在西餐中应用较广。

6. 孜然

孜然又称安息茴香，为伞形科植物茴香的果实。孜然形似小茴香，一端稍尖，略弯曲，呈黄绿色或暗褐色。孜然具有独特的薄荷味和清香味，略带苦味，主要产于新疆地区，在使用时一般加工成粉末状，多用于牛、羊肉的烤制品，如烤羊肉串、孜然牛肉等，可去腥增香。

二、苦香料

苦香料是一类含有生物碱、糖苷等苦味成分和挥发性芳香成分的调香料。苦香料在烹调中可除异味、增香味，并与其他调香料配合使用形成特殊风味。

1. 陈皮

陈皮又称橘皮，为芸香科常绿亚乔木植物橘或柑类果实的果皮干制而成。外呈红色，内呈淡黄白色，为不规则裂状片，质脆而易碎。陈皮味苦而芳香，在烹调中多用于炖、炸、烧等动物原料，起去腥膻、增香提味的作用。代表菜式有陈皮牛肉、陈皮鸭、陈皮鸡等。陈皮以皮薄、片大、色红、油润、无霉烂、香气浓郁者为佳，储存时应置通风干燥处。

2. 草果

草果为姜科草本植物草果的成熟果实，呈长椭圆形，灰棕至红棕色，具有纵沟和棱线，果皮质坚韧。草果有特异的香气，味辛、微苦，主要呈味成分为芳樟醇、苯酮等，主要产于云南、广西和贵州等地。在烹调中，草果常用于制作复合调味料，适合制作卤烧菜，可去除动物肉的腥膻味，提香味，对兔肉的草腥味有独特的排除作用。

3. 肉豆蔻

肉豆蔻又称肉果、玉果，为豆蔻科常绿乔木肉豆蔻的种仁，呈球形或椭圆形，灰褐色或淡褐色，质坚硬不易碎。其富含油性，气味香烈，常有清凉感，微苦，呈味主要成分是肉豆蔻醚、肉豆蔻酸酯等。肉豆蔻主要产于印度尼西亚、马来西亚等国，现我国广东地区也有种植。烹饪中常与其他调香料配合使用，多用于卤、酱、烧等技法的菜肴，有去异增香的作用；也可制作糕点及配制咖喱粉。使用时应注意用量不宜过大，否则菜肴易发苦。肉豆蔻以个大坚实、体圆滑爽、香气浓郁者为佳。

4．草豆蔻

草豆蔻又称白豆蔻、原豆蔻，为姜科草本植物草豆蔻的种子，呈圆球形，黄白色至浅黄棕色，果皮质清脆，气味芳香，味辛凉。其主要呈味成分为山姜素、松油醇，主要产于广东、广西两地。在烹调中的用途与肉豆蔻基本相同。草豆蔻以个大、完整、壳薄、种仁饱满者为佳。

5．荜拔

荜拔又称鼠尾、补丫等，为胡椒科植物荜拔的干燥果穗，呈圆柱状，黄色或淡棕色，由多数细小的瘦肉果聚集而成。其主要产地为印度尼西亚、越南等国，我国云南、贵州、广西等地也有种植。荜拔具有胡椒样特异气味，味辛辣，烹调中多用做卤、烧、烩等技法菜肴的调味，具有矫味、除异增香的作用，主要用于去除鱼类、禽畜类内脏的异味。荜拔以肥大呈黑褐色、味浓无杂质者为佳。

6．白芷

白芷又称香白芷、香芷，由伞形科草本植物兴安白芷、川芷、杭白芷的根加工制成。气味芳香，味微辛苦，内含挥发油等物质，在烹调中用做卤、酱、烧等技法菜品香味料的配料，因气味浓烈，故用料较少。白芷以独支、皮细、外表土黄色、坚硬、光滑、香气浓郁者为佳。

7．砂仁

砂仁又称阳春砂，为姜科草本植物阳春砂和缩砂的种仁，气味芳香，味微苦。砂仁主要产于我国广东、广西、云南、福建等地，在烹制中主要用于肉食加工如卤、酱、烧等制品的调香料。其以个大成熟、籽粒饱满、气味浓厚者为佳。

三、酒香料

酒香料是指含有乙醇的一类调香料，在与原料一同加热时，能分解原料中的腥膻气味并被挥发。酒香料所含的香味成分能增加菜肴的香味。在烹调中常用的酒香料有黄酒、葡萄酒、酒酿、香糟、白酒等。

1．黄酒

黄酒是以糯米、粳米或黍米为原料经酿造而成的一种低度酒，因酒液呈黄色而得名。黄酒含有糖、糊精、氨基酸、高级醇等多种成分。其呈香成分主要是酯类、醇类、酸类、羰基化合物等。黄酒主要产于浙江、福建、江苏、山东。浙江绍兴所产的黄酒驰名中外，著名的品种有花雕、加饭、女儿红等。其特点是香气浓郁、口味甘顺、醇度适中，在烹调过程中应用极为广泛。黄酒可用于原料加工时的腌渍码味，也可在菜品烹制中起去腥、解腻、增香、入味的作用。

2．葡萄酒

葡萄酒分为红葡萄酒和白葡萄酒，酒精度一般在 14° 以下，含糖分、有机酸、醇类等成分。酒香的呈味成分主要为酯类、醛类、挥发性脂肪酸类及高级醇等。葡萄酒以法国所产最为著名，我国著名的品牌有王朝、张裕等。葡萄酒多作为饮品，在西餐菜肴中应用较为广泛，中餐主要用于动物性原料的腌制、菜肴味汁的调制，具有去腥膻、增酒香、增色泽的作用。

3．酒酿

酒酿又称淋饭酒，是以糯米为主要原料，经煮蒸后拌入酒曲再经发酵制成的一种渣汁混合的、具有酒香、甜醇甘美的食品。全国各地均有生产，以浙江、福建及四川一带所产的质量最佳。酒酿可直接食用，也可作调香剂，用于烧菜、甜品菜、糟汁菜以及风味小吃的制作，主要起增香、和味、去腥、除异味等作用。酒酿以色白质稠、香甜可口、无酸苦味、无异味及杂质为佳。

4．香糟

香糟是用黄酒发酵醪经蒸馏或压榨后余下的残渣加工干制而成的。香糟分白糟和红糟两类。白糟为普通黄酒糟加工而成，红酒糟为福建特产，即在酿酒时加入 5%的红曲形成的，色泽鲜红。香糟的主要成分为酯类物质，酒精度在 10%左右。香糟风味独特，主要起去腥、生香、增味的作用，适用于烧、烩、熘等技法的菜肴，如糟熘鱼片、糟烩鸡蛋等。红糟色泽鲜艳，还可以起到美化菜肴的作用。

第四节 食品添加剂

一、着色剂

这是一类在食品加工过程中能够通过着色，改变食品原有的颜色，使之有鲜艳颜色的染色物质。根据来源可以分为食用天然色素和食用合成色素。食品添加剂应尽可能地不用或少用。

1．食用天然色素

食用天然色素主要是指由动植物组织中提取的色素，包括微生物色素。常用的天然色素有以下几种：

（1）红曲米 红曲米即红曲，古称丹曲，是由红曲霉属中的诸种红曲霉菌种，接种于蒸熟的大米，经培育而成。它耐高温、耐光热，对蛋白质染着性好且安全无害，在烹调中多用于肉类菜点及肉类加工制品的着色，如叉烧肉、火腿粉蒸肉等。红曲米在食品工业可用于果酱、饮料、腐乳等食品的着色。

（2）紫胶色素 紫胶色素又称紫胶虫色素，主要产于我国四川、云南、台湾等地。在 pH 小于 4.5 时为橙黄色，在 pH4.5～5.5 时为橙红色，pH 大于 5.5 时为紫红色。紫胶色素多用于果子露、糖果、红绿丝、罐头等食品的着色。

（3）姜黄素。姜黄素是由姜科草本植物姜黄的根茎中提取的黄色色素。姜黄的根状茎磨成粉末状，即姜黄粉。其具有辛辣气味，呈黄色，是配制咖喱粉的主要原料之一，也可以作为黄色食品的增香和着色用；常用于饮料、糖果、糕点等食品着色。姜黄素应置于遮光的非铁容器中密封贮存。

（4）胡萝卜素 胡萝卜素过去多由植物中提取，现在多采用合成法制取，为脂溶性维生素，用于人造奶油、奶油、干酪等油脂性食品的着色，最大使用剂量为 0.2g/kg。

(5)焦黄色素　焦黄色素又称糖色、酱色，是以糖类物质如蔗糖、麦芽糖、葡萄糖在160～180℃的高温下加热，焦化后加碱中和制成的红褐色或黑褐色的胶状物。焦黄色素在烹调中广泛使用，用于较长时间烹调加工的菜点中，如红烧、红扒等技法的菜肴，使成品色泽红润光亮。加铵盐生产的焦糖会产生一种对人体有害的物质4-甲基咪唑。

天然的色素还有叶绿素铜钠盐、辣椒红、玫瑰茄色素、甜菜红等。

2. 人工合成色素

人工合成色素成本较低，但有一定的毒素，应严格控制使用剂量。我国允许使用的合成色素有苋菜红、胭脂红、柠檬黄、日落黄、靛蓝五种。人工合成色素在烹饪中用于面点制作，食品工业中多用于糖果、饮料、罐头等的着色。其最大的使用剂量为0.05～0.1g/kg。

二、发色剂

发色剂通常是指在制作肉制品及肉类菜肴时为了使肉色呈鲜亮的红色而加入的添加剂。发色剂主要有硝酸钠、硝酸钾和亚硝酸钠等，系危险品，与有机酸等接触后即可燃烧或爆炸，储存时应注意防火和封闭。

1. 硝酸钠

硝酸钠为白色结晶或浅黄色粉末，溶于水。在烹调中主要用于肉类的腌制及肉类制品的加工，使肉制品呈现鲜红的颜色。其最大使用量为0.5g/kg。

2. 硝酸钾

硝酸钾为无色透明结晶或白色结晶性粉末，易溶于水，在烹调中作用与硝酸钠相似。其最大使用剂量为1.0g/kg。

3. 亚硝酸钠

亚硝酸钠为无色或略带黄色的结晶，外观、口味与食盐相似，易溶于水，在烹调中用于肉类的腌制。其最大的使用剂量为0.15g/kg，残留量不得超过0.03g/kg。

三、抗氧化剂

抗氧化剂能阻止或延迟食品氧化，提高食品质量的稳定性和延长储存期。食品在储存期间所发生的化学变化，以氧化作用最为广泛。氧化是导致食品质量变劣的重要因素之一，特别是对于油脂或含油较多的食品来说更是如此。氧化除使食品中的油脂酸败外，还会使食品发生褪色、褐变、维生素破坏，从而降低食品质量和营养价值，甚至还能产生有害物质，引起食物中毒。防止食品氧化，应从原料、加工、包装、储存等环节上采取相应的措施，如降温、干燥、抽真空、充氮、密封等。此外，适当地配合使用一些安全性高、效果大的抗氧化剂，对防止食品的氧化也是很有必要的。

抗氧化剂按来源可分为人工合成抗氧化剂（如BHA、BHT、PG等）和天然抗氧化剂（如维生素C、植酸等）；按溶解性可分为油溶性、水溶性和兼溶性三类，油溶性抗氧化剂如BHA、BHT等水溶性抗氧化剂如维生素C、茶多酚等。

1．常用油溶性抗氧化剂

油溶性抗氧化剂能均匀地分布于油脂中，对油脂或含脂肪的食品可以很好地发挥抗氧化作用。我国允许使用的油溶性抗氧化剂有人工合成的油溶性抗氧化剂，如 BHA、BHT、PG 等；还有天然的油溶性抗氧化剂，如愈疮树脂、生育酚混合浓缩液等。

（1）BHA

1）性状。BHA 为白色或微黄色蜡样结晶状粉末，稍有酸类的臭气及刺激性的气味。市售的 BHA 是 3-BHA 与 2-BHA 的混合物，其中 3-BHA 的含量往往超过 90%。3-BHA 的抗氧化性效果比 2-BHA 高 1.5～2 倍。两者混合后有一定的协同作用。BHA 对动物脂肪的抗氧化性较强，对不饱和的植物油的抗氧化性较弱。BHA 对热相当稳定，在弱碱性的条件下不容易被破坏，这就是它在焙烤食品中，仍能有效使用的原因。

2）用途。BHA 可用于食用油脂、油炸食品、干鱼制品、饼干、方便面、速煮米、果仁、罐头、腌制肉制品及早餐谷类食品，最大使用量为 0.2g/kg。BHA 与 BHT、PG 混合使用时，其中 BHA 与 BHT 总量不超过 0.1g/kg，PG 不得超过 0.05g/kg。BHA 与 BHT 混合使用时，总量不得超过 0.2g/kg（使用量均以脂肪计）。BHA 是在油脂含量高的饼干中常用的抗氧化剂之一。BHA 还可以延长咸干鱼类的储存期。BHA 除抗氧化剂作用外，还有相当强的抗菌力。

（2）BHT

1）性状。BHT 为白色结晶或结晶粉末，无味、无臭，不溶于水及甘油和丙二醇，能溶于乙醇、油脂等有机溶剂，对热稳定，与金属离子反应不会着色。BHT 具有升华性，加热时能与水蒸气一起挥发。抗氧化作用较强，耐热性好，在普通烹调温度下影响不大。用 BHT 长期保存的食品与焙烤食品抗氧化效果良好。

2）用途。BHT 对油脂、油炸食品、干鱼制品、饼干、速煮面、干制食品、罐头最大使用量为 0.2g/kg，BHT 与 BHA 混合使用时，总量不得超过 0.2g/kg，一般多与 BHA 合用，并同柠檬酸或其他有机酸作为增效剂。例如，在植物油中 BHT∶BHA∶柠檬酸=2∶2∶1。

（3）PG

1）性状。PG 纯品为白色至淡褐色的结晶状粉末，或为乳白色的针状结晶，无臭，稍有苦味，水溶液无味，易溶于乙醇、丙酮、乙醚，难溶于氯仿、脂肪与水。其 0.25%水溶液 pH 为 5.5 左右，PG 对热较敏感，在熔点时即分解，因此用于高温食品中稳定性较差。

2）用途。PG 在油脂油炸食品、干鱼制品、速煮面、速煮米、罐头的最大使用量为 0.1g/kg，添加量随油脂的种类、品质不同而异。

2．常用水溶性抗氧化剂

水溶性抗氧化剂是指能溶解于水的一些抗氧化物质，多用于对食品的护色，防止氧化变色，以及防止因氧化而降低食品的风味和质量等方面。此外，水溶性抗氧化剂还能在罐头生产时阻止罐头容器内面的镀锡薄板腐蚀，如柠檬酸亚锡及氯化亚锡等。我国常用的水溶性抗氧化剂是 L-抗坏血酸及其钠盐。

（1）L-抗坏血酸及其钠盐　抗坏血酸又称为维生素 C。

1）性状。抗坏血酸为白色或略带淡黄色的结晶或粉末，无臭，味酸，遇光颜色逐渐变深，干燥状态较稳定，但水溶液很快被氧化分解，在中性或碱性溶液中尤甚。

2）用途。抗坏血酸作为啤酒、无醇饮料、果汁等的抗氧化剂，可以防止褪色、变色、风味变劣和其他由氧化而引起的质量问题。这是由于它能与氧结合而作为食品除氧剂，此外还有钝化金属离子的作用。抗坏血酸还可抑制果蔬的酶促褐变。也就是说，在低脂食品中，抗坏血酸的抗氧化机理是消耗氧，还原高价金属离子，把食品的氧化还原电势转移到还原的范围，以防止对食品的氧化。

正常剂量的抗坏血酸对人体无毒害作用，当人口服维生素C过量时，由于肠道渗透压改变，会产生轻微的腹泻。

维生素C作为抗氧化剂可用于啤酒，最大使用量为0.04g/kg；用于发酵面制品，为0.2g/kg。维生素C可应用于许多食品中，包括水果、蔬菜、肉、鱼、干果、饮料及果汁等，应用于腌制肉制品，抗坏血酸作为发色助剂，0.02%～0.05%的添加量，可有效地促进肉红色的亚硝基肌红蛋白的产生，防止肉制品的褪色，同时抑制致癌物质亚硝胺的生成；应用于水果和蔬菜加工，主要用来抑制褐变，保持风味和颜色。

（2）植酸　植酸又名肌醇六磷酸，简称PA。

1）性状。植酸为浅黄色至黄褐色黏稠状液，易溶于水、95%乙醇、甘油以及丙酮，微溶于无水乙醇和甲醇，不溶于苯、氯仿和乙醚等。其水溶液为强酸性，遇高温易分解，若在120℃以下短时间加热，或浓度较高时，则相对稳定。植酸有很强的抗氧化能力，与维生素E混合使用，具有相乘的抗氧化作用。

2）用途。植酸用于对虾保鲜，可按生产需要适量使用，允许残留量为20mg/kg；用于食用油脂、果蔬制品、饮料和肉制品，最大使用量为0.2g/kg。

四、膨松剂

膨松剂又称为膨胀剂、疏松剂，是促使菜肴、面点膨胀、疏松或柔软、酥脆适口的一种添加剂。膨松剂在加热前掺入原料中，经加热后受热分解，产生气体，使原料或面坯起发，在内部形成均匀致密的多孔性组织，从而使成品具有酥脆或蓬松的特点。膨松剂可分为碱性膨松剂、复合膨松剂和生物性膨松剂。

1．碱性膨松剂

碱性膨松剂又称化学膨松剂，是化学性质呈碱性的一类膨松剂，主要包括碳酸氢钠、碳酸氢铵、碳酸钠等。

（1）碳酸氢钠　又名小苏打、重碱、重碱酸钠、酸式碳酸钠等，加热到30～150℃即分解产生二氧化碳，从而使制品疏松。其对蛋白质有一定的腐蚀作用，可使粗老的肉质纤维吸水膨胀提高含水量而形成质嫩的口感，所以适宜腌制较老的肉类原料，如腌制牛肉。但它能破坏原料中的营养物质，一般腌肉用量为10～15g/kg。

（2）碳酸氢铵　又称碳铵、重碳酸铵，俗称臭粉，有氨臭味，其水溶液在70℃即分解产生二氧化碳和氨，有促进原料蓬松柔嫩的作用。在烹调中主要用于面点的制作，亦可用于菜肴。但它会使糕点表面出现气孔，光泽性差，同时氨有少量残余，会影响成品的风味，所以常和碳酸氢钠混合使用。

（3）碳酸钠　又称纯碱、苏打、食用碱面，为白色粉末或细粒。在烹调中广泛应用于面团的发酵，起酸碱中和作用，可使面团增加弹性和延伸性。碳酸钠还用于鱿鱼、墨鱼等干料的涨发，促进干料最大限度地吸收水分。在使用时一般用量限制在 0.5%～1.0%，避免造成菜点的不良口味。

2．复合膨松剂

复合膨松剂是含有两种或两种以上起蓬松作用的化学成分的膨松剂，常用的有发酵粉和明矾。

（1）发酵粉　又称焙粉，是由碱性剂、酸性剂和填充剂配制而成的一种复合化学膨松剂。其中碱性剂主要是碳酸氢钠，含量约占 20%～40%；酸性剂主要有柠檬酸、明矾、酒石酸氨钾、磷酸二氢钙等，含量约占 35%～50%；填充剂主要为淀粉，含量约占 10%～40%。发酵粉为白色粉末，遇水混合加热则产生二氧化碳。酸性物质与碳酸钠反应产生气体起蓬松作用，且不残留碱性物质，而填充剂则起防止膨松剂吸湿结块，并在产生气体时起调节产气速度的作用。发酵粉在烹调中主要用于面点制作，起蓬松发酵的作用，如制作馒头、包子及部分糕点。

（2）明矾　明矾多与碳酸氢钠配合使用，作为"油条"等油炸食品的膨松剂，使成品具有蓬松酥脆的特点。但明矾用量过多会带来苦涩味。

3．生物膨松剂

生物膨松剂是指含有酵母菌等发酵微生物的膨松剂。它能促使面团内的葡萄糖分解成酒精和二氧化碳气体，从而达到蓬松的目的。

（1）压榨酵母　又称面包酵母、新鲜酵母。按照含水量分为鲜、干两种酵母。压榨酵母不易使面团产生酸味，多用于面点等发酵制品，用量为面粉的 0.5%～1%。使用时先用 30℃的温水将酵母化开成酵母液，然后和入面团。

（2）老酵母　又称老面、发面，相对于嫩酵母而言，老酵母指出牙率低，对外界适应能力差，发酵前期缓迟，后期容易衰老、容易沉淀。老酵母多用于民间家庭发酵面点的制作，但由于含有大量的杂菌，在生醇的同时有生酸的过程，所以需加入少量食碱中和酸味。

五、凝固剂

凝固剂是指促进食物中蛋白质凝固的添加剂，一般多用于豆制品的加工。

1．硫酸钙

硫酸钙俗名石膏，作为豆制品的凝固剂广泛使用，一般适用于制作豆腐、豆花和百叶等。

2．氯化钙

氯化钙多用于保持果蔬的脆性，还可用于豆制品的凝固。

3．葡萄糖-δ-内酯

它是制作豆腐的一种新型凝固剂，能溶解在豆浆中，逐渐转变成葡萄糖，使豆浆中的蛋白质发生变性凝固。用其制作的豆腐称为内酯豆腐，具有细腻、有弹性、口感好的特点。

4．盐卤

盐卤又称为卤水、苦卤，为海水制盐后的下脚料，有毒，主要用来制作豆腐。使用时应先将盐卤稀释到 16° Be 最好。

六、增稠剂

增稠剂是一种改善菜点物理性质、增加汤汁黏稠度、丰富食物触感的添加剂。按其来源可分为两大类：一类是从含有多糖类的植物原料中制取的，如琼脂、果胶、淀粉等；另一种则是从富含蛋白质的动物原料中制取的，如明胶、皮冻等。

1．琼脂

琼脂又称洋粉、冻粉，是由红藻中的石花菜等藻类提取出的胶质凝结干燥而成的，呈白色或淡黄色，加热煮沸分散为溶胶，冷却45℃以下即变成凝胶。多用于制作甜点、冷饮，也常用于胶冻类菜肴及花式工艺菜肴的制作。

2．明胶

明胶是从动物的皮、骨、韧带、肌腱中提取的高分子多肽，为白色或淡黄色半透明的薄片或粉末，在热水中溶解成溶胶，冷却后成凝胶。在烹调中用于冷菜和一些工艺菜品的制作，也可用于糕点的制作。

其他的增稠剂还有果胶、黄原胶、羧甲基纤维素钠、藻酸丙二酯等，这些添加剂除了有乳化增稠的作用外，还具有稳定、增黏、防止淀粉老化的作用。

七、嫩肉剂

瘦肉的主要成分是蛋白质，人们感觉肉“老”是其中的胶原蛋白之类机械强度高的蛋白的作用。在肉熟制的过程中，这些蛋白会变性甚至水解，失去机械强度，因而变“软”。但是通过加热的方式并不能达到很好的效果，所以人们自然想到如果能用某种物质把这些蛋白分解掉，那么肉就会变软、变嫩了。嫩肉剂在实际生产中就这样应运而生了。

从生物学的角度来说，能够最有效地分解蛋白质的就是蛋白酶。蛋白酶本身也是蛋白质，它们可以在特定位置把蛋白质酶解。自然界存在的蛋白酶非常多，比如人体内就有胃蛋白酶、胰蛋白酶等。从理论上说，任何蛋白酶都可以用来处理肉而实现“嫩肉”的目标。实际生产中应用最广泛的嫩肉剂主要有木瓜蛋白酶和菠萝蛋白酶。

1．木瓜蛋白酶

它是从未成熟的木瓜果实的胶汁中提取的一种蛋白质水解酶，为白色至浅黄褐色粉末，溶于水。它能将蛋白质进行水解，从而提高肉的嫩度。在烹饪中主要用于肉制品成熟前的腌制，使菜肴具有软嫩滑爽的口味特点。

2．菠萝蛋白酶

它是从菠萝的根、茎或果实的压榨汁中提取的一种蛋白质水解酶，为黄色粉末，在烹调中主要用于肉类的嫩化处理。

八、防腐剂

造成食品败坏的原因很多，有物理的、化学的及生物的等多方面的因素。由于食品养料

丰富，很适于微生物生长、繁殖，所以细菌、霉菌和酵母等微生物的侵袭通常是最容易导致食品败坏的重要因素。保存食品可采用罐存、冷冻冷存、干制、腌制或化学保存等方法。各种方法都具有各自的特点。在一定条件下，配合使用防腐剂作为一种保存辅助手段，对防止某些易腐食品的变质有显著的效果，而且使用简便，一般不需要特殊设备，所以现阶段防腐剂在食品防腐方面尚起着一定的作用。

防腐剂是指具有杀死微生物或抑制其增殖作用的物质。原则上前者称杀菌剂，后者称防腐剂，但杀菌或抑菌常不易严格区分，同一物质，高浓度能杀菌，而低浓度只能抑菌。

1．常见的防腐剂

（1）苯甲酸及其钠盐　苯甲酸又称安息香酸。

1）性状。纯品为白色有丝光的鳞片或针状结晶，质轻，无臭或微带安息香或苯甲醛味，100℃开始升华，在酸性条件下容易随同水蒸气挥发，pH 为 2.8（25%饱和水溶液），难溶于水，易溶于乙醇。由于苯甲酸难溶于水，所以一般在使用中都用其钠盐。其防腐效果与苯甲酸相同。苯甲酸及其盐在酸性条件下对细菌的抑制作用较强，pH 为 3 时抑制作用最强，对酵母和霉菌的抑制效果较弱。

2）用途。我国允许在酱油、醋、果汁中最大使用量为 1%，在酱菜、甜面酱、蜜饯等中为 0.5%，在汽水、汽酒中为 0.2%（以苯甲酸计），在葡萄酒、果酒、软糖为 0.8g/kg。苯甲酸 1g 相当于苯甲酸钠 1.18g。

3）使用注意事项。由于苯甲酸在水中溶解度低，故实际多是加适量的碳酸钠或碳酸氢钠，用 90℃以上热水溶解。若必须使用苯甲酸，可先用适量乙醇溶解后再用。苯甲酸最适抑菌 pH 为 2.5～4.0。pH 低时抑菌能力提高，但在酸性溶液中其溶解度降低，故不能单靠提高酸性来提高其抑菌活性。

（2）山梨酸及其钾盐　山梨酸又名花楸酸。

1）性状。山梨酸为无色针状结晶或白粉末状结晶，无臭或稍带刺激性气味，耐光，耐热，但在空气中长期放置，易被氧化变色而降低防腐效果。山梨酸微溶于水，而溶于有机溶剂，所以多用其钾盐。

山梨酸对霉菌、酵母和好气性细菌均有抑制作用，但对嫌气性细菌与嗜酸杆菌几乎无效。其防腐效果随 pH 升高而降低。pH 为 8 时丧失防腐作用，适用于 pH 在 5.5 以下的食品防腐。山梨酸能与微生物酶系统中的巯基结合，从而破坏许多重要酶系，达到抑制微生物增殖及防腐的目的。

山梨酸是一种不饱和脂肪酸，在机体内正常地参加代谢作用，氧化生成二氧化碳和水，所以几乎无毒，是一种比较安全的防腐剂。

2）用途。用于肉、鱼、蛋及禽类制品，最大使用量为 0.075g/kg；用于果蔬类保鲜、碳酸饮料为 0.2g/kg；用于胶原蛋白肠衣、低盐酱菜、蜜饯、果汁（味）型饮料、果冻、葡萄酒及果酒为 0.6g/kg；用于酱油、食醋、果酱、氢化植物油、软糖、鱼干制品、豆制食品、糕点馅、面包、蛋糕、月饼、即食用海蜇及乳酸饮料为 1.0g/kg；用于食品工业塑料桶装浓缩果蔬汁为 2g/kg。

3）使用注意事项。配制山梨酸溶液时，可先将山梨酸溶解在乙醇、碳酸氢钠或碳酸钠的溶液中，随后再加入食品中。

山梨酸用于需要加热的产品时，为防止山梨酸受热挥发，应在加热过程的后期添加。

山梨酸在食品被严重污染、微生物数量过高的情况下，不仅不能抑制微生物繁殖，反而

会成为微生物的营养物质，加速食品腐败，因此，应特别注意食品卫生。

山梨酸与山梨酸钾同时使用时，以山梨酸计不得超过最大使用量，不得延长保质期。由于1%山梨酸钾水溶液的pH为7～8，可使食品pH升高而不利于抑菌。

（3）对羟基苯甲酸酯类

1）性状。对羟基苯甲酸酯为无色结晶或白色结晶粉末，是苯甲酸的衍生物，几乎无臭、无味，稍有涩味，难溶于水，可溶于氢氧化钠溶液及乙醇、乙醚、丙酮、冰醋酸、丙二醇等溶剂。其防腐效力较山梨酸和苯甲酸大。

对羟基苯甲酸酯类对霉菌、酵母和细菌有广泛的抗菌作用。对霉菌、酵母的作用较强，但对细菌特别是对革兰氏阴性杆菌及乳酸菌的作用较差。其烷基链越长抗菌作用越强。其抑菌作用不像酸性防腐剂那样受pH的影响，一般在pH为4～8时效果较好。

2)用途。对羟基苯甲酸乙酯(以对羟基苯甲酸计)用于果蔬保鲜的最大使用量为0.012g/k，食醋为 0.10g/kg，碳酸饮料为 0.20g/kg，果汁（果味）型饮料、果酱（不含罐头）、酱油及酱料为0.25g/kg，糕点馅为0.5g/kg，蛋黄为0.20g/kg。

3）使用注意事项。以上三种防腐剂安全性顺序为：山梨酸类>对羟基苯酸酯类>苯甲酸类。从防腐效果来看，大体上对羟基苯甲酸酯类的抗菌作用比山梨酸和苯甲酸强。但对羟基苯甲酸酯类水溶性差，使用时通常将它们溶于氢氧化钠、乙酸或乙醇，使用不当效果反而降低。

2．影响防腐剂防腐效果的因素

为了有效地使用防腐剂，最大限度地发挥其防腐能力，有必要对影响防腐效果的因素加以讨论。

（1）pH　苯甲酸及其盐类、山梨酸及其钾盐均属于酸性防腐剂。食品pH对酸性防腐剂的效果有很大影响，pH较低效果好。一般地说，苯甲酸及苯甲酸钠适用于pH4.5～5范围，山梨酸及山梨酸钾适用于pH5～6范围，对羟基苯甲酸酯类适用于pH4～8。

（2）溶解与分散　防腐剂应该完全溶解和均匀分散在食品中，才能全面发挥作用。如果分散不均匀，有的部位过少则达不到防腐效果，有的部位过多甚至会超过使用卫生标准。同时，还要注意防腐剂在食品不同相中的分散特性，如在油与水中的分配系数，这点对于高比例油水体系的防腐很重要，如果微生物开始出现于水相，而使用的防腐剂大量分散在油相时，就可能起不到防腐作用。

（3）食品的染菌情况　食品染菌数量的多少及所染微生物种类等对防腐剂的效果也有很大影响。在使用等量防腐剂的情况下，食品染菌情况越严重，则防腐效果越差。因此，应尽可能减少食品的染菌可能性和染菌程度，一般情况下，加热可增强防腐剂的防腐效果，在加热杀菌时加入防腐剂，杀菌时间可以缩短。

技能训练（选做）

训练一　色素、香精与调味剂的应用

（1）实验目的和要求

1）掌握食品色素、香精和调味剂的使用浓度范围及化学稳定性。

2）掌握食品配方设计的方法。

（2）实验内容

1）进行食品色素、香精和调味剂的特性试验。

2）配制一种可口的饮料。

（3）仪器和试剂

仪器：分析天平、滴瓶、容量瓶、烧杯、吸管。

试剂：各种香精、色素、苹果酸、乳酸、酒石酸钾、磷酸、糖精、甜蜜素、白糖、味精。

（4）实验步骤

1）确定色素在不同 pH 和不同温度条件下的显色和稳定性。按下表进行实验，比较其显色好坏与显色稳定性：

用量（50ppm）	pH2～4	pH6～7	pH9～10	结论
常温				
温水加热 30min 立即冷却到室温				

2）确定各种酸的最佳使用浓度并选择合理的组合酸型。按下表进行实验，比较口感强弱：

条件	1%	0.1%	0.01%	结论
柠檬酸				
酒石酸				
苹果酸				
乳酸				
磷酸				

按下表进行实验，确定组合酸的方案：

组合酸	组合 1	组合 2	组合 3	结论
酸的浓度				
风味特点				

3）研究常用甜味剂的使用浓度。配制各种常用甜味剂溶液 100ml，蔗糖、甜蜜素、糖精浓度分别为 10%、1%、0.1%。品尝。逐步稀释找出其甜度，并比较其风味特点。

4）配制一种可口饮料。使用以上食品添加剂，配制 500ml 饮料，做到色香味俱全。

训练二　复合膨松剂的配制及其性能测试

（1）实验目的

1）掌握配制复合膨松剂的基本原则。

2）掌握测定膨松剂质量的简易方法。

（2）实验内容

1）测定酸性物质的中和值。

2）配制一种复合膨松剂。

3）膨松剂的测定与应用。

（3）仪器和试剂

仪器：滴定装置、蒸煮设备。

试剂：邻苯二甲酸氢钾、氢氧化钠、酒石酸氢钾、碳酸氢钠、面粉、淀粉、酚酞指示剂。

（4）实验步骤

1）配制 500ml 的 0.1mol/L 的 NaOH 溶液。

2）用邻苯甲酸氢二钾标定 NaOH 溶液：称取邻苯甲酸氢二钾 0.4g 左右，加入 20～30ml 水溶解，再加入 2～3 滴酚酞指示剂，直接用 NaOH 滴定。

$$n\text{（NaOH）}=100M/204.23V\text{（NaOH）}$$

其中 M 表示邻苯甲酸氢二钾的重量（g）。

3）用 NaOH 溶液滴定酒石酸氢钾和磷酸二氢钙。

称取酒石酸氢钾和磷酸二氢钙分别为 0.2g、0.12g 左右，滴定方法同上。

4）计算中和值。计算公式为：

$$\text{某酸性盐的中和值}=n\text{（NaOH）}V\text{（NaOH）}\times 84.01\times 100/1000W$$

其中 W 为某酸性盐的重量（g）。

（5）配制复合膨松剂

1）碳酸氢钠的用量占总量 30%。

2）至少用两种酸性膨松剂，分别中和碳酸氢钠为 1:1。

3）每组配制两种复合膨松剂各 3g，先计算好再准确称量。

4）复合膨松剂要充分研碎，便于分散混匀。

（6）实用验证复合膨松的效果

1）每组称量两份面粉各 100g。

2）把两种复合膨松剂各 3g 分别加入到两份面粉中混合均匀。

3）加入适量温水，揉匀成面团。

4）做成小馒头等形状，放入蒸煮锅内蒸熟（约 20 分钟）。

5）比较两种复合膨松剂的膨松效果或跟其他同学的比较。

拓展知识

《食品添加剂使用卫生标准》常见问题

（1）什么是食品添加剂的最大使用量？

食品添加剂使用时所允许使用的最大添加量。如果超过《食品添加剂使用卫生标准》中规定的最大使用量，应按照《食品添加剂卫生管理办法》规定，向卫生部提出审批。卫生部批准后方可使用。

（2）什么是食品添加剂的残留量？

食品添加剂或其分解产物在最终食品中的允许残留水平。如果按照标准检测方法检出食品添加剂的残留量超过《食品添加剂使用卫生标准》规定的残留量水平则是违法的。

（3）食品添加剂使用时应符合什么基本要求？

不应对人体产生任何健康危害；不应掩盖食品腐败变质；不应掩盖食品本身或加工过程

中的质量缺陷或以掺杂、掺假、伪造为目的而使用食品添加剂；不应降低食品本身的营养价值；在达到预期的效果下尽可能降低在食品中的用量；食品工业用加工助剂一般应在制成最后成品之前除去，有规定食品中残留量的除外。

（4）什么情况下可以使用食品添加剂？

保持食品本身的营养价值；作为某些特殊膳食用食品的必要配料或成分；提高食品的质量和稳定性，改进其感官特性；便于食品的生产、加工、包装、运输或者贮藏。

（5）《食品添加剂使用卫生标准》范围是什么？

《食品添加剂使用卫生标准》规定了食品添加剂的使用原则、允许使用的食品添加剂品种、使用范围及最大使用量或残留量。该标准适用于所有的食品添加剂生产、经营和使用者。

（6）营养强化剂属于食品添加剂吗？它有哪些使用规定？

食品添加剂的定义中已经明确规定，营养强化剂包括在食品添加剂内。其使用应符合《营养强化剂使用卫生标准》（GB14880）和相关规定。

习　题

一、名词解释

抗氧化剂　漂白剂　增稠剂　食品添加剂　乳化剂　膨松剂　防腐剂

二、判断题

（1）烹饪用调料都是人工合成的。（　）

（2）天然调料都是来源于动物和植物。（　）

（3）食盐在烹饪中只起调味的作用。（　）

（4）膨松剂不是食品添加剂，一般只工业上用。（　）

（5）凝固剂多用于豆制品的加工。（　）

（6）食品中加入防腐剂是食物保鲜的主要途径。（　）

（7）琼脂不具有增稠效果，一般只作微生物的培养基。（　）

（8）木瓜蛋白酶是从木瓜果实中提取的植物蛋白酶。（　）

（9）国家对食品添加剂的加入量没有统一的标准，可以根据情况自己酌情添加。（　）

（10）抗坏血酸是油溶性抗氧化剂。（　）

三、简述题

（1）食品添加剂有什么作用？食品添加剂应满足哪些要求？

（2）简述各类食品调味料的特点及在烹饪中的应用。

（3）简述调香料的种类及应用特点。

（4）食品添加剂的种类有哪些？

（5）结合生活实例，说明膨松剂在食品烹制过程中的应用。

第十四章　辅助烹饪原料

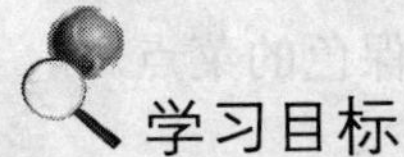

学习目标

（1）熟悉烹饪用油的种类。

（2）掌握主要烹饪用油的烹饪特点和烹饪应用。

（3）掌握烹饪用油的品质鉴定和贮藏技术。

（4）了解烹饪用水的要求和水在烹饪中的作用。

重点与难点

烹饪用油的特点、品质鉴定和贮藏技术。

考核要点

各种烹饪用油的使用和贮藏。

辅助烹饪原料是指在烹饪中除烹饪主要原料、辅料和调料外，起辅助作用的其他原料，主要包括烹饪用油和烹饪用水。辅助原料不构成菜点的主体，但却是菜点制作工艺及形成菜点风味特色不可缺少的一类原料。

第一节　烹 饪 用 油

烹饪用油指烹饪过程中所用到的油脂，即食用油脂。食用油脂是指油和脂肪的总称，习惯上将常温下呈液态的称为油，常温下呈固态的称为脂。油脂与蛋白质、糖类一起构成人类三大供能营养素。油脂在烹饪中是良好的传热介质，是菜品制作工艺及形成菜点风味特色不可缺少的辅助原料。

一、烹饪用油的种类和特点

根据食用油脂的制作方法及来源分为植物油、动物油脂、改性油脂及油脂加工品。

1．植物油

植物油主要是从植物的种子和果实中提取出来的，常温下是液体状态，按加工状态的不同分为粗制油、精炼油、色拉油三种规格。

粗制油：又称毛油，是将油料作物的种子、果实部位和部分粮食作物的含油部位经过加工处理制取的油。此类油色泽较深，浑浊，杂质较多，加热后起沫，沸腾后起黑烟，且易产生呛人的气味。

精炼油：将毛油经水洗、碱炼等加工方法处理后，其溶剂残留物或其他有害物质已基本去除，油色较浅，液体澄清，可食用。

色拉油：将精炼油经过脱色、脱味处理后形成的无色液体，多用于需要保色的菜点。

常见的植物油有以下几种。

（1）豆油　豆油是从大豆中提取的，是我国北方的主要食用油脂之一。冷榨法或浸出法制得的油颜色较浅，生豆味淡；热榨出油，色泽较深，伴有较浓的生豆气味。豆油的品质以色泽淡黄、生豆淡味、油液清亮、不浑浊、无异味者为最佳。

（2）菜籽油　菜籽油又名菜油，是用油菜和芥菜等菜籽加工制取的植物油，具有菜籽的特殊气味和辛辣味。按加工质量等级可分为普通菜籽油、粗制菜籽油和精制菜籽油。普通菜籽油色泽呈浅黄色或琥珀色，有涩味，属半干性油类；粗制菜籽油色泽呈黑褐色；精制菜籽油色泽呈黄金色。菜籽油以色泽黄亮、气味芳香、油液清澈不混浊、无异味者为佳。

（3）花生油　花生油是用花生的种子加工榨出的植物油，凝固点较高，属半干性油类。花生油因加工方法的不同可分为冷榨花生油和热榨花生油两种。冷榨的花生油色泽浅黄，味道和气味均佳；热榨油的色泽橙黄，味道不如冷榨油，但出油率较高，且有炒花生的香味。花生油熔点较低，夏季是透明液态，冬季则为黄色半固体状态。花生油的品质以透明清亮、色泽浅黄、气味芬芳、无水分、无杂质、不浑浊、无异味者为佳，在烹饪中广泛用于炒、煎、炸等技法的菜肴中。花生油主要产于华东和华北地区。

（4）芝麻油　芝麻油又称麻油、香油，是用芝麻的种子加工榨出的植物油，按加工方法分为冷榨麻油、大槽麻油和小磨麻油三种。冷榨麻油为冷压制成，色泽金黄，无香味；大槽麻油为土法冷压制成，香气不浓，色泽较浅，不宜生吃；小磨香油是在采用传统的工艺方法炒熟芝麻后压榨而制成的，具有浓郁的香味，呈红褐色，质量较好，多可熟吃。芝麻油的品质以色质光亮、香味浓郁、无水分、无杂质、不涩口、不浑浊为佳。芝麻油在烹饪中常作为调香料，起去腥、增香、和味以及滋润菜品的作用。芝麻主要产于我国的河南、河北、湖北等省。

（5）棉籽油　棉籽油是从棉子中提取的。粗制油为红褐色，精制油为浅黄色。棉籽粗制油中含有毒素棉酚，不宜食用，精炼后方能食用。棉籽油属半干性油脂，凝固点较高。棉籽油由各种脂肪酸组成，其中亚油酸等不饱和脂肪酸含量较高，在冬季较低温下有沉淀析出，在烹饪中常用做冷菜的凉拌油脂。棉籽油主要产地为华中和华北地区。

（6）葵花子油　葵花子油是食用向日葵种子加工制取而成的，呈琥珀色，精炼后呈金黄透明的颜色，并有一种特殊的清香气味，其熔点较低。葵花子油以颜色淡、清澈明亮、味道芳香、无酸败异味者为佳。葵花子油含有的天然抗氧化剂较少，稳定性差，不宜久贮。

（7）米糠油　米糠油是从米糠中提取的。粗制的油色泽较暗，质量差，并有浓厚的米糠味；精炼的油色泽清淡、气味芳香、无异味、熔点低、热稳定性好，最适合高温煎炸食品。米糠油的滋味纯正，也适于凉拌菜肴。米糠油中含不饱和脂肪酸高达 80%，油酸和亚油酸的含量也较高，此外还有较丰富的生育酚和B族维生素，消化率极高，是营养价值最高的食用油之一。

（8）玉米油　玉米油是从玉米胚中提取的，色泽淡黄透明，清香浓郁，口感淡雅，滋味纯正。它的稳定性较好，适合于高温煎炸。其凝固点较低，低温下色泽清亮，而且滋味和香味不变，是一种良好的凉拌油。玉米油营养价值较高，含有较多的天然氧化剂，稳定性较好。玉米油含有的叶黄素和叶红素难以去除，颜色较深一些。

（9）棕榈油　棕榈油是以新鲜的棕榈果实为原料采用冷榨的方法加工制成的油脂，色泽淡黄，澄清透明，香气清新。市售的棕榈油是从马来西亚和新加坡等地进口的，均为精炼油，不含生物毒素，质量基本稳定。棕榈油不含胆固醇，是人造黄油、奶油、起酥油的重要原料。棕榈油含有丰富的维生素A、维生素E，营养价值较高。棕榈油发烟点较高，不宜长时间加热使用。

（10）可可脂　可可脂是从可可豆中提炼出来的油脂，呈浅黄色，澄清透明，具有特殊的香味，入口即化，无油腻感，营养价值较高。可可脂在27℃以下为固体，但随着温度的提高迅速融化，到35℃时全部融化。可可脂具有良好的氧化稳定性，适宜制作一些风味独特的糕点，不宜加热使用。

（11）橄榄油　橄榄油是将橄榄的果实用压榨法预榨，并将压榨的油粕用浸出法制取的油脂。橄榄油的外观为浅黄色，黏度较小，具有一种特殊的令人产生愉快感的香味和滋味。它在温度较低（10℃左右）时仍然保持澄清透明。橄榄油中不饱和脂肪酸的含量较高，因此营养价值较高。橄榄油是一种理想的烹饪用油，在制取过程中没有添加防腐剂，且不需精制即可食用，因此其营养损失小；又因无黄曲霉素的污染，食用安全性高，品位高于豆油、花生油、菜油。由于其稳定性好，不易氧化，耐储存，甚至在普通情况下储存几年也不会变味，所以广泛用于加工鱼、肉罐头。橄榄油同样适用于高温烹炸及凉拌，尤其适合制作沙拉等冷拌食品时使用。

（12）茶油　茶油是从油茶的种子中提取出的植物油脂，是我国特产油脂之一。油茶子最好是去皮后制油，否则种皮和仁壳中的有色物质会进入油中，使茶油的色泽加深、品质下降。优质茶油的色泽为浅黄色，澄清透明，气味清香。茶油的熔点较低（-15～10℃），故冬天仍为很好的液体状。

（13）椰子油　椰子油为白色或淡黄色的油脂，因所含饱和脂肪酸很高，在室温下常为固态状，所以严格说，椰子油应称为椰子脂。天然的椰子油不像多数固体脂肪那样，随着温度的升高而逐渐软化，而是仅仅在几度的范围内由脆性固体直接转变为液体，这也是椰子油的一种特性。

椰子油是一种良好的食用油脂，经加工后可涂抹在糕点上食用，口味很好，风味也别具一格。同时，椰子油也是制作人造奶油的上等原料。

2．动物油脂

食用动物油脂通常是从动物脂肪组织中提取的，常温下是固态和半固态。烹饪中所用的动物油脂主要是猪脂、牛脂和鸡油。

（1）猪脂　猪脂俗称大油、猪油，是从猪的脂肪组织板油、肠油和皮下脂肪层肥膘中提取的，其中以板油提取的猪油质量最好。其品质以液态时透明清澈，固态时色白质软、香而无异味者为佳。猪油可塑性强、起酥性好，在烹饪中广泛应用于炸、炒等技法菜肴及糕点的

制作。猪油内含的天然抗氧化剂少，极易被氧化，不宜长久贮存。

（2）牛脂　牛脂是从牛的脂肪组织中提炼出来的油，颜色呈淡黄色或黄色，在常温下是硬块状态。牛脂中含有大量饱和脂肪的，其熔点较高，约为42～52℃，食用口感不太好，而且人体消化吸收率较低。在烹饪中一般不直接利用牛脂来制作菜肴和糕点，但其可用做人造奶油和起酥油的原料。牛骨髓油具有独特的醇厚脂香，多用于油炒面。

（3）鸡油　鸡油是由鸡腹内脂肪加工制成的，色泽金黄，油质清澈，鲜香味浓，常温下为半固态状。鸡油一般采取蒸制法，蒸至鸡油溢炼出杂质和水分即可。其在烹饪中常作为佐料，用以增加菜肴的色泽及滋味。

3．改性油及油脂加工品

改性油是基于天然油脂较多的杂质含量，而对其进行的改性，进而改变其化学组成和物理性质，使油脂具备更好的可塑性、起酥性、乳化性、速溶性和氧化稳定性，从而使食品品质获得最佳的效果。

（1）氢化油　氢化油又称硬化油，多以豆油、花生油、椰子油、棉子油、葵花子油等原料经氢化作用，使不饱和脂肪酸得到饱和，变成固体油。氢化油色泽为蓝白色或淡黄色，无臭无味，其可塑性、乳化性、起酥性和稠度都优于一般的油脂。氢化油不含胆固醇，常代替猪脂、牛脂等动物脂肪。

（2）奶油　奶油又叫白脱油，是从牛奶中分离加工制成的，它以独特的芳香和高营养而为人们所喜爱。优质的奶油为透明状、淡黄色。用刀切开时，刀面光滑，不出水滴，入口细腻，即可融化，是制作糕点特别是西式糕点的重要原料。奶油不是单纯的油脂，而是由80%左右的油脂、16%左右的水分和少量其他成分组成。奶油中的水分以极小的液滴分散于脂肪中，以乳脂肪中的磷脂为乳化剂，形成"油包水"的稳定结构。此外奶油中还含有少量的空气，具有良好的可塑性，是西式糕点裱花中不可缺少的原料。奶油中除含有脂肪外，还有蛋白质、糖分、维生素A、维生素E等营养成分。

（3）人造奶油　人造奶油又称麦淇淋，是以植物油为原料，通过加入氢气和催化剂，使含有双键的不饱和脂肪酸与氢发生加成反应，形成饱和脂肪酸，提高油脂的熔点，使油脂硬化，通过加入乳化剂、色素、维生素、食盐、防腐剂、香味剂等经过乳化冷却制造而成。其具有良好的可塑性、冲气性、延展性和口熔性，不含胆固醇。在烹饪中主要用来制作糕点，也可将其涂抹在面包上食用，在西餐菜肴的制作中，还用于肉类和蔬菜的菜肴制作。

（4）起酥油　用精炼的动植物油脂、氢化油或这些油脂的混合物，添加各种乳化剂，经速冷、捏合加工制出的油脂制品称为起酥油。其特性主要是具有起酥性、酪化性和稠度。起酥油主要用于食品工业的面包、糕点、焙烤点心的制作及欧美油炸食品中。

（5）高级烹调油　高级烹调油是普通植物油经脱胶、脱酸、脱色、脱臭，必要时经脱蜡等工序精制而成的高级食用油。色拉油是植物毛油经脱胶、脱酸、脱色、脱臭，必要时经脱蜡、冬化等工序精制而成的高级食用油。

高级烹调油色较浅，滋味和气味良好，酸价低（要求在0.6以下），稳定性好，贮藏过程中不易变质，炒菜和煎炸时不易氧化、热分解、热聚合等。

色拉油在0℃保存5.5小时后仍能保持透明状，长期在5～8℃时不失流动性。

高级烹调油可用于家庭和餐馆炒菜，也用于油炸食物，但通常是用于油炸后立即食用的食品。色拉油可生吃，是用于凉拌，制作人造奶油、蛋黄酱和家庭手工调制沙拉的上乘油脂，还可用于油炸即食食品。

（6）调和油　调和油是两种或两种以上的优质食用油经科学调配而成的一种食用油脂。调和油的主要原料是高级烹调油和色拉油。调和油油质清澈明亮，气味良好，品质卫生，营养丰富，不含黄曲霉素，不含胆固醇，含丰富的维生素 E 及高度不饱和脂肪酸。

调和油有以下主要品种。

1）风味调和油：根据人们爱吃花生油、香油的习惯，可以把菜籽油、米糠油、棉籽油等经全精炼，然后与香味浓郁的花生油或香油按一定比例调和，以“轻味花生油”等形式供应市场。

2）营养调和油：利用玉米胚芽油、葵花子油、红花子油、米糠油、大豆油可配制成亚油酸和维生素 E 含量都高的营养健康油，以供高血压、冠心病患者以及患必需脂肪酸缺乏症者食用；或者调配成脂肪酸比例平衡的具有一定营养功能的食用油。

3）煎炸调和油：利用氢化油和经全精炼的棉子油、菜籽油、猪油或其他油脂调配脂肪酸组成平衡、起酥性能好、烟点高的煎炸油。

调和油可用于煎、炸、炒、烹等菜肴的制作，也可不经加热直接食用，如凉拌等。

（7）蛋糕油　蛋糕油是一种由多种乳化剂和稳定剂复合制成的，具有多项功能的蛋糕添加剂。蛋糕油用于蛋糕生产中，可缩短传统的打蛋时间，将过去调制蛋糕面糊的多道工序减至一道工序，大大提高了生产效率，蛋糕的感官品质也因之得到相应的提高。例如，它可使蛋糕的质地更加细腻、松软，组织均匀、细密、湿润，保鲜期延长等。

（8）植脂鲜奶油　植脂鲜奶油是以植物脂肪（主要是氢化棕榈仁油）为主要原料，添加乳化剂、增稠稳定剂、蛋白质原料、防腐剂、品质改良剂、香精香料、色素、糖、玉米糖浆、盐和水，通过改变原辅料的种类和配比加工制成的制品。目前，颇受消费者青睐的各种裱花生日蛋糕就是用植脂鲜奶油进行艺术装饰的。

植脂鲜奶油由于脂肪含量低，故用其制作的蛋糕爽口、不腻，内部组织均匀细腻、松软有弹性，口感好，促进食欲，特别适合老年人及儿童食用。动物鲜奶油因脂肪含量高，入口油腻。植脂鲜奶油在风味和物理状态上与动物鲜奶油相似，保持了动物鲜奶油的特殊风味。用其制作的蛋糕余香独特，回味悠长，裱花图案不干裂、不塌陷、不变形，图案表面洁白如玉，有光泽。

（9）粉末油脂　粉末油脂的外观为粉末状的固体，它是由食用油脂的微粒被蛋白质胶状物包裹而形成的。粉末油脂是以液体油或固体脂与水、蔗糖、乳化性大豆蛋白质为原料，分别经过溶解或融解加热，再经过乳化、喷雾干燥、冷却等工序制成的。粉末油脂的特征是油脂的粒子被胶体物质所包裹，与外界空气隔断，因而可以长期保存。此外，粉末油脂不往外透油，能够保持很好的干燥原形，很容易与其他食物进行混合。粉末油脂是兼有油脂和蛋白质机能的新型油脂产品。由于它将油脂与蛋白质制成为均匀的粉末状形式，不仅增加了营养价值，且对改善食品的色、香、味、形有着明显的作用。

二、烹饪用油的油脂成分

食用油脂的主要成分是由多种脂肪酸形成的甘油三酯，此外还含有少量游离脂肪酸、磷脂、色素和维生素、甾醇等。

1．甘油酯

食用油脂的主要成分为甘油酯，其中除少量甘油一酯和甘油二酯外，主要是甘油三酯。构成甘油三酯的三个酯键上连接的脂肪酸若相同，则称为单纯甘油酯；三个脂肪酸若不同，则称为混合甘油酯。在天然食用油脂中绝大多数为混合甘油酯。

2．脂肪酸

油脂中含有一部分以游离脂肪状态存在的脂肪酸。脂肪酸按其分子中有无双键可分为饱和脂肪酸和不饱和脂肪酸两类。食用油脂中的饱和脂肪酸主要有软脂酸（如猪油中）、硬脂酸（如牛、羊油中）和月桂酸（如椰子油中）等；不饱和脂肪酸主要有油酸、亚油酸、亚麻酸、花生四烯酸等。

3．磷脂

磷脂是由一分子甘油与两分子脂肪酸及一分子磷酸形成的化合物，主要有卵磷脂、脑磷脂、神经鞘磷脂等。其中卵磷脂是良好的乳化剂，在烹饪中运用较广。

4．色素

纯净的油脂是无色的，但各种粗制油中因溶解有一些脂溶性色素而呈现不同的颜色，如绿色的叶绿素、黄色的叶黄素、橙色的胡萝卜素、橘色的叶红素、棕色的棉酚等。

5．维生素

食用油脂中含有的维生素为脂溶性维生素，包括维生素 A、维生素 D、维生素 E、维生素 K 等。在植物油脂中维生素 E 较多，维生素 A、维生素 D、维生素 K 较少；在动物油脂中维生素 A、维生素 D、维生素 K 较多，维生素 E 较少。

三、油脂在烹饪中的应用

食用油脂的主要特点是沸点高，温度变化范围广，能适应多种烹调技法的要求。其加热温度稳定，使原料受热均匀，烹调时间迅速。使用油脂烹饪是各风味菜系常用的一种加工手段。具体来讲，油脂在烹饪过程中主要有以下作用。

1．导热作用

食用油脂的沸点高，传热速度快，加热后易得到相对稳定的温度，是烹饪中良好的传热介质。在加热过程中，油温上升很快，上升的幅度也较大，若停止加热或减小火力，其温度下降也较迅速，这样就便于烹饪过程中火候的控制和调节，并适于多种烹调技法的运用。此外，食用油在加热后能储存较多的热量，在煎、炸、炒时，能将较多的热量迅速而均匀地传给食物，这是用油加工烹制菜点能迅速成熟的原因。用油脂烹调，有利于菜点色、香、味、形、质等达到要求的最佳品质。

2．调色、赋香作用

大多数食用油脂都有一定的色泽，在烹调过程中，其中一些脂溶性色素部分粘连，会吸附在烹制食物的表面使其着色。煎炸食品表层的金黄色或黄红色，就是在高温油脂导热的情况下，食物中所含的羰基化合物（如糖类）与含氨基化合物（如蛋白质）发生化学反应而变化的结果。烹饪中有时也利用油脂与一些富含脂溶性色素的原料共同加热熬炼，使得这些原料中的色素被部分溶解出来，均匀地分布于油脂中。它们被称为色泽鲜艳的油脂，如辣椒油、咖喱油等，用于凉制菜肴或在菜肴出锅前或出锅后淋浇在菜肴上以增加菜肴的色泽。此外，食用油脂本身光亮滋润，也能使菜肴增加一定光泽。

经食用油脂烹调的菜点，其香气都很浓郁，食用时更觉香气扑鼻，这是由于食用油脂具有赋香的作用。首先，油脂在加热后会产生游离脂肪酸和具有挥发性的醛类、酮类化合物，从而使菜肴具有特殊香味。其次，原料中的碳水化合物和蛋白质在油脂的高温作用下，产生各种香气物质，使食品的香气更为突出。另外，食用油脂还是芳香物质的溶剂，甘油对亲水性呈味物质具有较多的亲和能力，脂肪酸也具有对疏水性香味物质的亲和能力。因此，食用油脂可将加热形成的芳香物质由挥发性的游离态转变为结合态，使菜点的香气和味道变得更加柔和协调。在烹饪中，人们常将一些香辛料与植物油一同熬炼成香气强烈的调香油脂，如将花椒、五香粉、丁香等香料与植物油一同熬炼后，分别形成各具特色的花椒油、五香油、丁香油等，它们都具有强烈的芳香，尤其适用于冷菜及某些面点、小吃中，以达到增香、调香的效果。

3. 滋润作用

食用油脂在菜点烹调过程中常作为润滑油而广泛应用。例如，在烹调时，原料下锅一般都需要少量的脂肪滑锅，防止原料粘锅或原料之间相互粘连，以保证菜肴质量；上浆的原料在下锅前加些油，利于原料在滑油时容易散开，便于成形；在面包制作中，常加入适当的油脂以降低面团的黏性，便于加工操作，并增加面包制品表面的光洁度、口感和营养；在面点加工中使用容器、模具、用具时，为防止粘连，都要在其表面涂抹一层油脂。

4. 起酥作用

食用油脂是一些点心制作不可缺少的主要原料，如以油酥面团制作的点心，必需掺入一定比例的油脂，按一定的操作程序和要求进行操作加工，才能使制成品起酥并层次清晰，达到应有的质量标准。这是因为食用油脂具有一定的黏性和表面张力，当面粉内掺入油脂，面粉颗粒就被油脂包围而粘连在一起，但因油脂的表面张力强，不易化开，须经反复搓擦，才能扩大油脂与面粉颗粒的接触，增强油脂的黏性，从而与面粉结合成面团。酥面仅依靠油脂的黏性结合成团，所以比较松散，形成了与实面不同的性质，即起酥性。

5. 乳化作用

油水本是互不相溶的，但借助于磷脂一类表面活性物质，可以在一定条件下，将油脂以极细小油滴的形式稳定地悬浮在汤液中，从而形成菜肴中很受欢迎的“奶汤”。

四、食用油脂的品质检验及保管

1. 油脂的品质检验

油品品质的检验方法有很多，其中简单、实用的油脂品质检验多采用感官鉴别的方法，一般从气味、滋味、颜色、透明度、水分、沉淀物等方面进行观察鉴别。

（1）气味　各种油脂都具有各自特有的气味。无异味为品质较好的油脂。气味鉴别一般有以下几种方法：一是在盛装油脂的容器开口的瞬间用手在瓶口扇动，用鼻子挨近容器口，

闻其气味；二是取一两滴油样放在手掌或手背上，双手靠拢快速摩擦至发热闻其气味；三是用不锈钢勺取一定油样，加热到50℃左右闻其气味。

（2）滋味　每种油脂都具有各自独特的滋味。质量好的油脂无异味，变质的油脂常会有酸、苦、辛辣的滋味。

（3）色泽　油脂的色泽与多种因素有关。每种油脂都有其不同的色泽，这主要取决于原料中的色素的含量、油料籽粒品质的好坏、加工的方法、精炼的程度及贮藏过程中的变化。一般色泽越浅，质量越好。

（4）透明度　油脂的透明度是鉴别油脂质量最直观的方法，一般而言，优良的油脂应该是透明的，如果油脂中含有碱脂、类脂、蜡脂或含水量较大时，就会出现浑浊，使透明度降低。除小磨香油允许微浑浊外，其他植物油脂要求清亮透明，无悬浮物。

（5）沉淀物　油脂中沉淀物的出现与油脂的加工方法有关。油脂在加工过程中混入的机械杂质和碱脂、蛋白质、脂肪酸黏液、树脂、固醇等非油脂物质，会在一定条件下沉入油脂的下层，成为沉淀物。优良的油脂应无任何沉淀物。

（6）水分和杂质　水分是影响油品质量的重要因素。油脂中的碱脂、固醇和其他杂质能吸收水分，形成胶体物质悬浮于油脂中，油脂中的水分和杂质含量过多时，不仅降低其品质，还会加速油脂水解和酸败，影响油脂贮存的稳定性。

动物油脂表面应干燥、不发黏、无霉变、无酸败味及污秽的色泽。例如，猪的脂肪应是白色、半软状，具有独特的香味。牛脂呈淡黄色，纯净而具有特殊气味，冬季为白色、固态。各种优质的动物油脂不应有斑、污垢、哈喇和苦涩味，融化后应透明清澈，具有各种动物脂肪所特有的气味和滋味。

2．食用油脂的贮存保管

油脂的贮存一定要注意避免受温度的影响，避免日光的直接照射，减少与空气的长期接触，避免使用易被氧化的金属容器和塑料用具，应保持卫生清洁。使用过的油脂不能久放或反复使用，特别是动物油脂，一旦发现酸败应立即停止加热熬炼，尽快用完。一般而言，采用低温贮藏效果较好。

第二节　烹饪用水

水是烹饪过程中十分重要的辅助原料，烹饪用水是指必须符合饮用水质标准的淡水，包括自来水，河、湖、泉、涧的淡水和雨水、雪水（经净化处理后），有些地方的井水、窖水经过适当的处理也可作为烹饪用水。

一、水在烹饪中的作用

1．传热作用

水的物理性质决定了它是良好的传热介质。水的比热容大，导热性能好，水气加热后，热量就会靠对流的作用，迅速而均匀地进行传递，使原料能均匀地受热。当使用高压锅时，水的沸点随外界压力的增大而升高，能使水的温度高于 100℃，原料能获得更多的热量，从而缩短煮制的时间。

2．溶解作用

烹饪中很多原料都具有水溶性，水的存在可以溶解许多原料或改变其化学、物理物质。例如，蛋白质、脂肪、多糖等以胶体溶液、悬浊液或乳状液的形式分散在水中，改变了物理性质。又如，调味品的互溶、需要过水的不良呈味物质，通过焯水或水浸亦可去除异味。

3．保持鲜嫩口感的作用

烹饪中水的作用可以影响菜肴的含水量，而菜肴的含水量对口感有较大的影响。菜肴质地老嫩，一方面与原料的含水量有关，另一方面，除原料本身的因素外，外部水分的补充也是重要的原因。因此当原料水分不足时，就可以通过浸泡、搅拌或其他方式使水分子与原料表面亲水性极性基团接触吸水，使其达到较嫩的质量要求。

二、水的种类和特点

1．天然水与人工处理水

按照水的来源可以将水分为天然水和人工处理水。

（1）天然水　天然水指自然界中原生态状态存在的水，包括雨水、雪水、江河湖水、井水等。这些天然水绝大多数都不是纯净物，或多或少有溶解的气体、矿物质、有机质和其他杂质，故大多不宜直接饮用及作烹调用水，需经净化处理后才能使用。部分来自深层的地下泉水质较好，可直接作为饮用水。

（2）人工处理水　人工处理水可分为自来水和新生水族两类。自来水是取自水质较好的天然水经沉淀、过滤，除去悬浮杂质并经过消毒处理后达到世界卫生组织水质标准的水，是主要的饮用和烹调用水。新生水族是近年来市场出现的磁化水、纯净水、矿化水、软化水等，这些水的水质好，但价格较高，一般只作为饮用水。

2．软水与硬水

水的硬度指水中含钙、镁、锰、铁等盐类的浓度。根据水的硬度大小可将水分为硬水和软水两大类。通常将 1.5～2.9mmol/L 的水称为软水，将 5.7～10.7mmol/L 的水称为硬水。自然界的饮用水中的雨水、江河湖塘等普通地面水属中硬度水，而多数地下水硬度偏高。

水的硬度能影响烹饪的效果，如用硬水沏茶、冲咖啡会有损于它们的风味，但用硬水腌菜可使蔬菜脆嫩，这是由于钙离子的渗入，把蔬菜细胞处于无序排列的果胶酶联结起来，形成结构有序的果胶钙酸，从而增大了腌制品的脆性。然而肉和豆类在硬度高的水中就不易煮烂，因此饮用及烹调用水必须进行软化处理。

水的硬度高低还与人体健康有着密切的关系。高硬度水中的钙、镁离子能与硫酸根结合，使水产生苦涩味，并会使人的胃肠功能紊乱，出现腹胀、排气、腹泻等现象。在加热时还会增加燃料的消耗，生成水垢等。因此我国对饮用水硬度规定为不超过 8.9mmol/L。

技能训练（选做）

训练 豆油的感官鉴定

（1）色泽鉴别 将样品混匀并过滤，然后倒入直径 50mm、高 100mm 的烧杯中，油层高度不得小于 5mm。在室温下先对着自然光线观察，然后置于白色背景前借其反射光线观察。冬季油脂变稠或凝固时，取油样 250g 左右，加热至 35～40℃，使之呈液态，并冷却至 20℃左右按上述方法进行鉴别。

良质大豆油——呈黄色至橙黄色。

次质大豆油——油色呈棕色至棕褐色。

（2）透明度鉴别 将 100ml 充分混匀的样品置于比色管中，然后置于白色背景前借反射光线进行观察。

良质大豆油——完全清晰透明。

次质大豆油——稍混浊，有少量悬浮物。

（3）水分含量鉴别 对大豆油进行水分的感官鉴别时，可用以下三种方法。

1）取样观察法：取干燥洁净的玻璃抽油管，斜插入装油容器内至底部，吸取油脂，在直射光下进行观察，如油脂清晰透明，水分杂质含量在 0.3%以下；若出现混浊，水分杂质 0.4%以上；油脂出现明显混浊并有悬浮物，则水分杂质在 0.5%以上。把抽油管的油放回原容器，观察抽油管内壁油迹，若有乳浊现象，观察模糊，则油中水分在 0.3%～0.4%之间。

2）烧纸验水法：取干燥洁净的抽油管，插入静置的油容器里直到底部，抽取油样少许，将其（底部沉淀物）涂在易燃烧的纸片上点燃，听其发出声音，观察其燃烧现象。燃烧时纸面出现气泡，并发出“滋滋”的响声，水分约在 0.2%～0.25%之间；如果燃烧时油星四溅，并发出“叭叭”的爆炸声，水分约在 0.4%以上；如果纸片燃烧正常，水分约在 0.2%以内。这种方法主要用于检查明水。

3）钢精勺加热法：取有代表性的油约 250g，放入普通的钢精勺内，在炉火或酒精灯上加热到 150～160℃，看其泡沫、听其声音并观察其沉淀情况。霉坏、冻伤的油料榨的油除外，如出现大量的泡沫，又发出“吱吱”响声，说明水分较大，约在 0.5%以上；如有泡沫但很稳定，也不发出任何声音，表示水分较小，一般在 0.25%左右。

良质大豆油——水分不超过 0.2%。

次质大豆油——水分超过 0.2%。

（4）杂质和沉淀鉴别 进行大豆油脂杂质和沉淀物的感观鉴别时，可用三种方法：取样观察法、加热观察法和高温加热观察法。

1）取样观察法：用洁净的玻璃抽油管，插入到盛油容器的底部，吸取油脂，直接观察有无沉淀物、悬浮物及其量的多少

2）加热观察法：取油样于钢精勺内加热不超过 160℃，撇去油沫，观察油的颜色，若油色没有变化，也没有沉淀，说明杂质少，一般在 0.2%以下；如油色变深，杂质约在 0.49%左右；

如勺底有沉淀，说明杂质多，约在1%以上。

3）高温加热观察法：取油于精钢勺内加热到280℃，如油色不变，无析出物，说明油中无磷脂；如油色变浑，有微量析出物，说明磷脂含量超标；如油色变黑，有多量的析出物，说明磷脂含量超标；如油脂变成绿色，可能是油脂中铜含量过多。

良质大豆油——可以有微量沉淀物，其杂质含量不超过0.2%，磷脂含量不超标。

次质大豆油——有悬浮物及沉淀物，其杂质含量超过0.2%，磷脂含量超过标准。

（5）气味鉴别　感官鉴别大豆油的气味时，可以用以下三种方法进行：一是盛装油脂的容器打开封口的瞬间，用鼻子挨近容器口，闻其气味；二是取1～2滴油样放在手掌或手背上，双手合拢快速摩擦至发热，闻其气味；三是用钢精勺取油样25g左右，加热到50℃左右，用鼻子接近油面，闻其气味。

良质大豆油——具有大豆油固有的气味。

次质大豆油——大豆油固有的气味平淡，微有异味，如青草等味。

（6）滋味鉴别　进行大豆油滋味的感官鉴别时，应先漱口，然后用玻璃棒取少量油样，涂在舌头上，品尝其滋味。

良质大豆油——具有大豆固有的滋味，无异味。

次质大豆油——滋味平淡或稍有异味。

拓展知识

科学选购及储藏烹调油

一、烹调用油（食用油）的选购

烹调油（食用油）是每个家庭的必备品，天天都要用到，正因为如此，我们需要选购一种健康的优质烹调油。但是，现在的烹调油种类繁多，掌握以下原则会更好些。

（1）看等级。市售烹调油按照质量和纯度分级，达到相应的质量指标。建议选择一级烹调油。

（2）看种类。市售烹调油有来源单一的油，如茶子油、大豆油、花生油等，也有几种油脂混合而成的油，也就是调和油。调和油的原料通常是大豆油、菜籽油、花生油、棉子油、葵花子油和玉米胚油等。

（3）看生产日期。油脂的质量和新鲜度关系极为密切。新鲜的油脂较少含有自由基和其他氧化物质，也富含维生素E，而陈旧的油脂对健康的危害不可忽视。应当尽量选择生产日期短、颜色较浅、清澈透明的油脂。没有生产日期的散装油脂质量无法保证，很可能发生酸价和过氧化值超标的问题。

（4）看年龄。对于孩子和青年人来说，植物奶油中的反式脂肪酸对儿童神经系统发育不利，要尽量少吃。对老年人来说，由于黄油和植物奶油的饱和脂肪酸含量过高，植物奶油中的反式脂肪酸更会增大糖尿病和心血管疾病风险，应当尽量避免食用这些油脂。对于高血脂患者来说，选择富含单不饱和脂肪酸的茶油和橄榄油更为理想，花生油和玉米油也是比较好的选择。

二、植物油的储藏

（1）食用油要放置在阴凉干燥处，一定要注意避光。最简单的方法是按油瓶的大小，用厚纸板（不透光）做一个油瓶罩，往上面一扣，就解决了避光的问题。

（2）油瓶放得不要离热源太近，在温度高于60℃时，油的氧化速率显著增加。因此，我们在用完油瓶后，要尽可能使其远离火炉、暖气等高温热源。

（3）使用后要把瓶盖拧紧，减少油与空气的接触时间。一旦开启瓶盖后，最好进行分装使用。建议使用500～600ml的棕色玻璃瓶，减少透光、透气。

（4）分装时要注意瓶子的干燥清洁。引起食用油脂氧化酸败的原因除了光和温度以外，水分也可促使油脂水解产生游离脂肪酸，因此，盛油的器具不但要考虑避光隔氧，还要清洗晾干后再使用。

（5）用过的油不可倒回瓶中与新油混合。用过的油，尽管尚未氧化酸败，但在煎炸过程中，长时间在高温的条件下与空气接触，已经吸附了大量的氧，部分不饱和键已经环氧化，微量的氧自由基已经产生。

（6）过了保质期的油不宜食用。因为精炼油的保质期主要是靠添加的抗氧化剂来维持的，一旦过了保质期，抗氧化剂消耗殆尽，氧自由基的反应就会以惊人的速度进行。可能我们在打开瓶盖后，尚未嗅到酸败的哈喇味，但里面已充斥了氧自由基。

习　题

一、名词解释

色拉油　调和油　改性油　人造奶油　起酥油　软水　硬水

二、判断题

（1）食用油脂主要指液体油。（　）

（2）辅助烹饪原料不包括调味料。（　）

（3）辅助烹饪原料不构成菜点的主体。（　）

（4）植物油中色拉油和调和油加工工艺是一样的。（　）

（5）精炼油中没有溶剂残留。（　）

（6）热榨花生油比冷榨花生油香，因此质量好。（　）

（7）可可脂是固体油脂。（　）

（8）食用油脂中只含有甘油三酯。（　）

（9）食用油脂在烹饪中主要作用是导热。（　）

（10）烹饪对水没有严格的要求，一般饮用水即可，井水不能作为烹饪用水。（　）

三、简述题

（1）简述食用油脂的分类及常见的动植物油脂。

（2）简述油脂在烹饪中的作用及检验油品品质的方法。

（3）烹饪用水的要求有哪些？

参 考 文 献

[1] 王向阳．烹饪原料学[M]．北京：高等教育出版社，2007.

[2] 朱海涛，董贝森．调味品及其应用[M]．济南：山东科学技术出版社，1999.

[3] 编辑委员会．中国商品大辞典：蔬菜调味品分册[M]．北京：中国商业出版社，1997.

[4] 黄德智，张向生．新编肉制品生产工艺与配方[M]．北京：中国轻工业出版社，1998.

[5] 阂连古．肉类食品工艺学[M]．北京：中国商业出版社，1992.

[6] 马成广．中国土特产大全[M]．北京：新华出版社，1986.

[7] 崔桂友．烹饪原料学[M]．北京：中国商业出版社．1997.

[8] 聂风乔．中国烹饪原料大典[M]．青岛：青岛出版社，1998.

[9] 编辑委员会．中国大百科全书：生物学卷[M]．北京：中国大百科全书出版社，1990.

[10] 苏望筋．油脂加工工艺学[M]．武汉：湖北科技出版社，1990.

[11] 郑有军，等．调味品加工与配方[M]．北京：金盾出版社，1993.

[12] 黄宗国．中国海洋生物种类与分布[M]．北京：海洋出版社，1994.

[13] 萧帆．中国烹饪辞典[M]．北京：中国商业出版社，1997.

[14] 赵廉．烹饪原料学[M]．北京：中国纺织出版社，2008.

[15] 东海水产研究所．简明水产词典[M]．北京：科学出版社，1983.

[16] 叶创兴．植物学[M]．北京：高等教育出版社，2007.

[17] 陈启兵．水在烹饪中的作用[J]．扬州大学烹饪学报，2006（1）：33-34.

[18] 周景星，等．食品储藏保鲜[M]．北京：中国食品出版社，1987.

[19] 侯林，吴孝兵．动物学[M]．北京：科学出版社，2007.

[20] 冯德培，等．简明生物学词典[M]．上海：上海辞书出版社，1983.

[21] 陈白珍，沈介仁．食品添加物[M]．台北：台湾文源书局，1992.

[22] 顾学裘．英（拉）汉药学词汇[M]．上海：上海科学技术出版社，1985.

[23] 张光亚．中国常见食用菌图鉴[M]．昆明：云南科技出版社，1999.

[24] 熊四智，唐文．中国烹饪概论[M]．北京：中国商业出版社，1998.

[25] 刘江汉，等．食品工艺学[M]．北京：中国轻工业出版社，1999.